普 通 高 等 教 育 规 划 教 材

# 煤矿测量学


郭玉社　燕志明　主　编

陈　杰　郝志峰　副主编

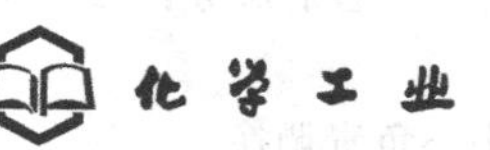


化学工业出版社

·北京·

全书共十二章，主要内容包括测绘基本知识和生产矿井测量两部分。第一～四章简要介绍测绘学基本理论、基本知识、常用测绘仪器的构造及使用方法；第五章介绍大比例尺地形图的基本知识及其在煤矿建设和生产中应用；第六～十章重点介绍矿井联系测量、井下控制测量、巷道施工测量、贯通测量以及验收测量；第十一章介绍了矿图的种类、投影知识及生产矿井必备的几种矿图的内容和应用。第十二章介绍煤矿开采损失与保护。

本书主要供应用型本科采矿工程专业、土木工程（地下工程方向）专业学生使用，也可作为高职高专采煤专业教材和煤矿安全技术管理人员的培训教材和参考书。

**图书在版编目（CIP）数据**

煤矿测量学/郭玉社，燕志明主编．—北京：化学工业出版社，2015.2（2024.9 重印）

普通高等教育规划教材

ISBN 978-7-122-22734-8

Ⅰ.①煤…　Ⅱ.①郭…②燕…　Ⅲ.①矿山测量-高等学校-教材　Ⅳ.①TD17

中国版本图书馆 CIP 数据核字（2015）第 007089 号

---

责任编辑：张双进　　文字编辑：孙凤英

责任校对：边　涛　　装帧设计：王晓宇

---

出版发行：化学工业出版社（北京市东城区青年湖南街 13 号　邮政编码 100011）

印　　装：北京七彩京通数码快印有限公司

787mm×1092mm　1/16　印张 14½　字数 357 千字　2024 年 9 月北京第 1 版第 4 次印刷

---

购书咨询：010-64518888　　售后服务：010-64518899

网　　址：http：//www.cip.com.cn

凡购买本书，如有缺损质量问题，本社销售中心负责调换。

---

定　　价：48.00 元

# 前　言

本书根据采矿工程专业人才培养方案及教学大纲编写。针对现代煤矿建设、生产的特点，系统、简要地介绍基本理论、基本知识，注重学生的专业技术应用能力的培养。编写中，力求系统完整、文字表述流畅，内容切合现代化煤矿安全生产的实际，跟踪测绘新设备、新技术、新方法在煤矿安全生产技术管理中的应用。

本书编写分工：山西大同大学郭玉社编写第一、八、十一章，陈杰编写第四、五章，梁洁编写第十二章；内蒙古科技大学燕志明编写第六、七、九章；吕梁学院郝志峰编写第二、三章，赵志云编写第十章。本书由郭玉社、燕志明共同担任主编，郭玉社统稿，陈杰担任部分插图的设计和绘制。山东科技大学郑文华教授审阅全书，并提出了宝贵的修改意见，为此编者表示衷心的感谢。

由于编者水平有限，难免存在不妥之处，敬请使用本教材的教师和读者批评指正。

**编者**

**2015 年 1 月**

# 目　录

# 第一章 绪 论

## 第一节 概 述

测绘学（geomatics）是一门古老而又具有时代特征的科学。随着人类的进步、经济的发展和科技水平的提高，测绘科学的理论、技术、方法及其学科内涵也随之不断地发生变化。人类进入21世纪以来，由“3S”技术（GPS、RS、GIS）支撑的测绘科学技术在信息采集、数据处理和成果应用等方面正在步入数字化、网络化、智能化、实时化和可视化的新阶段。测绘学已成为研究对地球和其他实体的与空间分布有关的信息进行采集、量测、分析、显示、管理和利用的科学技术。

### 一、测绘科学的分类

现代测绘科学技术的服务对象和范围越来越广泛，已扩大到国民经济和国防建设中与地理空间信息有关的各个领域。目前测绘学可分成下面几门学科。

大地测量学（geodesy） 它是研究地球的形状、大小和重力场，测定地面点的几何位置和地球整体和局部运动的理论和技术的学科。其基本任务是建立和维护全球和区域大地测量系统和大地测量参考框架，为地理信息系统、数字地球、数字中国和数字区域提供物理和几何的基础平台。20世纪80年代以来，随着空间技术、计算机技术和信息技术的飞跃发展，大地测量学按照其研究的内容又可分为实用大地测量学、椭球面大地测量学、物理大地测量学和卫星大地测量学。

(1) 摄影测量学（photogrammetry） 它是研究利用摄影或遥感的手段获取目标物的影像数据，从中提取几何的或物理的信息，并用图形、图像和数字形式表达测绘成果的学科。根据与目标物的关系和获取影像的方法不同，摄影测量学又可分为航空摄影学、航天摄影学、航空航天摄影测量学、地面摄影测量学等。

(2) 海洋测绘学（marine surveying） 它是研究以海洋水体和海底为对象所进行的测量和海图编制理论和技术的学科。主要包括海道测量、海洋大地测量、海底地形测量、海洋专题测量以及航海图、海底地形图、各种海洋专题图和海洋图集的编制。

(3) 地图制图学（mapping） 它是研究模拟地图和数字地图的基础理论、地图设计、地图编制和复制的技术方法及其应用的学科。它的任务是按一定的数学原理，利用已有的测量成果或经过处理的信息（数字与图像），研究如何编制、印刷和出版各种地图。

(4) 工程测量学（engineering surveying） 它是研究工程建设和自然资源开发各个阶段所进行的测量工作的理论和技术的科学，是测绘学在国民经济和国防建设中的直接应用。它的主要任务有两点：一是确定现实世界中被测对象上任意一点在某一坐标系中用二维或三维坐标来描述的位置，二是将设计的或具体的物体根据已知数据安置在现实空间中的相应位置。前者称为测量，后者称为放样或测设。工程测量学是以某一工程作为研究对象，所以又分为矿山、土木工程、线路工程、水利、国防等工程测量。

测绘科学是以上各门学科的总称，上述各门学科既自成体系，又密切联系，既分工明确，又相互配合、互为所用。

随着科学技术的发展，测绘科学在国民经济建设和国防建设中的作用日益增大，目前，在地质勘探、矿业开发、工业与民用建筑、交通运输、桥梁隧道、农田水利、城市规划、地震预测预报、国土开发、灾情监视与调查、空间技术以及现代战争中，从战略部署到指挥各兵种、军种联合作战及洲际导弹的发射等，无不需要测绘工作保障与配合。测绘工作在各项建设事业中，都得到广泛的应用。

## 二、煤矿测量学研究内容及作用

煤矿测量学是研究煤矿在建设和生产过程所进行的测量工作的理论、方法和技术的学科。它是根据煤矿建设和生产的需要，集地形测量和工程测量有关内容为一体，因此它属于工程测量学的范畴。其研究的对象是煤矿建设和生产的安全生产和技术管理，从这个意义上讲，煤矿测量又是采矿科学的重要组成部分，是采矿工程学的一个重要分支。它是以测量、计算和绘图（包括纸质和数字形式）为手段，研究处理煤炭开发过程中的各种空间几何问题，为煤矿建设生产和技术管理提供图纸、资料。

煤矿测量是煤炭开采过程中不可或缺的一项重要的基础性工作，在煤矿的资源勘查、设计、建设、生产各个阶段直至煤矿报废，都需要进行测量工作。

煤矿测量的任务包括以下几项：

① 建立井田控制测量系统，测绘大比例尺地形图；

② 煤矿建设和生产中的地面及井巷工程施工测量；

③ 建立井下控制测量系统，测绘各种矿山测量图及矿山专用图；

④ 对煤炭资源利用及生产情况进行检查和监督；

⑤ 观测和研究由于开采所引起的地表及岩层破坏的规律，组织开展“三下”（建筑物下、铁路下、水体下）采矿和煤柱留设的实施方案；

⑥ 进行矿区土地复垦和环境综合治理研究。

煤矿测量的数据和矿图是生产矿井进行采区技术设计、矿井生产、储量管理、矿井安全管理、矿产资源开发对环境影响评估的基础性依据，为矿山地理信息系统（mine GIS）提供了基础框架。煤矿测量有如下作用。

第一，在安全生产方面起保障、指导作用。充分利用各种矿山测量图，为安全生产、矿井防治水提供基础保障资料；同时根据开采所引起的地表及岩层破坏的规律，预测煤层开采后引起的岩层及地表移动及破坏的范围，以避免建筑物的破坏和人身安全事故的发生。

第二，在均衡生产中起保证作用。及时测绘、提供反映生产状况的各种图纸资料，准确掌握各种资源储量的变动情况、“三量”（开拓煤量、准备煤量、回采煤量）关系，保证矿井生产均衡、高效。

第三，在充分开采地下煤炭及矿物资源和采掘工程质量方面起监督作用。煤矿测量人员应依据有关法律法规，经常检查各种已经完成的采掘工程质量，监督充分合理采出有用的矿物和煤炭资源，减少浪费。

煤矿测量工作按其性质可分为外业和内业两部分。外业工作是指在地面或井下用各种测绘仪器和工具在现场直接采集的各点间的距离，包括水平距离、倾斜距离和垂直距离（高差），量测直线之间的夹角，包括水平角、竖直角；内业是指在室内对外业采集、量测的原始数据进行分析、整理、计算处理以数据或图像的形式显示和管理，为采区设计、矿井安全生产、技术管理服务，指导矿井安全生产。

矿井测量必须遵循测量工作的原则，即“由整体到局部、先控制后碎部、高级控制低级”“步步工作有检核”。

### 三、本课程的主要任务

① 学习普通测绘仪器的使用方法，熟悉地形图在矿井安全生产中应用。学习矿图绘制原理、内容、矿图的识读和应用。

② 学习矿井测量的基本内容，将矿井生产中的各种设计工程，按照其几何关系，用测量仪器、工具测设到地面或井下，指导矿井安全生产。

煤矿测量学是开采工程专业基础课程。本课程的目的是通过课堂教学、课间实验和相应的教学实习，了解测绘学科的基本知识、测绘科学的新技术新方法；熟悉常用测绘仪器的使用和操作方法、煤矿测量的基本内容和方法；了解矿图的绘制原理，熟悉矿图的内容和基本要求，掌握矿图和测绘资料在煤矿安全生产和技术管理中的应用方法。为将来从事煤矿安全生产和技术管理，利用测绘资料解决和协调矿井开拓、采区准备、综采工作面等安全生产问题打下坚实的基础。

## 第二节 地面点位置的确定

测量工作的实质就是确定地面点的空间位置，确定地面点位置首先要了解地球的形状和大小，并且要知道地面点在地球表面上的表示方法。

### 一、地球的形状和大小

地球的表面是极不规则的，其表面有海洋岛屿、江河湖泊、平原盆地、高山丘陵，陆地最高山峰珠穆朗玛峰高出海洋面 8844.43m，海洋最深处马里亚纳海沟达 11022m，相对高差近 20km。尽管有这样大的高低起伏，但与地球平均半径 6371km 相比起来是微不足道的。同时，就整个地球表面而言，海洋面积约占 71%，陆地仅占 29%。因此，假想由静止的海水面延伸穿过陆地与岛屿形成的闭合曲面与地球的总形体拟合，这个曲面称为水准面。在地球重力场中水准面处处与重力方向正交，重力方向线称为铅垂线，是测量工作的基准线。由于受潮汐影响，海水水面时高时低动态地变化，因此水准面有无穷多个，通常把通过平均海水面的水准面称为大地水准面。大地水准面是测量工作的基准面。大地水准面所包裹的地球形状称为大地体，大地体就代表了地球的真实形状和大小。

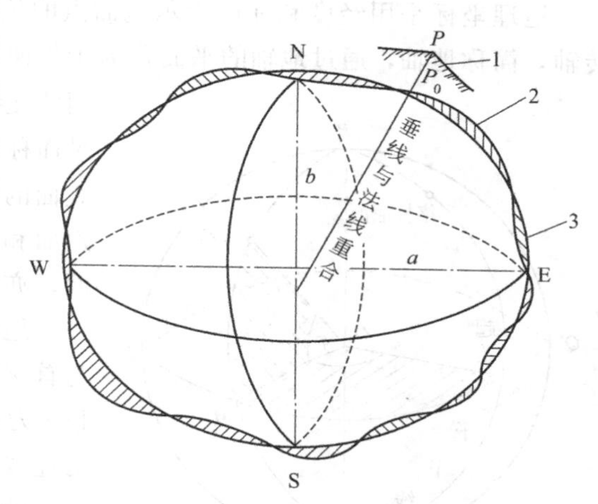


图 1-1 地球表面与大地水准面及参考椭球体相互关系示意图

1—地球表面；2—大地水准面；3—参考椭球体

由于地球内部质量分布的不均匀性，使得铅垂线方向发生不规则变化，处处与重力方向正交的大地水准面也就不是一个规则的数学面，而是一个表面有微小起伏的复杂曲面。在这个面上无法进行测量工作的计算，于是人们选择了一个与大地体的形状和大小较为接近的、经过测量理论研究和实践证明的旋转椭球体来代替大地体，如图 1-1 所示，并通过定位使旋转椭球体与大地体的相对关系固定下来，这个旋转椭球体称为参考椭球体。参考椭球体的表面是一个可以用数学公式表达的规则曲面，它是测量计算和投影制图的基准面。

参考椭球体的形状和大小，通常用其长半轴 $a$，短半轴 $b$ 和扁率 $\alpha$ 描述，只要知道其中两个元素，即可确定椭球体的形状和大小。

我国 1954 年北京坐标系采用前苏联的克拉索夫斯基椭球体元素，我国 1980 年西安坐标系采用国际大地测量与地球物理协会（IUGG）推荐的 IUGG—75 椭球元素，其值为

$$\text{长半轴 } a=6378140\text{m}$$

$$\text{扁　率 } \alpha=\frac{a-b}{a}=\frac{1}{298.257} \tag{1-1}$$

1980 年西安坐标系曾命名为 1980 年国家大地坐标系，大地原点设在陕西省西安市泾阳县永乐镇，地球椭球的短轴平行于地球球心指向 1968.0 地极原点（JYD）的方向。

$$\text{长半轴 } a=6378137\text{m}$$

$$\text{短半轴 } b=6356752.3141\text{m}$$

$$\text{扁　率 } \alpha=\frac{a-b}{a}=\frac{1}{298.257222} \tag{1-2}$$

由于参考椭球体的扁率很小，在普通测量中又近似地把大地体视为圆球体，其半径采用与参考椭球体等体积的圆半径，其值为

$$R=\frac{1}{3}(a+a+b)=6371\text{km} \tag{1-3}$$

当测区范围较小时，可以直接把测区的球面作为平面，即将水准面作为水平面。

## 二、确定地面点位置的方法

地面点的位置是由该点在椭球面上的位置（地理坐标）或投影在水平面上的平面位置（平面坐标）及该点到大地水准面的铅垂距离（高程）来表示的。

### （一）地面点的坐标

1. 地理坐标

地理坐标是用经度和纬度表示地面点的位置。如图 1-2 所示，$O$ 为地心，$PP'$ 为地球旋转轴，简称地轴，通过地轴的平面称为子午面（如图 1-2 中的平面 $PMP'$），子午面与地球表面的交线称为子午线（经线）。过地心 $O$ 垂直于地轴的平面称为赤道面（图 1-2 中 $QMM_0Q'$），赤道面与地球表面的交线称为赤道。确定地面点的地理坐标，以赤道面和通过英国格林尼治天文台的子午面（起始子午面，亦称首子午面）作为基准面。

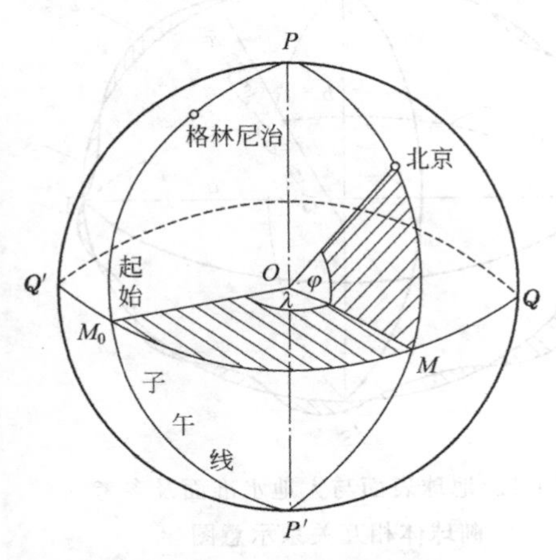

图 1-2　地理坐标示意图

地面上任意一点的经度，即为通过该点的子午面与首子午面的夹角。以首子午线为基准，向东 0°～180°为东经，向西从 0°～180°为西经。经度相同的点的连线称为经线。

地面上任意一点的纬度，即通过该点的铅垂线与赤道面的夹角。以赤道为基准，向北从 0°～90°为北纬，向南从 0°～90°为南纬。纬度相同的点的连线称

为纬线。

以法线为依据，以参考椭球面为基准面的地理坐标称为大地地理坐标，分别用 $L$、$B$ 表示；以铅垂线为依据，以大地水准面为基准面的地理坐标称为天文地理坐标，分别用 $\lambda$、$\psi$ 表示。天文地理坐标是用天文测量的方法直接测定的；而大地地理坐标是用根据起始的大地原点的坐标推算的。大地原点的天文地理坐标和大地地理坐标是一致的。

2. 高斯平面直角坐标

地理坐标是球面坐标，只能表示地面点在球面上的位置，观测、计算、绘图较为复杂，不能直接用于测绘大比例尺地形图和矿图。因此，必须将地面点的地理坐标转换成平面直角坐标。椭球面上的点的坐标不能直接转换成平面坐标，只有通过投影的方法才能将椭球面上的点、线或者图形投影到平面。这种变换会产生变形，即投影变形，包括长度变形、面积变形和角度变形。

投影的方法很多，归纳起来可分为三大类，即等角投影、等面积投影和任意投影。我国采用高斯-克吕格投影的方法，习惯简称为高斯投影，它是一种等角投影。这种建立在高斯投影面上的直角坐标系统称为高斯平面直角坐标系。

高斯投影过程可简述如下：椭圆柱面与地球椭球在某一子午圈上相切，该子午圈称为中央子午线，又称轴子午线，它也是椭圆柱面与地球投影后的平面直角坐标系的纵轴（一般定义为 $x$ 轴)，如图 1-3(a）所示。将中央子午线东西两侧地球椭球面上的图形按一定的数学法则投影到椭圆柱面上，然后将椭圆柱面沿着通过南北两极的母线切开展平，即得到高斯投影的平面图形，如图 1-3(b）所示。

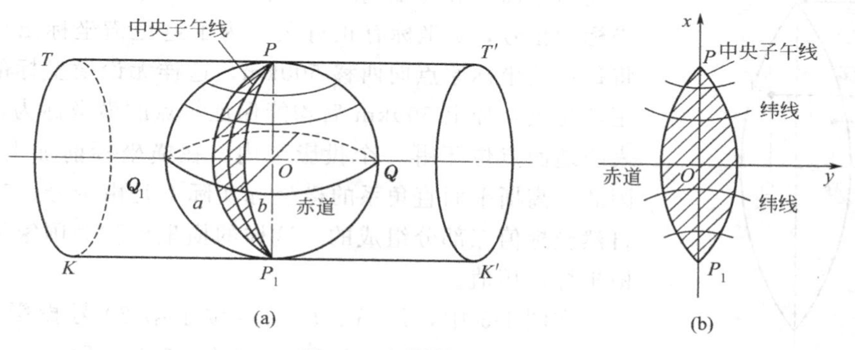


图 1-3　高斯投影示意图

高斯投影前后所有角度保持不变，故高斯投影亦称为等角投影或正形投影。在投影后的高斯平面上，中央子午线投影为直线与赤道垂直且长度保持不变，其余子午线的投影为对称于中央子午线的弧线，而且距中央子午线越远长度变形越大。为了将长度变形控制在允许的范围之内，一般采用分带投影的方法，以经度差 6°或 3°来限定投影带的宽度，简称 6°带或 3°带，如图 1-4 所示。

6°带是从起始子午线开始，自西向东每隔 6°划分一带。整个地球划分为 60 个带，用数字 1～60 顺序编号。6°带中央子午线的经度依次为 3°、9°、15°、…、357°，亦可按下式计算

$$\lambda_6 = 6°N - 3° \tag{1-4}$$

式中　$\lambda_6$——6°带中央子午线的经度；

$N$——6°带的带号。

3°带是从东经 1.5°子午线开始，自西向东每隔 3°划分为一带，整个地球划分为 120 个投

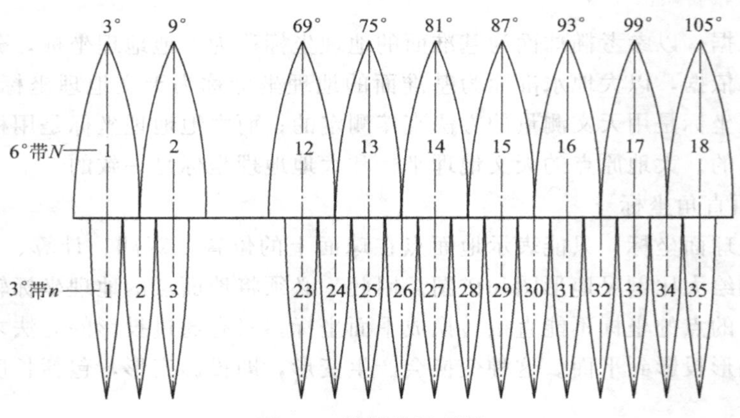


图 1-4 投影带示意图

影带，用数字顺序编号。3°带的中央子午线的经度依次为 3°，6°，9°，…，360°，可用下式计算

$$\lambda_3 = 3° N' \tag{1-5}$$

式中 $\lambda_3$——3°带中央子午线的经度；

$N'$——3°带的带号。

将每个投影带沿边界切开，展成平面，以中央子午线为纵轴向北为正，向南为负；赤道为横轴向东为正，向西为负，两轴的交点为坐标原点，就组成了高斯平面直角坐标系，如图 1-5 所示。我国位于北半球，$x$ 坐标为正号，$y$ 坐标有正有负。为了避免横坐标出现负值通常将每带的坐标原点向西移 500km，这样无论横坐标的自然值是正还是负，加上 500km 后均能保证每点的横坐标为正值。为了表明地面点位于哪一个投影带内，在横坐标前加上投影带号，因此，高斯平面直角系的横坐标实际上是由带号、500km 以及自然坐标值三部分组成的。这样的横坐标称为国家统一坐标系横坐标通用值。

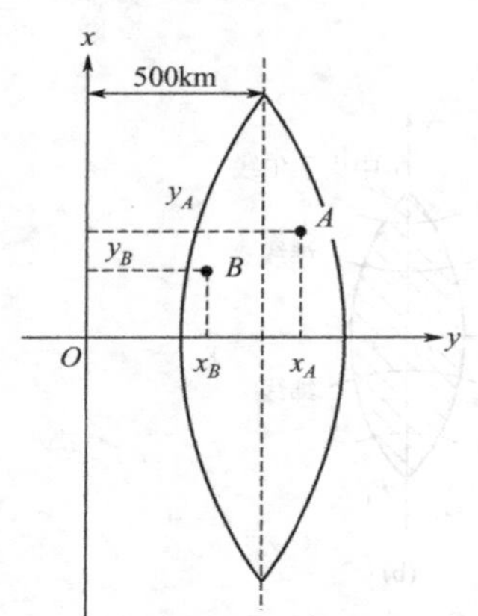


图 1-5 高斯平面坐标系

在图 1-5 中，设 $A$、$B$ 两点位于第 20 号投影带内 $y_A = 3868.5\text{m}$，$y_B = -6482.3\text{m}$，加上 500km 后 $y_A = 500000 + 3868.5 = 503868.5\text{m}$，$y_B = 500000 - 6482.3 = 493517.7\text{m}$，加上带号，则其横坐标的通用值为 $y_A = 20503868.5\text{m}$，$y_B = 20493517.7\text{m}$。

由横坐标通用值可以看出，若小数点前第六位数小于 5，则表示该点位于中央子午线西侧，其横坐标自然值取负；反之，位于东侧，自然值取正。在我国领域内，6°带在 13～23 号带之间，而 3°带在 25～45 号带之间，没有重叠带号，因此，根据横坐标通用值就可以判定投影带是 6°带还是 3°带。

由于矿井建设、生产工程，对投影变形的限制很严，要求变形小于 0.025m/km，即投影误差应不超过 1/40000，所以工程测量的中央子午线一般定在市区或矿区的中央，它们不一定是 3°带或 6°带的中央子午线，而有可能是任意中央子午线。大中城市或大型矿区的坐标系统一般是高斯正投影任意带平面直角坐标系统，且与国家坐标系统进行了联测，可以进行坐标转换。

3. 独立平面直角坐标系

在边远地带，当矿区范围较小且暂与国家坐标系统无法联测时，可以把该地区的球面直接当作平面，将地面点直接投影到水平面上，用平面直角坐标表示点平面位置。

煤矿测量使用的直角坐标系与数学上的坐标系统基本相似，但纵坐标轴为 $x$ 轴，正向朝北，横坐标轴为 $y$ 轴，正向朝东。象限按顺时针方向编号，对直线方向的表示从坐标纵轴（$x$ 轴）的北端开始，顺时针度量至待定向的直线，与数学上的顺序恰好相反。采用这样的表示方法，是为了直接采用数学上的公式进行坐标计算，而不必另行建立数学模型。为了使坐标不出现负值，一般把坐标原点选择在测区的西南角，如图 1-6 所示。

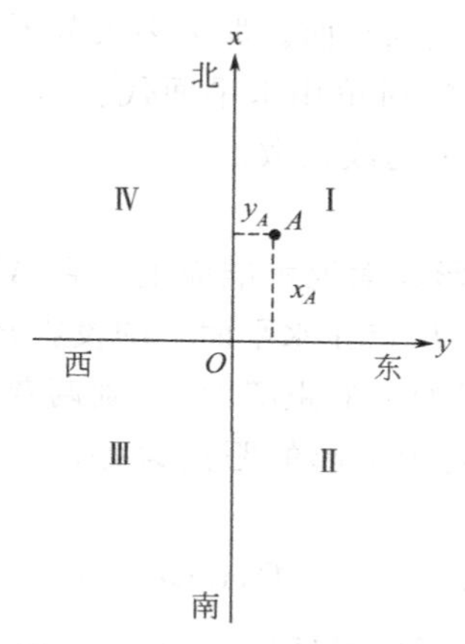


图 1-6 独立平面直角坐标系

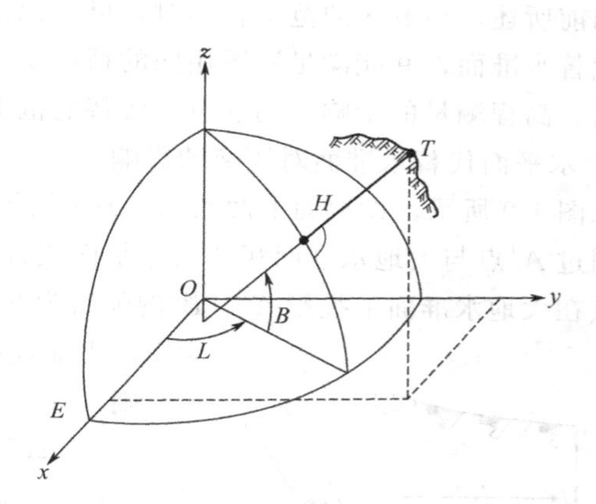


图 1-7 三维空间直角坐标系

4. 空间直角坐标系

空间直角坐标系的定义是：原点 $O$ 与地球质心重合，$z$ 轴指向地球北极，$x$ 轴格林尼治子午面与地球赤道的交点 $E$，$y$ 轴与垂直与 $xOz$ 平面构成右手坐标系，如图 1-7 所示。目前 GPS 卫星定位系统已在测量中得到广泛应用，而 GPS 卫星定位在地心空间直角坐标系（WGS84）中表示地面点的空间位置。自 2008 年 7 月 1 日起，中国全面启用 2000 国家大地坐标系。2000 国家大地坐标系是全球地心坐标系在我国的具体体现，其原点为包括海洋和大气的整个地球的质量中心。$z$ 轴指向 BIH1984.0 定义的协议极地方向（BIH，国际时间局），$x$ 轴指向 BIH1984.0 定义的零子午面与协议赤道的交点，$y$ 轴按右手坐标系确定。

**（二）地面点的高程**

1. 绝对高程

地面点沿铅垂线方向到大地水准面的距离称为该点的绝对高程，亦称海拔，简称高程。用 $H$ 表示。如图 1-8 所示，地面点 $A$、$B$ 的绝对高程分别为 $H_A$、$H_B$。$A$、$B$ 两点的高差

$$h_{AB}=H_A-H_B \tag{1-6}$$

即地面两点间的高差等于两点的高程之差。

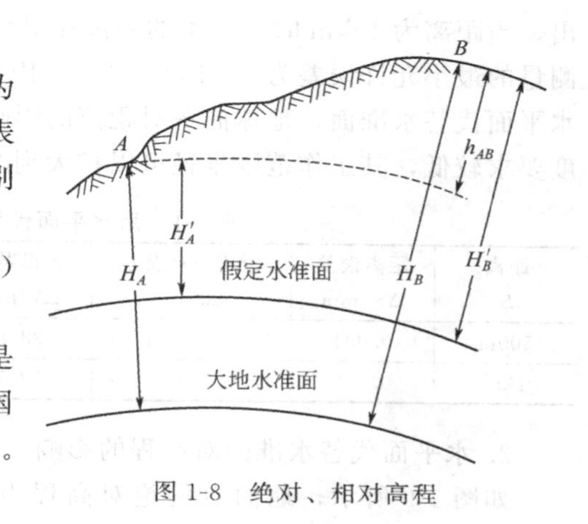


图 1-8 绝对、相对高程

目前，我国采用 1985 年国家高程基准，它是将与黄海平均海水面相吻合的大地水准面作为全国高程系统的基准面，在该基准面上绝对高程为零。国家水准原点（青岛原点）的高程为 72.260m。

2. 假定高程

地面点沿铅垂线方向到任意假定水准面的距离称为该点的假定高程，也称为相对高程。如图 1-8 所示，地面点 $A$、$B$ 的假定高程分别为 $H'_A$，$H'_B$。

由图 1-8 可看出，$A$、$B$ 两点的高差

$$h_{AB}=H_A-H_B=H'_A-H'_B \tag{1-7}$$

在测量工作中，一般只采用绝对高程，只有在偏僻地区没有已知的绝对高程点可以引测时，才采用假定高程。

## 三、用水平面代替水准面的限度

如前所述，当测区的范围较小时，可以把该地区球面看成水平面。那么多大范围能用水平面代替水准面，并能满足测图用图的精度要求呢？这就必须讨论用水平面代替水准面时，对距离、高程测量的影响，明确可以代替的范围和必要时应加的改正数。

1. 水平面代替水准面对距离的影响

如图 1-9 所示，设地面上两点 $A$、$B$，沿铅垂线方向投影到大地水准面上得到 $A'$、$B'$，如果用过 $A'$点与大地水准面相切的水平面代替大地水准面，$B$ 点在水平面上的投影 $B'$，$A$、$B$ 两点在大地水准面上投影 $A'$、$B'$的弧长为 $S$，投影到水平面上的距离为 $t$，则两者之差即为用水平面代替大地水准面所引起的距离误差，用 $\Delta S$ 表示，则

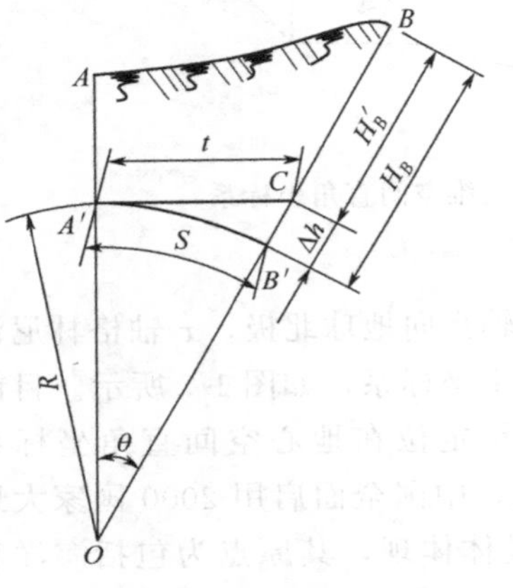

$$\Delta S=t-S=R\tan\theta-R\theta=R(\tan\theta-\theta)$$

式中　$R$——地球曲率半径 6371km；

$\theta$——$S$ 对应的圆心角，弧度。

将 $\tan\theta$ 用级数展开并取前两项，得

$$\Delta S=\frac{1}{3}R\theta^3$$

因为

$$\theta=\frac{S}{R}$$

所以

$$\Delta S=\frac{S^3}{3R^2} \tag{1-8}$$

图 1-9　水平面代替水准面

将 $R$ 和不同的 $S$ 代入式(1-8)，计算出的 $\Delta S$ 和 $\Delta S/S$ 见表 1-1 所列。从表 1-1 可以看出，当距离为 10km 时，产生的距离相对误差为 $1/(120\times10^4)$，而目前测量工作中精密距离测量的最小允许误差为 $1/(100\times10^4)$。因此，可以得出结论，半径在 10km 范围之内，可用水平面代替水准面，地球曲率对距离的影响可以忽略不计。对于矿山工程而言，测量工作精度要求较低，其工作范围半径可以扩大到 20km，甚至更大些。

表 1-1　用水平面代替水准面对距离和高程的影响

| 距离 $S$ | 距离误差 $\Delta S$/mm | 距离相对误差 $\Delta S/S$ | 高程误差 $\Delta h$/mm | 距离 $S$ | 距离误差 $\Delta S$/mm | 距离相对误差 $\Delta S/S$ | 高程误差 $\Delta h$/mm |
|---|---|---|---|---|---|---|---|
| 500m | 0.004 | $1/(25000\times10^4)$ | 38.8 | 10km | 8.2 | $1/(120\times10^4)$ | 7850.0 |
| 1km | 0.008 | $1/(12500\times10^4)$ | 78.5 | 20km | 128.3 | $1/(19.5\times10^4)$ | 49050.0 |

2. 水平面代替水准面对高程的影响

如图 1-9 所示，地面点的绝对高程为 $H$，当用水平面代替水准面时，$B$ 点的高程为

$H_B$，则其差值即为用水平面代替水准面所产生的高程误差，用 $\Delta h$ 表示，可得

$$(R+\Delta h)^2=R^2+t^2$$

因为 $t$ 与 $S$ 的相差很小，以 $S$ 代替 $t$，由上式可得

$$\Delta h=\frac{S^2}{2R+\Delta h}$$

上式中，$\Delta h$ 与 $R$ 比较可以忽略不计，于是上式可变为

$$\Delta h=\frac{S^2}{2R} \tag{1-9}$$

将 $R$ 和不同的 $S$ 代入式(1-9)，计算所得相应的 $\Delta h$ 见表 1-1 所列。表 1-1 中可以看出，用水平面代替水准面所产生的高程误差，随着距离的平方而增加，所以就高程测量而言，地球曲率对其影响，即使在较小的距离范围内也应考虑。

## 本章小结

本章介绍了测绘学的分类、煤矿测量学在测绘学中的地位。煤矿测量是煤炭开采过程中不可或缺的一项重要的基础性工作，贯穿于煤矿的资源勘查、设计、建设、生产各个阶段。作为开采工程专业学生，应努力学习煤矿测量学这门专业基础课程，培养利用测绘资料解决和协调矿井开拓、采区准备、综采工作面等设计和安全生产问题的能力，为准备从事的煤矿安全生产和技术管理，打下坚实的基础。

## 习　题

1. 测绘学可分为哪几个学科？

2. 煤矿测量有什么特点？应遵循的原则是什么？

3. 解释名词：经度、大地水准面、参考椭球面、绝对高程、坐标方位角、象限角。

4. 某地位于高斯 6°投影带的第 18 带内，试确定该带的中央子午线经度？若采用 3°分带，该地位于多少带内？

# 第二章 水准测量

测定地面点高程的测量工作，称为高程测量。根据使用仪器和施测方法的不同，高程测量分为水准测量、三角高程测量、GPS高程测量和气压高程测量四种。其中，水准测量是高程测量中最基本、精度最高的一种方法，广泛使用于国家高程控制测量、工程勘察和煤矿测量中。本章主要介绍水准测量的原理，水准仪的主要构造、操作使用，水准测量施测及数据处理方法。

## 第一节 水准测量原理

水准测量是利用水准仪提供的水平视线，根据水准尺上的读数，直接测定出地面两点之间的高差，然后根据已知点高程和测得的高差，推算出未知点高程。

如图2-1所示，已知$A$点的高程为$H_A$，欲测定$B$点的高程$H_B$。为此，在$A$、$B$两点的中间位置安置一台水准仪，并在$A$、$B$两点上各铅直竖立一根水准尺。设水准仪的水平视线在$A$、$B$两点水准尺上所截取的读数分别为$a$和$b$，如果水准测量的方向是由$A$向$B$进行的，则$A$点称为后视点，$A$点尺上的读数$a$称为后视读数；$B$点称为前视点，$B$点尺上的读数$b$称为前视读数。由图可知，$A$、$B$两点间高差

$$h_{AB}=a-b \tag{2-1}$$

即地面上两点间的高差等于后视读数减去前视读数。由式(2-1)可知，后视读数$a$大于前视读数$b$时，$h_{AB}$为正，说明$B$点高于$A$点；反之，则$h_{AB}$为负，说明$A$点高于$B$点。

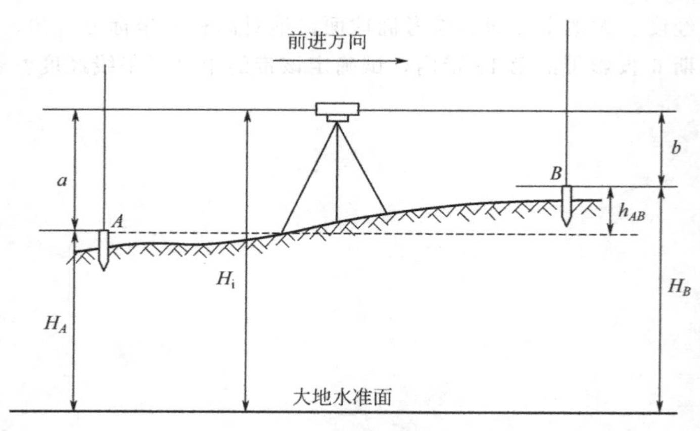


图2-1 水准测量原理

待测高程点$B$的高程为

$$H_B=H_A+h_{AB} \tag{2-2}$$

这种观测方法称为高差法。

由图2-1还可以看出，$A$点高程$H_A$加上后视读数$a$即为水准仪的视线高程，简称视线高，用$H_i$表示。视线高$H_i$减去前视读数$b$也可以得到$B$点高程$H_B$，即

$$\left.\begin{aligned}H_i&=H_A+a\\H_B&=H_i-b\end{aligned}\right\}\tag{2-3}$$

这种观测方法称为视线高程法，可以根据一个后视点的高程同时测定多个未知点的高程，非常方便，常用于工程测量中。

# 第二节　水准测量的仪器和工具

水准测量所使用的仪器为水准仪，相应的工具有水准尺和尺垫。

国产水准仪按其精度可分为$DS_{05}$、$DS_1$、$DS_3$、$DS_{10}$等几种型号。其中，“D”和“S”分别代表“大地测量”和“水准仪”的汉语拼音的第一个字母，下标代表水准仪精度等级，即每千米水准测量高差中数的偶然中误差值为±0.5mm、±1mm、±3mm和±10mm。一般可省略D。$DS_{05}$和$DS_1$为精密水准仪。

工程测量中通常使用的水准仪有$DS_3$微倾式水准仪、自动安平水准仪和电子水准仪，本节分别予以介绍。

## 一、水准仪的构造

1. 微倾水准仪

$DS_3$微倾式水准仪是通过调整水准仪的微倾螺旋使水准管气泡居中，从而获得水平视线的一种仪器设备，主要由望远镜、水准器及基座三个部分组成。为了能精确地提供水平视线，在仪器构造上安置了一个能使望远镜上下作微小运动的微倾螺旋，所以称微倾式水准仪。如图2-2所示为国产微倾式水准仪。

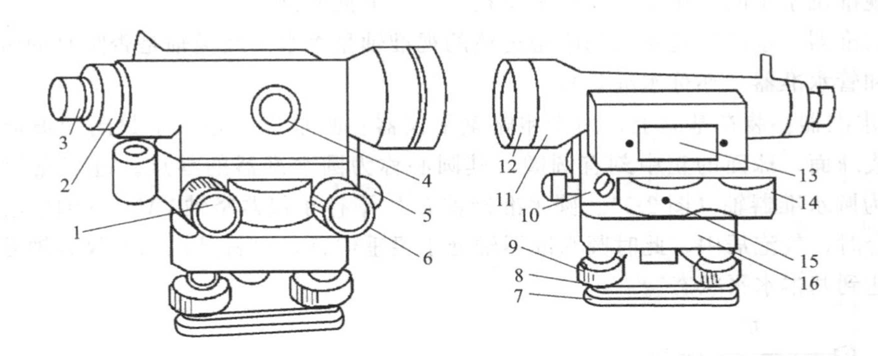


图2-2　水准仪的构造

1—微倾螺旋；2—分划板护罩；3—目镜；4—物镜调焦螺旋；5—制动螺旋；6—微动螺旋；7—底板；8—三脚压板；9—脚螺旋；10—弹簧帽；11—望远镜；12—物镜；13—管水准器；14—圆水准器；15—连接小螺钉；16—轴座

(1) 望远镜　望远镜的作用是精确瞄准远处目标并对水准尺进行读数。它主要由物镜、目镜、对光透镜和十字丝分划板组成，如图2-3所示。

① 物镜和目镜。物镜和目镜多采用复合透镜组，目标$AB$经过物镜成像后形成一个倒立而缩小的实像$ab$，调节物镜对光螺旋，可使不同距离的目标清晰地成像在十字丝平面上。再通过目镜的作用，便可看清同时放大了的十字丝和倒立的目标影像$a'b'$（图2-4）。$DS_3$微倾式水准仪的望远镜放大倍率一般不低于28倍。

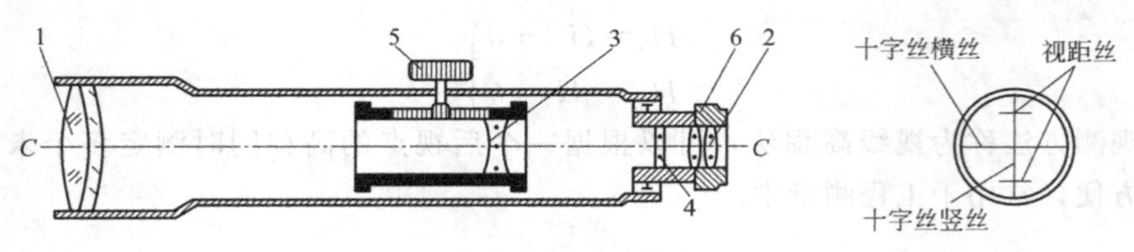


图 2-3　望远镜构造

1—物镜；2—目镜；3—物镜调焦透镜；4—十字丝分划板；5—物镜调焦螺旋；6—目镜调焦螺旋

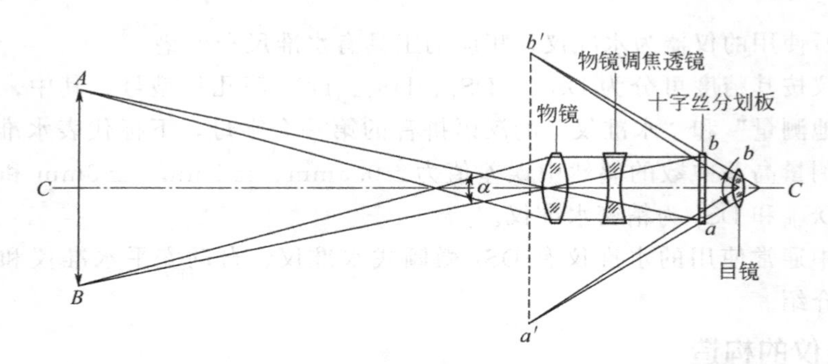


图 2-4　望远镜成像原理

② 十字丝分划板。用来瞄准目标和读数。一般是在玻璃平板上刻有相互垂直的纵横细线，称为横丝（中丝）和纵丝（竖丝）。前者用来读数，后者用来瞄准水准尺。与横丝平行的上下两根短丝称为视距丝，用来测量距离。调节目镜调焦螺旋，可以看清十字丝分划线。

十字丝交点与物镜光心的连线称为望远镜的视准轴。视准轴的延长线即为视线，水准测量就是在视准轴水平时，用十字丝的中丝在水准尺上截取读数的。

(2) 水准器　水准器是用来判断望远镜的视准轴是否水平及竖轴是否竖直的装置。包括圆水准器和管水准器（亦称水准管）。

① 圆水准器。装在基座上，用于粗略整平仪器。圆水准器是一个封闭的玻璃圆盒，内壁顶面磨成球面，球面的正中刻有圆圈，其圆心称为圆水准器的零点。过零点的球面法线 $L'L'$，称为圆水准器轴（图 2-5）。圆水准器轴 $L'L'$ 平行于仪器竖轴 $VV$。气泡中心与圆水准器零点重合时，气泡居中，此时圆水准器轴处于铅垂位置，也就是说水准仪竖轴处于铅垂位置，仪器达到基本水平状态。

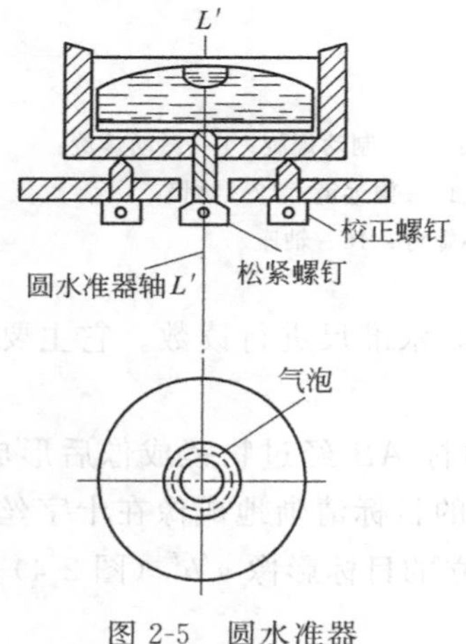


图 2-5　圆水准器

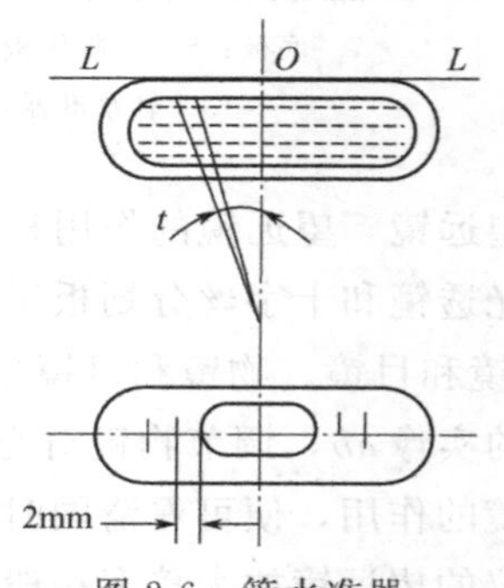


图 2-6　管水准器

当气泡中心偏离零点 2mm 时，仪器竖轴所倾斜的角值称为圆水准器的分划值 $\tau$，一般为 $8'\sim10'$，灵敏度较低。

② 管水准器。装在望远镜旁，用于精确整平仪器。如图 2-6 所示，它是一玻璃管，其纵剖面方向的内壁研磨成一定半径的圆弧形，水准管上一般刻有间隔为 2mm 的分划线，分划线的对称中心 $O$ 称为水准管零点，通过零点与圆弧相切的纵向切线 $LL$ 称为水准管轴。水准管轴平行于视准轴。气泡中心与水准管零点重合时，气泡居中，这时水准管轴处于水平位置，也就是水准仪的视准轴处于水平位置。

水准管上 2mm 圆弧所对的圆心角 $\tau$，称为水准管的分划值。水准管分划值越小，水准管灵敏度越高，用其整平仪器的精度也越高。$DS_3$ 型水准仪的水准管分划值一般为 20″。

为了提高水准管气泡居中的精度，$DS_3$ 水准仪在水准管上方装有一组棱镜，将气泡两端的半边影像反映在望远镜的符合水准器放大镜内。如两边影像重合，说明气泡居中；如两边影像错开，说明气泡不居中，可通过调节微倾螺旋使影像重合（图 2-7）。这种水准器称为符合水准器，可提高气泡居中的精度。

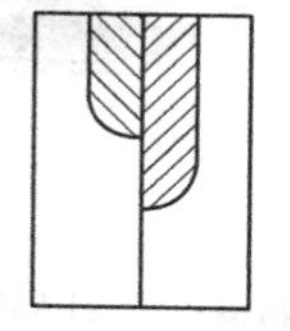
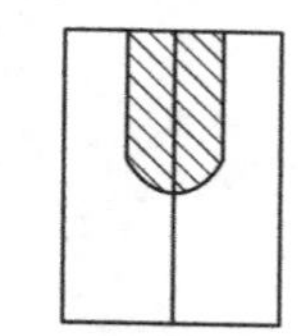

图 2-7　符合水准器

(3) 基座　基座的作用是支承仪器的上部，并通过连接螺旋与三脚架连接。它主要由轴座、脚螺旋、底板和三脚压板等部件构成（图 2-2）。转动脚螺旋，可使圆水准器气泡居中。

2. 自动安平水准仪

自动安平水准仪是一种只需粗略整平即可获得水平视线读数的仪器。它与微倾式水准仪的区别在于：仪器没有水准管和微倾螺旋，而是在望远镜的光学系统中装置了补偿器。利用圆水准器粗平仪器之后，借助仪器内部自动补偿装置的作用，在十字丝交点上读得的读数便是视线水平时应得的读数。自动安平水准仪无需精平，不仅操作简便，观测迅速，而且对于观测者的操作疏忽、施工场地地面的微小震动、松软土地的仪器下沉以及大风吹刮等原因引起的视线微小倾斜，能迅速自动安平仪器，从而提高了水准测量的观测精度。近几年，自动安平水准仪已广泛应用于水准测量作业中。

(1) 自动安平原理　如图 2-8 所示，如果望远镜的视准轴产生了倾斜角 $\alpha$，为使经过物镜光心的水平视线仍能通过十字丝交点 $A$，可采用以下两种工作原理设计补偿器。

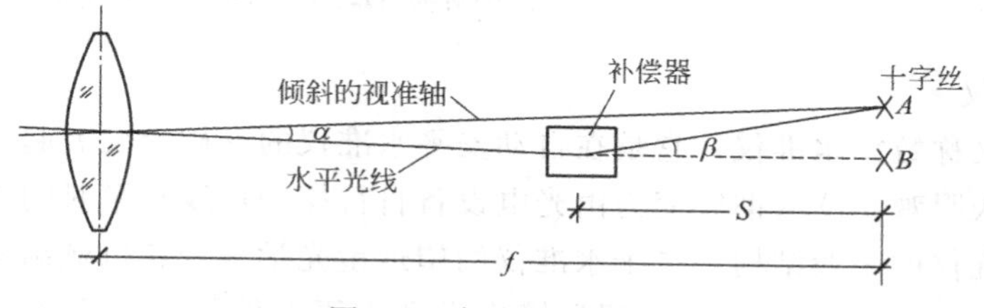


图 2-8　自动安平原理

① 在望远镜光路中安置一个补偿器装置，使水平视线在望远镜分划板上所成的像点位置 $B$ 折向望远镜十字丝中心 $A$，从而使十字丝中心发出的光线在通过望远镜物镜中心后成为水平视线。

② 当视准轴稍有倾斜时，仪器内部的补偿器使得望远镜十字丝中心 $A$ 自动移向水平视线位置 $B$，使望远镜视准轴与水平视线重合，从而读出视线水平时的读数。

只有当视准轴的倾斜角 $\alpha$ 在一定范围内时，补偿器才起作用。能使补偿器起作用的最大允许倾斜角称为补偿范围。自动安平水准仪的补偿范围一般为±8′～±12′，质量较好的自动安平水准仪可达到±15′，圆水准器的分划值一般为±8′/2mm。因此，操作时只要使圆气泡居中，2～4s后尺像趋于稳定即可读数。

(2) DSZ3型自动安平水准仪　图2-9所示为北京光学仪器厂生产的DSZ3-1型自动安平水准仪，该型号中的字母Z代表“自动安平”的汉语拼音的第一个字母。

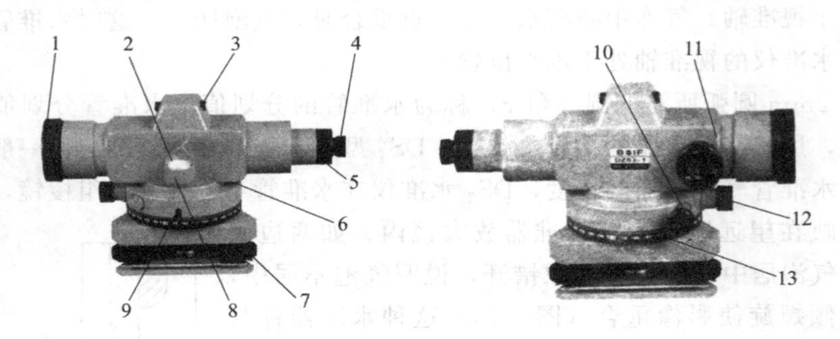


图2-9　DSZ3-1型自动安平水准仪

1—物镜；2—圆水准器；3—粗瞄器；4—目镜；5—保护盖；6—堵盖；7—脚螺旋；8—调整螺钉；9—指标；10—微动螺旋；11—调焦螺旋；12—制动螺旋；13—度盘

DSZ3-1型自动安平水准仪的自动安平机构为轴承吊挂补偿棱镜，采用空气阻尼器使补偿元件迅速稳定，设有自动安平警告指示器以判断自动安平机构是否处于正常，为观测方便，望远镜采用正像。图2-10所示为DSZ3-1型自动安平水准仪的望远镜视场。

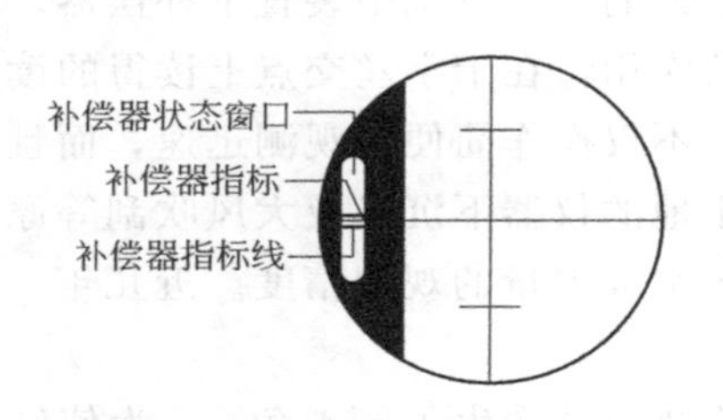


图2-10　望远镜视场

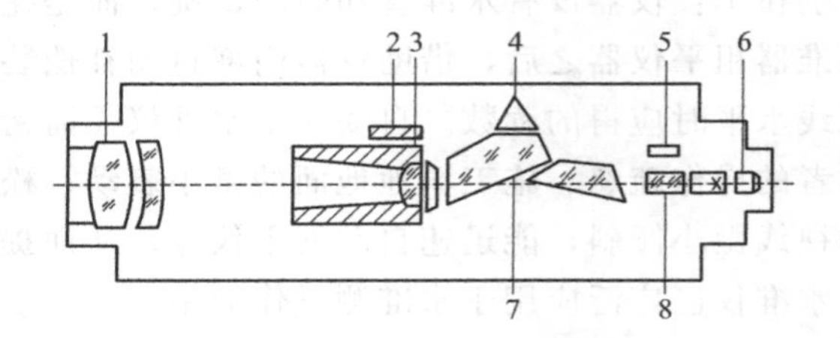


图2-11　NA2002望远镜光学和主要部件的结构略图

1—物镜；2—调焦发送器；3—调焦透镜；4—补偿器监视；5—行阵探测器；6—目镜；7—补偿器；8—分光镜分化板

3. 电子水准仪

电子水准仪又称数字水准仪，它是在自动安平水准仪的基础上发展起来的一种新型水准仪，将原有的由人眼观测读数彻底变为由光电设备自行探测视线水平时的水准尺读数。

(1) 电子水准仪的一般结构　电子水准仪的望远镜光学部分和机械结构与光学自动安平水准仪基本相同。图2-11为NA2002望远镜光学和主要部件的结构略图，图中的部件较自动安平水准仪多了调焦发送器、补偿器监视、分光镜和行阵探测器4个部件。

调焦发送器的作用是测定调焦透镜的位置，由此计算仪器至水准尺的概略视距值；补偿器监视的作用是监视补偿器在测量时的功能是否正常；分光镜则是将经由物镜进入望远镜的光分离成红外线和可见光两个部分，红外线传送给行阵探测器作为标尺图像探测的光源，可见光源穿过十字丝分划板经目镜供观测人员观测水准尺；基于CCD摄像原理的行阵探测器是仪器的核心部件之一，由光敏二极管构成，水准尺上进入望远镜的条码图像可被分成256

个像素，并以模拟的视频信号输出。

（2）电子水准仪的基本原理 电子水准仪是在望远镜中装了一个行阵探测器，仪器内装有图像识别与处理系统，与之配套使用的水准尺为条形编码尺。电子水准仪摄入条形编码后，可将编了码的水准尺影像通过望远镜成像在十字丝平面上，将条码图像转变成电信号后传送给信息处理机，通过仪器内的标准代码（参考信号）进行比对。比对十字丝中央位置周围的视频信号，通过电子放大、数字化后，可得到望远镜中丝在标尺上的读数；比对上、下丝的视频信号及条码成像的比例，可得到仪器和条码尺间的视距，直接显示在显示屏上。图 2-12 为电子水准仪基本原理框图。

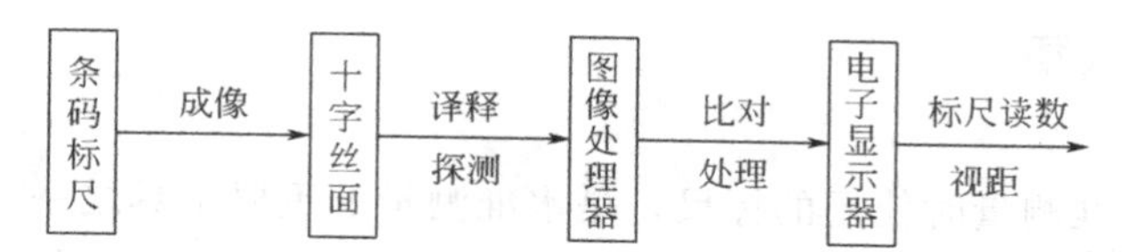


图 2-12 电子水准仪基本原理框图

当前电子水准仪采用三种自动电子读数方法：

① 相关法（徕卡 NA3002/3003/DNA03，如图 2-13 所示）。

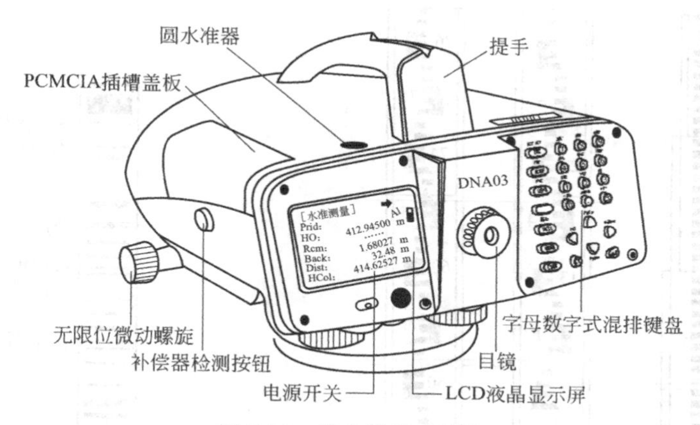


图 2-13 徕卡数字水准仪

② 几何法（蔡司 DiNi10/20，如图 2-14 所示）。

③ 相位法（拓普康 DL101C/102C/103，如图 2-15 所示）。

图 2-14 蔡司电子水准仪

图 2-15 拓普康电子水准仪

电子水准仪的构造包括传统水准仪的光学系统和机械系统，因此它同样可以作为光学水准仪使用，但这时的测量精度低于电子测量的精度。特别是高精度的电子水准仪，由于没有光学测微器，作为普通自动安平水准仪使用时，其精度更低。目前电子水准仪照准标尺和调焦仍需人工目视进行，人工完成照准和调焦之后，标尺条码一方面被成像在望远镜分划板上，供目镜观测，另一方面通过望远镜的分光镜，标尺条码又被成像在探测器上，供电子读数。

电子水准仪的主要优点是操作简捷，测量速度快、精度高、读数客观，能减轻作业劳动强度。整个测量过程中可自动记录存储测量数据，若将观测结果直接输入计算机进行处理，可实现水准测量工作自动化和流水作业。

## 二、水准尺和尺垫

1. 水准尺

水准尺是进行水准测量时使用的标尺，是水准测量的重要工具之一，其质量好坏直接关系到水准测量的精度，因此水准尺常使用优质木材、玻璃钢、金属材料、玻璃纤维或铟钢制成。常用的有塔尺和双面水准尺（图 2-16），用于光学水准测量；条码水准尺（图 2-17），用于电子水准测量。

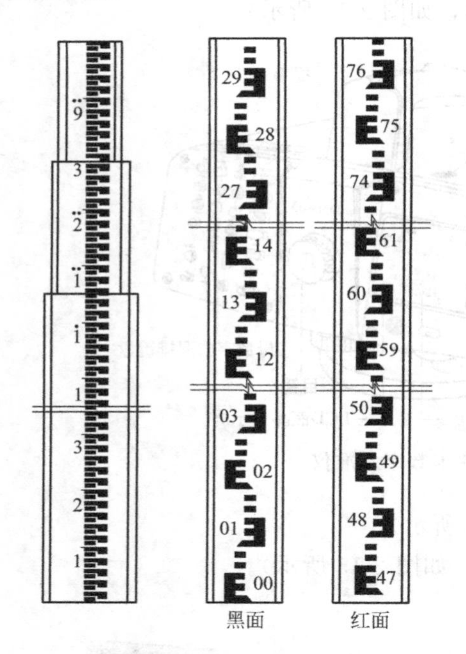


图 2-16　塔尺和双面水准尺

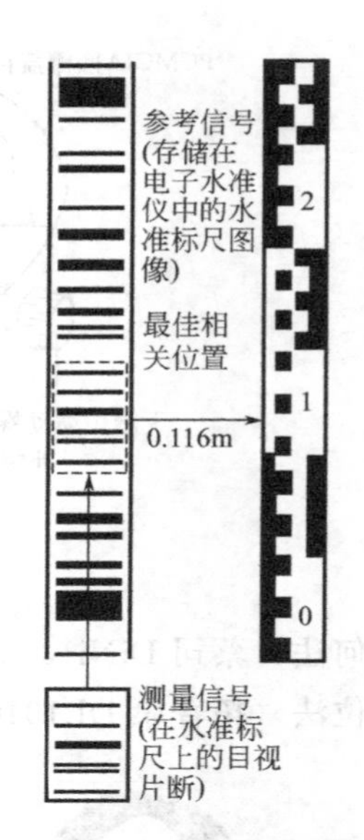


图 2-17　条码水准尺

（1）塔尺　是一种逐节缩小的组合尺，长度 2～5m 不等，两节或三节连接在一起，尺的底部为零，尺面上黑白格或红白格相间，每格宽度为 1cm 或 0.5cm，在米和分米处有数字注记。塔尺连接处稳定性较差，仅用于普通水准测量。

（2）双面水准尺　多用于三、四等水准测量。长为 3m，尺的双面均有刻划，一面为黑白相间，称为黑面尺（也称主尺）；另一面为红白相间，称为红面尺（也称辅尺）。两面的刻划均为 1cm，在分米处注有数字。尺子底部钉有铁片，以防磨损。两根尺的黑面尺尺底均从零开始，而红面尺尺底，一根从 4.687m 开始，另一根从 4.787m 开始。水准测量中，双面水准尺必须成对使用。在视线高度不变的情况下，同一根水准尺的红面和黑面读数之差应等于常数 4.687m 或 4.787m，这个常数称为尺常数，用 $K$ 来表示，以此检核读数是否正确。

(3) 条码水准尺　一面印有条形码图案，供电子测量用，另一面和普通水准尺的刻画相同，供光学测量用。条码水准尺设计时要求各处条码宽度和条码间隔不同，以便探测器能正确测出每根条码的位置。各厂家设计的条码水准尺条码图案不相同，故不能互换使用，但其基本要求是一致的。目前，条纹编码方式有二进制条码、几何位置测量条码和相位差法条码。

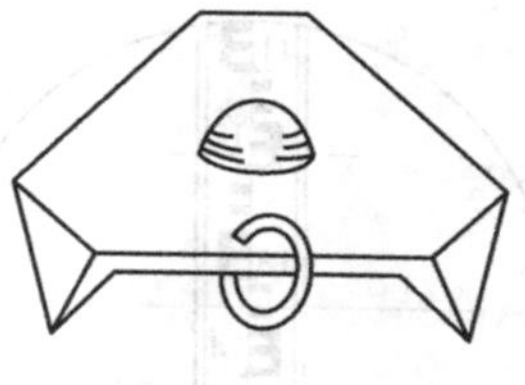

2. 尺垫

图 2-18　尺垫

如图 2-18 所示，尺垫由生铁铸成，一般为三角形，其下方有三个脚，可以踩入土中，以防点位下沉。尺垫上方有一突起的半球体，用来竖立水准尺和标志转点。

# 第三节　水准仪的使用

## 一、微倾式水准仪的使用

微倾式水准仪的基本操作程序为：安置仪器、粗略整平、瞄准目标、精确整平和读数。

1. 安置仪器

① 在测站上松开三脚架架腿的固定螺旋，按观测所需要的高度（仪器安放后望远镜与眼睛基本平齐）调整三条架腿长度，拧紧固定螺旋。在平坦地面，通常三条架腿成等边三角形安放；在倾斜地面，通常两条架腿在坡下，一条在坡上，使架头大致水平，然后踩实架腿，使三脚架稳固。

② 打开仪器箱，取出水准仪，用中心螺旋将其固定在三脚架架头上。

2. 粗略整平

通过调节脚螺旋使圆水准器气泡居中。整平时，气泡移动的方向与左手大拇指旋转脚螺旋时的移动方向一致。具体操作步骤如下。

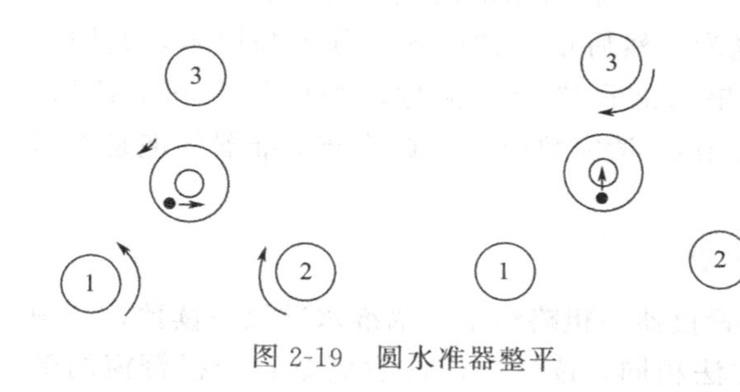

图 2-19　圆水准器整平

① 松开制动螺旋，转动仪器，使圆水准器位于任意两个脚螺旋之间（图 2-19）。用两手按箭头所指的相对方向转动脚螺旋 1 和 2，使气泡沿着 1、2 连线方向移至中间位置。

② 用左手按箭头所指方向转动脚螺旋 3，使气泡移至圆圈中心。

在操作熟练后，不必将气泡的移动分解为两步，可视气泡的具体位置转动任两个脚螺旋直接使气泡居中。

3. 瞄准目标

(1) 目镜调焦　松开制动螺旋，将望远镜转向明亮的背景，转动目镜对光螺旋，使十字丝成像清晰。

(2) 初步瞄准　转动望远镜，利用望远镜筒上方的缺口和准星瞄准水准尺，拧紧制动螺旋。

（3）物镜调焦　转动物镜对光螺旋，从望远镜观察使水准尺的成像清晰。

（4）精确瞄准　转动微动螺旋，使十字丝的竖丝瞄准水准尺中央，如图 2-20 所示。

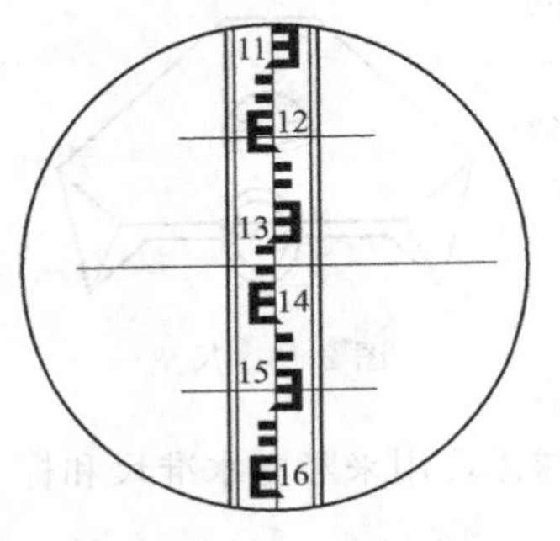

图 2-20　精确瞄准与读数

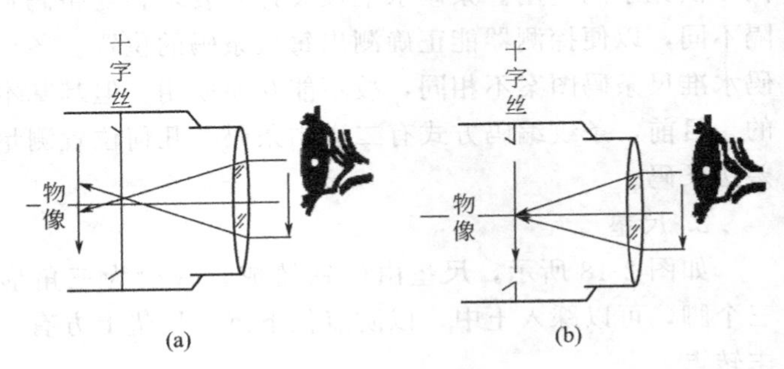

图 2-21　视差现象

（5）消除视差　视差是指眼睛在目镜端上下移动时，十字丝的中丝与水准尺影像之间相对移动的现象，这是由于水准尺的尺像与十字丝平面不重合造成的，如图 2-21(a) 所示。视差的存在将带来读数误差，必须予以消除。消除视差的方法是重新仔细且反复交替地转动物镜和目镜对光螺旋，直至尺像与十字丝平面重合，如图 2-21(b) 所示。

4. 精确整平

精确整平简称精平。眼睛观察符合水准器观察窗内的气泡影像，同时用右手缓慢地转动微倾螺旋，直到气泡两端的影像严密吻合，此时视线即为水平视线，可以读数。微倾螺旋的转动方向与左侧半气泡影像的移动方向一致，如图 2-22 所示。

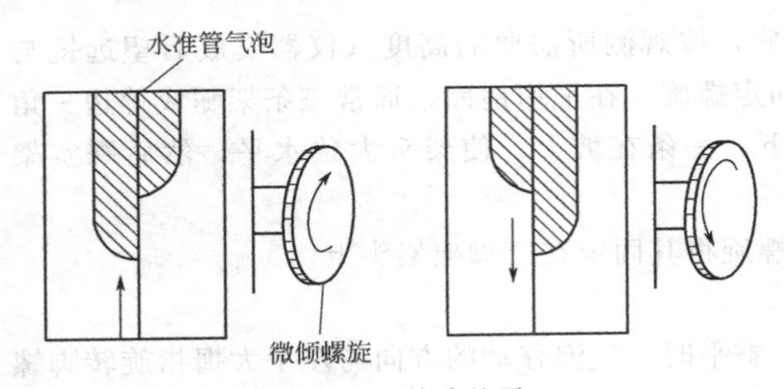

图 2-22　精确整平

由于气泡影像移动有惯性，在转动微倾螺旋时要慢、稳、轻，速度不宜太快，尤其是气泡两半端影像即将吻合时。

5. 读数

符合水准器气泡居中后，应立即用十字丝中丝在水准尺上读数。读数时先估读出毫米，然后依次读取米、分米和厘米，共四位数。遵循的原则是：从小数到大数读取，如果水准尺影像是倒像，则应从上到下读取。图 2-20 中正确读数为 1.332m，习惯上读 1332mm。读完数应再检查符合水准器气泡是否居中，若不居中，应再次精平，重新读数。

## 二、自动安平水准仪的使用

自动安平水准仪的操作程序分四步，即安置仪器—粗略整平—瞄准水准尺—读数，其中安置仪器、粗平、瞄准与微倾式水准仪操作方法相同。读数时应注意观察自动报警窗的颜色，若全窗为绿色可以读数，若任意一端出现红色，说明仪器倾斜量超出自动安平补偿范围，需重新整平仪器方可读数。有的自动安平水准仪在目镜下方配有一个补偿器检查按钮，每次读数前按一下该按钮，如果目标影像在视场中晃动，说明“补偿器”工作正常，等待 2～4s 后即可读数。

## 三、电子水准仪的使用

电子水准仪用键盘和测量键来操作。启动仪器进入工作状态后，根据选项设置合适的测量模式，人工完成安置、粗平与瞄准目标（条形编码水准尺）后，按下测量键后 3～4s 即显示出测量结果，测量结果可储存在仪器内或通过电缆连接存入机内记录器中。蔡司 DiNil2 电子水准仪是目前精度较高的电子水准仪之一，下面重点介绍其使用方法。

蔡司 DiNi12 电子水准仪由下列几部分组成：望远镜、补偿器、光敏二极管、水准器及脚螺旋等。图 2-23 所示为该仪器的操作面板及显示窗口。该仪器每千米往返测量高差中误差最高为±0.3mm，具有先进的感光读数系统，感应可见白光即可测量；配有 2M 内存的 PCMCIA 数据存储卡；具有多种水准导线测量模式及平差和高程放样功能，可进行角度、面积和坐标等测量。

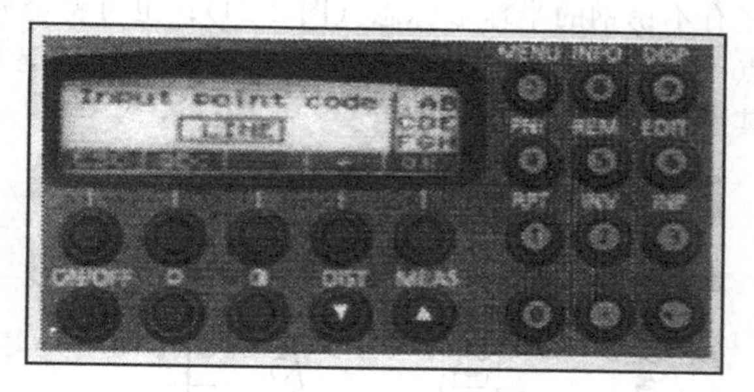

图 2-23　DiNi12 水准仪操作面板

1. 测量准备

(1) 安置仪器

① 松开脚架的三个制动螺旋，张开架腿，将脚架升至合适高度并使架头基本水平，旋紧脚架并踩入地面使之稳定。

② 将仪器箱打开，把仪器安放在三脚架上，旋紧基座下面的连接螺旋。

③ 调节脚螺旋使圆水准气泡居中。

④ 在明亮背景下对望远镜进行目镜调焦，使十字丝清晰。

(2) 照准目标

① 用手转动望远镜大致照准水准尺（该仪器为阻尼制动，无制动螺旋），用粗瞄器进行粗瞄。

② 调节对光螺旋使尺像清晰，用水平微动螺旋使十字丝精确对准条码的中央。

③ 消除十字丝视差。

(3) 开机

① 开机前确认电池已充好电，仪器应和周围环境温度相适应。

② 用 ON/OFF 键启动仪器，简短的显示程序说明和公司简介后，仪器进入工作状态。这时可根据选项设置测量模式。选项有 3 种，即单次测量、路线水准测量、校正测量。测量模式有 8 种，即后前、后前前后、后前后前、后后前前、后前（奇偶站交替）、后前前后（奇偶站交替）、后前后前（奇偶站交替）、后后前前（奇偶站交替）。

③ 可直接输入点号、点名、线名、线号和代号信息。

④ 可直接设定正/倒尺模式。

2. 测量过程

设置完成后，即可按照测量程序进行。

# 第四节　水准测量的方法

## 一、水准点和水准路线

1. 水准点

用水准测量方法测定的高程控制点，称为水准点，用“⊗”符号表示，记为 BM

(bench mark)。水准点分为永久性水准点和临时性水准点两种。

(1) 永久性水准点　国家等级水准点，一般用钢筋混凝土或石料制成标石，在标石顶部嵌有不锈钢的半球形标志（图 2-24）；也可将金属标志镶嵌在稳定的墙角上，称为墙上水准点（图 2-25）。矿井永久性水准基点，一般用混凝土制成，顶部嵌入半球形金属作为标志，其形式如图 2-26(a) 所示。

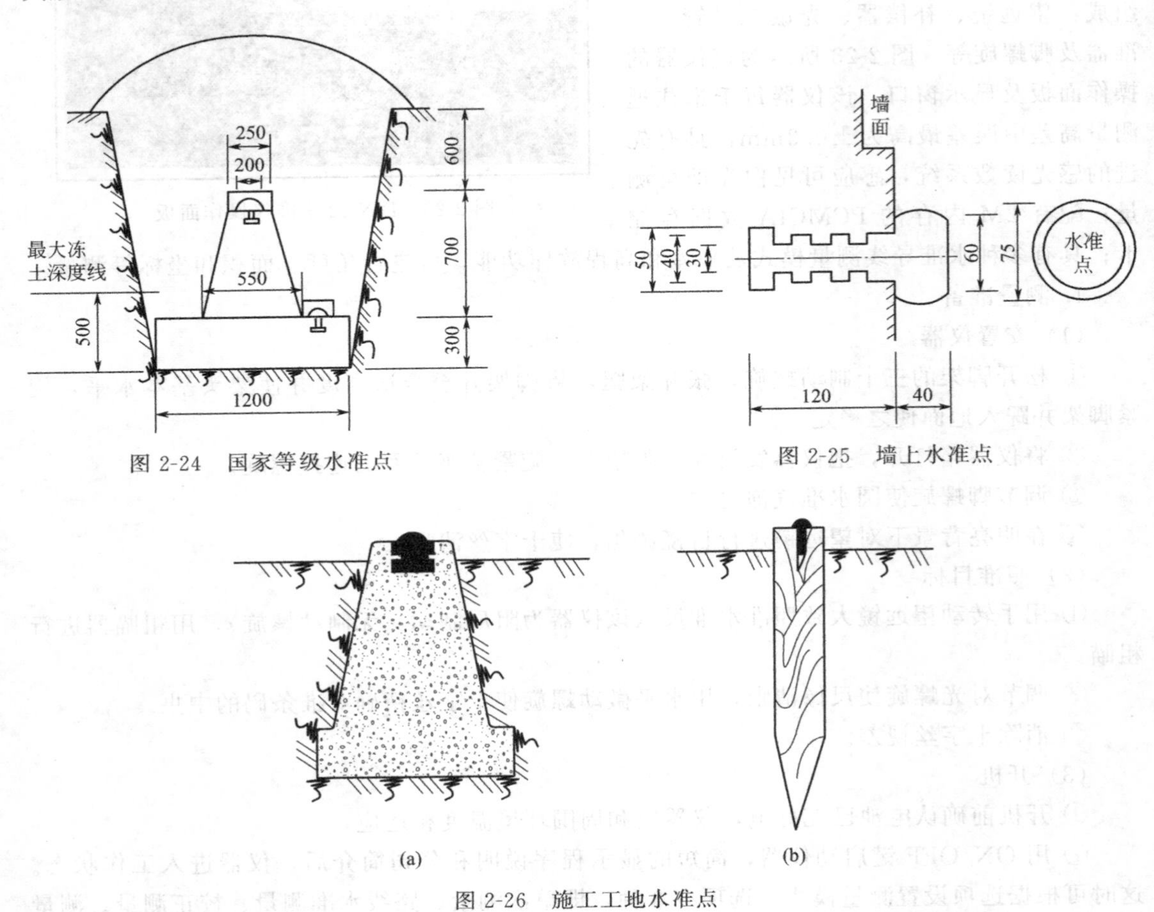


图 2-24　国家等级水准点

图 2-25　墙上水准点

图 2-26　施工工地水准点

(2) 临时性水准点　临时性的水准点可用地面上突出的坚硬岩石或用大木桩打入地下，桩顶钉以半球状铁钉，作为水准点的标志，如图 2-26(b) 所示。

水准点埋设后，应绘出水准点点位略图，称为点之记，以便于日后寻找和使用。

2. 水准路线

水准测量施测所经过的路线，称为水准路线。水准路线上相邻两水准点之间的路线称为一个测段。一般工程测量中，水准路线布设形式主要有以下三种。

(1) 附合水准路线　如图 2-27 所示，从一个已知高程的水准点 $BM_A$ 出发，沿待定高程的水准点 1、2、3 进行水准测量，最后附合到另一个已知高程的水准点 $BM_B$ 所构成的水准路线，称为附合水准路线。

(2) 闭合水准路线　如图 2-28 所示，从已知高程的水准点 $BM_A$ 出发，沿各待定高程的水准点 1、2、3、4 进行水准测量，最后又回到原出发点 $BM_A$ 的环形路线，称为闭合水准路线。

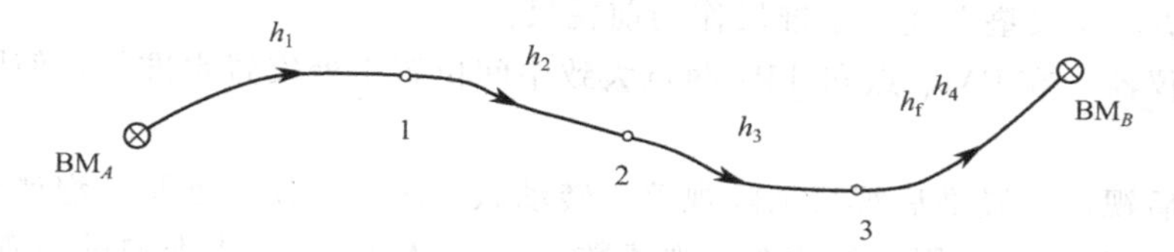


图 2-27 附合水准路线

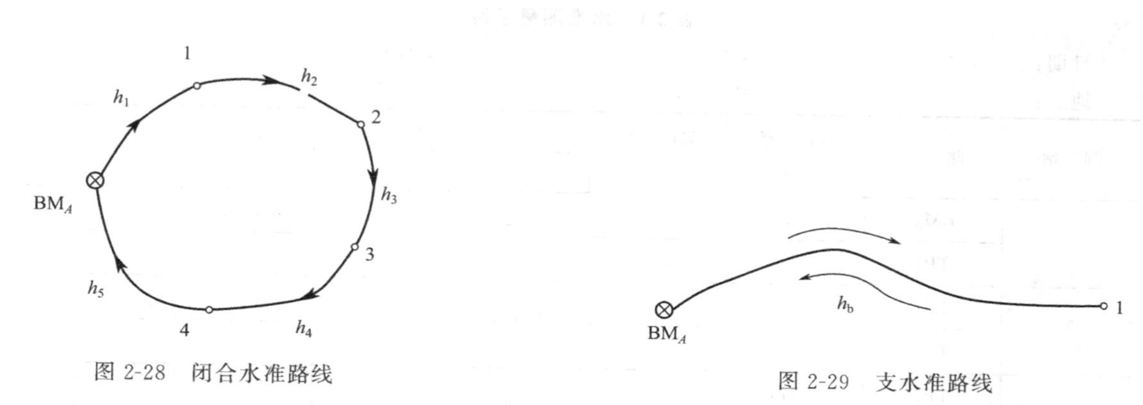


图 2-28 闭合水准路线

图 2-29 支水准路线

（3）支水准路线　如图 2-29 所示，从已知高程的水准点 BM$_A$ 出发，沿待定高程的水准点 1 进行水准测量，这种既不闭合又不附合的水准路线，称为支水准路线。

## 二、水准测量

1. 水准测量方法

实际工作中，当已知高程的水准点距离待测高程点较远、高差很大或不通视时，仅安置一次仪器无法测出两点间高差。此时就需要在两点间加设若干个临时性立尺点，分段设站，连续进行观测。观测时，每安置一次仪器观测两点间的高差，称为一个测站；加设的这些立尺点起着传递高程的作用，所以称为转点，用 TP（turning point）表示。

如图 2-30 所示，已知水准点 BM$_A$ 的高程为 $H_A$，现欲测定 $B$ 点的高程 $H_B$，由于 $A$、$B$ 两点相距较远，故分段进行测量。具体施测步骤如下：

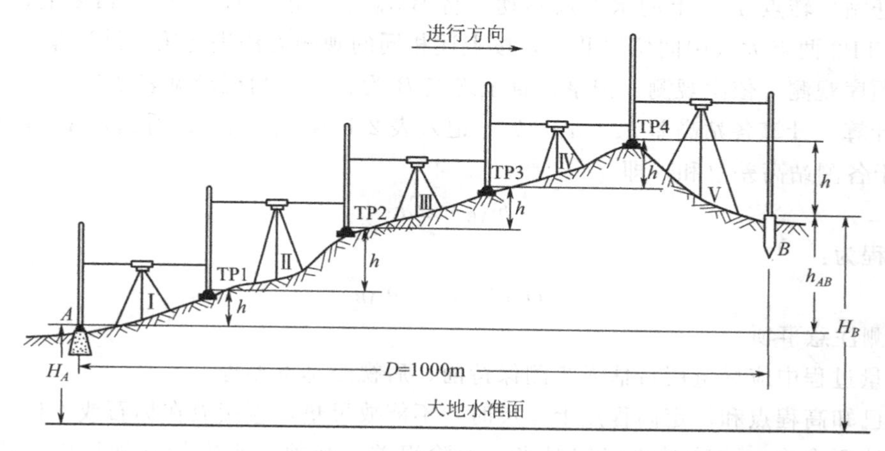


图 2-30 水准测量的施测

（1）立尺　在 BM$_A$ 点竖立水准尺作为后视尺，在路线前进方向适当位置处设转点

TP1，安放尺垫，在尺垫上竖立水准尺作为前视尺。

(2) 安置仪器　在 $BM_A$ 点和 TP1 两点大致中间位置Ⅰ处安置水准仪，使圆水准器气泡居中。

(3) 瞄准后视尺　瞄准后视尺消除视差，转动微倾螺旋，使水准管气泡严格居中（自动安平、电子水准仪不须），用中丝读取后视读数 $a_1$，记入表 2-1 "水准测量手簿"。

**表 2-1　水准测量手簿**

日期：　　　　天气：　　　　仪器编号：

地点：　　　　观测者：　　　　记录者：

| 测站 | 测点 | 后视读数/m | 前视读数/m | 高差/m | | 高程/m | 备注 |
|---|---|---|---|---|---|---|---|
| | | | | + | − | | |
| 1 | $BM_A$ | 0.823 | | 0.678 | | 365.427 | |
| | TP1 | | 0.145 | | | | |
| 2 | TP1 | 2.769 | | 1.915 | | | |
| | TP2 | | 0.854 | | | | |
| 3 | TP2 | 1.371 | | 0.361 | | | |
| | TP3 | | 1.010 | | | | |
| 4 | TP3 | 1.171 | | | −0.945 | | |
| | TP4 | | 2.116 | | | | |
| 5 | TP4 | 0.434 | | | −1.672 | | |
| | $BM_B$ | | 2.106 | | | 365.764 | |
| Σ | | 6.568 | 6.231 | 2.954 | −2.617 | | |
| 校核计算 | $\sum h=\sum a-\sum b=H_B-H_A=0.337$m | | | | | | |

(4) 瞄准前视尺　瞄准前视尺，转动微倾螺旋，使水准管气泡严格居中，读取前视读数 $b_1$，记入表 2-1 "水准测量手簿"。

(5) 迁站　转点 TP1 上的水准尺不动，将 $BM_A$ 点水准尺移至转点 TP2 上，水准仪移至 TP1 和 TP2 两点大致中间位置Ⅱ处，按上述相同的观测方法进行第二站测量。

(6) 顺序观测　依次观测、记录，直至终点 $B$ 为止。观测记录见表 2-1。

(7) 计算　计算各站高差 $h_i=a_i-b_i$，记入表 2-1 内。由图可以看出，$A$、$B$ 两点的高差 $h_{AB}$ 等于各测站高差总和，即

$$h_{AB}=\sum h \tag{2-4}$$

则 $B$ 点高程为：

$$H_B=H_A+h_{AB} \tag{2-5}$$

2. 观测注意事项

① 测量过程中应尽量用目估或步测保持前、后视距基本相等。

② 在已知高程点和待定高程点上立尺时，不能放尺垫，直接放在标石或木桩上。

③ 估读要准确，读数时要仔细对光，消除视差，必须使水准管气泡居中，读完以后，再检查气泡是否居中。

④ 扶尺者要身体站正，双手扶尺，保证扶尺竖直。

⑤ 读数时，记录员要复诵，以便核对，并应按记录格式填写，字迹要整齐、清楚、端正。

⑥ 记录要原始，当场填写清楚。在记错或算错时，应在错字上划一斜线，将正确数字写在错数上方。

3. 水准测量检核

（1）计算检核　为了保证记录表中数据计算正确，应对表中计算的高差和高程进行检核，即：后视读数总和减前视读数总和＝各段高差总和＝$B$ 点高程与 $A$ 点高程之差，否则，计算有错。例如表 2-1 中：

$$\sum h=\sum a-\sum b=H_B-H_A=0.337\text{m}$$

（2）测站检核　水准测量连续性很强，一个测站的误差或错误对整个水准测量成果都有影响。为了保证各个测站观测成果的正确性，每一个测站都必须进行检核。主要方法如下：

① 变动仪器高法。在一个测站上用不同的仪器高度测两次高差。测得第一次高差后，改变仪器高度（至少 10cm），然后再测一次高差。当两次所测高差之差不大于 3～5mm 时，则认为观测值符合要求，取其平均值作为最后结果；若大于 3～5mm，则需要重测。

② 双面尺法。此法是保持仪器高度不变，分别对双面水准尺的黑面和红面进行观测，算出两个高差。红、黑面高差之差不能大于 3～5mm。如果在限差范围之内，取平均值作为该测站最后结果，否则须重测。

（3）路线检核　水准测量在野外作业，受着各种因素，如温度、风力、大气折光、尺子下沉或倾斜、仪器误差、观测误差等的影响。这些因素所引起的误差在一个测站上可能不明显，但若干个测站累积，往往使整条水准路线达不到精度要求。因此，水准测量除测站检核外，还需要进行成果检核。水准测量的成果检核采用高差闭合差与容许高差闭合差（即高差闭合差的限差）比较的方法进行。水准路线的高差闭合差是指实测高差值与理论高差值之差。

① 附合水准路线。从理论上讲，附合水准路线各测段高差代数和应等于两个已知高程的水准点之间的高差，即

$$\sum h_{\text{th}}=H_B-H_A \tag{2-6}$$

如果不等，则高差闭合差为

$$f_{\text{h}}=\sum h_{\text{m}}-\sum h_{\text{th}}=\sum h_{\text{m}}-(H_B-H_A) \tag{2-7}$$

② 闭合水准路线。从理论上讲，闭合水准路线各测段高差代数和应等于零，即

$$\sum h_{\text{th}}=0 \tag{2-8}$$

如果不等于零，则高差闭合差为

$$f_{\text{h}}=\sum h_{\text{m}} \tag{2-9}$$

③ 支水准路线。支水准路线要进行往返测量，以资检核。

从理论上讲，支水准路线往测高差与返测高差的代数和应等于零，即

$$\sum h_{\text{f}}+\sum h_{\text{b}}=0 \tag{2-10}$$

如果不等于零，则高差闭合差为

$$f_{\text{h}}=\sum h_{\text{f}}+\sum h_{\text{b}} \tag{2-11}$$

各种路线形式的水准测量，其高差闭合差均不应超过容许值，否则即认为观测结果不符合要求。不同等级的水准测量，其高差闭合差的容许值不同。

# 第五节　水准测量数据处理

水准测量数据处理就是检查外业观测手簿无误后，计算水准路线高差闭合差，若在容许范围内时，进行高差闭合差的调整，使调整后的测段高差总和等于理论值，然后用调整后的高差计算各高程待定点的高程。

## 一、附合水准路线

图 2-31 是一附合水准路线等外水准测量示意图，$A$、$B$ 为已知高程的水准点，1、2、3 为待定高程的水准点。$h_1$、$h_2$、$h_3$ 和 $h_4$ 为各测段观测高差，$n_1$、$n_2$、$n_3$ 和 $n_4$ 为各测段测站数，$L_1$、$L_2$、$L_3$ 和 $L_4$ 为各测段长度。已知 $H_A=89.763\text{m}$，$H_B=93.504\text{m}$，各测段站数、长度及高差均注于图 2-31 中。

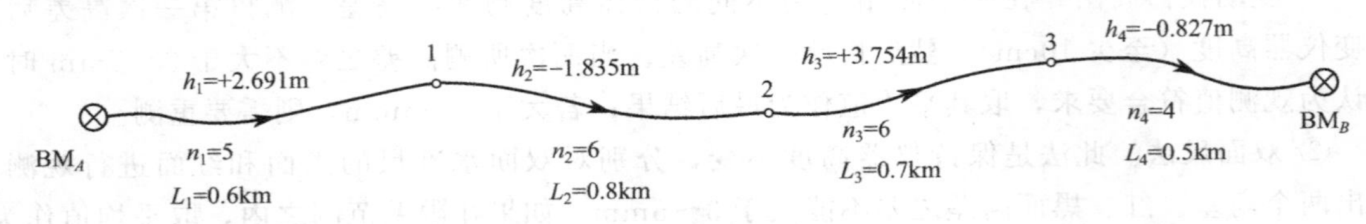


图 2-31　附合水准路线示意图

1. 已知数据和观测数据填表

将点号、测段长度、测站数、观测高差及已知水准点 $A$、$B$ 的高程填入附合水准路线成果计算表 2-2 中有关各栏内。

2. 计算高差闭合差 $f_h$

如果观测过程中没有误差，高差总和理论上应等于终点高程减去起点高程，但由于各种误差的存在，实测高差总和不等于理论值，从而产生高差闭合差。

本例中，$f_h=\sum h_m-(H_B-H_A)=3.783\text{m}-(93.504\text{m}-89.763\text{m})=+0.042\text{m}=+42\text{mm}$。

3. 计算高差容许闭合差 $f_{h容}$

《煤矿测量规程》规定，四等水准测量（闭合、附合、支线）路线的高差闭合差容许值为：

$$\text{平地}\quad f_{h容}=\pm 20\sqrt{L}\ (\text{mm})$$

$$\text{山地}\quad f_{h容}=\pm 6\sqrt{n}\ (\text{mm}) \tag{2-12}$$

等外水准测量（闭合、附合、支线）路线的高差闭合差容许值为

$$\text{平地}\quad f_{h容}=\pm 40\sqrt{L}\ (\text{mm}) \tag{2-13}$$

$$\text{山地}\quad f_{h容}=\pm 12\sqrt{n}\ (\text{mm}) \tag{2-14}$$

式中，$L$ 指路线总长度，km；$n$ 为测站总数。山地一般指每千米测站数在 16 个以上的地形。

本例中，根据附合水准路线的测站数及路线长度计算每千米测站数

$$\frac{\sum n}{\sum L}=\frac{21\text{站}}{2.6\text{km}}=8.1(\text{站/km})<16(\text{站/km})$$

故高差闭合差容许值采用平地公式计算，$f_{h容}=\pm 40\sqrt{L}=\pm 40\times\sqrt{2.6}=\pm 64\text{mm}$。

因$|f_h|<|f_{h容}|$，说明观测成果精度符合要求，可对高差闭合差进行调整。如果$|f_h|>|f_{h容}|$，说明观测成果不符合要求，必须重新测量。

将$f_h$与$f_{h容}$填入表2-2中辅助计算栏内。

**表2-2　水准测量成果计算表**

| 点号 | 距离/km | 测站数 | 实测高差/m | 改正数/mm | 改正后高差/m | 高程/m | 点号 | 备注 |
|---|---|---|---|---|---|---|---|---|
| 1 | 2 | 3 | 4 | 5 | 6 | 7 | 8 | 9 |
| $BM_A$ | | | | | | 89.763 | $BM_A$ | |
| | 0.6 | 5 | +2.691 | −10 | +2.681 | | | |
| 1 | | | | | | 92.444 | 1 | |
| | 0.8 | 6 | −1.835 | −13 | −1.848 | | | |
| 2 | | | | | | 90.596 | 2 | |
| | 0.7 | 6 | +3.754 | −11 | +3.743 | | | |
| 3 | | | | | | 94.339 | 3 | |
| | 0.5 | 4 | −0.827 | −8 | −0.835 | | | |
| $BM_B$ | | | | | | 93.504 | $BM_B$ | |
| $\sum$ | 2.6 | 21 | +3.783 | −42 | +3.741 | | | |
| 辅助计算 | $f_h=\sum h_m-(H_B-H_A)=3.783\text{m}-(93.504\text{m}-89.763\text{m})=+0.042\text{m}=+42\text{mm}$<br>$f_{h容}=\pm40\sqrt{L}=\pm40\times\sqrt{2.6}=\pm64\text{mm}$　　$|f_h|<|f_{h容}|$ | | | | | | | |

4. 高差闭合差的调整

由于存在闭合差，使测量成果产生矛盾。为此，必须在观测值上加一定的改正数，改正数与闭合差应大小相等，符号相反，以消除矛盾，提高成果精度。

在同一条水准路线上，一般认为观测条件相同，故可以认为误差的大小与路线长度或测站数成正比。因此，高差闭合差调整的原则和方法，是将高差闭合差按与测站数或测段长度成正比例的原则，反号分配到各相应测段的高差上，得各测段高差闭合差改正数$v_i$。$v_i$的计算公式为

$$v_i=-\frac{f_h}{\sum n}n_i \quad 或 \quad v_i=-\frac{f_h}{\sum L}L_i \tag{2-15}$$

式中　$v_i$——第$i$测段的高差改正数，mm；

$\sum n$，$\sum L$——水准路线总测站数、总长度；

$n_i$，$L_i$——第$i$测段的测站数、测段长度。

本例中，按路线长度进行调整，各测段改正数分别为：−10mm、−13mm、−11mm、−8mm。

计算检核：$\sum v_i=-f_h$。

将各测段高差改正数填入表2-2中第5栏内。

5. 计算各测段改正后高差

各测段改正后高差等于各测段观测高差加上相应的改正数，即

$$\overline{h_i}=h_{im}+v_i \tag{2-16}$$

式中　$\overline{h_i}$——第$i$段的改正后高差，m。

本例中，各测段改正后高差分别为：+2.681m、−1.848m、+3.743m、−0.835m。

计算检核：$\sum\overline{h_i}=H_B-H_A$。

将各测段改正后高差填入表 2-2 中第 6 栏内。

6. 计算待定点高程

根据已知水准点 $A$ 的高程和各测段改正后高差，即可依次推算出各待定点的高程。

计算检核：$H_{B(推算)}=H_3+\overline{h_4}=94.339\text{m}-0.835\text{m}=93.504\text{m}=H_{B(已知)}$。

将推算出的各待定点高程填入表 2-2 中第 7 栏内。

## 二、闭合水准路线

闭合水准路线成果计算的步骤与附合水准路线相同，注意计算高差闭合差时路线的理论高差值等于 0，即 $f_h=\sum h_m$。

## 三、支水准路线

图 2-32 是一支水准路线等外水准测量示意图。$A$ 为已知高程的水准点，其高程 $H_A$ 为 32.481m，1 点为待定高程的水准点，$h_f$ 和 $h_b$ 为往返测量的观测高差，$n_f$ 和 $n_b$ 为往、返测的测站数，共 16 站。1 点的高程计算步骤如下。

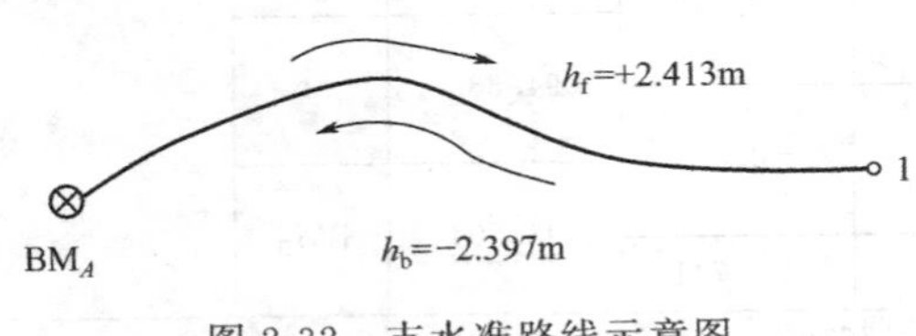


图 2-32　支水准路线示意图

1. 计算高差闭合差

理论上，往测与返测高差的绝对值应大小相等而符号相反，否则有高差闭合差

$$f_h=h_f+h_b=+2.413\text{m}+(-2.397\text{m})=+0.016\text{m}=+16\text{mm}$$

2. 计算高差容许闭合差

高差容许闭合差的计算和检核要求与闭合水准路线相同，但路线长度以单程计算。

本例中，测站数 $n=\frac{1}{2}(n_f+n_b)=\frac{1}{2}\times 16$ 站$=8$ 站

$$f_{h容}=\pm 12\sqrt{n}=\pm 12\times\sqrt{8}=\pm 34\text{mm}$$

因 $|f_h|<|f_{h容}|$，故精度符合要求。

3. 计算改正后高差

取往测和返测的高差绝对值的平均值作为 $A$ 和 1 两点间的高差，其符号和往测高差符号相同，即

$$h_{A1}=\frac{+2.413\text{m}+2.397\text{m}}{2}=+2.405\text{m}$$

4. 计算待定点高程

$$H_1=H_A+h_{A1}=32.481\text{m}+2.405\text{m}=34.886\text{m}$$

# 本章小结

本章重点介绍了水准测量原理、水准仪的结构、使用方法，水准测量的外业测量方法和内业计算步骤。

水准测量是利用水准仪提供的水平视线和水准尺直接测定已知点和待定点间的高差，然后根据已知点的高程计算待定点的高程。

水准仪主要由望远镜、水准器和基座组成。水准仪（微倾式）的操作步骤包括：粗略整平、

目镜对光、照准水准尺、对光与瞄准、精平与读数。自动安平水准仪操作不需要精确整平可直接读数，电子水准仪数据可在屏幕上显示并自动记录。

水准测量路线形式包括附合水准路线、闭合水准路线、支线水准路线。水准测量外业观测包括测站检核和路线检核。闭（附）合水准路线内业计算步骤包括：在专用表格中填写已知点高程和观测数据，计算路线高差闭合差，调整路线高差闭合差，计算待定点的高程。

# 习　题

1. 绘图说明水准观测原理。
2. 水准仪的望远镜主要由哪几部分组成，各部分有什么功能？
3. 简述用望远镜瞄准水准尺的步骤。
4. 何谓视差，产生视差的原因是什么，如何消除？
5. 何谓水准管分划值，其与水准管的灵敏度有何关系？
6. 圆水准器和水准管各有何作用？
7. 简述一个测站上水准测量的施测方法。
8. 为了保证水准测量成果的正确性，在水准测量中应进行哪些校核？
9. 后视点 $A$ 的高程为 36.254m，读得其水准尺的读数为 1.182m，在前视点 $B$ 尺上读数为 1.647m，高差 $h_{AB}$ 是多少？$B$ 点比 $A$ 点高，还是比 $A$ 点低？$B$ 点高程是多少？试绘图说明。
10. 图 2-33 所示为一闭合水准路线等外水准测量示意图。水准点 $BM_A$ 的高程 54.635m，1、2、3、4 点为待定高程点，各测段测站数及高差分别为：$n_1=6$，$h_1=2.312$m；$n_2=4$，$h_2=1.938$m；$n_3=7$，$h_3=-2.034$m；$n_4=5$，$h_4=-1.893$m；$n_5=3$，$h_5=-0.308$m。试计算各待定点的高程。

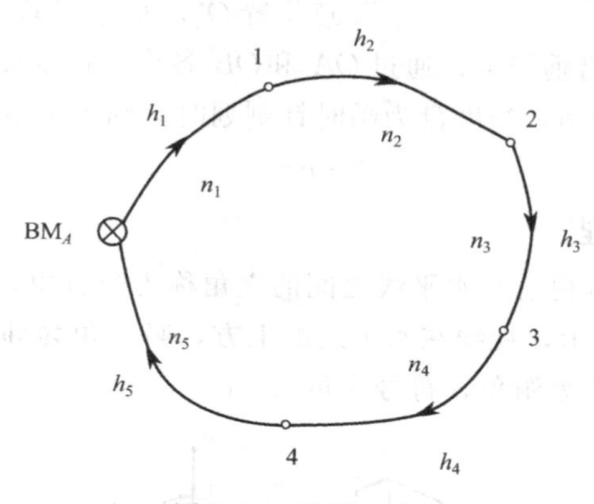


图 2-33　习题 10 图

# 第三章 角度测量

角度测量包括水平角测量和竖直角测量。角度测量的主要仪器是经纬仪。

## 第一节 角度测量原理

### 一、水平角测量原理

两条相交的空间直线在水平面上垂直投影之间的夹角，称为水平角。如图 3-1 所示，$A$、$O$、$B$ 是地面上任意三点。$O$ 为测站点（观测时安置仪器的位置），$A$、$B$ 为目标点。$O_1A_1$、$O_1B_1$ 分别为通过空间直线 $OA$、$OB$ 的两个竖直面在水平面上的投影位置，则 $OA$、$OB$ 两方向线所构成的水平角为 $O_1A_1$、$O_1B_1$ 之间的夹角 $\beta$。水平角的角值范围为 0°～360°。

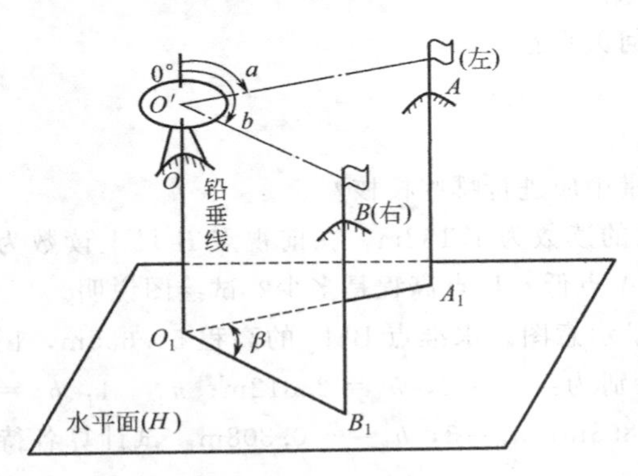

图 3-1 水平角测量原理

由此可见，水平角就是通过两方向线所作的二面角，在二面角的交线上任意一点均可测量水平角。

为了测出水平角，可在过 $O$ 点铅垂线上任意位置 $O'$，水平安置一个带有刻度的圆盘，并使圆盘中心位于过 $O$ 点的铅垂线上；通过 $OA$ 和 $OB$ 各作一铅垂面，设这两个铅垂面在刻度盘上截取的读数分别为 $a$ 和 $b$，当度盘为顺时针刻划时，则水平角 $\beta$ 的角值为

$$\beta = b - a \tag{3-1}$$

### 二、竖直角测量原理

在同一铅垂面内，观测视线与水平线之间的夹角称为竖直角，用 $\alpha$ 表示，其角值范围为 0°～±90°。如图 3-2(a) 所示，视线在水平线的上方，竖直角为仰角，符号为正（$+\alpha$）；视线在水平线的下方，竖直角为俯角，符号为负（$-\alpha$）。

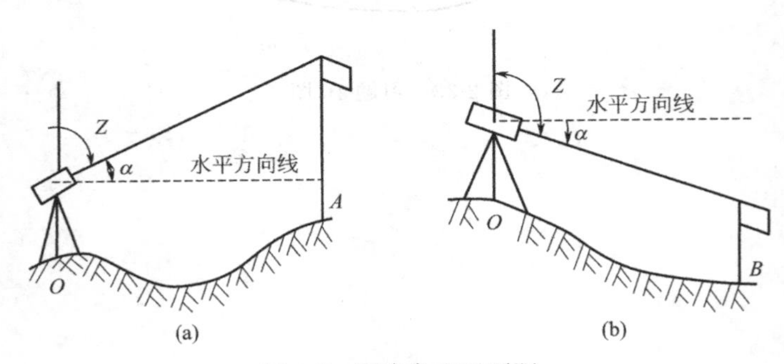

图 3-2 竖直角和天顶距

视线与测站点天顶方向之间的夹角称为天顶距，用 $Z$ 表示［图 3-2(b)］，其数值为

0°～180°。显然，同一目标方向的竖直角 $\alpha$ 和天顶距 $Z$ 之间有如下关系

$$\alpha=90°-Z \tag{3-2}$$

同水平角一样，竖直角的角值也是度盘上两个方向的读数之差。在经纬仪上安置一个竖直度盘，其中心位于望远镜旋转轴上，望远镜瞄准目标的视线与水平视线分别在竖直度盘上有对应读数，两读数之差即为竖直角的角值（图 3-3）。所不同的是，竖直角的两方向中的一个是水平方向。无论对哪一种经纬仪来说，视线水平时的竖盘读数都应为 90°的倍数。所以，测量竖直角时，只要瞄准目标读出竖盘读数，即可计算出竖直角。

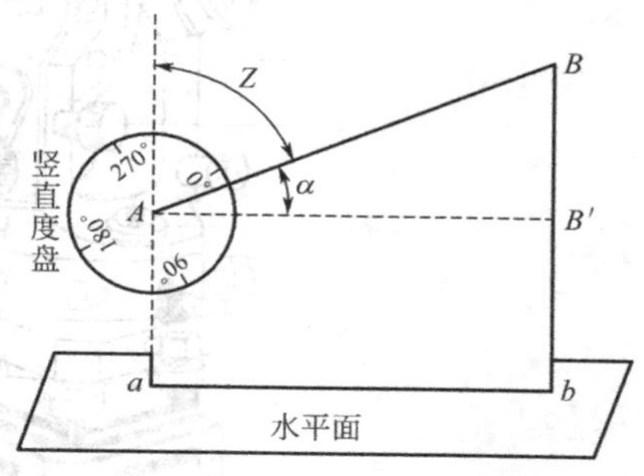


图 3-3 竖直角观测原理

由上述水平角和竖直角观测原理可知，用于角度测量的经纬仪应该具备下述条件：

① 具备一个水平度盘和一个竖直度盘，且水平度盘能置于水平位置，中心能位于过测站点的铅垂线上；

② 仪器上的望远镜不仅可以在水平面内转动，而且还能在竖直面内转动，以便精确瞄准各个方向不同、高低不同、远近不同的目标；

③ 有一套能精确读取度盘读数的读数装置。

# 第二节 角度测量仪器及其使用

我国的经纬仪按测角精度分为 $DJ_{07}$、$DJ_1$、$DJ_2$、$DJ_6$ 和 $DJ_{15}$ 几种型号。其中“DJ”分别为“大地测量”和“经纬仪”的汉语拼音第一个字母，下标数字 07、1、2、6、15 表示仪器的精度等级，如 $DJ_6$ 表示一测回水平方向观测中误差的秒数不超过±6″。经纬仪按照读数系统可分为光学经纬仪和电子经纬仪。

## 一、经纬仪的构造

1. 光学经纬仪的构造

工程测量中常用的光学经纬仪有 $DJ_2$ 和 $DJ_6$ 两种。由于生产厂家不同，仪器结构和部件也不尽相同，但其构造基本相同，都由照准部、水平度盘和基座三部分组成。图 3-4 所示为北京光学仪器厂生产的 $DJ_6$ 光学经纬仪的外形及各部件名称。

（1）照准部 照准部是经纬仪的重要组成部分，是指水平度盘之上能绕其旋转轴旋转的部分。照准部主要由竖轴、望远镜、竖直度盘、读数设备、照准部水准管和光学对中器等组成。

① 竖轴。照准部的旋转轴。通过调节照准部制动螺旋和微动螺旋，可以控制照准部在水平方向上的转动。

② 望远镜。用于瞄准目标，其结构与水准仪的望远镜结构相同。为了便于精确瞄准目标，经纬仪的十字丝分划板与水准仪的稍有不同，如图 3-5 所示。

③ 横轴。望远镜的旋转轴。通过调节望远镜制动螺旋和微动螺旋，可以控制望远镜的上下转动。

④ 竖直度盘。用于测量竖直角，固定在横轴的一端，随望远镜一起转动。

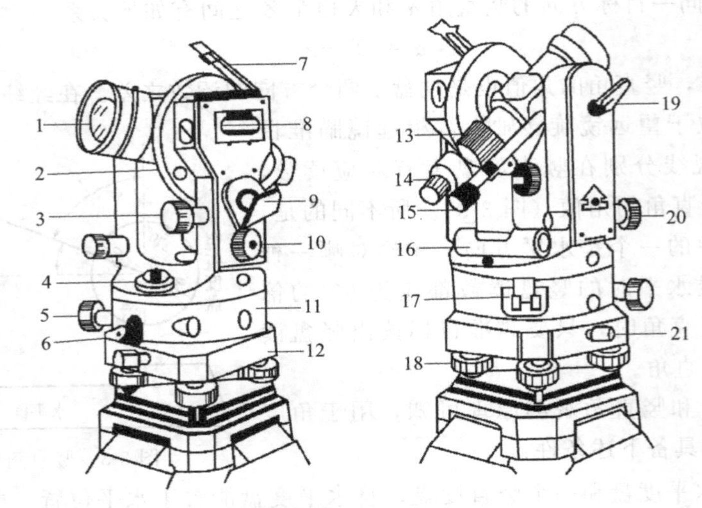


图 3-4　$DJ_6$ 光学经纬仪

1—物镜；2—竖直度盘；3—竖盘指标水准管微动螺旋；4—圆水准器；5—照准部微动螺旋；6—照准部制动螺旋；7—水准管反光镜；8—竖盘指标水准管；9—度盘照明反光镜；10—测微轮；11—水平度盘；12—基座；13—望远镜调焦筒；14—目镜；15—读数显微镜目镜；16—照准部水准管；17—复测扳手；18—脚螺旋；19—望远镜制动螺旋；20—望远镜微动螺旋；21—轴座固定螺旋

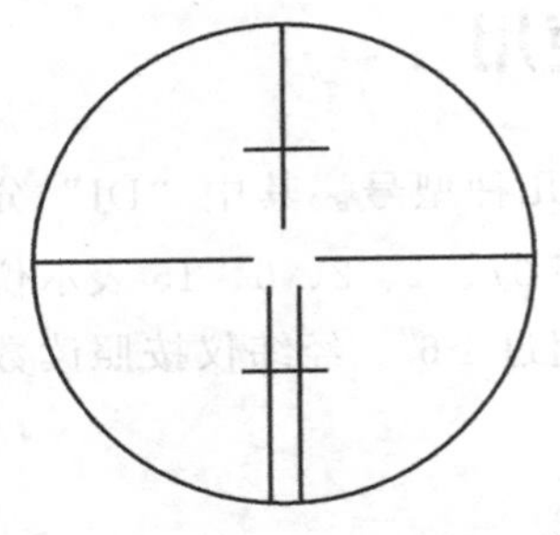

图 3-5　十字丝分划板

⑤ 读数设备。用于读取水平度盘和竖直度盘的读数。

⑥ 照准部水准管。用于精确整平仪器。

⑦ 光学对中器。用于使水平度盘中心位于测站点的铅垂线上。

经纬仪的主要轴线中，视准轴垂直于横轴，横轴垂直于仪器竖轴，从而保证在仪器竖轴铅直时，望远镜绕横轴转动能扫出一个铅垂面。水准管轴垂直于仪器竖轴，当照准部水准管气泡居中时，经纬仪的竖轴铅直，水平度盘即处于水平位置。

(2) 水平度盘　水平度盘是用于测量水平角的。它是由光学玻璃制成的圆环，环上顺时针方向注记有 0°～360°的分划线，其度盘分划值，为 1°、30′、20′、10′，在整度分划线上标有注记。度盘分划中心与仪器竖轴重合，度盘平面与竖轴垂直。水平度盘与照准部是分离的，当照准部转动时，水平度盘并不随之转动。在水平角观测中，如果需要改变水平度盘的位置，可通过照准部上的水平度盘变换手轮，使水平度盘与照准部结合，将度盘变换到所需要的位置。

(3) 基座　基座用于支承整个仪器，并通过中心连接螺旋将经纬仪固定在三脚架上。基座上有三个脚螺旋，用于整平仪器，还有一个轴座固定螺旋，用于控制照准部和基座之间的衔接。

2. 光学经纬仪的读数设备及读数方法

光学经纬仪的读数设备主要包括度盘和指标。为了提高度盘的读数精度，在光学经纬仪的读数设备中都设置了显微、测微装置。显微装置由仪器支架上的反光镜和内部一系列棱镜与透镜组成的显微物镜构成，能将度盘刻划照亮、转向、放大，并成像在读数窗上，通过显微目镜读取读数窗上的读数。测微装置是一种能在读数窗上测定小于度盘分划值的读数装置。$DJ_6$ 型光学经纬仪一般采用分微尺测微器和单平板测微器装置，$DJ_2$ 型光学经纬仪采用对径符合读数装置。

（1）分微尺测微器 分微尺测微器结构简单、读数方便，广泛应用于 $DJ_6$ 经纬仪。分微尺测微装置是在读数窗上安装一个带有刻划的分微尺，其总长恰好等于放大后度盘格值的宽度。当度盘影像呈现在读数窗上时，分微尺就可细分度盘相邻刻划的格值。

读数显微镜内可以看到两个读数窗（图 3-6）：注有“水平”、“H”或“—”的是水平度盘读数窗；注有“竖直”、“V”或“⊥”的是竖直数窗。每个读数窗上有一分微尺，分微尺的长度等于度盘上 1°影像的宽度，即分微尺全长代表 1°。将分微尺分成 60 小格，每 1 小格代表 1′，可估读到 0.1′，即 6″。每 10 小格注有数字，表示 10′的倍数。读数时，先调节读数显微镜目镜对光螺旋，使读数窗内度盘影像清晰，然后读出位于分微尺中的度盘分划线上的注记度数，最后以度盘分划线为指标，在分微尺上读取不足 1°的分数，并估读秒数，将度、分、秒相加即得度盘读数。图 3-6 中水平度盘读数为 73°04′30″，竖直度盘读数为 87°04′30″。

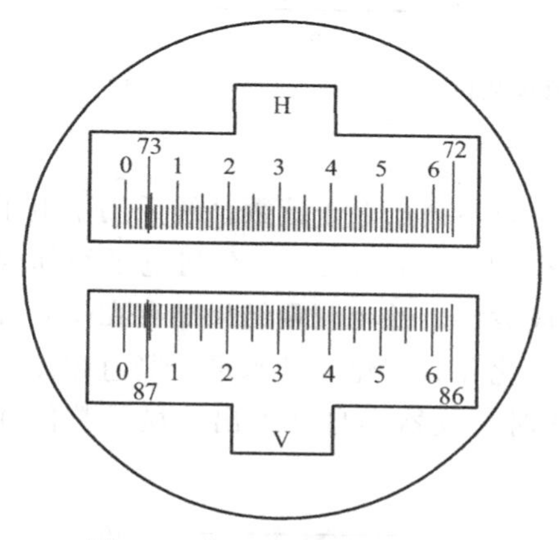


图 3-6 分微尺测微器读数窗

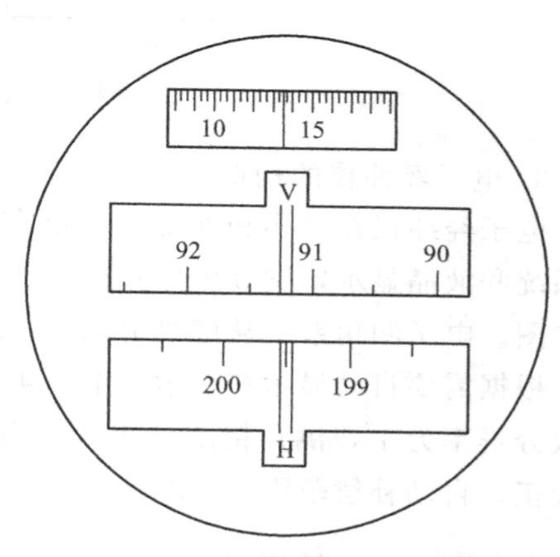


图 3-7 单平板玻璃测微器读数窗

（2）单平板玻璃测微器 单平板玻璃测微器主要由平板玻璃、测微轮、微分划尺和传动装置组成。测微轮、平板玻璃和测微分划尺由传动装置连接在一起。转动测微轮，可使平板玻璃和测微分划尺同轴旋转。如图 3-7 所示是单平板玻璃测微装置读数窗影像。上部小窗格为测微尺分划影像，并有指标线，中间为竖直度盘读数窗，下部为水平度盘读数窗，都有双指标线。度盘最小分划值为 30′，测微尺共 30 大格，一大格又分三个小格。转动测微器，测微尺分划由 0′移至 30′，度盘分划也恰好移动一格（30′），故测微尺大格的分划值为 1′，小格为 20″，每 5′进行注记。

读数时先转动测微轮，使度盘上某一分划线精确地平分双指标线，按双指标线所夹的度盘分划数值读出度数和 30′的整分数，再读测微器窗格单指标线所指的分、秒值，最后估读不足 20″的秒值，将三者相加即得度盘读数。图 3-7 所示水平度盘读数为：199°30′＋13′30″＝199°43′30″。

（3）对径符合读数装置 $DJ_2$ 型光学经纬仪采用对径符合读数装置，相当于取度盘对径相差 180°处的两个读数的平均值，以消除偏心误差的影响，提高读数精度。这种读数装置是通过一系列光学零部件，将度盘直径两端刻划线和注记的影像，同时显现在读数窗内。在其读数显微镜中，只能看到水平度盘和竖直度盘中的一种影像，读数时，需通过转动换像手轮，使读数显微镜中出现需要读数的度盘影像。如图 3-8(a) 所示，右下方为分划线重合窗，右上方读数窗中上面的数字为整度值，中间凸出的小方框中的数字为整 10°数，左下方为测微尺读数窗。测微尺刻划有 600 小格，全程测微范围为 10′，最小分划为 1″，可估读到 0.1″。测微尺的读数窗中左边注记数字为分，右边注记数字为整 10″数。

读数时先转动测微轮，使分划线重合窗中上、下分划线精确重合，如图 3-8(b) 所示。然后在读数窗中读出度数，在中间凸出的小方框中读出整 10′数，最后在测微尺读数窗中，根据单指标线的位置，直接读出不足 10′的分数和秒数，并估读到 0.1″。将度数、整 1′数及测微尺上的读数相加，即为度盘读数。图 3-8(b) 中所示读数为：135°+50′+3′03.2″=135°53′03.2″。

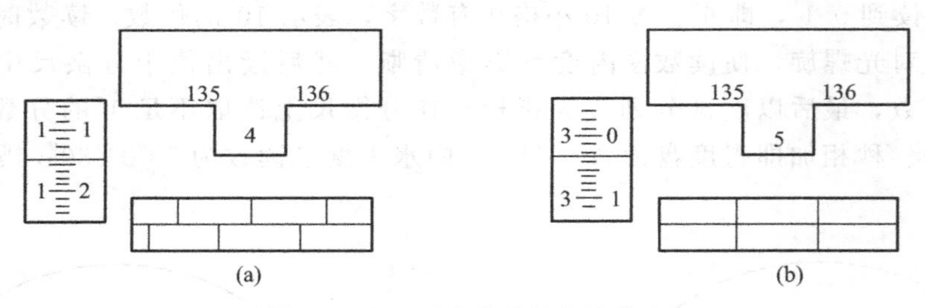


图 3-8　$DJ_2$ 型光学经纬仪读数窗

3. 电子经纬仪的构造

电子经纬仪在结构和外观上与光学经纬仪相似，主要不同点在于读数系统采用了电子测角系统和液晶显示，图 3-9 所示为苏州一光仪器有限公司生产的 DT100 系列电子经纬仪的构造图。电子测角系统从度盘上取得电信号，再转换成数字，并将测量结果储存在微处理器内，根据需要自动显示在显示屏上，实现了读数的自动化和数字化。其水平、竖直角度显示读数分辨率为 1″，测角精度可达 2″。当仪器竖轴倾斜时，仪器会自动测出、显示数值并自动校正，自动补偿范围为±3′。

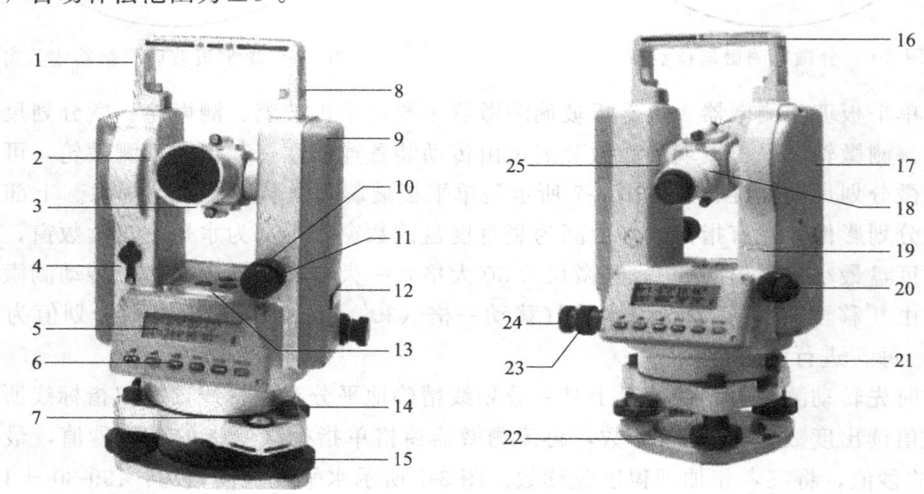


图 3-9　DT100 型电子经纬仪

1—提手；2—望远镜物镜；3—粗瞄器；4—测距仪通信口；5—液晶显示屏；6—键盘；7—圆水准器；8—提手锁紧螺钉；9—电池盒；10—竖直制动手轮；11—竖直微动手轮；12—仪器型号；13—长水准器；14—基座锁紧钮；15—脚螺旋；16—仪器中心；17—横轴中心标志；18—望远镜调焦手轮；19—仪器编号；20—光学对中器；21—外接手簿通信口；22—基座；23—水平制动手轮；24—水平微动手轮；25—目镜

根据取得电信号的方式不同，电子测角度盘可分为编码度盘、光栅度盘等。

电子经纬仪与光电测距仪可以组合成全站型电子速测仪，配合适当的接口，可将电子手簿记录的数据输入计算机，实现数据处理和绘图自动化。

需要说明的是，由于井下导线点多布设在顶板上，故矿用经纬仪和普通经纬仪相比，需标有镜上中心，以便于点下对中。

## 二、经纬仪的使用方法

1. 光学经纬仪的使用

光学经纬仪的使用，主要包括安置仪器、瞄准目标、水平度盘配置及读数。

（1）安置仪器　安置仪器是将经纬仪安置在测站点上，包括对中和整平两项内容。对中的目的是使仪器中心与测站点标志中心位于同一铅垂线上；整平的目的是使仪器竖轴处于铅垂位置，水平度盘处于水平位置。现代经纬仪都装有光学对中器，用光学对中器对中和整平的具体操作步骤如下。

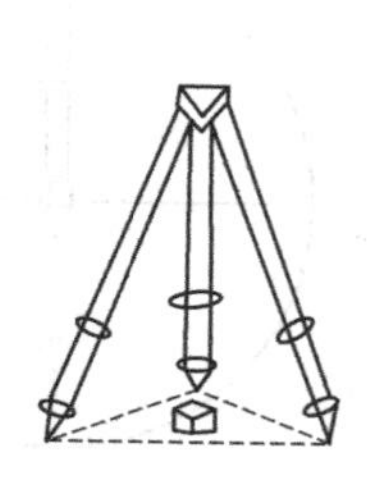

图 3-10　三脚架安置方法

① 初步对中。将三脚架调整到合适高度，张开三脚架安置在测站点上方，目估架头大致水平，架头中心大致对准测站点标志，如图 3-10 所示。连接经纬仪，调节光学对中器的目镜和物镜对光螺旋，使光学对中器的分划板小圆圈和测站点标志的影像清晰。如果分划板小圆圈离标志中心太远，可固定一脚，移动另外两脚，使分划板小圆圈大致对准测站点标志，然后将三脚架的脚尖踩入土中。

② 初步整平。根据气泡偏移情况，伸缩三脚架架腿，使圆水准器气泡居中，注意脚架尖位置不得移动。

③ 精确整平。转动照准部，使照准部水准管平行于任意两个脚螺旋的连线，如图 3-11（a）所示，根据气泡偏移情况，两手同时向内或向外转动这两个脚螺旋，使气泡居中，注意气泡移动方向始终与左手大拇指移动方向一致；然后将照准部旋转 90°，如图 3-11(b) 所示，转动第三个脚螺旋，使水准管气泡居中。按上述步骤反复进行，直到水准管在任何位置，气泡偏离零点不超过一格为止。

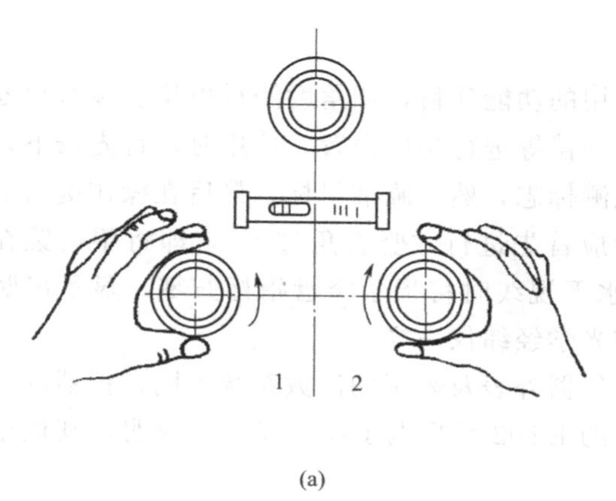


(a)

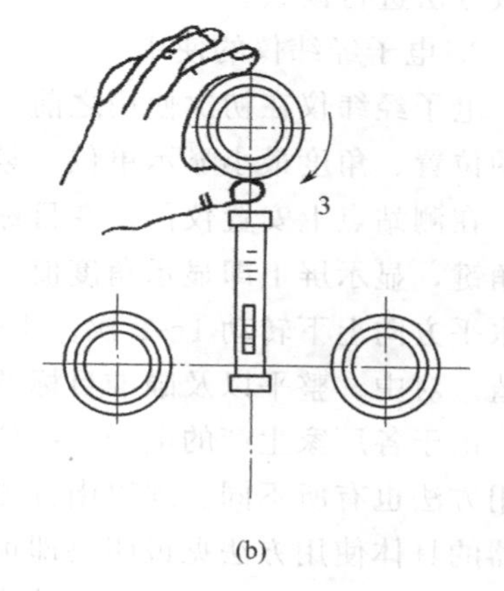


(b)

图 3-11　经纬仪的整平

④ 精确对中。检查仪器对中情况，若测站点中心偏离分划板圆圈中心且偏移量较小，可旋松连接螺旋，在架头上轻轻移动经纬仪，同时眼睛观测使对中器分划板中心与测站点标志影像重合，然后旋紧连接螺旋。光学对中器对中误差一般可控制在1mm以内。

精确对中和精确整平相互影响，一般需要反复几次“整平-对中-整平”的循环过程，直至整平和对中均符合要求。

(2) 瞄准目标

① 松开望远镜制动螺旋和照准部制动螺旋，将望远镜朝向明亮背景，调节目镜对光螺旋，使十字丝清晰。

② 利用望远镜上的瞄准器粗略对准目标，拧紧照准部及望远镜制动螺旋；调节物镜对光螺旋，使目标影像清晰，并注意消除视差。

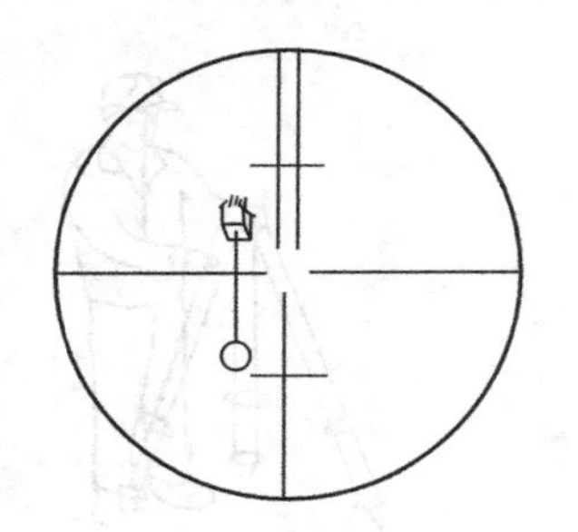
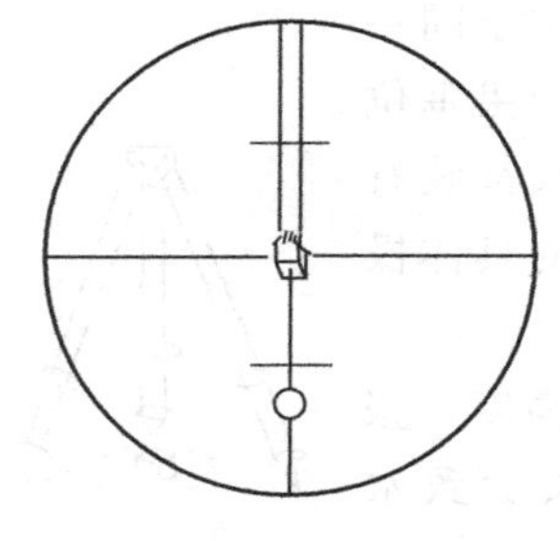
图 3-12　瞄准目标

③ 转动照准部和望远镜微动螺旋，精确瞄准目标。测量水平角时，应用十字丝交点附近的竖丝瞄准目标底部，如图3-12所示。

(3) 置盘和读数

① 置盘。水平角观测或工程施工放样时，常常需要将水平度盘起始读数置于零或某一指定读数，这项工作称为置盘。测微尺读数装置的经纬仪，其置盘方式可总结为“先照准后置盘”。使用时，先精确照准目标方向，拧紧水平及竖直制动螺旋，按下度盘手轮保护手柄，把手轮推进并转到所要读数，然后将手松开，弹出手轮。有的仪器装有一个叫位置轮的小轮，与水平度盘相连，转动位置轮，度盘随之转动但照准部不动。还有的仪器装有复测扳手，将其扳上，度盘与照准部脱离，将其扳下，度盘与照准部结合，度盘读数不变。

一旦起始方向读数安置好，应立即分开度盘与照准部，以防测角过程中水平度盘随照准部一起转动，产生读数错误。

② 读数。打开反光镜，调节反光镜镜面位置，使读数窗亮度适中。转动读数显微镜目镜对光螺旋，使度盘、测微尺及指标线的影像清晰。根据仪器的读数设备，按前述的经纬仪读数方法进行读数。

2. 电子经纬仪的使用

电子经纬仪在初次使用之前，应对仪器采用的功能项目，如角度测量单位、竖直角零方向的位置、角度最小显示单位、竖盘指标零点补偿等进行初始设置。使用时，首先按下开机键，在测站点上安置仪器，在目标点上安置观测标志，然后瞄准目标，最后在操作键盘上按测角键，显示屏上即显示角度值。注意开机后应首先进行“竖直角过零”，即将望远镜在盘左水平方向上下转动1～2次，当望远镜通过水平视线时将指示竖盘指标归零，显示出竖直角值。对中、整平以及瞄准目标的操作方法与光学经纬仪一样。

由于各厂家生产的电子经纬仪型号不同，仪器外表及采用的读数系统不同，仪器的具体使用方法也有所不同。现以南方测绘公司生产的ET02系列电子经纬仪为例说明，其他型号仪器的具体使用方法见说明书即可。

如图3-13所示为南方测绘仪器公司ET02系列电子经纬仪操作面板。该系列电子经纬仪采用液体电子传感器进行竖盘指标自动归零补偿，一测回方向观测中误差显示为2″，角度最小显示为1″，若配合该公司生产的电磁波测距仪和电子手簿，则可组成分体式全站仪。该机有双操作面板，每个操作面板都有完全相同的显示窗和7个功能键，便于正、倒镜观测。显示屏采用线条式液晶显示，中间两行各八个数位显示角度、距离等观测结果数据或提示字符串。左右两侧所显示的符号或字母表示数据的内容或采用的单位名称。按下“PWR”键2s后可打开仪器电源。仪器键盘具有一键双重功能，一般情况下执行按键上方所标示的第一（测角）功能，当按下“MODE ”键，然后再按其余各键，则执行该按键下方的第二（测距）功能。按下“R/L”键，可选择测角时角度增加方向；连按“HOLD”键两次，可将当前的水平度盘读数锁定；若想将水平度盘置零，则需按“OSET”键两次；在操作面板的右下角是十字丝和显示窗的照明光源，在黑暗中也可启动。由于ET02系列电子经纬仪采用的是光栅度盘测角系统，所以，在观测员转动仪器照准部的同时，水平度盘读数和竖直度盘读数就在显示窗中自动显示，不需再按任何键，仪器操作非常简单。

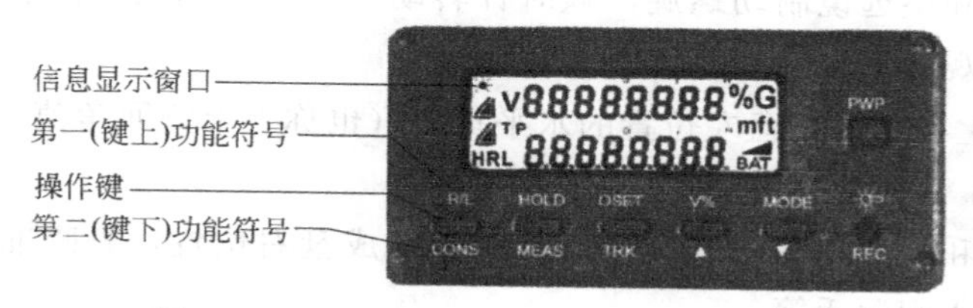


图3-13　ET02系列电子经纬仪的操作面板

## 第三节　水平角观测

水平角观测根据观测目标的多少而采用不同的方法。当观测两个方向之间的单角时，采用测回法，多于两个方向时，采用方向观测法。下面重点介绍测回法。

### 一、测回法

水平角观测时，为了消除仪器的某些误差，通常采用盘左盘右两个位置进行观测。盘左又称正镜，指观测者对着望远镜目镜时，竖盘位于望远镜左侧；盘右又称倒镜，指观测者对着望远镜目镜时，竖盘位于望远镜右侧。

如图3-14所示，设$O$为测站点，$A$、$B$为观测目标，用测回法观测$OA$与$OB$两方向之间的水平角$\beta$，具体施测步骤如下：

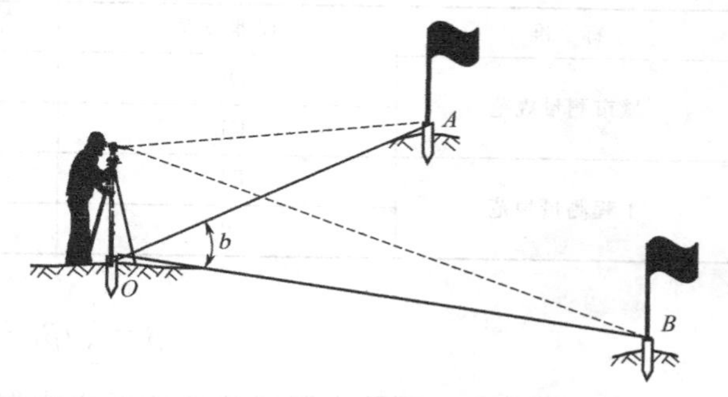


图3-14　测回法观测水平角

① 在测站点$O$安置经纬仪，在$A$、$B$两点竖立标杆或测钎等，作为目标标志。

② 将仪器置于盘左位置，松开照准部和望远镜制动螺旋，转动目镜对光螺旋看清十字丝，转动照准部，用粗瞄器瞄准左目标$A$，制动照准部和望远镜制动螺旋；转动物镜对光螺旋使目标像清晰，利用照准部和望远镜微动螺旋精确瞄准目标$A$，读取水平度盘读数$a_L$，记入水平角观测手簿（表3-1）。

**表 3-1　测回法观测手簿**

| 测站 | 竖盘位置 | 目标 | 水平度盘读数 | 半测回角值 | 一测回角值 | 各测回平均值 | 备注 |
|---|---|---|---|---|---|---|---|
| | | | ° ′ ″ | ° ′ ″ | ° ′ ″ | ° ′ ″ | |
| 第一测回 $O$ | 左 | $A$ | 0　01　12 | 68　11　36 | 68　11　24 | 68　11　33 | A b B O |
| | | $B$ | 68　12　48 | | | | |
| | 右 | $A$ | 180　01　18 | 68　11　12 | | | |
| | | $B$ | 248　12　30 | | | | |
| 第二测回 $O$ | 左 | $A$ | 90　01　06 | 68　11　30 | 68　11　42 | | |
| | | $B$ | 158　12　36 | | | | |
| | 右 | $A$ | 270　00　54 | 68　11　54 | | | |
| | | $B$ | 338　12　48 | | | | |

③ 松开照准部和望远镜制动螺旋，顺时针转动照准部，同法瞄准右目标 $B$，读取水平度盘读数 $b_L$，记入观测手簿。

以上过程称为上半测回。盘左位置的水平角值（也称上半测回角值）$\beta_L$ 为

$$\beta_L = b_L - a_L \tag{3-3}$$

④ 松开照准部和望远镜制动螺旋，倒转望远镜成盘右位置，先瞄准右目标 $B$，读取水平度盘读数 $b_R$，记入观测手簿。

⑤ 松开制动螺旋，逆时针转动照准部，瞄准左目标 $A$，读取水平度盘读数 $a_R$，记入观测手簿。

以上过程称为下半测回，盘右位置的水平角值（也称下半测回角值）$\beta_R$ 为

$$\beta_R = b_R - a_R \tag{3-4}$$

上半测回和下半测回构成一测回。

⑥ 计算角值。对于 $DJ_6$ 型光学经纬仪，如果上、下两半测回角值之差不大于限差要求（表 3-2），认为观测合格。

**表 3-2　测回法观测水平角限差**

| 标　准 | 仪器级别 | 两半测回间角值限差 | 测回间角值限差 |
|---|---|---|---|
| 城市测量规范 | $DJ_2$ | | |
| | $DJ_6$ | ±40″ | ±40″ |
| 工程测量规范 | $DJ_2$ | ±20″ | ±15″ |
| | $DJ_6$ | ±30″ | ±20″ |

$$\beta = \frac{1}{2}(\beta_L + \beta_R) \tag{3-5}$$

此时，可取上、下两半测回角值的平均值作为一测回角值 $\beta$，将结果记入表 3-1 相应栏内。

由于水平度盘是顺时针刻划和注记的，所以在计算水平角时，总是用右目标的读数减去左目标的读数，如果不够减，则应在右目标的读数上加 360°，再减去左目标的读数，绝不可以倒过来减。

当测角精度要求较高时，需对一个角度观测多个测回，此时应根据测回数 $n$，以 $180°/n$

的差值，安置水平度盘读数。例如，当测回数 $n=2$ 时，第一测回的起始方向读数可安置在略大于 0°处，第二测回的起始方向读数可安置在略大于（180°/2）=90°处。各测回角值互差如果不超过限差要求，取各测回角值的平均值作为最后角值，记入表 3-1 相应栏内。

### 二、角度测量注意事项

① 为了消除仪器误差，应采用盘左、盘右观测取平均值的方法，各测回间应变换度盘位置观测。

② 注意仪器的严格整平。观测过程中，水准管偏离零点不得超过一格。

③ 观测水平角时应仔细对中，尤其是当边长较短或两目标与仪器接近在一条直线上时，更要特别注意。

④ 测杆应立直，并尽可能瞄准测杆的底部。

⑤ 仔细瞄准并消除视差。

⑥ 读数时要仔细调节读数显微镜和反光镜，使度盘与测微尺影像清晰，使影像亮度适中，然后再仔细读数。

⑦ 选择有利的观测时间和观测条件。

## 第四节 竖直角的测量方法

### 一、竖直度盘构造

光学经纬仪竖直度盘的构造包括竖直度盘、竖盘指标和竖盘指标自动归零装置。

竖直度盘也是一个玻璃圆环，分划与水平度盘相似，固定在横轴的一端，当望远镜在竖直面内转动时，竖直度盘随之转动，而用于读数的竖盘指标则不动。

竖盘指标自动归零装置，其原理与自动安平水准仪补偿器基本相同。当经纬仪整平后，瞄准目标，打开自动归零装置，竖盘指标即居于正确位置，从而明显提高了竖直角观测的速度和精度。

光学经纬仪的竖直度盘刻度为 0°～360°，常见的注记形式有顺时针方向和逆时针方向两种。如图 3-15(a) 所示为顺时针方向注记，图 3-15(b) 所示为逆时针方向注记。

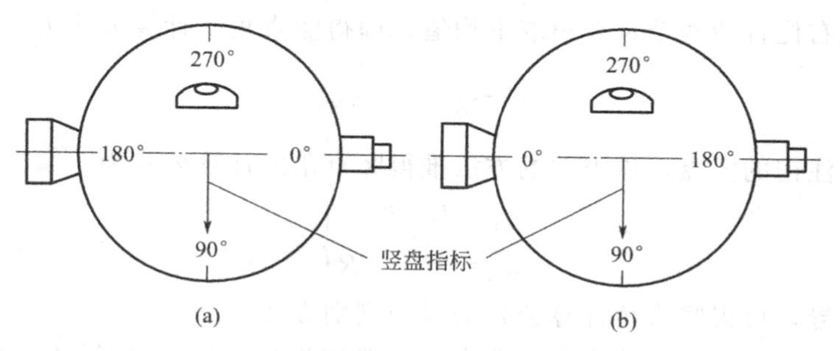


图 3-15 竖直度盘刻度注记（盘左位置）

竖直度盘构造的特点是：当望远镜视线水平，竖盘指标正确时，盘左位置的竖盘读数为 90°，盘右位置的竖盘读数为 270°。

### 二、竖直角计算公式

与水平角计算原理一样，竖直角也应是两个方向线的竖直度盘读数之差。但是，由于视线水平时的竖盘读数为一常数（90°的整倍数），故只需读取目标方向线的竖盘读数，便可根据相应的计算公式计算出所测目标的竖直角。

由于竖盘注记形式不同，竖直角计算的公式也不一样。现以顺时针注记的竖盘为例，推导竖直角的计算公式。

如图 3-16 所示，盘左位置，视线水平时，竖盘读数为 90°。当瞄准一目标时，竖盘读数为 $L$，则盘左竖直角 $\alpha_L$ 为

$$\alpha_L = 90° - L \tag{3-6}$$

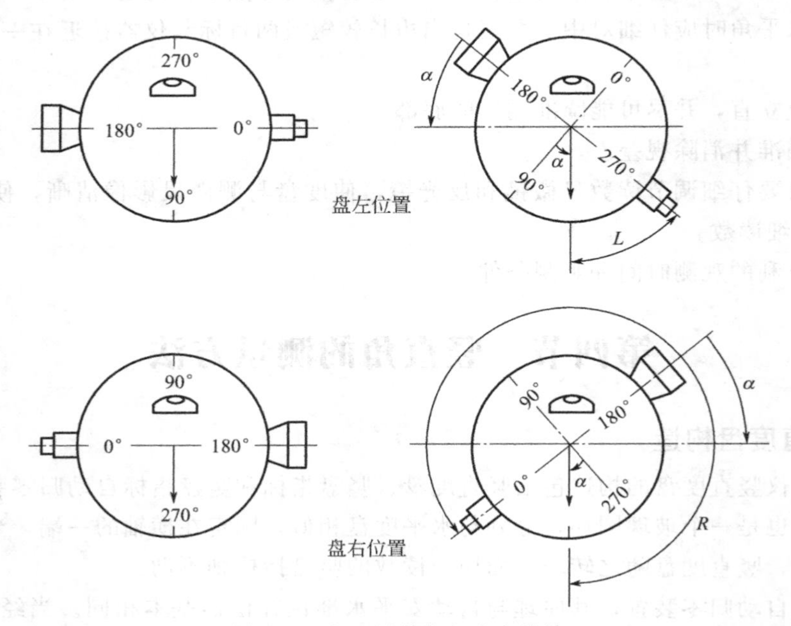


图 3-16　竖盘读数与竖直角计算

盘右位置，视线水平时，竖盘读数为 270°。当瞄准原目标时，竖盘读数为 $R$，则盘右竖直角 $\alpha_R$ 为

$$\alpha_R = R - 270° \tag{3-7}$$

将盘左、盘右位置的两个竖直角取平均值，即得竖直角 $\alpha$ 计算公式为

$$\alpha = \frac{1}{2}(\alpha_L + \alpha_R) \tag{3-8}$$

对于逆时针注记的竖盘，用类似的方法推得竖直角的计算公式为

$$\left.\begin{aligned} \alpha_L &= L - 90° \\ \alpha_R &= 270° - R \end{aligned}\right\} \tag{3-9}$$

根据上述推导，可得竖直角计算公式的通用判别方法如下。

观测竖直角之前，将望远镜大致放置水平，确定视线水平时的读数；然后上仰望远镜，若竖盘读数增加，则

$$竖直角\ \alpha = 瞄准目标时竖盘读数 - 视线水平时竖盘读数 \tag{3-10}$$

若竖盘读数减少，则

$$竖直角\ \alpha = 视线水平时竖盘读数 - 瞄准目标时竖盘读数 \tag{3-11}$$

以上规定，适合于任何注记形式的度盘和盘左盘右观测。

## 三、竖盘指标差

在竖直角计算公式中，认为竖盘指标正确时，竖盘读数应是90°的整数倍。但是实际上这个条件往往不能满足，竖盘指标常常偏离正确位置，这个偏离的差值 $x$ 角，称为竖盘指标差。竖盘指标差 $x$ 本身有正负号，一般规定当竖盘指标偏移方向与竖盘注记方向一致时，$x$ 取正号，反之 $x$ 取负号。

如图 3-17 所示盘左位置，由于存在指标差，其正确的竖直角计算公式为

$$\alpha=90°-L+x=\alpha_L+x \tag{3-12}$$

同样盘右位置正确的竖直角计算公式为

$$\alpha=R-270°-x=\alpha_R-x \tag{3-13}$$

将式(3-12) 和式(3-13) 相加并除以 2，得

$$\alpha=\frac{1}{2}(\alpha_L+\alpha_R)=\frac{1}{2}(R-L-180°) \tag{3-14}$$

将式(3-12) 和式(3-13) 相减并除以 2，得

$$x=\frac{1}{2}(\alpha_R-\alpha_L)=\frac{1}{2}(L+R-360°) \tag{3-15}$$

式(3-15) 为竖盘指标差的计算公式。

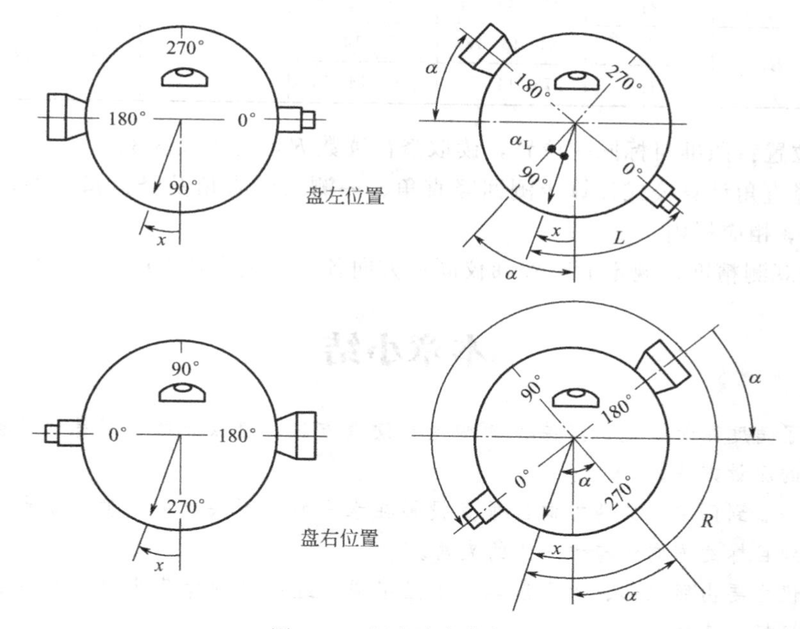


图 3-17　竖直度盘指标差

由上述分析可知：

① 竖直角测量时，用盘左、盘右观测，取平均值作为观测结果，可以消除竖盘指标差的影响。

② 竖盘指标差有正有负，当只用盘左或盘右位置观测时，应按式(3-15) 计算出指标差，然后进行改正。

指标差互差（即所求指标差之间的差值）可以反映观测成果的精度。规范规定：竖直角观测时，同一测回各方向指标差互差的限差，$DJ_2$ 型仪器不得超过±15″，$DJ_6$ 型仪器不得超

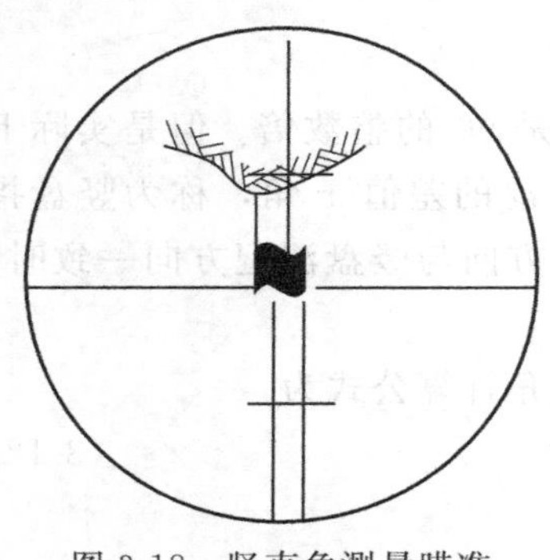

图 3-18　竖直角测量瞄准

过±25″。

## 四、竖直角观测

竖直角观测时，应用十字丝横丝精确瞄准目标顶部或某一位置（图 3-18）。观测、记录和计算步骤如下：

① 在测站点 $O$ 安置经纬仪，在目标点竖立观测标志。量取仪高（测站点标志顶部到仪器竖盘中心位置的高度），按前述方法确定该仪器竖直角计算公式。

② 盘左位置：瞄准目标 $A$，使十字丝横丝精确地切于目标顶端。打开竖盘指标自动归零装置，然后读取竖盘读数 $L$，记入竖直角观测手簿（表 3-3）相应栏内。

**表 3-3　竖直角观测手簿**

| 测站 | 目标 | 竖盘位置 | 竖盘读数 | 半测回竖直角 | 指标差 | 一测回竖直角 | 备注 |
|---|---|---|---|---|---|---|---|
| | | | ° ′ ″ | ° ′ ″ | ″ | ° ′ ″ | |
| 1 | 2 | 3 | 4 | 5 | 6 | 7 | 8 |
| $O$ | $A$ | 左 | 93 10 30 | −3 10 30 | −18 | −3 10 48 | |
| | | 右 | 266 48 54 | −3 11 06 | | | |
| $O$ | $B$ | 左 | 81 45 18 | +8 14 42 | +6 | +8 14 48 | |
| | | 右 | 278 14 54 | +8 14 54 | | | |

③ 盘右位置：照准目标同一位置，读取竖盘读数 $R$，记入表 3-3。

④ 根据竖直角计算公式计算半测回竖直角、一测回竖直角及竖盘指标差，将计算结果分别填入表 3-3 相应栏内。

为了保证观测精度，规定 $DJ_6$ 经纬仪同一方向各测回竖直角不能超过±24″。

# 本章小结

本章介绍了角度测量原理、经纬仪的构造和读数方法。重点介绍了经纬仪的操作步骤、水平角、竖直角的测量方法。

水平角是一点到两目标的两方向线垂直投影在水平面上所夹成的角度。竖直角是指在同一竖直面，一点到目标的方向线与水平线的夹角。

光学经纬仪主要由照准部、水平读盘、基座组成。经纬仪的操作步骤包括安置仪器、对中和整平、瞄准目标、读数。

常用的水平角观测方法有测回法、方向观测法。竖直角一般用测回法观测。

# 习　题

1. 何谓水平角？若某测站点与两个不同高度的目标点位于同一铅垂面内，那么其构成的水平角是多少？

2. 观测水平角时，对中、整平的目的是什么？试述用光学对中器对中整平的步骤和方法。

3. 经纬仪由哪几部分组成，各部分有何作用？简述测回法测水平角的步骤。

4. 简述测回法测水平角的步骤。

5. 整理水平角测回法观测记录。完成表3-4。

**表3-4　测回法观测手簿**

| 测站 | 竖盘位置 | 目标 | 水平度盘读数 | 半测回角值 | 一测回角值 | 各测回平均值 | 备注 |
|---|---|---|---|---|---|---|---|
| | | | ° ′ ″ | ° ′ ″ | ° ′ ″ | ° ′ ″ | |
| 第一测回 O | 左 | A | 0 01 00 | | | | |
| | | B | 98 30 48 | | | | |
| | 右 | A | 180 01 30 | | | | |
| | | B | 278 31 12 | | | | |
| 第二测回 O | 左 | A | 90 00 06 | | | | |
| | | B | 188 29 36 | | | | |
| | 右 | A | 270 00 36 | | | | |
| | | B | 8 30 00 | | | | |

6. 观测水平角时，若测四个测回，各测回盘左起始方向水平度盘读数应安置为多少？

7. 试述竖直角观测的步骤。

8. 整理竖直角观测记录。（注：盘左视线水平时指标读数为90°，望远镜上仰时读数减小），完成表3-5。

**表3-5　竖直角观测手簿**

| 测站 | 目标 | 竖盘位置 | 竖盘读数 | 半测回竖角 | 指标差 | 一测回竖角 | 备注 |
|---|---|---|---|---|---|---|---|
| | | | ° ′ ″ | ° ′ ″ | ″ | ° ′ ″ | |
| O | A | 左 | 88 15 24 | | | | |
| | | 右 | 271 45 00 | | | | |
| | B | 左 | 95 37 42 | | | | |
| | | 右 | 264 22 30 | | | | |

9. 何谓竖盘指标差？观测竖直角时如何消除竖盘指标差的影响？

10. 电子经纬仪的主要特点是什么？

# 第四章　距离测量与直线定向

距离测量是测量的基本工作之一。测量中常需测量两点间的水平距离，所谓水平距离是指地面上两点垂直投影到水平面上的距离。测定距离的方法有钢尺量距、视距测量、光电测距等。为了确定地面上两点间的相对位置关系，还要测量两点连线的方向，即直线定向。本章主要介绍距离测量和直线定向的方法。

## 第一节　钢尺量距

### 一、量距的方法

1. 钢尺量距的工具

钢尺是用薄钢片制成的带状尺，故又称钢卷尺，是钢尺量距的主要工具，如图 4-1(a) 所示。尺宽 10～15mm，长度有 20m、30m 和 50m 几种。根据尺的零点位置不同，有端点尺和刻线尺之分。端点尺是指以尺的最外端为零点，刻线尺是在尺上刻出零点位置，如图 4-2 所示。

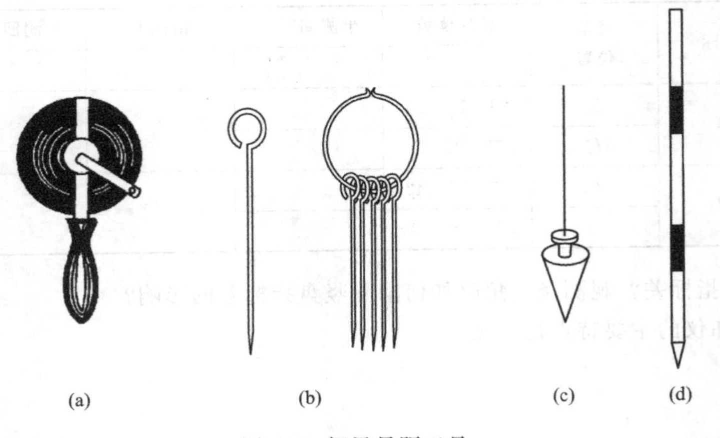


图 4-1　钢尺量距工具

钢尺量距的辅助工具有测钎［见图 4-1(b)］、拉力计（或弹簧秤）、垂球［见图 4-1(c)］、标杆［见图 4-1(d)］。测钎又称测针，一般用钢筋制成，上部弯成小圆环，下部磨尖，直径 3～6mm，长度 30～40cm。通常 6 根或 11 根系成一组。量距时，将测钎插入地面，用以标定尺端点的位置和计算整尺段数，亦可作为近处目标的瞄准标志。标杆也称花杆，多用木料或铝合金制成，直径约 3cm，全长有 2m、3m 等几种规格。杆上漆成红、白相间的 20cm 色段，测杆下端装有尖头铁脚，便于插入地面，标定直线方向。

2. 直线定线

水平距离测量时，当地面上两点间的距离较长，一整尺不能量完，或地势起伏较大，无法用整尺段完成丈量工作时，需要在两点间标定出若干个点，使其位于一条直线上，然后分

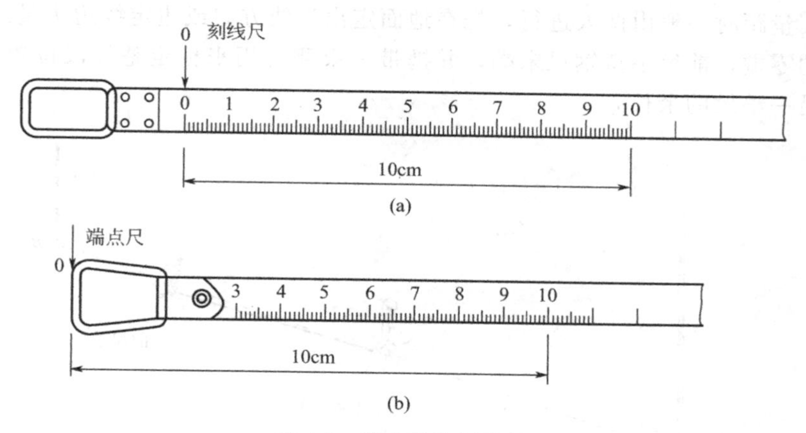


图 4-2　端点尺和刻线尺

段测量，这项工作称为直线定线。

按精度要求的不同，直线定线有目估定线和经纬仪定线两种。前者使用测钎或标杆按三点一线定线，用于一般量距，如图 4-3 所示。精度要求较高时，可采用经纬仪定线，见图 4-4。

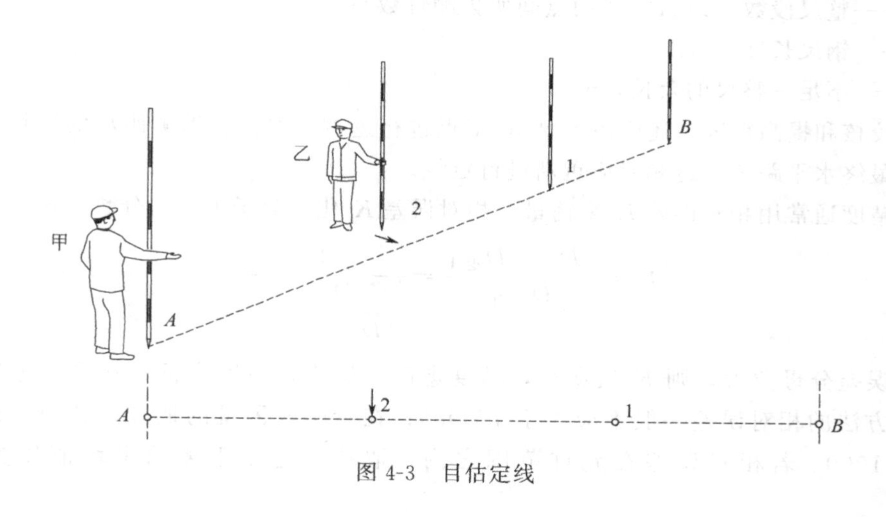


图 4-3　目估定线

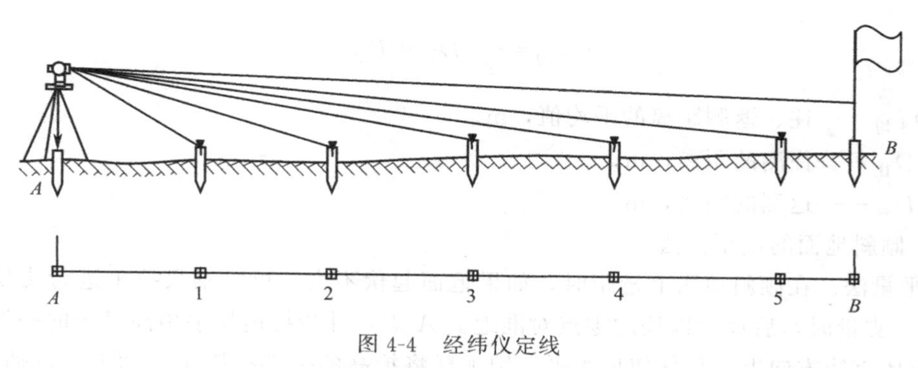


图 4-4　经纬仪定线

3. 一般量距方法

(1) 平坦地面的量距方法　如图 4-5 所示，$A$、$B$ 为直线两端点，因地势平坦，可沿直线直接丈量。量距时一般由两人进行，先在地面定出直线方向或边定线边丈量。丈量时，后尺手持钢尺的零端，前尺手持钢尺末端，并携带一束测钎用来标定整尺段位置。依次丈量，最后量出不足一整尺的余长 $q$。

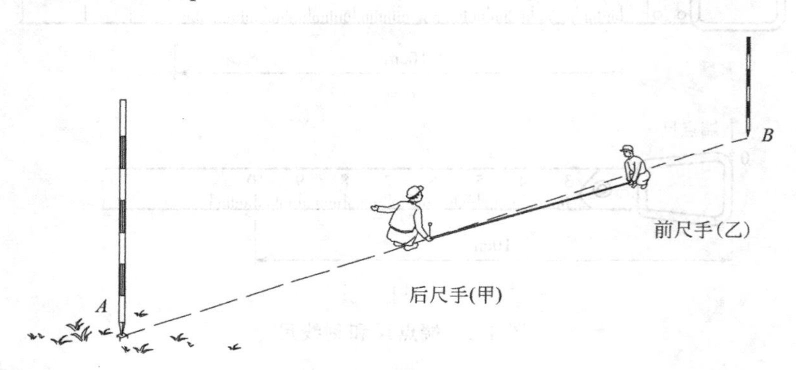


图 4-5　平坦地面的量距方法

$A$、$B$ 两点间的水平距离为

$$D_{AB}=nl+q \tag{4-1}$$

式中　$n$——整尺段数（即 $A$、$B$ 两点间所拔测钎数）；

$l$——钢尺长度，m；

$q$——不足一整尺的余长，m。

为了校核和提高精度，还应由 $B$ 点至 $A$ 点进行返测。取往、返测距离的平均值作为直线 $AB$ 的最终水平距离。返测时应重新进行定线。

量距精度通常用相对误差 $K$ 来衡量。相对误差 $K$ 化为分子为 1 的分数形式，即

$$K=\frac{|D_{往}-D_{返}|}{D_{平均}}=\frac{1}{\dfrac{D_{平均}}{|D_{往}-D_{返}|}} \tag{4-2}$$

相对误差分母愈大，则 $K$ 值愈小，精度愈高；反之，精度愈低。在平坦地区，钢尺量距一般方法的相对误差一般不应大于 1/3000；在量距较困难的地区，其相对误差也不应大于 1/1000。若相对误差在允许范围之内，取往、返测距离的平均值作为最后结果，即

$$D_{平均}=\frac{1}{2}(D_{往}+D_{返}) \tag{4-3}$$

式中　$D_{平均}$——往、返测距离的平均值，m；

$D_{往}$——往测的距离，m；

$D_{返}$——返测的距离，m。

(2) 倾斜地面的量距方法

① 平量法。在倾斜地面上量距时，如果地面起伏不大，可将钢尺拉平进行丈量，如图 4-6 所示。丈量时，后尺手以尺的零点对准地面 $A$ 点，并指挥前尺手抬高尺子的一端，将钢尺拉在 $AB$ 直线方向上，目估使尺水平，用锤球将抬高的一端投影于地面上，再插以测钎。同法继续丈量其余各尺段。当丈量至 $B$ 点时，应注意锤球尖必须对准 $B$ 点。各测段丈量结果的总和就是 $A$、$B$ 两点间水平距离。

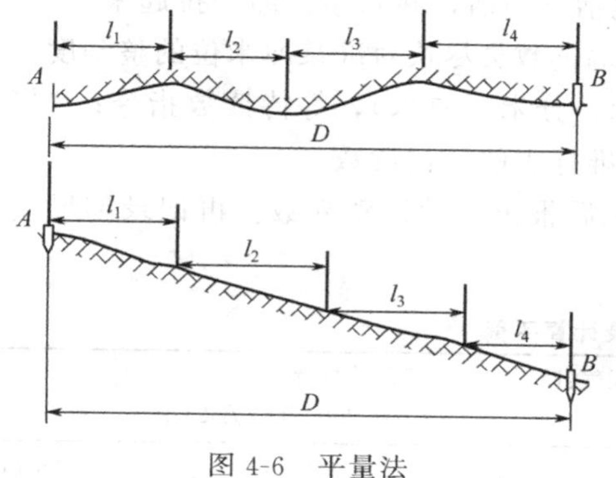


图 4-6　平量法

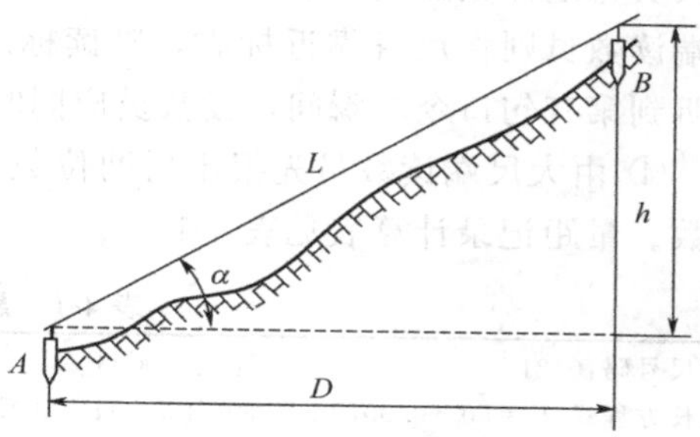

图 4-7　斜量法

② 斜量法。如图 4-7 所示，当倾斜地面的坡度比较均匀时，可以沿倾斜地面丈量出 $A$、$B$ 两点间的斜距 $L$，测出直线 $AB$ 的倾斜角 $\alpha$ 或 $A$、$B$ 两点的高差 $h_{AB}$，然后计算 $AB$ 的水平距离 $D_{AB}$，即

$$D_{AB}=L_{AB}\cos\alpha \tag{4-4}$$

或

$$D_{AB}=\sqrt{L_{AB}^2-h_{AB}^2} \tag{4-5}$$

钢尺量距的一般方法精度不高，相对误差只能达到 1/2000～1/5000。

4. 精密量距方法

煤矿中，钢尺量距常采用悬空丈量，方法如下。

当采用钢尺悬空丈量时，需要加入拉力、温度、倾斜和比长等改正。即用经纬仪观测丈量标志之间的垂直角 $\delta$，用温度计记录丈量时的温度 $t$，并采用拉力计施加一定的拉力，对钢尺应进行检定。

(1) 钢尺的尺长方程式　钢尺的尺长方程式为

$$l_t=l_0+\Delta l+\alpha(t-t_0)l_0 \tag{4-6}$$

式中　$l_t$——钢尺在温度 $t$ 时的实际长度，m；

$l_0$——钢尺的名义长度，m；

$\Delta l$——尺长改正数，即钢尺在温度 $t_0$ 时的改正数，m；

$\alpha$——钢尺的膨胀系数，一般取 $\alpha=1.25\times10^{-5}$m/℃；

$t_0$——钢尺检定时的温度，℃；

$t$——钢尺使用时的温度，℃。

式(4-6) 表明：钢尺在标准拉力下，其实际长度等于名义长度与尺长改正数和温度改正数之和。30m 和 50m 的钢尺，其标准拉力分别为 100N 和 150N。

(2) 钢尺悬空量距的准备工作　钢尺悬空量距时，应将经纬仪安置在测点上，并在目标点上做出观测标志，观测其垂直角 $\delta$ 并记录。丈量前应准备拉力计和空气温度计。

丈量时将仪器制动，并安排前后拉尺手各一名、前后尺读数员各一名、记录员一名。放尺时应保持零尺端不动，大尺端走。

(3) 钢尺悬空量距的步骤及要求

① 放尺完成后，应将拉力计连接在零尺端环上。

② 由零尺端读数员指挥撑尺、读数、记录。

③ 读数口令由零尺端读数员完成，其中口令包括三句话，共六字。即“拉起来!”要求撑尺员稳定并施加到标准拉力；“准备——!”零尺端读数员尽快对准某厘米位的整刻度。大尺端读数员则将尺身靠近标志，默读标志数字（米、分米、厘米），等待读数指令；“好!”在听到第三句口令的瞬间，读数员应同时默读出对准标志的三位读数。

④ 由大尺端读数员先报出后两位数，并记录，后报出大数即整米数。再记录零尺端的读数。量距记录计算表见表 4-1。

**表 4-1　悬空量距记录计算手簿**

钢尺号码:0421　　地点:5 矿区　　天气:晴　　记录计算者:王冠

尺长方程式: $l_t=50-0.0079+0.0000125\times(t-20℃)\times50$　　日期:2004 年 7 月 21 日

| 尺段编号 | 实测次数 | 前尺读数 /m | 后尺读数 /m | 尺段长度 /m | 温度 /℃ | 倾角 | 温度改正 /mm | 倾斜改正 /mm | 尺长改正 /mm | 改正后尺段长 /m |
|---|---|---|---|---|---|---|---|---|---|---|
| $A$-1 | 1 | 45.27 | 0.005 | 45.265 | +27 | +1°02′ | +4.0 | −7.4 | −7.2 | 45.254 |
| | 2 | 45.38 | 0.112 | 45.268 | | | | | | |
| | 3 | 45.51 | 0.247 | 45.263 | | | | | | |
| | 平均 | | | 45.265 | | | | | | |
| 1-2 | 1 | 31.62 | 0.097 | 31.523 | +26 | +2°12′ | +2.4 | −23.2 | −5.0 | 31.498 |
| | 2 | 31.93 | 0.407 | 31.523 | | | | | | |
| | 3 | 31.85 | 0.324 | 31.526 | | | | | | |
| | 平均 | | | 31.524 | | | | | | |
| 2-3 | 1 | 44.93 | 0.002 | 44.928 | +26 | +1°25′ | +3.4 | −13.9 | −7.1 | 44.910 |
| | 2 | 45.23 | 0.300 | 44.930 | | | | | | |
| | 3 | 45.45 | 0.524 | 44.926 | | | | | | |
| | 平均 | | | 44.928 | | | | | | |
| 3-$B$ | 1 | 23.68 | 0.195 | 23.485 | +26 | +3°02′ | +1.8 | −32.9 | −3.7 | 23.449 |
| | 2 | 23.50 | 0.018 | 23.482 | | | | | | |
| | 3 | 23.91 | 0.423 | 23.487 | | | | | | |
| | 平均 | | | 23.483 | | | | | | |
| 总　和 | | | | | | | | | | 145.11 |

⑤ 当第一次丈量记录完成后，应按照上述方法连续丈量三次以上，当三次丈量的边长（标志间长度）互差不超过 5mm 时，即取三次丈量成果的平均值，作为最终丈量成果，否则应重新测量。

(4) 钢尺悬空丈量的内业计算方法

① 检查整理记录数据。

② 加入比长改正。由所用钢尺的尺长方程式可看出尺长改正数为 $\Delta l_d$，若钢尺名义长度为 $l_0$，尺段丈量距离为 $l$，则应加入的尺长改正为

$$\Delta l_d=\frac{\Delta l}{l_0}l \tag{4-7}$$

③ 加入温度改正。设钢尺丈量时的温度为 $t$，该钢尺原检定时的温度为 $t_0$，尺段丈量的距离为 $l$，则温度改正为

$$\Delta l_t = \alpha(t - t_0)l \tag{4-8}$$

④ 加入倾斜改正。各尺段的高度不可能完全相同，为此还需要对量得的每尺段长度进行倾斜改正，才能化为水平距离。倾斜改正为

$$\Delta l_\delta = -2l\sin^2\frac{\delta}{2} \tag{4-9}$$

⑤ 计算全长。将改正后的各尺段的水平距离相加，即得总长。

$$D = l + \Delta l_d + \Delta l_t + \Delta l_\delta \tag{4-10}$$

⑥ 往、返丈量相对误差的计算与精度评定采用式(4-2)。

若相对误差符合精度要求，取往、返测结果的平均值作为最后成果，否则重测。

表 4-1 为钢尺精密量距记录计算手簿。

### 二、钢尺量距注意事项

测量工作应做到认真、仔细、有序、准确，在钢尺量距时应当注意以下几点。

① 所用钢尺应当经过检定，必须知道该尺的尺长方程式。

② 在放尺和收尺时应保持尺身不动，以避免尺身与地面的摩擦而损坏刻划。

③ 在拉力前应检查尺身是否打卷，以免折断钢尺。

④ 拉尺时要均匀用力，并保持大尺端拉力员拉尺不动，由零尺端拉尺员逐步施加拉力，并不得超过标准拉力。

⑤ 读数员应用双手捏紧尺面，以靠近标志读数，而不致碰动标志。

⑥ 前后端应同时读数，分别报数，记录者复诵无误后记入手簿。读数时不能出错，如将 6 看成 9；把 4 听成 10；将分米看成米。

⑦ 钢尺量距时，应保持自由悬空，并避免通过有泥、水的地方。

⑧ 钢尺量距时，不准踏、踩、车压钢尺，以免损坏钢尺。

⑨ 钢尺使用后，应轻轻擦净尘土，并加擦黄油保存，以免钢尺生锈。

## 第二节　视距测量

视距测量是利用经纬仪或水准仪望远镜内的视距丝装置，根据光学原理同时测定地面两点间平距和高差的一种方法。这种方法操作方便迅速且不受地形限制，但精度较低，相对误差仅能达到 1/200～1/300，常用于地形测图中。

### 一、视距测量的原理

1. 视线水平时的视距测量公式

如图 4-8 所示，欲观测 $A$、$B$ 之间平距和高差，在 $A$ 点安置仪器并使视线水平，$B$ 点竖立视距尺，则视线与尺子垂直。由光学原理可知，通过上、下视距丝且平行于物镜光轴的光线，经折射必通过物镜前焦点 $F$，并与视距尺交于 $M$、$N$ 点。

由相似$\triangle m'Fn'$和$\triangle MFN$ 可得

$$\frac{d}{l} = \frac{f}{p} \quad 即 \quad d = \frac{f}{p}l$$

根据图 4-8 可知，仪器中心到视距尺上的水平距离 $D$ 为

$$D = d + f + \delta = \frac{f}{p}l + f + \delta \tag{4-11}$$

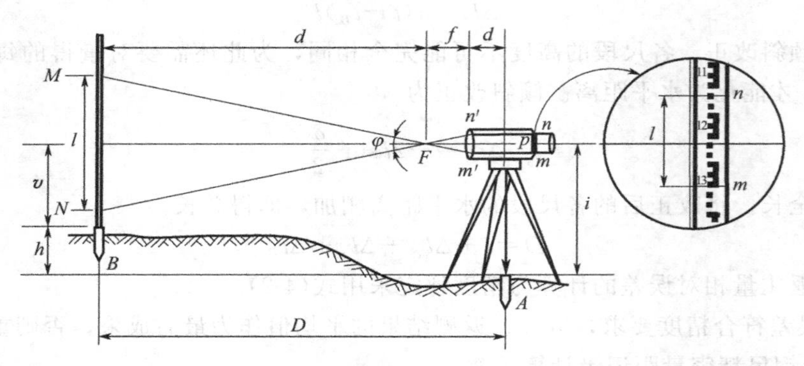


图 4-8　视线水平时的视距测量原理

式中　$d$——物镜前焦点 $F$ 到视距尺间的水平距离；

$f$——物镜焦距；

$p$——仪器上下丝的间距；

$\delta$——上下丝在视距尺上的读数之差。

令 $K=\frac{f}{p}$，$C=f+\delta$，则有

$$D=Kl+C \tag{4-12}$$

式中　$K$——视距乘常数，通常仪器构造上使 $K=100$；

$C$——视距加常数，通常设计为零。

故

$$D=Kl=100l \tag{4-13}$$

由图 4-8 还可知，$A$、$B$ 两点间的高差 $h$ 为

$$h=i-v \tag{4-14}$$

式中　$i$——仪器高，m；

$v$——十字丝中丝在视距尺上的读数，即中丝读数，m。

2. 视线倾斜时的视距测量公式

如果地面起伏较大，则必须使望远镜视线处于倾斜位置才能瞄准尺子。此时，视线和竖立的视距尺尺面不垂直，为了得出视线倾斜时的水平距离和高差计算公式，除观测尺间隔 $l$ 外，还需观测竖直角 $\alpha$。如图 4-9 所示，如果把竖立在 $B$ 点上视距尺的尺间隔 $MN$，换算成与视线相垂直的尺间隔 $M'N'$，就可用式(4-13) 计算出倾斜距离 $L$，然后再根据 $L$ 和竖直角 $\alpha$，算出水平距离 $D$ 和高差 $h$。

从图 4-9 可知，在$\triangle EM'M$ 和$\triangle EN'N$ 中，由于仪器上、下视距丝所夹 $\varphi$ 角很小（约 34′），$\angle EM'M$ 和$\angle EN'N$ 可近似看作直角。而$\angle MEM'=\angle NEN'=\alpha$，因此

$$M'N'=M'E+EN'=ME\cos\alpha+EN\cos\alpha=(ME+EN)\cos\alpha=MN\cos\alpha$$

式中，$M'N'$就是假设视距尺与视线相垂直时的尺间隔 $l'$，$MN$ 是实际尺间隔 $l$，所以

$$l'=l\cos\alpha$$

将上式代入式(4-13)，得倾斜距离 $L$

$$L=Kl'=Kl\cos\alpha$$

因此，$A$、$B$ 两点间的水平距离为

$$D=L\cos\alpha=Kl\cos^2\alpha \tag{4-15}$$

式(4-15) 为视线倾斜时水平距离的计算公式。

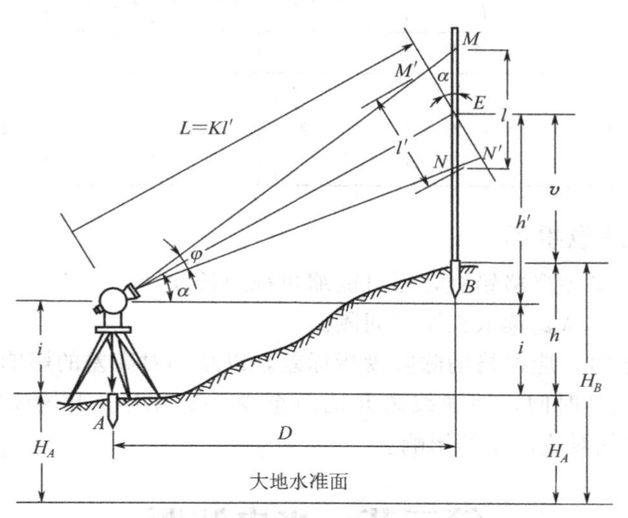


图 4-9 视线倾斜时的视距测量原理

由图 4-9 可以看出，$A$、$B$ 两点间的高差 $h$ 为

$$h=h'+i-v \tag{4-16}$$

$$h'=L\sin\alpha=Kl\cos\alpha\sin\alpha=\frac{1}{2}Kl\sin2\alpha$$

式中 $h'$——高差主值（也称初算高差）。

所以

$$h=\frac{1}{2}Kl\sin2\alpha+i-v \tag{4-17}$$

式(4-17) 为视线倾斜时高差的计算公式。

3. 视距测量的施测

① 如图 4-9 所示，在 $A$ 点安置经纬仪，量取仪器高 $i$，在 $B$ 点竖立视距尺。

② 盘左（或盘右）位置，转动照准部瞄准 $B$ 点视距尺，分别读取上、中、下三丝读数，并算出尺间隔 $l$。

③ 打开竖盘自动归零装置，读取竖盘读数，并计算竖直角 $\alpha$。

④ 根据式(4-15) 和式(4-17)，计算水平距离 $D$ 和高差 $h$。

表 4-2 为视距测量记录计算表。

表 4-2 视距测量记录计算手簿

| 测站：$A$ | | 测站高程：+45.37m | | | 仪器高：1.45m | | | 仪器：$DJ_6$ | |
|---|---|---|---|---|---|---|---|---|---|
| 测点 | 下丝读数<br>上丝读数<br>尺间隔 $l$/m | 中丝读数 $v$/m | 竖盘读数 $L$<br>° ′ ″ | 竖直角 $\alpha$<br>° ′ ″ | 水平距离 $D$/m | 初算高差 $h'$/m | 高差 $h$ /m | 高程 $H$ /m | 备注 |
| 1 | 1.807<br>1.093<br>0.714 | 1.45 | 86 41 48 | +3 18 12 | 71.16 | +4.11 | +4.11 | +49.48 | 盘左位置 |

续表

| 测点 | 下丝读数<br>上丝读数<br>尺间隔 $l$/m | 中丝读数 $v$/m | 竖盘读数 $L$<br>° ′ ″ | 竖直角 $\alpha$<br>° ′ ″ | 水平距离 $D$/m | 初算高差 $h'$/m | 高差 $h$/m | 高程 $H$/m | 备注 |
|---|---|---|---|---|---|---|---|---|---|
| 2 | 2.520<br>1.480<br>1.040 | 2.00 | 91 12 24 | −1 12 24 | 103.95 | −2.19 | −2.74 | +42.63 | |

## 二、视距测量注意事项

① 观测时，标尺必须严格铅直，尽可能缩短视距长度。

② 注意消除视差，认真读取视距尺间隔。

③ 读取竖盘读数时，应严格消除竖盘指标差，以减小对高差的影响。

④ 选择合适的观测时间，使视线离开地面至少 1m 以上（上丝读数不得小于 0.3m），以减小大气折光和空气对流产生的影响。

# 第三节　光电测距

## 一、光电测距原理

光电测距是利用光在空气中的传播速度为已知这一特性，测定光波在被测距离上往返传播的时间来间接求得距离值。这种方法测程远，不受地形限制，劳动强度低，精度高，操作简便，作业速度快，目前被广泛使用。

测距仪测距的基本原理分为脉冲式和相位式两种。

1. 脉冲式光电测距仪测距原理

如图 4-10 所示，欲测定 $A$、$B$ 两点间的距离 $D$，可在 $A$ 点安置能发射和接收光波的光电测距仪，在 $B$ 点设置反射棱镜。光电测距仪发出的光束经棱镜反射后，又返回到测距仪。由于光波在大气中的传播速度 $c$ 已知，只要测出光波在 $AB$ 之间的传播时间 $t$，则

$$D=\frac{1}{2}ct \tag{4-18}$$

式中，$c=c_0/n$，$c_0$ 为真空中的光速值，其值为（299792458±1.2）m/s，$n$ 为大气折射率。

可见，脉冲式测距仪是直接测定测距仪发出的光脉冲在待测距离上往返传播的时间间隔

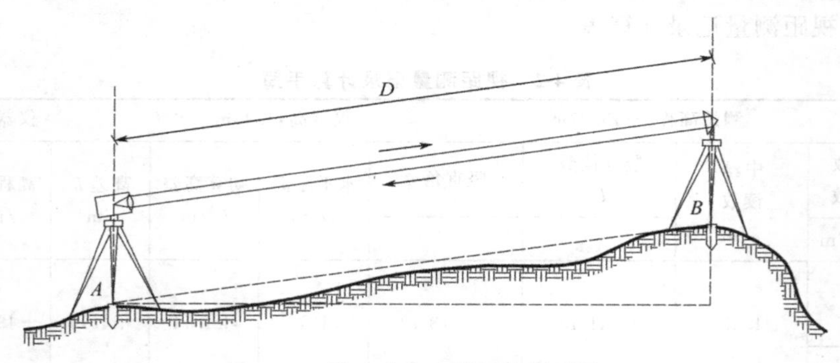


图 4-10　脉冲式光电测距仪测距原理

的，由于精确测定光波往返传播时间较为困难，故测距精度较低。高精度的测距仪，一般采用相位式。

2. 相位式光电测距仪测距原理

相位式测距仪是通过测定测距仪发出的连续调制光波在待测距离上往返传播所产生的相位差，间接测得时间，测距精度较高。由光源发出的光通过调制器后，成为光强随高频信号变化的调制光，经发射器发射出去，沿待测距离传播至反射器后返回，由接收器接收得到测距信号。测距信号经放大、整形后，送到相位计，与发射时刻送到相位计的起始信号进行相位比较，得出发射时刻与接收时刻调制光波的相位差，然后解算距离。

## 二、光电测距方法及注意事项

1. 光电测距仪测距

光电测距仪的主要步骤包括垂直角观测、气象测量与改正测距及记录、计算等。具体操作步骤如下。

（1）安置仪器　在测站上安置经纬仪，对中、整平后，将测距仪主机安装在经纬仪支架上，用连接器固定螺钉锁紧，将电池插入主机底部并扣紧。

（2）安置反射棱镜　在目标点安置反射棱镜，对中、整平，将反射棱镜朝向主机。

（3）观测竖直角、气温和气压　用经纬仪十字横丝照准觇牌中心（图 4-11），读取竖盘读数，计算竖直角 $\alpha$。同时，观测和记录温度和气压计上的读数。

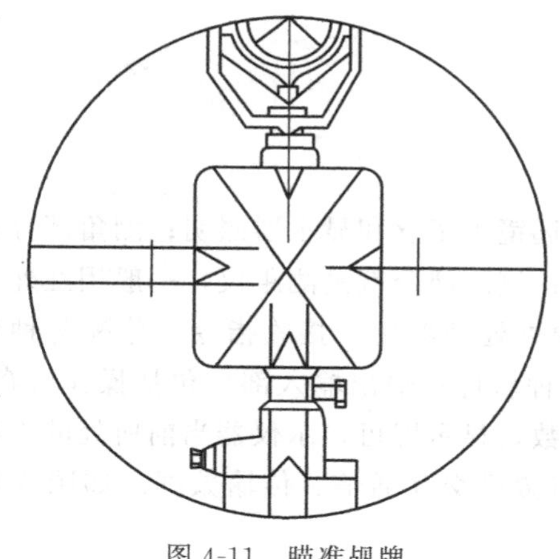

图 4-11　瞄准觇牌

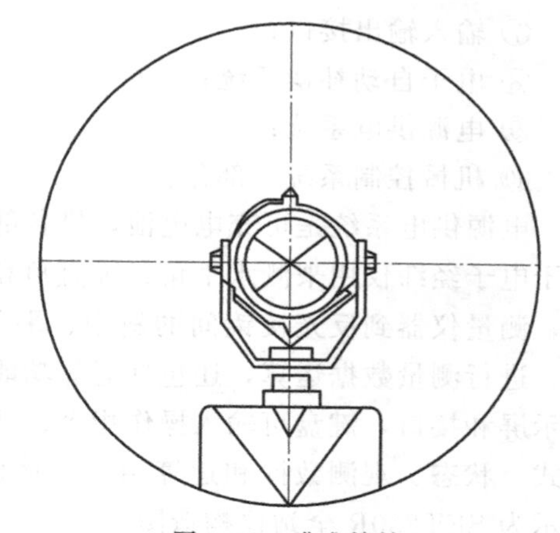

图 4-12　瞄准棱镜

（4）测距准备　按电源开关键“PWR”开机，主机自检并显示原设定的温度、气压和棱镜常数值，自检通过后将显示“good”。若修正原设定值，可按“TPC”键后输入温度、气压值或棱镜常数（一般通过“ENT”键和数字键逐个输入）。一般情况下，只要反光镜不变则棱镜常数不变，而温度、气压随环境气候发生变化，需要重新设定。

（5）电瞄准　调节主机俯仰调整螺旋和水平调整螺旋，使测距仪望远镜十字丝中心精确瞄准棱镜中心（图 4-12）。若回光充足，显示窗下方显示“*”并发出持续蜂鸣声。

（6）距离测量　距离测量精确瞄准后，按“MSG”键（量测键），主机将测定并显示经温度、气压和棱镜常数改正后的斜距。

若要进行跟踪测距，按下电源开关键后，再按测距模式键，则每 0.3s 显示一次斜距值，再次按测距模式键，停止跟踪测距。

斜距到平距的改算方法是：按“V/H”键后输入竖直角值，再按“SHV”键显示水平距离。连续按“SHV”键可依次显示斜距、平距和高差。

目前国内外生产的测距仪型号很多，其原理和结构基本相同，但具体操作方法有所不同，使用时要认真阅读仪器使用说明书，严格按说明书进行操作。

2. 全站仪测距

全站仪是一种集自动测距、测角、计算和数据自动记录及传输功能于一体的自动化、数字化及智能化的三维坐标测量与定位系统。从结构来看可以分为组合式和整体式两种。组合式是指电子经纬仪、光电测距仪与电子手簿相结合，电子经纬仪与测距仪既可组合使用，也可分开使用；整体式是电子经纬仪和测距仪共用一个望远镜，成为一个整体不可分离，测距仪的光波发射、接收系统的光轴和经纬仪的视准轴同轴，并配置电子计算机中央处理器。

（1）全站仪的结构　全站仪主要包括：

① 光学系统；

② 光电测角系统；

③ 光电测距系统；

④ 微处理机；

⑤ 显示控制/键盘；

⑥ 数据/信息存储器；

⑦ 输入输出接口；

⑧ 电子自动补偿系统；

⑨ 电源供电系统；

⑩ 机械控制系统等部分。

电源供电系统是可充电电池，供各部分运转、望远镜十字丝和显示器照明；测角部分相当于电子经纬仪用来测水平角、竖直角和设置方位角；测距部分就是测距仪，一般用红外光源，测量仪器到反光棱镜间的斜距、平距和高差；中央处理器用于接收指令、分配各种作业、进行测量数据运算，还包括运算功能更完善的各种软件；输出输入部分包括操作键盘、显示屏和接口，键盘可输入操作指令、数据、设置参数，显示屏可显示仪器当前所处的工作模式、状态、观测数据和运算结果，接口使全站仪与微机交互通信、传输数据。如图 4-13 所示为 SET230R 全站仪构造图。

（2）全站仪测距步骤

① 在测站点安置全站仪，在目标点安置反射棱镜。

② 开机自检后，进行竖直角过零（即望远镜竖直旋转一周），然后通过操作键盘选择和设置仪器参数。

③ 精确照准目标棱镜中心，按测量键即可求得斜距、水平距离和高差。

测量时，望远镜的十字丝中心瞄准棱镜中心，即可测得三种显示方式的距离（斜距、平距、高差），其中斜距是光电测距的原始观测值，平距和高差是根据竖直角传感器由斜距解算而得到的。

一般全站仪均具有角度测量、距离测量、三维坐标测量、后方交会、放样测量、地形测图、对边测量、悬高测量和偏心测量等功能。智能型全站仪还具有导线测量与平差、线路工程测量和数字化测图等功能。

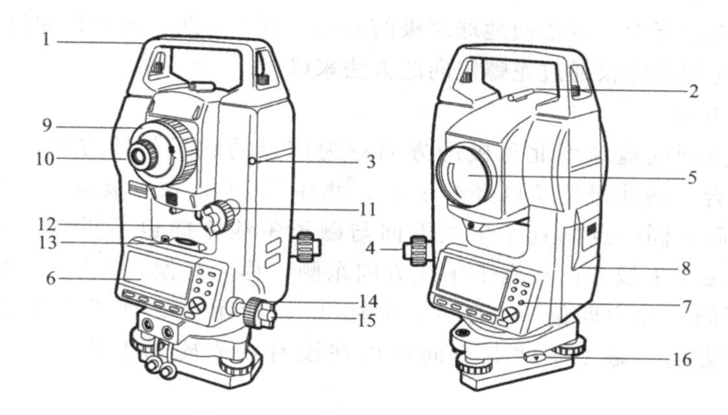


图 4-13　SET230R 全站仪构造图

1—提柄；2—粗照准器；3—无线遥控器接收点；4—光学对中器目镜；5—物镜；6—显示屏；
7—操作面板；8—电池护盖；9—望远镜调焦环；10—望远镜目镜；11—垂直微动手轮；
12—垂直制动钮；13—照准部水准器；14—水平微动手轮；
15—水平制动钮；16—三脚基座制动控制杆

煤矿井下是一个特殊的工作环境，有易燃、易爆气体和腐蚀性气体，并且潮湿、矿尘大、空间狭小，因而，矿用电子测量仪器与一般电子测量仪器相比，应具有防爆、防腐、防尘、防潮、防霉等防护措施。近年来，我国煤矿陆续采用了一批本安型智能全站仪，采用防爆电池、防静电反射棱镜，如尼康公司生产的 DTM-532C 型防爆全站仪、拓普康公司生产 GTS-332W/335W 型防爆全站仪及索佳公司生产的 SET5F 型防爆全站仪，不仅为全站仪在井下测量的使用拓展了空间，同时也为井下测量的安全带来更有效的保障。

不同类型、不同厂家生产的仪器在功能上、操作方法上有一定的区别，具体实施时应参阅有关仪器的使用说明书。

3. 光电测距仪及全站仪测距的注意事项

① 气象条件对光电测距影响较大，微风的阴天是观测的良好时机。

② 测线应尽量离开地面障碍物 1.3m 以上，避免通过发热体和较宽水面的上空。

③ 测线应避开强电磁场干扰的地方，不宜接近变压器、高压线等。

④ 镜站的后面不应有反光镜和其他强光源等背景的干扰。

⑤ 严防阳光及其他强光直射接收物镜，使光线经镜头聚焦进入机内烧坏部分元件。阳光下作业应撑伞保护仪器。

⑥ 长期不用仪器时应定期充电，依季节每 1～3 个月充电一次（按说明书规定）。

## 第四节　直线定向

确定直线与标准方向之间的角度关系称为直线定向。直线的方向用直线的方位角或象限角表示。

### 一、标准方向

测量工作中通常采用真子午线、磁子午线、坐标纵轴作为标准方向。

1. 真子午线方向

由地面上任意一点通向地球南北两极的方向称为该点的真子午线方向。我国处于北半球，真子午线方向是指地面点指向地球北极的方向。真子午线方向可以通过天文测量的方法确定，也可以用陀螺经纬仪通过陀螺定向的方法来确定。

2. 磁子午线方向

地面上任一点通向地球南北磁极的方向称为该点的磁子午线方向。由于地球的磁极与南北两极不重合（磁北极位于西经约101°，北纬约74°；磁南极位于东经约114°，南纬68°)，因此，地面上同一点的真子午线方向与磁子午线方向也不重合，其夹角称为磁偏角，以$\delta$表示。磁子午线方向在真子午线方向东侧，称为东偏，$\delta$为正；磁子午线方向在真子午线方向西侧，称为西偏，$\delta$为负，如图4-14所示。磁针指向地球磁北极的方向就是磁子午线北方向，磁子午线北方向可以在没有外来磁场干扰的条件下，用罗盘仪测定。

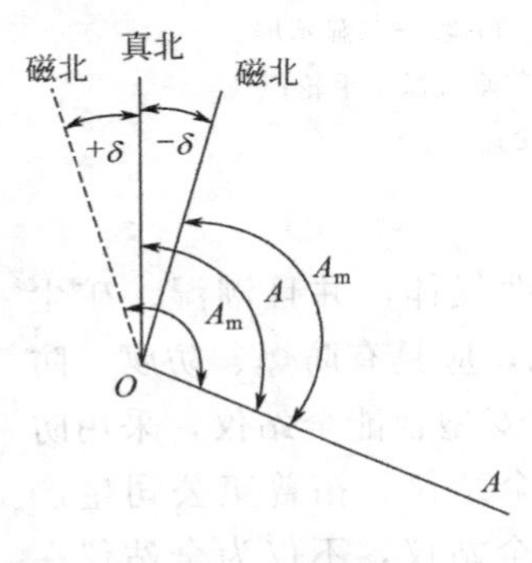


图4-14　磁偏角正负

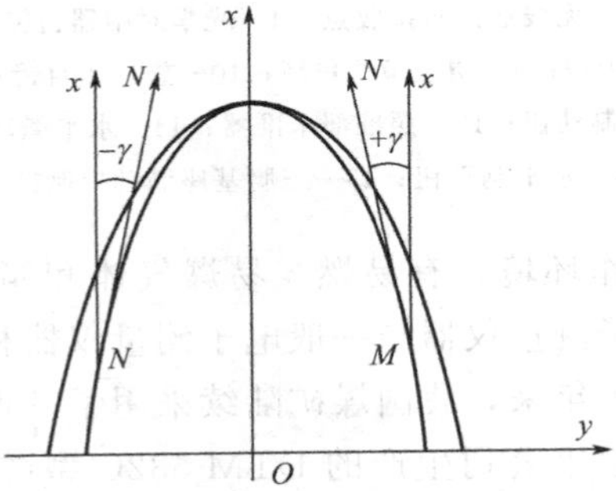

图4-15　坐标纵轴方向

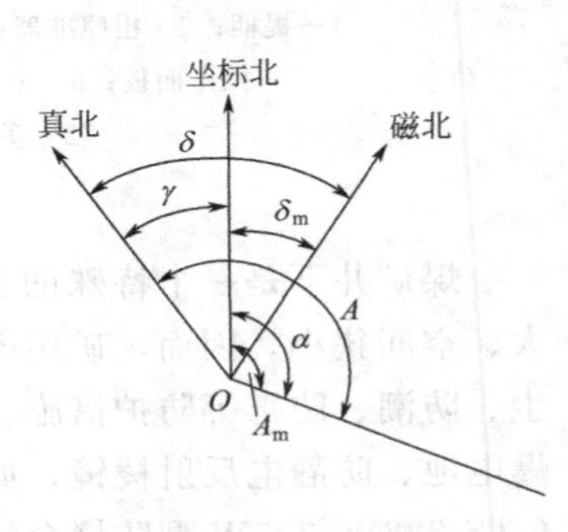


图4-16　三种方位角之间关系

3. 坐标纵轴方向

直角坐标系统纵轴常作为标准方向。坐标纵轴（$x$轴）正向所指的方向，称为坐标北方向。在高斯直投影带中，高斯平面直角坐标系的坐标纵轴处处与中央子午线平行。在中央子午线上真子午线方向与坐标纵轴方向两者是一致的，在其他地区两者则是不平行的，过地面上一点的真子午线方向与坐标纵轴之间的夹角，称为坐标纵轴收敛角（亦称子午线收敛角），以$\gamma$表示。地面点离中央子午线愈远，$\gamma$愈大。如图4-15所示，在中央子午线以东的地区，$\gamma$取正号，在中央子午线以西地区，$\gamma$取负号。

坐标纵轴北方向与磁子午线北方向之间的夹角，称为磁坐偏角，如图4-16所示，用$\delta_m$表示。磁子午线方向位于坐标纵轴的东侧，称为东偏，$\delta_m$取正号，位于西侧，$\delta_m$取负号。

由上述可以看出，收敛角、磁偏角、磁坐偏角是真子午线方向、磁子午线方向及坐标纵轴方向之间的固有关系。利用这种关系，已知其中一个方向，就可换算另外两个方向。

## 二、直线方向的表示方法

在测量工作中，直线的方向常用方位角和象限角来表示。

1. 方位角

从标准方向线的北端起顺时针旋转至某直线的水平夹角，称为该直线的方位角。方位角的大小为0°～360°。由于标准方向线有三种，即真子午线方向、磁子午线方向和坐标纵轴，因此，所对应的方位角也有三种，即真方位角、磁方位角和坐标方位角。

（1）真方位角　从真子午线方向北端开始顺时针方向量至某直线的水平夹角称为该直线的真方位角，以 $A$ 表示。

（2）磁方位角　从磁子午线方向北端开始顺时针方向量至某直线的水平夹角称为该直线的磁方位角，以 $A_m$ 表示。

（3）坐标方位角　从坐标纵轴正北方向开始顺时针方向量至某直线的水平夹角称为该直线的坐标方位角，以 $\alpha$ 表示。

三种方位角之间的关系，如图 4-16 所示。

真方位角与磁方位角之间的关系

$$A=A_m+\delta \tag{4-19}$$

$\delta$ 东偏为正，西偏为负。

真方位角与坐标方位角之间的关系

$$A=\alpha+\gamma \tag{4-20}$$

$\gamma$ 以东为正，以西为负。

由式(4-19) 和式(4-20) 可推算 $\alpha$

$$\alpha=A-\gamma=A_m+\delta-\gamma \tag{4-21}$$

2. 象限角

从标准方向线的北端或南端开始，顺时针或逆时针量至某直线的水平夹角称为该直线的象限角，以 $R$ 表示。象限角为锐角大小在 0°～90°之间。象限角不但要表示角度的大小，而且要注记该直线所在的象限。象限划分为Ⅰ、Ⅱ、Ⅲ、Ⅳ象限，分别用北东（NE）、南东（SE）、北西（NW）、南西（SW）来表示。如图 4-17 所示，直线 $O1$、$O2$、$O3$、$O4$ 的象限角分别为 $R_1$、$R_2$、$R_3$、$R_4$，直线 $O1$ 在第一象限角值为 40°，则该直线的象限角表示为北东 40°；直线 $O4$ 在第四象限角值为 30°，则，直线 $O4$ 的象限角表示为北西 30°。

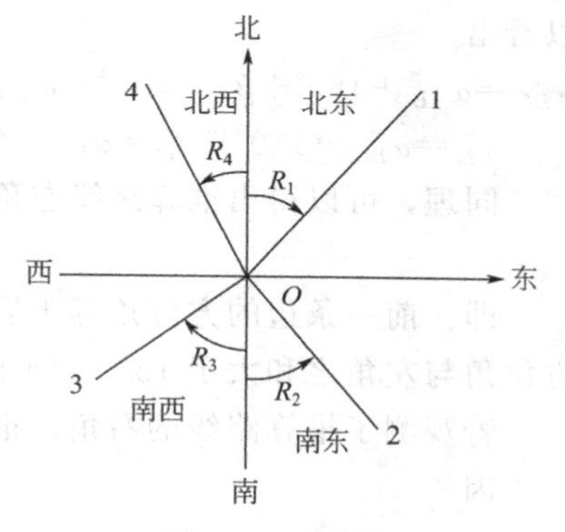

图 4-17　象限角

象限角一般是在计算坐标时使用，这时所说的象限角是指坐标象限角。坐标象限角与坐标方位角之间的关系如表 4-3 所示。

**表 4-3　坐标方位角与象限角关系表**

| 象限 | 由象限角求方位角 | 由方位角求象限角 |
|---|---|---|
| Ⅰ | $\alpha=R$ | $R=\alpha$ |
| Ⅱ | $\alpha=180°-R$ | $R=180°-\alpha$ |
| Ⅲ | $\alpha=180°+R$ | $R=\alpha-180°$ |
| Ⅳ | $\alpha=360°-R$ | $R=360°-\alpha$ |

## 三、坐标方位角的特性

如图 4-18 所示，设直线 $AB$ 的方位角 $\alpha_{AB}$ 为由 $A \to B$ 的正方位角，则相反方向由 $B \to A$

的方位角为 $\alpha_{AB}$ 的反方位角。由图 4-18 可以看出，由于，坐标纵轴处处平行，则同一条直线的正、反坐标方位角相差 180°，即

$$\alpha_{正}=\alpha_{反}\pm180° \tag{4-22}$$

在式(4-22) 中，当 $\alpha_{正}<180°$时，用 +180°，反之，用 −180°。如图 4-18 所示，若直线 $AB$ 的正方位角 $\alpha_{AB}$ 的值为 66°，则直线 $AB$ 反方位角

$$\alpha_{AB}=66°+180°=146°$$

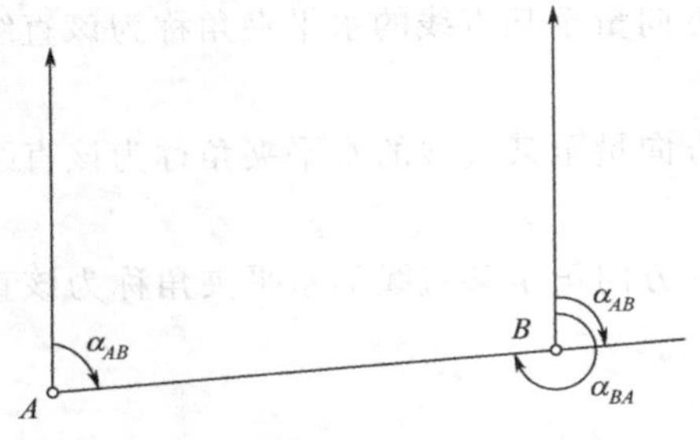

图 4-18　正反方位角关系示意图

## 四、方位角的推算

在实际测量工作中，不直接测定待定边的方位角，而是通过测量各相邻边之间的水平夹角以及与已知边的连接角，进而根据已知边的坐标方位角和观测所得的水平角，推算出各边的坐标方位角。如图 4-19 所示，从 $A$ 到 $D$ 为一条折线，假定 $AB$ 边的方位角 $\alpha_{AB}$ 已知，在 $B$、$C$ 两点上观测了水平角 $\beta_B$、$\beta_C$，下面就根据 $\alpha_{AB}$、$\beta_B$、$\beta_C$，来推算 $BC$、$CD$ 两边的方位角 $\alpha_{BC}$，$\alpha_{CD}$。

推算路线的方向为：$AB\rightarrow BC\rightarrow CD$，这样所返测的水平角就位于推算路线的左侧，$\beta_B$、$\beta_C$，称为推算路线的左角。由图 4-19 可以看出

$$\alpha_{BC}=\alpha_{AB}+180°+\beta_B-360°=\alpha_{AB}+\beta_B-180°$$

$$\alpha_{CD}=\alpha_{BC}+180°+\beta_C=\alpha_{BC}+\beta_C+180°$$

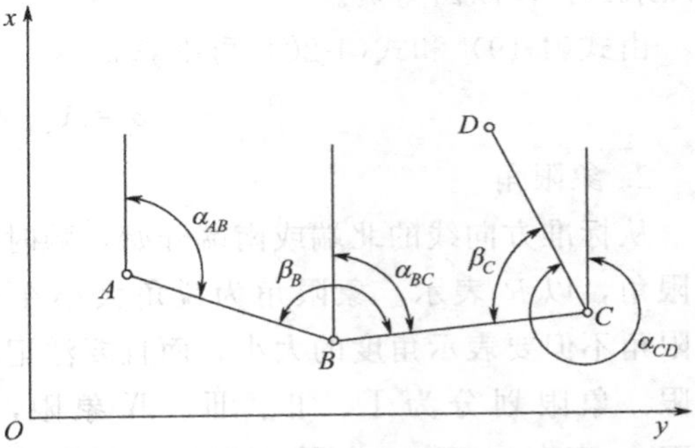

图 4-19　方位角推算

同理，可以得出推算路线左角的一般公式

$$\alpha_{前}=\alpha_{后}+\beta_{左}\pm180° \tag{4-23}$$

即：前一条边的方位角等于后一条边的方位角加上观测路线的左角 ±180°，后一条边的方位角与左角之和大于 180°，则 180°前取“+”号，反之，取“−”号。

若观测了推算路线的右角，根据式(4-23) 不难推出推算路线右角的一般公式

因

$$\beta_{左}+\beta_{右}=360°$$

则

$$\beta_{左}=360°-\beta_{右}$$

将上式代入式(4-23) 有

$$\alpha_{前}=\alpha_{后}+360°-\beta_{右}\pm180°$$

$$\alpha_{前}=\alpha_{后}-\beta_{右}\pm180° \tag{4-24}$$

即：前一条边的方位角等于后一条边的方位角减去观测路线的右角 ±180°，若后一条边的方位角与右角之差小于 180°，则 180°前取“+”号，反之，取“−”号。

在式(4-23) 和式(4-24) 中，如果算得的方位角大于 360°，则应减去 360°。

## 五、用罗盘仪测定磁方位角

1. 罗盘仪的构造

罗盘仪是利用磁针确定直线方向的一种仪器，如图 4-20 所示。罗盘仪的种类很多，其

构造大同小异，主要由罗盘盒、望远镜、基座三部分组成，主要部件有磁针、刻度盘和瞄准设备等。

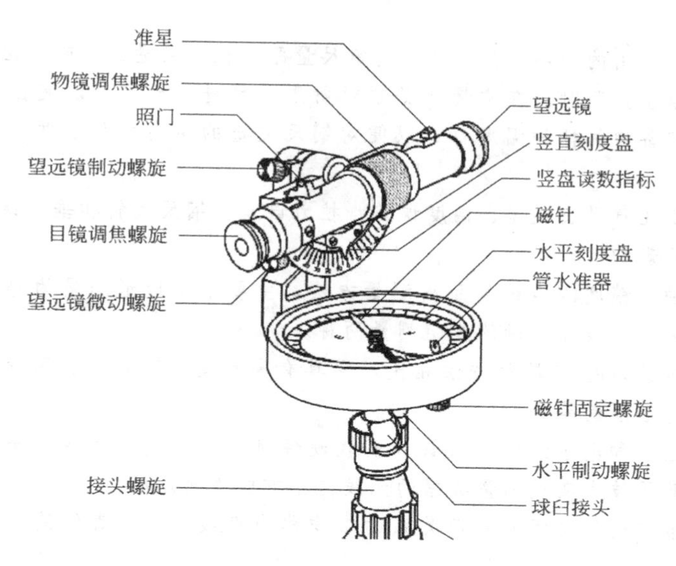


图 4-20　罗盘仪的构造

（1）磁针　磁针用人造磁铁制成，磁针在度盘中心的顶针尖上可自由转动。为了减轻顶针尖的磨损，在不用时，可用位于底部的固定螺旋升高杠杆，将磁针固定在玻璃盖上。

（2）刻度盘　刻度盘为铜或铝制成的圆环，随望远镜一起转动，每隔 10°有一注记，按按逆时针方向从 0°注记到 360°，最小分划为 1°或 3″。刻度盘内装有一个圆水准器或者两个相互垂直的管水准器，用手控制气泡居中，使罗盘仪水平，如图 4-21 所示。

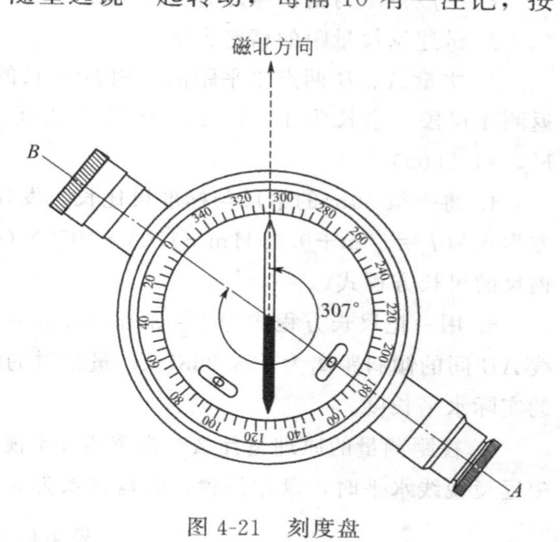


图 4-21　刻度盘

（3）瞄准设备　罗盘仪的瞄准设备，与经纬仪的望远镜结构基本相似，也有物镜对光、目镜对光螺旋和十字丝分划板等，其望远镜的视准轴与刻度盘的 0°分划线共面。

2. 用罗盘仪测定直线磁方位角

欲测直线 $AB$ 的磁方位角，将罗盘仪安置在直线起点 $A$，挂上垂球对中。松开球臼接头螺旋，用手前、后、左、右转动度盘盒，使水准器气泡居中，拧紧球臼接头螺旋，使仪器处于对中整平状态。松开磁针固定螺旋，让它自由转动，然后转动罗盘，用望远镜照准 $B$ 点标志，待磁针静止后，按磁针北端（一般为黑色一端）所指的度盘分划值读数，即为 $AB$ 边的磁方位角值，如图 4-21 所示。

罗盘仪在使用时，不要使铁质物体接近罗盘，以免影响磁针位置的正确性。在铁路附近及高压线铁塔下观测时，磁针读数会受很大影响，应该注意避免。测量结束后，必须旋紧螺旋至将磁针升起，避免顶针磨损，以保护磁针的灵敏性。

## 本章小结

本章主要介绍了常用的距离测量方法，有钢尺量距、视距测量、光电测距。

当用钢尺进行精密量距时，在丈量前必须对所用钢尺进行检定，以便在丈量结果中加入尺长改正。另外还需配备弹簧秤和温度计，以便对钢尺丈量的距离施加温度改正。若为倾斜距离时，还需加倾斜改正。

钢尺量距时，要注意尺长误差、温度误差、拉力误差、钢尺倾斜和垂曲误差、定线误差、丈量误差对丈量结果的影响。

视距测量是一种低精度的传统的距离测量方法，主要用于地形测量的碎部测量中，分为视线水平时的视距测量、视线倾斜时的视距测量两种。

光电测距仪与传统测距工具和方法相比，它具有高精度、高效率、测程长、作业快、工作强度低、几乎不受地形限制等优点。

现在的测距仪已经和电子经纬仪及计算机软硬件制造在一起，形成了全站仪，并向着自动化、智能化和利用蓝牙技术实现测量数据的无线传输方向飞速发展。

确定直线与标准方向线之间的夹角关系的工作称为直线定向。直线的方向可以用方位角和象限角表示。

## 习题

1. 一般量距与精密量距有何不同？

2. 试述钢尺量距的精密方法。

3. 丈量 $A$、$B$ 两点水平距离，用 30m 长的钢尺，丈量结果为往测 4 尺段，余长为 15.430m，返测 4 尺段，余长为 15.390m，试进行精度校核。若精度合格，求出水平距离。（精度要求 $K_{容}=1/2000$）

4. 将一根 50m 的钢尺与标准尺比长，发现此钢尺比标准尺长 10mm，已知标准钢尺的尺长方程式为 $l_t=50\text{m}+0.0041\text{m}+1.25\times10^{-5}\times(t-20℃)\times50\text{m}$，钢尺比较时的温度为 12℃，求此钢尺的尺长方程式。

5. 用一把尺长方程式为 $l_t=30\text{m}-0.003\text{m}+1.25\times10^{-5}\times(t-20℃)\times30\text{m}$ 的钢尺，丈量直线 $AB$ 间的倾斜距离为 158.9687m，量距时的温度为 15℃，两点间高差为 1.6m，试求该段距离的实际水平长度。

6. 视距测量的原理是什么？根据表 4-4 视距测量手簿，计算各点的水平距离和高程。（注：望远镜视线水平时，盘左位置，竖盘读数为 90°，望远镜视线向上倾斜时，读数减少。）

表 4-4　视距测量手簿

| 测站：$A$ | | 测站高程：+136.50m | | | 仪器高：1.50m | | 后视点：$B$ | | |
|---|---|---|---|---|---|---|---|---|---|
| 测点 | 尺间隔 $l$/m | 中丝读数 $v$/m | 竖盘读数 $L$ ° ′ | 竖直角 $\alpha$/(°′) | 初算高差 $h'$/m | 高差 $h$/m | 水平角 $\beta$ ° ′ | 水平距离 $D$/m | 高程 $H$/m |
| 1 | 0.675 | 1.50 | 86　48 | | | | 35　24 | | |
| 2 | 0.524 | 1.50 | 82　24 | | | | 61　18 | | |
| 3 | 0.821 | 2.50 | 97　12 | | | | 94　00 | | |

7. 光电测距的基本原理是什么？

8. 全站仪主要由哪些部分组成？有哪些功能？

9. 什么是直线定向？直线定向时的标准方向有哪些？怎样确定直线的方向？

10. 什么叫坐标方位角？正、反坐标方位角之间有什么关系？

11. 什么叫象限角？象限角与坐标方位角之间如何转换？

12. 设已测得各直线的坐标方位角分别为 37°25′25″、173°37′30″、226°18′20″、334°48′55″，试分别求出它们的象限角和反坐标方位角。

# 第五章 测量误差的基本知识

从角度测量、水准测量和距离测量的实验中大家可以发现，尽管在实验过程中观测得十分仔细认真，但只要重复观测几次，观测值之间总是存在着差异。例如对一水平角进行多次观测，观测结果的秒值是不一样的；用钢尺或测距仪距离测量，多次测量（丈量）结果不同，往返测量（丈量）的距离值不相等，各测回之间的结果也互不相等；又如对若干个量进行观测，从理论上讲这些量所构成的某个函数应等于某一理论值，但用这些量的观测值代入上述函数后与理论值不一致，如水准测量中闭合路线上各段高差之和的理论值应等于零，但实际观测的各段高差值的总和往往不等于零。这些现象之所以产生，究其原因是观测结果中存在着测量误差。本章将简要介绍测量误差的分类、衡量测量精度的标准及误差传播定律。

## 第一节 测量误差的来源与分类

### 一、测量误差的来源

引起测量误差因素很多，归纳起来有以下四个方面的来源。

1. 仪器误差

测量工作是用仪器进行数据采集的，尽管仪器出厂前进行了调试达到了标称精度，使用前按规范进行了检验校正，但由于仪器的设计不完善、零件加工有误差、装备调试和检验校正存在残差，因而使观测结果受到相应的影响。如使用 $J_6$ 光学经纬仪观测水平角，其读数窗最小读数分划为 $1'$，估读分以下的秒值，就难以保证其准确性；又如用只有厘米分划的普通钢尺丈量距离，厘米以下的尾数就难以保证其读数的准确性；若水准仪的视准轴与水准管轴不平行、水准尺的分划不均匀，必然也会给水准测量的结果带来误差等。

2. 观测误差

由于人的感觉器官鉴别能力的局限性，观测者通过感觉器官观测，进行仪器安置、瞄准、读数等工作时，都会产生一定的误差。例如，用同一台水准仪在同一根水准尺上读数，两个观测者的读数结果就可能不同。另外，观测者的技术水平、自身生理状态、工作态度也会对观测结果产生不同的影响。

3. 外界条件引起的误差

测量工作的数据采集观测是在野外进行的，自然环境因素，如地形、空气的温度、湿度、气压、日照、风力、大气折光等都会对观测结果产生种种影响，而且这些因素随时都在变化，因而环境因素对观测结果的影响也随之变化，这就必然使得观测结果含有误差。

4. 基准误差

各种测量结果都是基于一定的参考基准的，基准的误差也会导致观测值的误差。如高程测量、平面测量的起始数据误差是高程测量、平面测量结果的误差源之一。

综上所述，测量仪器误差、观测误差、外界条件变化以及测量基准误差是测量误差的主要来源。测量仪器、观测者和外界环境这三大因素，总称为观测条件。不论观测条件如何，观测结果总是不可避免地带有误差。为了使观测结果达到一定精度，除了不断地改进仪器、选择可靠的测量基准、选择合理的观测方案和方法、选择有利的观测时间、尽量避免外界环境的影响外，还应了解测量误差的性质、产生和累积的规律，从而对观测数据进行合理的处理，使之对观测结果不致产生有害的影响。

## 二、测量误差的分类及性质

测量误差按产生的原因可分为系统误差、偶然误差和粗差三种类型。

1. 系统误差

在相同的观测条件下，进行一系列观测，如果观测误差的大小和符号表现出一致的倾向，即保持常数或按一定的规律变化，这类误差称为系统误差。例如用一把名义长度为50m，而实际长度为50.01m的钢尺丈量距离，则丈量一尺子的距离，就要比实际距离小1cm，丈量两尺子就要比实际长度小2cm，这1cm的误差在大小和符号上都是不变的，用该钢尺丈量的距离越长，产生的误差就越大。又如，当水准仪的视准轴与水准管轴不平行，进行水准测量时就会使在水准尺上读数时产生误差，这种误差的大小与水准仪到水准尺之间的距离成正比。由此可以看出，系统误差具有累积性，对观测结果的危害性极大。但由于系统误差具有同一性、单向性、累积性的特性，因而，可以采取措施将其消除。如加改正数，利用尺长方程式，对量距结果进行尺长改正；也可以在测量前对仪器进行检验校正，如对水准仪的视准轴不平行与水准管轴进行检校，使其偏差减少到最低程度；还可以采取合理的观测方法，使误差自行抵消或减少到最小，如在水平角观测时采用正、倒镜观测，消除视准轴与水平轴误差；又如在水准测量中采用前后视距相等的方法消除或将视准轴不平行水准管轴误差对测量结果的影响减少到最低程度。

2. 偶然误差

在相同观测条件下，进行一系列观测，如果观测误差的大小和符号从表面上看都没有表现出一致的倾向，即表面上没有任何规律性，这类误差称为偶然误差。如安置经纬仪时，对中不可能绝对准确，在水准尺上估读毫米读数的误差，钢尺量距时估读0.1mm的读数误差等。这些误差都属于偶然误差。

一般来说，在观测过程中，系统误差与偶然误差是同时产生的，当观测结果中含有显著的系统误差时，偶然误差就处于次要地位，测量误差就呈现系统误差的性质；反过来讲，如果偶然误差处于主要地位，测量误差就呈现偶然误差的性质。虽然系统误差具有累积性，对观测结果的影响尤为显著，但有规律可循，所以在测量工作中我们总是可以根据系统误差的规律性采取各种措施将其消除或减弱其影响，使其在测量结果中处于次要地位。这样观测结果中测量误差的影响，偶然误差就占主导地位。由于偶然误差不像系统误差那样具有直观的函数的规律性，但为了评价观测结果的质量，研究在观测数据中占主导的偶然误差的科学处理办法，根据观测数据求出待定量的最可靠值，必须进一步研究偶然误差的性质。

虽然，偶然误差从表面上看其大小和符号没有规律可言，但人们根据大量的测量实践数据，发现在相同的观测条件下对某一量进行多次观测，大量的偶然误差也会呈现一定的规律，且观测次数越多，这种规律就越明显。

例如，在相同的观测条件下，即测量仪器、观测者不变、环境条件相同，观测了257个三角形的内角。由于观测结果中含有偶然误差，各三角形的三个内角观测值之和不等于三角形内角和理论值（亦称真值）180°。设三角形内角和的真值为$X$，各三角形内角和的观测值为$L_i$，则$\Delta_i$为三角形内角和的真误差（一般称三角形闭合差）

$$\Delta_i = L_i - X \qquad (i=1,2,\cdots,n) \tag{5-1}$$

现将257个真误差按每隔3″为一区间，以误差的大小及其符号分别统计在各误差区间的个数$\omega$及相对个数$u/257$，并将结果列入表5-1中。

表5-1 多次观测偶然误差统计表

| 误差区间 | 正误差 | | 负误差 | | 合计 | |
|---|---|---|---|---|---|---|
| (3″) | 个数 | 相对个数$\frac{u}{n}$ | 个数 | 相对个数$\frac{u}{n}$ | 个数 | 相对个数$\frac{u}{n}$ |
| 0～3 | 40 | 0.157 | 41 | 0.159 | 81 | 0.316 |
| 3～6 | 26 | 0.101 | 25 | 0.097 | 51 | 0.198 |
| 6～9 | 19 | 0.074 | 20 | 0.078 | 39 | 0.152 |
| 9～12 | 15 | 0.058 | 16 | 0.062 | 31 | 0.120 |
| 12～15 | 12 | 0.047 | 11 | 0.043 | 23 | 0.090 |
| 15～18 | 8 | 0.031 | 8 | 0.031 | 16 | 0.062 |
| 18～21 | 6 | 0.023 | 5 | 0.019 | 11 | 0.042 |
| 21～24 | 2 | 0.008 | 2 | 0.008 | 4 | 0.016 |
| 24～27 | 0 | 0 | 1 | 0.004 | 1 | 0.004 |
| >27 | 0 | 0 | 0 | 0 | 0 | 0 |
| Σ | 128 | 0.499 | 129 | 0.501 | 257 | 1.000 |

从表5-1可以得出：绝对值相等的正负误差出现的相对个数基本相同，绝对值小的误差比绝对值大的误差出现的相对个数多，误差的大小不会超过一个定值。以上结论绝非巧合，在其他测量结果中也呈现出同样的规律。大量的统计结果表明，偶然误差具有如下统计特性：

① 在一定的观测条件下，偶然误差的绝对值不会超过一定的限度，即有界性；

② 绝对值小的误差比绝对值大的误差出现的可能性大，即单峰性；

③ 绝对值相等符号相反的正负误差出现的可能性相等，即对称性；

④ 当观测次数无限增多时，偶然误差的算术平均值趋近于零，即补偿性。

$$\lim_{n\to\infty}\frac{[\Delta]}{n}=0 \tag{5-2}$$

上述第四个特性是由第三个特性推导出来的。由偶然误差的第三特性可知在大量的观测值中正、负偶然误差出现的可能性相等，因而求全部误差的总和时，正、负误差就有可能相互抵消。当误差的无限增多时，真误差的算术平均值必然趋于零。

长期测量实践表明，对于在相同观测条件下独立测量的一组观测值而言，不论其观测条件如何，也不论是对一个量还是对多个量进行观测，其观测误差必然具有上述四个特性。且观测次数越多，这种特性表现得就越明显。偶然误差的这种特性，又称为偶然误差的统计规律。从统计学原理的角度来看，偶然误差是一随机变量，根据上述的四个统计规律可知，偶然误差服从数学期望（即算术平均值）为的零的正态分布规律。

偶然误差对观测值的精度有直接影响，偶然误差不能像系统误差那样通过采取技术方法将其消除，通常采用一些办法提高观测值的精度，削减偶然误差的影响。例如，在必要时或在仪器设备条件允许的情况下，可适当提高仪器的等级；另一种办法是增加多余观测，如测定一个平面三角形，只要测得其中两个角即可决定其形状，但实际上往往要测出第三个角，使观测值的个数大于未知量的个数，这样就可以检核所观测的三角形的内角和是否等于180°，根据不符值（即闭合差）评定测量精度及分配闭合差；再者就是根据多余观测，求出观测值的最可靠值（算术平均值就是最可靠值）。

3. 粗差

粗差即粗大误差，是指比正常观测条件下所可能出现的最大偶然误差还要大的误差。通俗的说，粗差要比偶然误差大好几倍。例如观测时大数读错，计算机数据输入错误，测量起算数据错误等，这种错误在一定程度上是可以避免的。但在测量实践中还存在不可避免的粗差，特别是目前采用的现代测量技术的自动化数据采集中，由于误差来源的复杂性，粗差的出现难以避免。因此，研究粗差的识别和剔除也已成为当今数据处理中一个重要课题。

## 第二节 评定精度的标准

研究误差的另一个目的，是对观测值的精度作出科学的评定。所谓精度是指误差分布的密集或离散的程度，也就是指离散度的大小。如果两组观测值的误差分布相同，则说明两组观测结果的精度相同；反之，若其误差分布不同，则其精度也不同。前面已经讲过，偶然误差是一随机变量，并且服从数学期望为零的正态分布。对于一组观测值而言，如果误差分布比较密集，也就是说偶然误差大都集中在零附近，即离散度较小，则说明该组观测值的观测质量较好，观测值的观测精度较高；反过来讲，如果误差分布比较离散，即离散度较大则表示该组观测值的观测质量较差，观测值精度较低。在相同条件下所进行的一组观测值，由于对应着同一种误差分布，所以对于这一组种的每一个观测值而言，均称之为等精度观测值。如果两个大小相同的误差是在不同的观测条件下测定的，尽管它们的大小相等，但它们的精度是不同的。

为了科学地评定观测结果的精度，必须有一套评定精度的标准。我国通常采用中误差（标准差）、允许误差（亦称极限误差）和相对误差作为评定精度的标准。

### 一、中误差（标准差）

设在相同的观测条件下，对某量进行了 $n$ 次观测，得到一组独立的真误差 $\Delta_1$、$\Delta_2$、…、$\Delta_n$，则这些真误差平方的平均值的极限称为中误差 $M$ 的平方（方差），即

$$M^2=\sigma^2=\lim_{n\to\infty}\frac{[\Delta\Delta]}{n} \tag{5-3}$$

$$[\Delta\Delta]=\Delta_1^2+\Delta_2^2+\cdots+\Delta_n^2$$

式中 $\sigma^2$——方差，$\sigma=\sqrt{\sigma^2}$ 为均方差，即标准差；

$n$——真误差的个数。

上式中的 $M$ 是当观测次数 $n\to\infty$ 时，$\frac{[\Delta\Delta]}{n}$的极限值，是理论上的数值。在实际工作中，观测次数不可能无限增多，只能用有限观测值求中误差的估值 $m$，即

$$m=\pm\sqrt{\frac{[\Delta\Delta]}{n}} \tag{5-4}$$

对于普通测量而言，一般将“中误差估值”简称为“中误差”。式(5-4) 表明，中误差并不等于每个观测值的真误差，而是一组真误差的代表。由数理统计原理可以证明，按式

(5-4) 计算的中误差 $m$，有 68.3%的置信度代表着一组误差的取值范围和误差的离散度。因此，用中误差作为评定精度的标准是科学的，中误差越大，表示观测值的精度越低；反之，精度越高。

**【例 5-1】** 某测量小组对 7 个三角形进行内角观测，其三角形的闭合差 $f_i$ ($i=1, 2, \cdots, 7$) 为：

$$-3'', -2'', +8'', -5'', -2'', +5'', -9''$$

试计算这组闭合差的中误差。

**解** 三角形的闭合差是通过三角形三个内角观测值的和与其理论值（真值）180°之差求得的，所以三角形闭合是真误差。根据式(5-4) 三角形闭合差的中误差可用 $f_i$ 求得。即

$$m_f=\pm\sqrt{\frac{[ff]}{n}}=\pm\sqrt{\frac{(-3)^2+(-2)^2+8^2+(-5)^2+(-2)^2+5^2+(-9)^2}{7}}=\pm 5.5''$$

**【例 5-2】** 对同一水平角分两组进行了 10 次观测其真误差如下：

第一组：$+3''$，$-2''$，$-1''$，$-3''$，$-4''$，$+2''$，$+4''$，$+3''$，$+2''$，$0''$

第二组：$+1''$，$0''$，$+1''$，$+2''$，$-1''$，$0''$，$-7''$，$+1''$，$-8''$，$+3''$

试计算两组观测值的中误差。

**解** 由式(5-4) 可分别计算出两组观测值的中误差为：

$$m_1=\pm\sqrt{\frac{[\Delta_1\Delta_1]}{10}}=\pm 2.7''$$

$$m_2=\pm\sqrt{\frac{[\Delta_2\Delta_2]}{10}}=\pm 3.6''$$

$m_1<m_2$，表示第一组观测值的精度高于第二组。

在实际工作中，待定量的真值往往是不知道的，因而，不能直接用式(5-4) 求观测值的中误差。但待定量的算术平均值 $x$ 与观测值 $L_i$ 之差即观测值的改正数 $v$ 是可以求得的，所以在实际工作中，常利用观测值的改正数来计算中误差。

观测值的改正数可由式(5-5) 得

$$v_i=x-L_i (i=1,2,\cdots,n) \tag{5-5}$$

$$L_i=x-v_i$$

将上式代入式(5-1)，可得

$$\Delta_i=-v_i+(x-X)(i=1,2,\cdots,n)$$

将上式两端分别自乘并求和，有

$$[\Delta\Delta]=[vv]-2[v](x-X)+n(x-X)^2$$

将上式两端除以 $n$ 并考虑式(5-5)，则

$$\frac{[\Delta\Delta]}{n}=\frac{[vv]}{n}-2[v]\frac{\Delta_x}{n}+\Delta_x^2$$

顾及 $[v]=0$

上式可得

$$\frac{[\Delta\Delta]}{n}=\frac{[vv]}{n}+\Delta_x^2 \tag{5-6}$$

$$\Delta_x=\frac{[\Delta]}{n}$$

则

$$\Delta_x^2=\frac{[\Delta_1+\Delta_2+\cdots+\Delta_n]^2}{n^2}$$

$$=\frac{1}{n^2}\{(\Delta_1^2+\Delta_2^2+\cdots+\Delta_n^2)+2(\Delta_1\Delta_2+\Delta_1\Delta_3+\cdots+\Delta_{n-1}\Delta_n)\}$$

$$=\frac{[\Delta\Delta]}{n^2}+2\frac{(\Delta_1\Delta_2+\Delta_1\Delta_3+\cdots+\Delta_{n-1}\Delta_n)}{n^2}$$

根据偶然误差的第四特性，当 $n\to\infty$ 时，上式右端第二项趋近于零，故有

$$\Delta_x^2=\frac{[\Delta\Delta]}{n^2}$$

将上式代入式(5-6) 得

$$\frac{[\Delta\Delta]}{n}=\frac{[vv]}{n}+\frac{[\Delta\Delta]}{n^2}$$

由式(5-4)

$$m^2=\frac{[\Delta\Delta]}{n}$$

于是，有

$$m^2=\frac{[vv]}{n}+\frac{m^2}{n}$$

上式移项后得

$$m=\pm\sqrt{\frac{[vv]}{n-1}} \tag{5-7}$$

上式即为用改正数计算真误差的公式，称为白塞尔公式。

算术平均值的真误差 $m_x$，可用下式计算

$$m_x=\frac{m}{\sqrt{n}}=\pm\sqrt{\frac{[vv]}{n(n-1)}} \tag{5-8}$$

**【例 5-3】** 用 $J_2$ 经纬仪对某角度观测了 6 个测回，观测值列于表 5-2 内，试求观测值的中误差及观测值算术平均值的中误差。

**表 5-2　角度观测值中误差和算术平均值中误差计算表**

| 观测次数 | 观测值 | $v$ | $vv$ |
|---|---|---|---|
| 1 | 46°28′30″ | −4 | 16 |
| 2 | 26″ | 0 | 0 |
| 3 | 28″ | −2 | 4 |
| 4 | 24″ | +2 | 4 |
| 5 | 25″ | +1 | 1 |
| 6 | 23″ | +3 | 9 |
| | $X$=46°28′26″ | $[v]$=0 | $[vv]$=34 |

**解**　根据式(5-7) 可以求得观测值的中误差

$$m=\pm\sqrt{\frac{[vv]}{n-1}}=\pm\sqrt{\frac{34}{6-1}}=\pm2.6''$$

按式(5-8) 可求得算术平均值的中误差

$$m_x=\pm\sqrt{\frac{[vv]}{n(n-1)}}=\pm\sqrt{\frac{34}{6\times(6-1)}}=\pm1.1''$$

### 二、允许误差

偶然误差的第一特性表明，在一定的观测条件下，偶然误差的绝对值不会超过一定的限度。如果超过了一定的限度就认为不符合要求，应舍去重测，这个限度就是允许误差（亦称极限误差）。那么，允许误差应该为多大呢？由中误差的定义可知，观测值的中误差是衡量精度的一种标准，它并不代表每个观测值的大小，但它们之间却存在着必然的联系，根据误差理论和大量的测量实践证明，绝对值与中误差相等的误差，即真误差落在区间［$-\sigma$、$\sigma$］的概率约为68.3%；绝对值不大于2倍中误差的误差出现的概率约为95.5%；绝对值不大于3倍中误差的误差出现的概率约为99.7%。从数理统计的角度来讲，由于大于2倍中误差的误差出现的可能性（概率）仅为4.5%，大于3倍中误差的误差出现的可能性仅为0.3%，属于小概率事件，这种小概率事件为实际上的不可能事件。

在现行的测量规范中，以2倍的中误差作为允许误差，即

$$\Delta_{允}=2m \tag{5-9}$$

### 三、相对误差

对于评定精度而言，在很多情况下，仅仅知道中误差还不能完全反映观测精度的优劣。例如测量了两段距离，一段为1000m，另一段为200m，它们的测量中误差均为±20mm。显然不能认为两段距离的精度相同，因为距离的精度与距离本身长度的大小有关。为了客观地反映观测精度，必须引入一个评定精度的标准，即相对误差。

相对误差就是观测值的中误差与观测值本身之比，通常以分子为1的分数表示。上例中

$$\frac{m_1}{L_1}=\frac{1}{50000}$$

$$\frac{m_2}{L_2}=\frac{1}{10000}$$

$\frac{m_1}{L_1}<\frac{m_2}{L_2}$，即第一段的精度高于第二段。

相对误差不能用来评定角度测量的精度，因为测角误差的大小与角度的大小无关。

## 第三节　误差传播定律

前一节叙述了观测值精度的评定标准。但是，在实际工作中，有些量不是直接观测求得，而是由观测值间接求得的，即这些量是观测值的函数。例如，在水准测量中欲求待定点的高程，是用水准仪先直接测量已知点与待定点之间的高差，进而根据关系式 $H_{待定}=H_{已知}+h$ 计算待定点的高程。很显然观测值 $h$ 的所含的误差，肯定影响其函数 $H_{待定}$，函数的中误差与观测值的中误差之间必定存在着必然的关系。阐述观测值中误差与其函数中误差之间关系的定律，称为误差传播定律。

### 一、和差函数

设有函数

$$z=x_1\pm x_2\pm\cdots\pm x_i \tag{5-10}$$

式中　$x_i$——观测值 $i=1, 2, \cdots, t$；

　　$z$——观测值的函数。

已知观测值 $x_i$ 的中误差分别为 $m_1$、$m_2$、…、$m_t$，现欲求 $z$ 的中误差 $m_z$。

设 $z$、$x_i$ 的真误差分别为 $\Delta_z$、$\Delta_i$。由上式可得

$$\Delta_z=\Delta_1+\Delta_2+\cdots+\Delta_t$$

若对 $x_i$ 进行了 $n$ 次等精度观测，则有

$$\Delta_{z_i}=\Delta_{1_i}+\Delta_{2_i}+\cdots+\Delta_{t_i}\ (i=1,2,\cdots,n)$$

将以上式平方，得

$$\Delta_{t_i}^2=\Delta_{1_i}^2+\Delta_{2_i}^2+\cdots+\Delta_{t_i}^2\pm 2(\Delta_{1_i}\Delta_{2_i}+\Delta_{1_i}\Delta_{3_i}+\cdots+\Delta_{(t-1)_i}\Delta_{t_i})$$

按上式两端求和，并除以 $n$，可得

$$\frac{[\Delta_z^2]}{n}=\frac{[\Delta_1^2]}{n}+\frac{[\Delta_2^2]}{n}+\cdots+\frac{[\Delta_t^2]}{n}\pm 2\frac{[\Delta_i\Delta_{(i+1)}]}{n}$$

由于 $\Delta_i$ 都是偶然误差，其乘积同样具有偶然误差的特性，根据偶然误差的第四特性，当观测次数 $n$ 无限增多时，上式中的最后一项趋近于零。

根据中误差的定义

$$\frac{[\Delta_z^2]}{n}=m_z^2 \qquad \frac{[\Delta_1^2]}{n}=m_1^2,\ \frac{[\Delta_2^2]}{n}=m_2^2,\ \cdots,\ \frac{[\Delta_t^2]}{n}=m_t^2$$

于是，前式可写为

$$m_z^2=m_1^2+m_2^2+\cdots+m_t^2 \tag{5-11}$$

上式可表述为：$t$ 个观测值和差函数的中误差的平方，等于 $t$ 个观测值中误差的平方和。

当各观测值为同精度观测时，即

$$m_1=m_2=\cdots=m_t=m$$

则式(5-11) 可变为

$$m_z=m\sqrt{t} \tag{5-12}$$

即，在等精度观测时，观测值代数和的中误差，与观测值的个数 $t$ 的平方根成正比。

**【例 5-4】** 在水准测量中，为了求得 $A$、$B$ 两点的高差，在 $A$、$B$ 之间观测了 5 段高差，分别为 $h_1$、$h_2$、$h_3$、$h_4$、$h_5$，各段高差的中误差分别为：$m_1=\pm 3$mm，$m_2=\pm 4$mm，$m_3=\pm 3$mm，$m_4=\pm 5$mm，$m_5=\pm 4$mm，试求 $A$、$B$ 两点高差中误差。如各段高差中误差相等为 $m=\pm 4$mm，试求 $A$、$B$ 两点高差中误差。

**解**　$A$、$B$ 两点的高差为

$$h_{AB}=h_1+h_2+h_3+h_4+h_5$$

由式(5-11) 可得 $A$、$B$ 两点间的高差中误差

$$m_{AB}=\pm\sqrt{m_1^2+m_2^2+m_3^2+m_4^2+m_5^2}=\pm\sqrt{3^2+4^2+3^2+5^2+4^2}=\pm 8.7\text{mm}$$

由式(5-12) 可得各段高差中误差相等时 $A$、$B$ 两点间的高差中误差

$$m_{AB}=\pm m\sqrt{t}=\pm 4\times\sqrt{5}=\pm 8.9\text{mm}$$

## 二、倍数函数

设有函数

$$z=kx \tag{5-13}$$

式中　$x$——直接观测值，其中误差为 $m_x$；

　　$k$——常数，无误差。

设 $x$、$z$ 的真误差分别为 $\Delta_x$、$\Delta_z$，则由上式可得

$$\Delta_z = k\Delta_x$$

当对 $x$ 进行了 $n$ 次观测时，则

$$\Delta_{z_i} = k\Delta_{x_i} \qquad (i=1,2,\cdots,n)$$

将上式平方得

$$\Delta_{z_i}^2 = k^2\Delta_{x_i}^2 \qquad (i=1,2,\cdots,n)$$

将上式求和，并除以 $n$ 可得

$$\frac{[\Delta_z^2]}{n} = k^2\frac{[\Delta_x^2]}{n}$$

由中误差定义

$$\frac{[\Delta_z^2]}{n} = m_z^2, \qquad \frac{[\Delta_x^2]}{n} = m_x^2$$

于是有

$$m_z^2 = k^2 m_x^2$$

或

$$m_z = km_x \tag{5-14}$$

**【例 5-5】** 在 1∶2000 房地产图上，量得 $A$、$B$ 两点间的距离 $S_{ab}=34.8\text{mm}$，其中误差为 $m_{S_{ab}}=\pm 0.2\text{mm}$，求 $A$、$B$ 间的实地距离 $S_{AB}$ 及其中误差 $m_{S_{AB}}$。

**解**　由题意可知，$A$、$B$ 两点间的实地距离应为

$$S_{AB}=2000S_{ab}=2000\times 34.8\text{mm}=67600\text{mm}=67.6\text{m}$$

对应上式按式(5-14) 可得

$$m_{S_{AB}}=km_{S_{ab}}=2000m_{S_{ab}}=\pm 2000\times 0.2\text{mm}=\pm 400\text{mm}=\pm 0.4\text{m}$$

于是 $A$、$B$ 两点间的实际距离为 $S_{AB}=67.6\text{m}\pm 0.4\text{m}$。

## 三、线性函数

设有函数

$$z=k_1x_1\pm k_2x_2\cdots\pm k_ix_i \tag{5-15}$$

式中　$x_i$——独立观测值，$i=1, 2, \cdots, n$，其中误差分别为 $m_1$、$m_2$、$\cdots m_n$；

　　$k_i$——常数。

设 $x_i$ 的真误差分别为 $\Delta_i$ $(i=1, 2, \cdots, n)$，$z$ 的真误差为 $\Delta_z$，则由上式

$$\Delta_z=k_1\Delta_1\pm k_2\Delta_2\pm\cdots\pm k_n\Delta_n$$

根据推导式(5-11) 及式(5-14) 的方法可得

$$m_z^2=k_1^2m_1^2+k_2^2m_2^2+\cdots+k_n^2m_n^2 \tag{5-16}$$

上式可表述为：线性函数的中误差的平方等于各常数与其相应的观测值中误差的乘积的平方和。

**【例 5-6】** 用 $J_2$ 经纬仪在相同的观测条件下，对某一水平角了 6 个测回，观测值分别为 $x_i$ $(i=1, 2, 3, 4, 5, 6)$，各观测值的中误差均为 $m=\pm 3.6''$，求该角算术平均值的中误差。

**解**　该水平角的算术平均值为

$$x=\frac{x_1+x_2+x_3+x_4+x_5+x_6}{6}=\frac{1}{6}x_1+\frac{1}{6}x_2+\cdots+\frac{1}{6}x_6$$

根据式(5-16) 该水平角算术平均值的中误差

$$m_x^2=\left(\frac{1}{6}\right)^2m_1^2+\left(\frac{1}{6}\right)^2m_2^2+\cdots+\left(\frac{1}{6}\right)^2m_6^2=\frac{1}{6}m^2=\frac{1}{6}\times(3.6'')^2$$

$$m_x=\pm\sqrt{\frac{1}{6}\times3.6^2}=\pm1.5''$$

## 四、一般函数

设有函数

$$z=f(x_1,x_2,\cdots,x_i) \tag{5-17}$$

式中　$x_i$——独立观测值，$i=1$，2，…，$n$，其中误差分别为 $m_1$、$m_2$、…$m_n$。

当观测值含有真误差 $\Delta_{x_i}$ 时，函数 $z$ 效应的产生真误差 $\Delta_z$，由所学的高等数学知识可知，变量的误差与函数的误差之间的关系，可以近似地用函数的全微分来表示。于是对上式进行全微分，并且以真误差的符号"Δ"代替微分的符号"d"，可得

$$\Delta z=\frac{\partial f}{\partial x_1}\Delta x_1+\frac{\partial f}{\partial x_2}\Delta x_2+\cdots+\frac{\partial f}{\partial x_n}\Delta x_n$$

式中　$\frac{\partial f}{\partial x_i}$——函数对各个变量所取的偏导数，以观测值代入函数所算出的是常数。

用推导式(5-16) 的方法，可得

$$m_z^2=\left(\frac{\partial f}{\partial x_1}\right)^2m_1^2+\left(\frac{\partial f}{\partial x_2}\right)^2m_2^2+\cdots+\left(\frac{\partial f}{\partial x_n}\right)^2m_n^2 \tag{5-18}$$

上式即为计算函数中误差的一般形式，使用时须注意各观测值是否相互独立，若各观测值之间相互独立，方能使用；否则，不能直接使用。

**【例 5-7】** 用光电测距仪对某段距离进行了观测，测得倾斜距离为 $S=163.256$m，测距中误差 $m_S=\pm0.008$m，倾斜方向的倾角 $\alpha=11°33'42''$，测角中误差 $m_\alpha=\pm6''$，试求水平距离及其中误差。

**解**　水平距离

$$D=S\cos\alpha=163.256\text{m}\times\cos11°33'42''=159.943\text{m}$$

水平距离的中误差

$$\frac{\partial D}{\partial S}=\cos\alpha,\quad \frac{\partial D}{\partial\alpha}=-S\sin\alpha$$

$$m_D^2=\left(\frac{\partial D}{\partial S}\right)^2m_S^2+\left(\frac{\partial D}{\partial\alpha}\right)^2\frac{m_\alpha^2}{\rho^2}=0.979^2\times0.008^2\text{m}+32.720^2\times6''^2\ \frac{1}{\rho^2}$$

$$m_D=\pm\sqrt{\left(\frac{\partial D}{\partial S}\right)^2m_S^2+\left(\frac{\partial D}{\partial\alpha}\right)^2\frac{m_S^2}{\rho^2}}=\pm0.001\text{m}$$

由上例，可以总结应用误差传播定律求独立观测值函数的中误差时，可归纳为以下四步：

① 根据题意写出函数关系式；

② 对函数关系式全微分写出真误差关系式；

③ 写出中误差关系式；

④ 将数值代入得到观测值函数的中误差。代入数值时，应注意各项单位的统一。

## 本章小结

本章介绍了测量误差的来源、测量误差的分类、衡量测量精度的标准以及误差传播定律。

引起测量误差因素很多，归纳起来包括仪器误差、人为误差、环境影响误差和基准误差四个方面的来源。

测量误差可分为系统误差、偶然误差和粗差，偶然误差具有有界性、单峰性、对称性以及补偿性等统计规律。

衡量测量精度的标注包括中误差、允许误差和相对误差。

误差传播定律的作用是反映测量观测值的测量误差与其函数之间的关系。

## 习　题

1. 测量误差的主要来源有哪些？测量误差分哪两类？它们的区别是什么？

2. 偶然误差有哪些特性？试根据偶然误差的第四特性，说明等精度观测值的算术平均值是最可靠值。

3. 用钢尺量得一圆的半径 $R=18.56\text{m}$，其中误差为 $\pm 0.04\text{m}$，求该圆面积的中误差。

4. 已知用某型号的经纬仪观测水平角时，一测回角值的中误差为 $\pm 20''$，若角值的精度要达到 $\pm 10''$，则至少应观测几测回取平均值，精度才能满足要求？

5. 用钢尺对某直线丈量了 6 次，丈量结果为：246.535m、246.548m、246.520m、246.529m、246.530m、246.533m，试求其算术平均值、算术平均值的中误差及相对中误差。

6. 对某水平角等精度观测了 5 测回，观测值分别为：$48°28'37''$、$48°28'39''$、$48°28'42''$、$48°28'30''$、$48°28'34''$，试求观测值一测回的中误差、算术平均值及其中误差。

# 第六章　矿区控制测量

## 第一节　控制测量概述

### 一、国家平面控制测量

控制测量的作用是限制测量误差的传播和积累，保证必要的测量精度，使分区的测图能拼接成整体，整体设计的工程建筑物能分区施工放样。控制测量贯穿在工程建设的各阶段：在工程勘测的测图阶段，需要进行控制测量；在工程施工阶段，要进行施工控制测量；在工程竣工后的营运阶段，为建筑物变形观测需要进行的专用控制测量。

控制测量分为平面控制测量和高程控制测量，平面控制测量确定控制点的平面位置（$x$，$y$），高程控制测量确定控制点的高程（$H$）。

平面控制网常规的布设方法有三角网、三边网和导线网。三角网是测定三角形的所有内角以及少量边，通过计算确定控制点的平面位置。三边网则是测定三角形的所有边长，各内角是通过计算求得。导线网是把控制点连成折线多边形，测定各边长和相邻边夹角，计算它们的相对平面位置。

在全国范围内布设的平面控制网，称为国家平面控制网。国家平面控制网采用逐级控制、分级布设的原则，分一、二、三、四等。主要由三角测量法布设，在西部困难地区采用导线测量法。一等三角锁沿经线和纬线布设成纵横交叉的三角锁系，锁长200～250km，构成许多锁环。一等三角锁内由近于等边的三角形组成，边长为20～30km。在一等锁环内布设全面二等三角网，二等网的平均边长为13km。一等三角锁、二等三角网如图6-1所示。

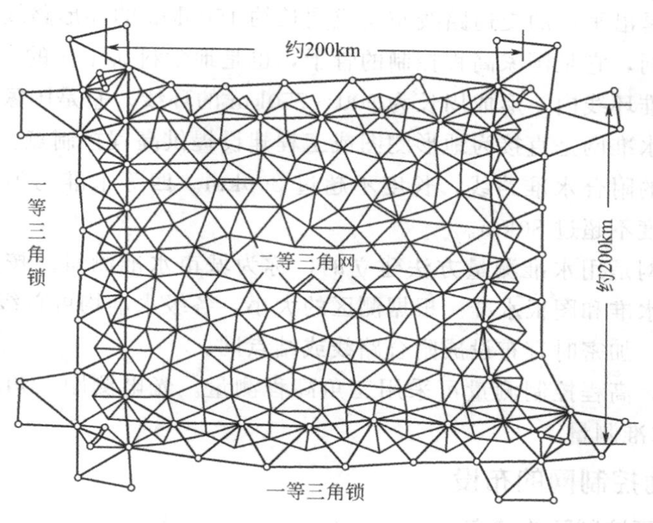


图6-1　国家一等三角锁、二等三角网

在城市地区为满足大比例尺测图和城市建设施工的需要，布设城市平面控制网。城市平面控制网在国家控制网的控制下布设，按城市范围大小布设不同等级的平面控制网，分为二、三、四等三角网，一、二级及图根小三角网或三、四等，一、二、三级和图根导线网。

20世纪80年代末，卫星全球定位系统（GPS）开始在我国用于建立平面控制网，目前已成为建立平面控制网的主要方法。应用GPS卫星定位技术建立的控制网称为GPS控制网，根据我国2001年颁布的《全球定位系统（GPS）测量规范》要求，GPS相对定位的精度，划分为AA、A、B、C、D、E六级，具体精度技术指标如表6-1所列。我国国家AA级和A级GPS大地控制网控制点均匀地分布在中国大陆，平均边长相应为650km。建立了我国的地心坐标框架，相对精度优于$10^{-7}$，比已往的全国性大地控制网大体提高了两个量级，而且其3维坐标体系是建立在有严格动态定义的先进的国际公认的ITRF框架之内。这一高精度3维空间大地坐标系的建成为我国21世纪前10年的经济和社会持续发展提供基础测绘保障。

表6-1 GPS相对定位的精度指标

| 测量分级 | 常量误差$a_0$/mm | 比例误差系数$b_0$/(mm/km) | 相邻点距离/km |
|---|---|---|---|
| AA | ≤3 | ≤0.01 | 1000 |
| A | ≤5 | ≤0.1 | 300 |
| B | ≤8 | ≤1 | 70 |
| C | ≤10 | ≤5 | 10～15 |
| D | ≤10 | ≤10 | 5～10 |
| E | ≤10 | ≤20 | 0.2～5 |

## 二、国家高程控制测量

高程控制测量就是在测区布设高程控制点，即水准点，用精确方法测定它们的高程，构成高程控制网。高程控制测量的主要方法有：水准测量和三角高程测量。

国家高程控制网是用精密水准测量方法建立的，所以又称国家水准网。国家水准网的布设也是采用从整体到局部，由高级到低级，分级布设逐级控制的原则。国家水准网分为4个等级。一等水准网是沿平缓的交通路线布设成周长约1500km的环形路线。一等水准网是精度最高的高程控制网，它是国家高程控制的骨干，也是地学科研工作的主要依据。二等水准网是布设在一等水准环线内，形成周长为500～750km的环线。它是国家高程控制网的全面基础。三、四等级水准网是直接为地形测图或工程建设提供高程控制点。三等水准一般布置成附合在高级点间的附合水准路线，长度不超过200km。四等水准均为附合在高级点间的附合水准路线，长度不超过80km。

城市高程控制网是用水准测量方法建立的，称为城市水准测量。按其精度要求：分为二、三、四、五等水准和图根水准。根据测区的大小，各级水准均可首级控制。首级控制网应布设成环形路线，加密时宜布设成附合路线或结点网。

在丘陵或山区，高程控制测量可采用三角高程测量。光电测距三角高程测量现已用于（代替）四、五等水准测量。

## 三、矿区平面控制网的布设

### （一）矿区平面控制网的特点

矿区平面控制网的主要任务，是为矿区开发和生产各个阶段的地形测图和各项采矿工程测量服务，因此，它的布设就应该适应于采矿生产的需要和采矿生产的特定条件。具体地说，矿区平面控制网应具备以下四个特点。

1. 矿区的开发对控制网的要求具有明显的阶段性

矿区的地下资源经过地质勘探，查明其确有开采价值后，便在国家的统一计划下，按所划分的井田组织进行矿井设计和施工，然后投入生产。随着矿井建设的逐步发展，在井田勘探、设计、施工和矿井生产等不同阶段，对矿区控制网的要求是不同的。因此，矿区三角网在布设时，一定要有长期计划，同时又要有近期安排。

2. 矿区开发对控制网的精度要求具有多样性

矿区开发的各个阶段，工程种类繁多，其性质和任务又不尽相同，它们对矿区三角网的精度和密度的要求彼此差异很大。比如地形测图，在地质勘探时期需要（1∶5000）～(1∶10000)各种比例的地形图；矿井设计和矿井生产阶段则需要（1∶500）～(1∶5000）各种比例尺的地形图。所以，矿区三角网应能满足（1∶500）～(1∶10000）各种比例尺地形图测绘的需求，因此最低级控制点的相对位置误差应不大于±(5～100)cm。至于矿区矿井建设阶段的各项工程的要求更为复杂，如贯通测量，要想保证其偏差不大于±(30～50)cm，一般要求控制点的相对位置误差不应大于±(5～10)cm。由此可见，矿区开发过程中对控制网精度的要求具有多样性。

3. 采矿工程对三角网的需求具有经常性

在矿区建设和生产时期，工程项目繁多，要经常地进行测图和施工测量，这些测量工作都需要以矿区控制点作依据。所以，采矿工程对三角网的需要具有经常性。

4. 采矿生产对控制网的需要具有长期性

一个年产500万吨的矿井，生产年限大约为50年，一个矿区可能有许多矿井同时生产或先后投入生产，所以整个矿区的生产就要持续相当长的时期。因此，建立矿区控制网应本着“百年大计”的精神，保证质量，以适应采矿生产的长期需要。

### （二）矿区平面控制网的布设原则

1. 按照统一的规划布设、进行分区分期加密

根据分级布网，逐级扩展的原则，首先在全矿区内布设一个有统一精度的矿区基本控制网（或称首级控制网）。然后，根据井田开发的先后和生产发展的程序，按轻重缓急、分区分期进行加密。

2. 矿区内采用同一坐标系统，并与国家坐标系统相统一

通常是根据地下资源埋藏情况，并考虑开采技术上的可能性和经济上的合理性，将矿区范围的煤田划分为若干个井田。而各个井田位置邻近，常常是开采同一矿层，生产上有着相同的问题和密切的联系；同时，为查明地下资源的埋藏情况，保证采矿生产能合理、安全地进行，必须了解相邻井田的工程建设与生产动态。为此，要求矿区控制网应具有同一坐标系统，使各个井田的测量成果能相互参照，互相利用。

3. 精度上从远期着眼，密度上从近期着手

为了布设能适应矿区生产特点的控制网，必须统筹规划，既要满足当前的需要，又要考虑到矿区的发展和远景规划。在精度上力求能满足日后矿区发展的需要，在密度上则应从当前要求出发。

4. 建立控制点时要求充分考虑地质和开采情况，使其毁坏数最小

由于矿区控制网要服务于整个采矿生产的全过程，这就要求控制点的点位能长期保存。由于地表受开采的影响，往往有一部分控制点要产生位移或遭受破坏。因此，在布设矿区控

制点时，必须充分收集和利用矿区的地质和开采资料，把首级控制点，尽可能设立在不受开采影响的地区，如老采空区、永久性煤柱、井田分界线等区域的上方，使发生位移和遭受破坏的控制点点数最少。

### （三）矿区三角网的布设

矿区首级三角网应从实际需要出发，根据测图面积、测图比例尺及矿区发展远景，在国家一、二等平面控制网的基础上因地制宜地选择布网方案。矿区三角网一般分为：三、四等三角网和一、二小三角四个等级。

我国矿区首级三角网的等级，一般是根据矿区范围和测图比例尺而定。例如：为了测绘1∶2000比例尺的地形图，矿区面积在26～100km² 时，可以选择三等三角网为矿区首级控制网；矿区面积在5～25km² 时，可以选择四等三角网为矿区首级控制网；当矿区面积在5km² 以下时，可选择5″小三角为矿区首级控制网。

三角网中的三角形的每一个角度一般应不小于30°，如受地形限制，或为了避免建造高标，允许小至25°。

矿区三角测量的主要技术要求见表6-2。

**表6-2 矿区三角测量的主要技术要求**

| 等级 | 平均边长/km | 测角中误差/(″) | 起始边相对中误差 | 最弱边边长相对中误差 | 测回数 | | | 三角形最大闭合差/(″) |
|---|---|---|---|---|---|---|---|---|
| | | | | | $DJ_1$ | $DJ_2$ | $DJ_6$ | |
| 三等网 | 5～9 | ±1.8 | 首级 1/200000 | 1/80000 | 6 | 9 | — | ±3.6 |
| 四等网 | 2～5 | ±2.5 | 首级 1/200000 | 1/40000 | 4 | 6 | — | ±5 |
| 一级小三角网 | 1 | ±5 | 1/40000 | 1/20000 | — | 2 | 6 | ±10 |
| 二级小三角网 | 0.5 | ±10 | 1/20000 | 1/10000 | — | 1 | 2 | ±20 |

### （四）矿区精密导线（网）的布设

随着电磁波测距技术的发展，导线测量作为矿区平面控制的一种形式正在得到广泛的应用。特别是在已经建成的矿区，村镇稠密的平原地区，用导线测量方法加密平面控制和建立贯通等工程测量控制，往往比三角测量更为有利。

1. 矿区导线的布设规格

矿区的平面控制可以采用国家三、四等导线测量的方法来建立。对于四等以下的导线《煤矿测量规程》中分为一、二级。在实际工作中主要是根据矿区的地形特点和建筑物密集程度，选择其中一两种级别的导线作为平面控制。矿区导线测量技术要求见表6-3。

**表6-3 矿区导线测量的主要技术要求**

| 等级 | 导线长度/km | 平均边长/km | 测角中误差/(″) | 测回数 | | | 方位角闭合差/(″) | 导线全长相对闭合差 |
|---|---|---|---|---|---|---|---|---|
| | | | | $DJ_1$ | $DJ_2$ | $DJ_6$ | | |
| 三等 | 15 | 2～5 | ±1.5 | 8 | 12 | — | $\pm3.6\sqrt{n}$ | 1/60000 |
| 四等 | 10 | 1～2 | ±2.5 | 6 | 8 | — | $\pm5\sqrt{n}$ | 1/40000 |
| 一级 | 5 | 0.5 | ±5 | — | 4 | 6 | $\pm10\sqrt{n}$ | 1/20000 |
| 二级 | 3 | 0.25 | ±10 | — | 2 | 4 | $\pm20\sqrt{n}$ | 1/10000 |

注：$n$ 为测站数。

2. 矿区导线的布设形式

矿区控制导线的布设形式根据高级控制点分布、地形、通视、工程需要等条件，可以布设为单一闭合导线、附合导线或导线网。详见本章第二节。

3. 导线的长度

《煤矿测量规程》规定：三等导线总长度15km，边长2～5km；四等导线总长度10km，边长一般可在1～2km内变通。

## 四、矿区水准网的布设

1. 矿区水准测量的特点

矿区水准网是国家高程控制网的组成部分，必须服从于国家有关规定，同时又应该有为矿山建设和采矿生产服务的特点。为此矿区水准测量一般应满足以下要求。

① 根据矿区范围的大小和采矿工程的精度要求，一般采用国家三等或四等水准测量作为矿区的基本高程控制，然后根据需要，用等外水准或三角高程的方法进行加密。

② 矿区水准网除有足够的精度外，尚应有较大的密度，这样才能满足矿山建设和生产的需要。这是因为矿区工程的种类繁多，不仅应满足各种比例尺测图的需要而且还要满足各项工程建设的需要。如各种建筑物和线路的标定、导入标高、贯通工程、大型设备的安装、地面沉降观测等，这些都需要水准基点作为高程的基础。

③ 在水准路线布设时，应考虑矿山建设和远景规划，把水准标石埋设在不受影响的地区，不至于被新建工程或地面沉降所破坏。这主要是由于采矿生产持续时间长，在矿区内新的建筑物会不断涌现，随着地下开采的发展，地面要出现塌陷或下沉。这些情况都应考虑周全，否则易造成浪费。

2. 矿区水准网的布设方案

作为矿区基本高程控制的三、四等水准测量，考虑到矿区建设的发展远景，应遵照国家有关规范的要求进行观测工作。

为了与国家工程系统一致，便于利用成果，矿区水准点应尽量与国家水准点联测。矿区三、四等水准路线一般布设闭合环线，或在已知点间连成结点系统，或布设成附合路线，具体方案可根据测区的实际情况决定。结点与高级点、结点与结点间的水准路线的长度，三等不超过25km，四等为5～25km。

根据矿区测量工作的特点，高程控制点应有较大的密度，因此矿区内相邻两水准点（即埋石点）间的距离，一般为2～4km。在建筑物密集区和工业广场范围内，可缩短至1～2km。有时也可用三角点和导线点兼作水准点。

矿区水准测量的主要技术要求见6-4。

**表6-4　矿区水准测量主要技术要求**

| 等级 | 每千米高差中误差±/mm | 路线长度/km | 水准仪的型号 | 水准尺 | 观测次数 | | 往返高差较差、附合或环线闭合差 | |
|---|---|---|---|---|---|---|---|---|
| | | | | | 与已知点联测 | 附合路线或环线 | 平地±/mm | 山地±/mm |
| 三等 | 6 | 50 | $DS_1$ | 铟瓦 | 往返各一次 | 往一次 | $12\sqrt{L}$ | $4\sqrt{n}$ |
| | | | $DS_3$ | 双面 | | 往返各一次 | | |
| 四等 | 10 | 15 | $DS_3$ | 双面 | 往返各一次 | 往一次 | $20\sqrt{L}$ | $6\sqrt{n}$ |
| 等外 | 20 | 5 | $DS_3$ | 单面 | 往返各一次 | 往一次 | $40\sqrt{L}$ | $12\sqrt{n}$ |

注：1. 计算测量水准点往返测互差时，$L$为水准点间的路线的长度，km；计算环线或附合路线闭合差时，$L$为环线或附合路线总长度，km。

2. $n$为测站数。

3. 水准支线长度不应大于相应等级附合路线长度的1/4。

对于远离国家水准点的矿区，可暂时布设假定的高程系统。国家水准测设到矿区时，应及时进行联测，将假定工程系统归算成国家统一的高程系统。

# 第二节　导线测量

## 一、导线的形式

导线是由若干条直线连成的折线，每条直线叫作导线边，相邻两直线之间的水平角叫作转折角。测定了转折角和导线边长之后，即可根据已知坐标方位角和已知坐标算出各导线点的坐标。按照测区的条件和需要，导线可以布置成下列几种形式：

（1）附合导线　如图 6-2 所示，导线起始于一个已知控制点，而终止另一个已知控制点。控制点上可以有一条边或几条边是已知坐标方位角的边，也可以没有已知坐标方位角的边。

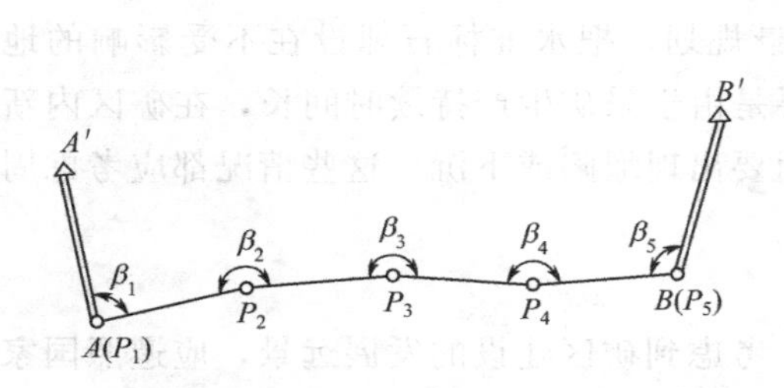


图 6-2　附合导线

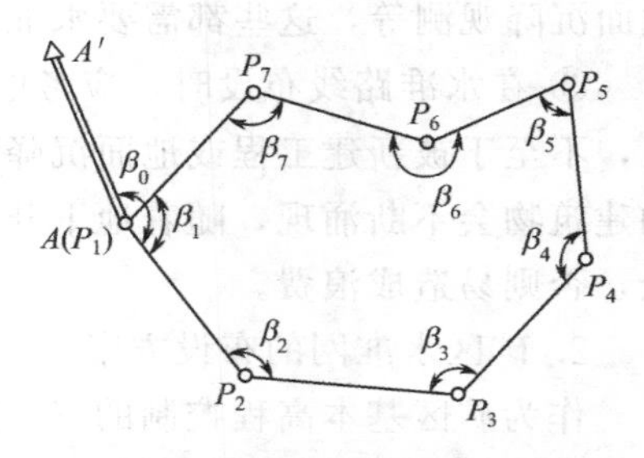


图 6-3　闭合导线

（2）闭合导线　如图 6-3 所示，由一个已知控制点出发，最后仍旧回到这一点，形成一个闭合多边形。在闭合导线的已知控制点上必须有一条边的坐标方位角是已知的。

（3）支导线　如图 6-4 所示，从一个已知控制点出发，既不附合到另一个控制点，也不回到原来的始点。由于支导线没有检核条件，故一般只限于地形测量的图根导线中采用。

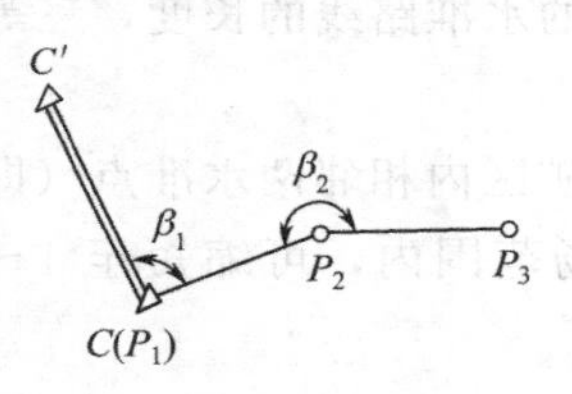


图 6-4　支导线图

## 二、导线测量的外业工作

导线测量工作分为外业和内业，外业工作主要是布设导线，通过实地测量获取导线的有关数据，其具体工作包括以下几方面。

1. 选点

导线点的选择一般是利用测区内已有地形图，先在图上选点，拟定导线布设方案，然后到实地踏勘，落实点位。当测区不大或无现成的地形图可利用时，可直接到现场，边踏勘，边选点。无论采用哪种方法，选点时应注意以下问题：

① 相邻点要通视良好，地势平坦，视野开阔，其目的在于方便测边、测角和有较大的控制范围；

② 点位应放在土质坚硬且不易破坏的地方，其目的在于能稳固地安置仪器和有利于点位的保存；

③ 导线边长应符合大致相等，即在点位上打入木桩，在桩顶钉一钉子或刻画“+”字，以示点位，如图 6-5 所示。如果需要长期保存点位，可以制成永久性标志，如图 6-6 所示，即埋设混凝土桩，在桩中心的钢筋顶面刻“+”字，以示点位。

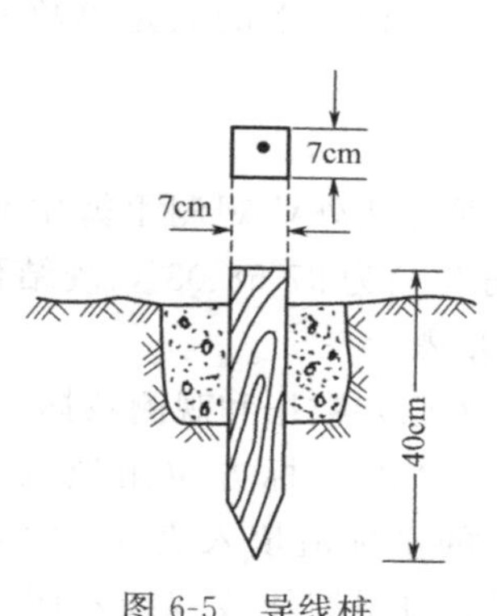

图 6-5　导线桩

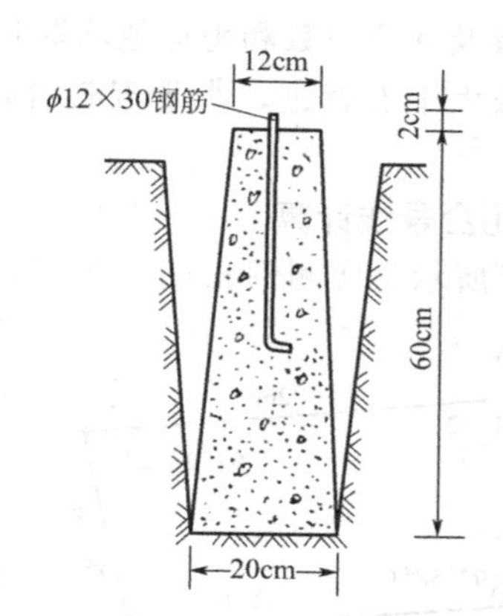

图 6-6　永久性控制桩

标志埋设好后，对作为导线点的标志要进行统一编号，并绘制导线点与周围固定地物的相关位置图，称为点之记，如图 6-7 所示，作为今后找点的依据。

2. 测角

测角就是测导线的转折角。转折角以导线点序号前进方向分为左角和右角。对附合导线和支导线测左角或右角均可，但全线必须统一。对闭合导线，都应测闭合多边形的内角。

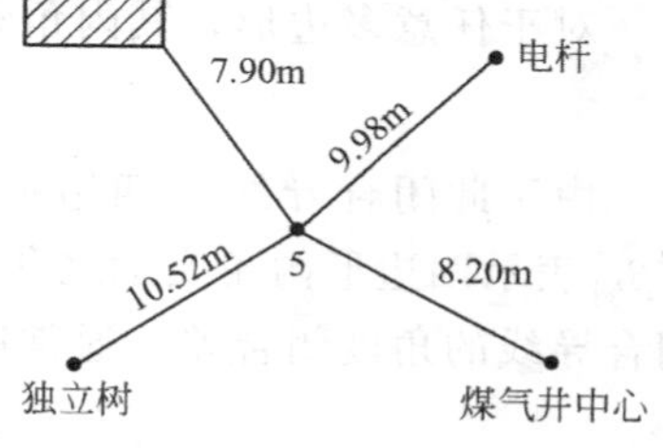

图 6-7　导线点之记

对导线角度测量的有关技术要求，导线测量一般用 $J_6$ 经纬仪测一个测回。上、下半测回角差不大于 40″时，即可取平均值作为角值。当测站上只有两个观测方向，即测单角时，用测回法观测；当测站上有三个观测方向时，用方向测回法观测，可以不归零；当观测方向超过三个时，方向测回法观测一定要归零。

3. 量边

导线边长一般要求用检定过的钢尺进行往、返丈量。对图根导线测量，通常也可以沿同一方向丈量两次。当尺长改正数小于尺长的万分之一，测量时的温度与钢尺检定时的温度差小于±10℃，边的倾斜小于 1.5%时，可以不加三项改正，以其相对中误差不大于 1/3000 为限差，直接取平均值即可。当然，如果有条件，可用光电测距仪测量边长，既能保证精度，又省时、省力。

4. 联测

导线联测目的在于把已知点的坐标系传递到导线上来，使导线点的坐标与已知点的坐标形成统一系统。由于导线与已知点和已知方向连接的形式不同，联测的内容也不相同。在图 6-2～图 6-4 中只需测连接角。

## 三、导线测量内业工作

导线测量的内业工作就是内业计算，又称导线平差计算，即用科学的方法处理测量数据，合理地分配测量误差，最后求出各导线点的坐标值。

为了保证计算的正确性和满足一定的精度要求，计算之前应注意两点：一是对外业测量成果进行复查，确认没有问题，方可在专用计算表格上进行计算；二是对各项测量数据和计算数据取到足够位数。对小区域和图根控制测量的所有角度观测值及其改正数取到整秒；距离、坐标增量及其改正数和坐标值均取到厘米。取舍原则："四舍六入，五前单进双舍"，即保留位后的数大于五就进，小于五就舍，等于五时则看保留位上的数是单数就进，是双数就舍。

### (一) 闭合导线计算

如图 6-8 所示是实测图根闭合导线，图中各项数据是从外业观测手簿中获得的。已知 A2 边的坐标方位角为 97°58′08″，现结合本例说明闭合导线的计算步骤。

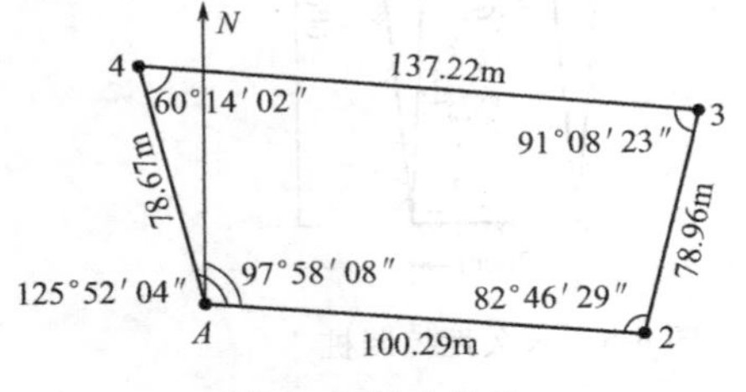


图 6-8 闭合导线

1. 表中填入已知数据和观测数据

将已知边 A2 的坐标方位角填入表 6-5 中第 5 栏，已知点 A 的坐标值填入表 6-5 中第 11、12 栏。并在已知数据下边用红线或双线示明。将角度和边长观测值分别填入表 6-5 中第 2、6 栏。

2. 角度闭合差的计算与调整

对于任意多边形，其内角和理论值的通项式可写成

$$\sum\beta_{容}=(n-2)\times180°$$

由于此闭合导线为四边形，所以其内角和的理论值为 (4－2)×180°＝360°。如果用 $\sum\beta_{测}$ 表示四边形内角实测之和，由于存在测量误差，使得 $\sum\beta_{测}$ 不等于 $\sum\beta_{容}$，两者之差称为闭合导线的角度闭合差，通常用 $f_\beta$ 表示，即

$$f_\beta=\sum\beta_{测}-\sum\beta_{理}=\sum\beta_{测}-(n-2)\times180° \tag{6-1}$$

根据误差理论，一般情况下，人不会超过一定的界限，称之为容许闭合差或闭合差限差，如果用 $f_{\beta容}$ 表示这个界限值，那么当 $f_\beta<f_{\beta容}$ 时，导线的角度测量是符合要求的，否则要对计算进行全面检查，若计算没有问题，就要对角度进行重测。本例 $f_\beta=\pm58''$。根据表 6-5 可知，$f_{\beta容}=\pm60\sqrt{n}=120''$，则有 $f_\beta<f_{\beta容}$，所以观测成果合格。

虽然 $f_\beta<f_{\beta容}$，但 $f_\beta$ 的存在，整个导线存在矛盾。因此，要根据误差理论，消除 $f_\beta$ 的影响，这项工作称为角度闭合差的调整。调整前提是假定所有角的观测误差是相等的，调整的方法是将 $f_\beta$ 反符号平均分配到每个观测角上，即每个观测角改正 $-f_\beta/n$（$n$ 为观测角的个数）值，这项计算在表 6-5 中第 3 栏，并以改正数总和等于 $-f_\beta$ 作为检核。再将角度观测值加改正数求得改正后的角度值，填入表 6-5 中第 4 栏，并以改正后角度总和等于理论值作为计算检核。

表 6-5 闭合导线坐标计算表

| 点号 | 观测左角 ° ′ ″ | 改正数 /(″) | 改正后角值 ° ′ ″ | 坐标方位角 ° ′ ″ | 距离 /m | 坐标增量 Δx /m | 坐标增量 Δy /m | 改正后坐标增量 Δx′ /m | 改正后坐标增量 Δy′ /m | 坐标 x/m | 坐标 y/m |
|---|---|---|---|---|---|---|---|---|---|---|---|
| 1 | 2 | 3 | 4 | 5 | 6 | 7 | 8 | 9 | 10 | 11 | 12 |
| A | | | | | | | | | | 5032.70 | 4537.66 |
| | | | | 97 58 08 | 100.29 | −13.90 | 99.32 | −13.90 | 99.32 | | |
| 2 | 82 46 29 | −14 | 82 46 15 | | | | | | | 5018.80 | 4636.98 |
| | | | | 0 44 23 | 78.96 | 78.95 | 1.02 | 78.95 | 1.02 | | |

续表

| 点号 | 观测左角 | 改正数 | 改正后角值 | 坐标方位角 | 距离 | 坐标增量 | | 改正后坐标增量 | | 坐标 | |
|---|---|---|---|---|---|---|---|---|---|---|---|
| | ° ′ ″ | /(″) | ° ′ ″ | ° ′ ″ | /m | Δx/m | Δy/m | Δx′/m | Δy′/m | x/m | y/m |
| 3 | 91 08 23 | −15 | 91 08 08 | | | | | | | 5097.75 | 4638.00 |
| | | | | 271 52 31 | 137.22 | −1<br>4.49 | −137.15 | 4.48 | −137.15 | | |
| 4 | 60 14 02 | −14 | 60 13 48 | | | | | | | 5102.23 | 4500.85 |
| | | | | 152 06 19 | 78.67 | −69.53 | 36.81 | −69.53 | 36.81 | | |
| A | 125 52 04 | −15 | 125 51 49 | | | | | | | 5032.70 | 4537.66 |
| | | | | 97 58 08 | | | | | | | |
| 2 | | | | | | | | | | | |
| Σ | 360 00 58 | −58 | 360 00 00 | | 395.14 | $f_x=0.01$ | $f_y=0.00$ | 0 | 0 | | |

辅助计算

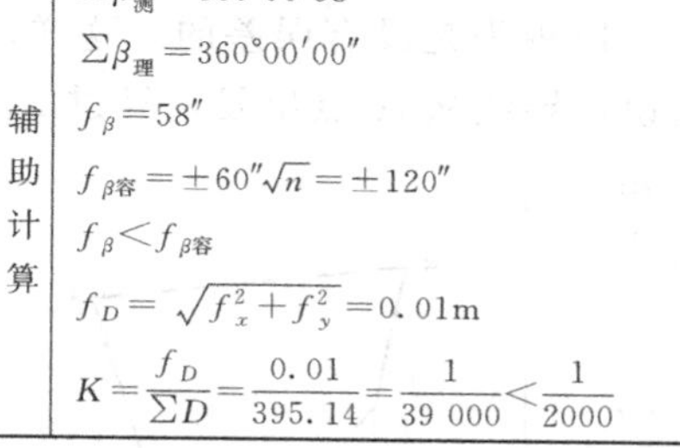

$\sum\beta_{测}=360°00'58''$

$\sum\beta_{理}=360°00'00''$

$f_\beta=58''$

$f_{\beta容}=\pm60''\sqrt{n}=\pm120''$

$f_\beta<f_{\beta容}$

$f_D=\sqrt{f_x^2+f_y^2}=0.01\text{m}$

$K=\dfrac{f_D}{\sum D}=\dfrac{0.01}{395.14}=\dfrac{1}{39\ 000}<\dfrac{1}{2000}$

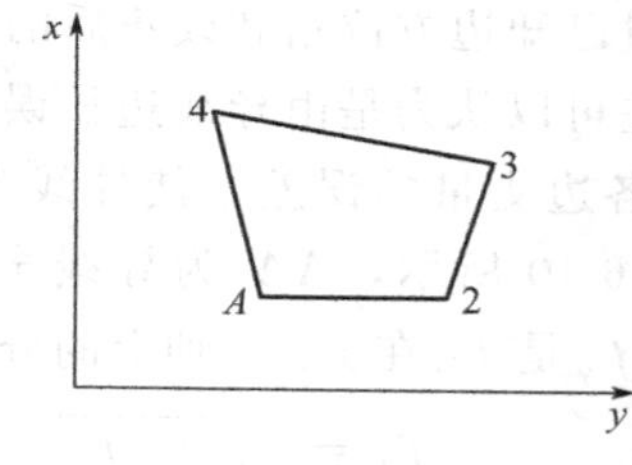


3．推算导线各边的坐标方位角

根据已知边坐标方位角和改正后的角值，按下面公式推算导线各边坐标方位角

$$\left.\begin{aligned}\alpha_{前}&=\alpha_{后}+180°+\beta_{左}\\ \alpha_{前}&=\alpha_{后}+180°-\beta_{右}\end{aligned}\right\} \tag{6-2}$$

式中，$\alpha_{前}$、$\alpha_{后}$表示导线前进方向的前一条边的坐标方位角和与之相连的后一条边的坐标方位角；$\beta_{左(右)}$为前后两条边所夹的左（右）角。由式(6-2) 求得：

$$\alpha_{23}=\alpha_{A2}+180°+\beta_2=97°58'08''+180°+82°46'15''=0°44'23''$$

$$\alpha_{34}=\alpha_{23}+180°+\beta_3=271°52'31''$$

$$\alpha_{4A}=\alpha_{34}+180°+\beta_4=152°06'19''$$

$$\alpha'_{A2}=\alpha_{4A}+180°+\beta_1=97°58'08''=\alpha_{A2}$$

在运用公式(6-2) 计算时，应注意两点：

① 由于边的坐标方位角只能在 0°～360°之间，因此，当用式(6-2) 第一式求出的$\alpha_{前}$大于 360°时，应减去 360°；当用式(6-2) 第二式计算时，在$\beta_{后}+180°<\beta_{右}$时，应先加 360°然后再减$\beta_{右}$。

② 最后推算出的已知边坐标方位角，应与已知值相比，以此作为计算检核。此项工作填入表 6-5 第 5 栏。

4．坐标增量计算

在图 6-9 中，设$D_{12}$、$\alpha_{12}$为已知，则 12 边的坐标增量为

$$\Delta x_{12}=D_{12}\cos\alpha_{12}$$

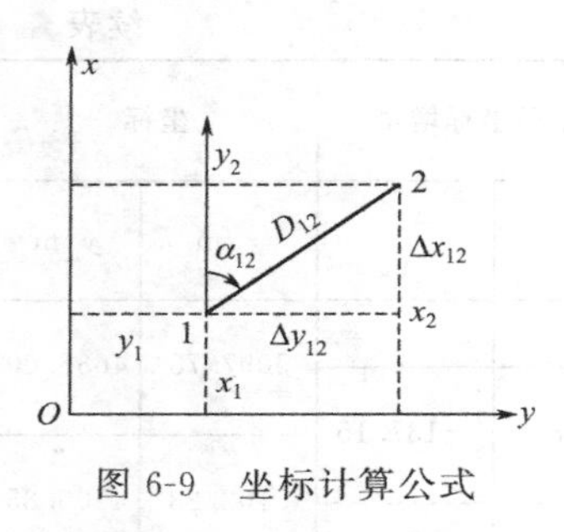


图 6-9　坐标计算公式

$$\Delta y_{12}=D_{12}\sin\alpha_{12} \tag{6-3}$$

公式(6-3) 说明一条边的坐标增量是该边边长和该边坐标方位角的函数。此项计算填在表 6-5 中第 7、8 栏。

5. 坐标增量闭合差计算及其调整

对于闭合导线，由于起、止于同一点，所以闭合导线的坐标增量总和理论上应该等于零，即

$$\begin{cases}\sum\Delta x_{理}=0\\ \sum\Delta y_{理}=0\end{cases}$$

如果用$\sum\Delta x_{测}$和$\sum\Delta y_{测}$分别表示计算的坐标增量总和，由于存在测量误差，计算出的坐标增量总和与理论值不相等，两者之差称为闭合导线坐标增量闭合差，分别用 $f_x$、$f_y$ 表示，即有

$$\begin{aligned}f_x&=\sum\Delta x_{测}-\sum\Delta x_{理}\\ f_y&=\sum\Delta y_{测}-\sum\Delta y_{理}\end{aligned} \tag{6-4}$$

坐标增量闭合差是坐标增量的函数，或者说是导线边长和边的坐标方位角的函数，而坐标方位角是通过已知边方位角和改正后的角值求得的，两者可以视为是没有误差的。这样，坐标增量闭合差可以认为是由导线边长误差引起的，也就是说，导线从 $A$ 点出发，经过 2、3、4 点后，因各边丈量的误差，使导线没有回到 $A$ 点，而是落在 $A'$。如图 6-10 所示，$AA'$为导线全长闭合差，用 $f_D$ 表示，可见 $f_x$、$f_y$是 $f_D$ 在 $x$、$y$ 轴上的分量，所以有

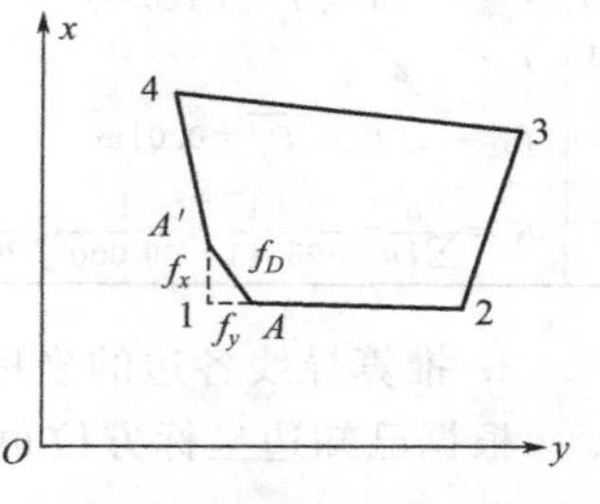


图 6-10　导线全长闭合差

$$f_D=\sqrt{f_x^2+f_y^2} \tag{6-5}$$

既然所有边长误差总和为 $f_D$，用$\sum D$ 表示导线总长，则导线全长相对闭合差为

$$K=\frac{f_D}{\sum D}$$

根据误差理论，导线全长的闭合差不能超过一定的界限，假设用 $K_{容}$ 表示这个界限值，则当 $K<K_{容}$ 时，可认为导线边长丈量是符合要求的。在这个前提下，本着边长测量误差与边的长度成正比的原则，将坐标增量闭合差 $f_x$、$f_y$，反符号按边长成正比进行调整。

令 $v_{x_i}$、$v_{y_i}$ 为第 $i$ 条边的坐标增量改正数，则有

$$\left.\begin{aligned}v_{x_i}&=-\frac{f_x}{\sum D}D_i\\ v_{y_i}&=-\frac{f_y}{\sum D}D_i\end{aligned}\right\} \tag{6-6}$$

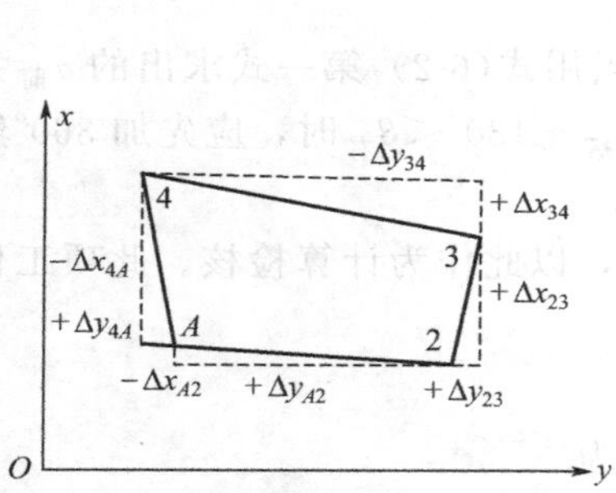

此项计算填在表 6-5 中第 7、8 栏坐标增量的上面，并以$\sum v_{x_i}=-f_x$，$\sum v_{y_i}=-f_y$ 作检核。再将坐标增量加坐标增量改正数后填入表 6-5 中第 9、10 栏，作为改正后的坐标增量，此时表 6-5 中第 9、10 栏的总和为零，以此作为计算检核。

图 6-11　闭合差调整

在图 6-11 中 $O$ 点的坐标是已知的，各边的坐标增量已经求得。所以有

$$x_2=x_A+\Delta x_{A2}$$

$$y_2 = y_A + \Delta y_{A2} \tag{6-7}$$

同理类推，即可分别求出3、4点的坐标，最后要注意，由4点推算$A$点的坐标值应与已知值相等，以此作计算检核。此项计算填入表6-5中第11、12栏。

至此闭合导线内业计算全部结束。

### （二）附合导线计算

附合导线计算方法和计算步骤与闭合导线计算相同，只是由于已知条件的不同，致使角度闭合差和坐标增量闭合差的计算略有不同。

1. 角度闭合差的计算及其调整

如图6-12所示，附合导线是附合在两条已知坐标方位角的边上，也就是说$\alpha_{AB}$、$\alpha_{CD}$是已知的。由于已测出各转折角，所以从$\alpha_{AB}$出发，经各转折角也可以求得$CD$边的坐标方位角$\alpha'_{CD}$，则有

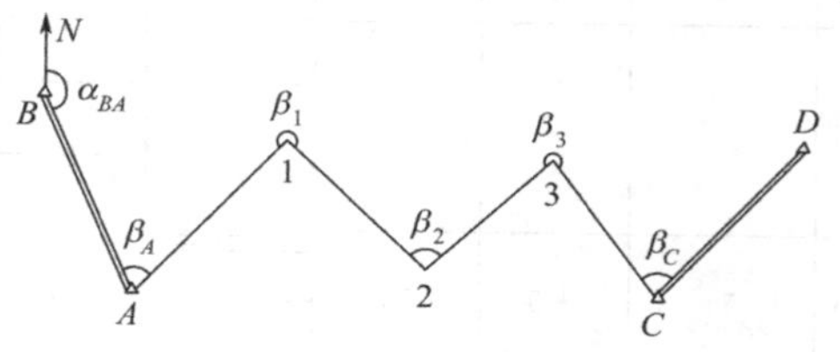


图6-12　附合导线

$$\alpha_{A1} = \alpha_{BA} + 180° + \beta_A$$
$$\alpha_{12} = \alpha_{A1} + 180° + \beta_1$$
$$\alpha_{23} = \alpha_{12} + 180° + \beta_2$$
$$\alpha_{3C} = \alpha_{23} + 180° + \beta_3$$
$$\alpha_{CD} = \alpha_{3C} + 180° + \beta_C = \alpha_{BA} + 5\times180° + \sum\beta \tag{6-8}$$

如果写成通项公式，即为

$$\left.\begin{aligned} \alpha'_{终} &= \alpha_{起} + n\times180° + \sum\beta_{左} \\ \alpha'_{终} &= \alpha_{起} + n\times180° - \sum\beta_{右} \end{aligned}\right\} \tag{6-9}$$

式中　$n$——测角个数。

由于存在测量误差，致使$\alpha'_{CD} \neq \alpha_{CD}$，两者之差称为附合导线角度闭合差，如$f_\beta$表示，则

$$f_\beta = \alpha'_{CD} - \alpha_{CD} = \alpha_{BA} + 5\times180° + \sum\beta - \alpha_{CD} \tag{6-10}$$

和闭合导线一样，当$f_\beta < f_{\beta容}$时，说明附合导线角度测量是符合要求的，这时要对角度闭合差进行调整。其方法是：当附合导线测的是左角时，则将闭合差反符号平均分配，即每个角改正$-\dfrac{f_\beta}{n}$。当测的是右角时，则将闭合差同符号平均分配，即每个角改正$\dfrac{f_\beta}{n}$。

2. 坐标增量闭合差的计算

在图6-12中，由于$A$、$C$的坐标为已知，所以从$A$到$C$的坐标增量也就已知，即

$$\left.\begin{aligned} \sum\Delta x_{理} &= \Delta x_{AC} = x_C - x_A \\ \sum\Delta y_{理} &= \Delta y_{AC} = y_C - y_A \end{aligned}\right\}$$

然而通过附合导线测量也可以求得$A$、$C$间的坐标增量。假设用$\sum\Delta x_{测}$、$\sum\Delta y_{测}$表示，则由于测量误差的缘故，致使

$$\sum\Delta x_{理} \neq \sum\Delta x_{测}$$
$$\sum\Delta y_{理} \neq \sum\Delta y_{测}$$

两者之差称为附合导线坐标增量闭合差，即

$$\left.\begin{aligned} f_x &= \sum\Delta x_{测} - (x_C - x_A) \\ f_y &= \sum\Delta y_{测} - (y_C - y_A) \end{aligned}\right\} \tag{6-11}$$

附合导线的导线全长闭合差、全长相对闭合差的计算，以及坐标增量闭合差的调整与闭合导线相同。附合导线坐标计算的全过程见表 6-6 的算例。

**表 6-6　附合导线坐标计算表**

| 点号 | 观测左角 | 改正数 | 改正后角值 | 坐标方位角 | 距离/m | 坐标增量 | | 改正后坐标增量 | | 坐标 | |
|---|---|---|---|---|---|---|---|---|---|---|---|
| | ° ′ ″ | ″ | ° ′ ″ | ° ′ ″ | | $\Delta x$/m | $\Delta y$/m | $\Delta x'$/m | $\Delta y'$/m | $x$/m | $y$/m |
| 1 | 2 | 3 | 4 | 5 | 6 | 7 | 8 | 9 | 10 | 11 | 12 |
| *B* | | | | | | | | | | | |
| | | | | 137 24 26 | | | | | | | |
| A | 67 54 44 | +5 | 67 54 49 | | | | | | | 1873.59 | 8785.05 |
| | | | | 25 19 15 | 161.01 | −1<br>145.54 | 68.86 | 145.53 | 68.86 | | |
| 1 | 248 28 06 | +5 | 248 28 11 | | | | | | | 2019.12 | 8853.91 |
| | | | | 93 47 26 | 239.51 | −1<br>−15.83 | −1<br>238.99 | −15.84 | 238.98 | | |
| 2 | 100 05 57 | +5 | 100 06 02 | | | | | | | 2003.28 | 9092.89 |
| | | | | 13 53 28 | 169.25 | −1<br>−164.30 | −1<br>40.63 | 164.29 | 40.62 | | |
| 3 | 279 07 09 | +4 | 279 07 13 | | | | | | | 2167.57 | 9133.51 |
| | | | | 113 00 41 | 132.62 | −51.84 | 122.07 | −51.84 | 122.07 | | |
| *C* | 91 24 36 | +5 | 91 24 41 | | | | | | | 2115.73 | 9255.58 |
| | | | | 24 25 22 | | | | | | | |
| *D* | | | | | | | | | | | |
| Σ | 787 00 32 | +24 | 787 00 56 | | 702.39 | 242.17 | 470.55 | 242.14 | 470.53 | | |

辅助计算：

$\alpha'_{CD}=\alpha_{BA}+5\times180°+\sum\beta=24°24'58''$

$f_\beta=\alpha'_{CD}-\alpha_{CD}=-24''$

$f_{\beta容}=\pm60''\sqrt{n}=\pm134''$

$f_\beta<f_{\beta容}$

$\sum\Delta x_{测}=242.17$　　$\sum\Delta y_{测}=470.55$

$x_C-x_A=242.14$　　$y_C-y_A=470.53$

$f_x=0.03(\mathrm{m})$　　$f_y=0.02(\mathrm{m})$

$f_D=\sqrt{f_x^2+f_y^2}=0.036(\mathrm{m})$

$K=\dfrac{f_D}{\sum D}=\dfrac{0.036}{702.39}=\dfrac{1}{19510}<\dfrac{1}{2000}$

## 四、导线测量粗差查找

在导线计算中，如果发现闭合差超限，首先应检查外业观测记录和内业计算的数据抄录及计算。如果都没有发现问题，则说明导线的边长测量或角度测量中有粗差，必须返工重测。但全部重测的费用和时间花费往往较大，因此如果能在重测前分析判断出错误可能发生的地方，可以节省大量返工时间。

1. 一个转折角有粗差的查找方法

如图 6-13 所示，设闭合导线的第 3 个点上的转折角 $\beta_3$ 发生了 $\Delta\beta$ 的错误，使角度闭合差超限。在查找测角错误点时，一种方法是通过一定比例展绘导线的方法来发现测角错误点，另一种方法是分别从导线两端的已知点和已知方位角出发，按支导线计算各点的坐标，由此得到两套坐标。如果某一导线点的两套坐标值非常接近，则该点的转折角最有可能测错。

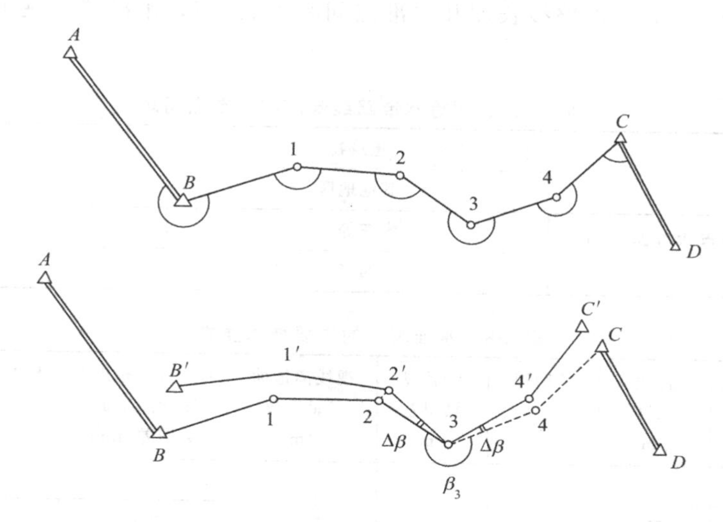


图 6-13　导线测量中一个转折角测错

2. 一条边长有粗差的查找方法

当导线的角度闭合差符合限差要求而导线全长闭合差超限时，说明边长测量有粗差。如图 6-14 所示，设导线边 4-5 发生测距粗差，而其他各边和各角没有粗差。因此从第 4 点开始及以后各点均产生一个平行于导线边 4-5 的位移量。如果其他各边和各角的偶然误差忽略不计，则计算得到的导线全长闭合差的数值 $f$ 即等于该边的测距粗差，闭合差向量的方位角 $\alpha_f$ 等于或接近与边 4-5 的方位角，即

$$\begin{cases} f=\sqrt{f_x^2+f_y^2} \\ \alpha_f=\arctan\dfrac{f_y}{f_x} \end{cases} \tag{6-12}$$

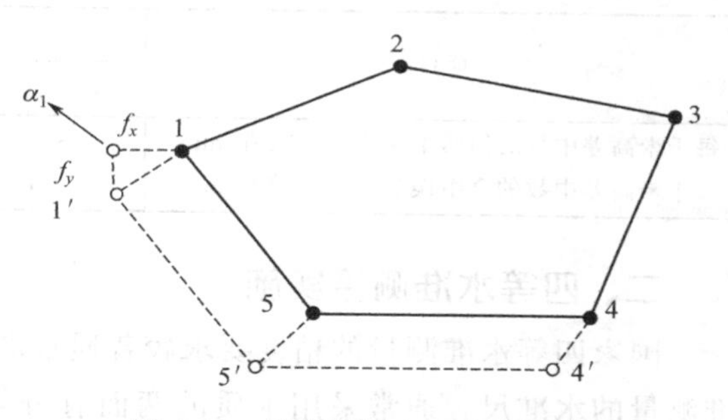


图 6-14　导线测量中一条边测错

据此与导线计算中各边的方位角对照，可以找出可能有测距粗差的导线边。

3. 坐标方位角用错

闭合差将大致垂直于错误方向的导线边。将其与各边的坐标方位角相比较。有与之相差约 90°者，坐标方位角可能有用错或算错。

# 第三节　高程控制测量

## 一、技术要求

矿区地面高程控制网可采用水准测量和三角高程测量方法建立，高程首级控制网，一般采用水准测量方法建立。当矿区长度大于 25km 时，首级控制应为三等水准网，矿区长度在 5～25km 之间，首级控制网应为四等水准测量，当矿区长度小于 5km 时，首级控制网宜为等水准。各等级水准网中最弱点的高程中误差（相对于起算点）不得大于±2cm。水准网的

主要技术要求见表6-4，水准路线长度和水准点间距见表6-7，水准测量观测及精度要求见表6-8、表6-9。

**表6-7 三、四等水准路线长度和水准点间距**

| | | |
|---|---|---|
| 水准点间距 | 建筑物 | 1～2km |
| | 其他地区 | 2～4km |
| 环线或附合于高级点水准路线的最大长度 | 三等 | 50km |
| | 四等 | 16km |

**表6-8 水准观测的主要技术要求**

| 等级 | 水准仪的型号 | 视线长度/m | 前后视较差/m | 前后视累积差/m | 视线离地面最低高度/m | 基本分划辅助分划或黑、红面读数较差/mm | 基本分划辅助分划或黑、红面所测高差之差/mm |
|---|---|---|---|---|---|---|---|
| 三等 | $DS_1$ | 100 | 3 | 6 | 0.3 | 1.0 | 1.5 |
| | $DS_3$ | 75 | | | | 2.0 | 3.0 |
| 四等 | $DS_3$ | 100 | 5 | 10 | 0.2 | 3.0 | 5.0 |
| 等外 | $DS_3$ | 100 | 10 | 50 | 0.1 | 4.0 | 6.0 |

注：三、四等水准采用变动仪器高度观测单面水准尺时，所测两次高差较差，应与黑、红面所测高差之差的要求相同。

**表6-9 各级水准测量基本精度指标**

| 项目 | 等级 | | | |
|---|---|---|---|---|
| | 一 | 二 | 三 | 四 |
| 每千米高差中数的偶然中误差 $M_{\Delta}$ 限值/mm | ±0.45 | ±1.0 | ±3.0 | ±5.0 |
| 每千米高差中数的全中误差 $M_W$ 限值/mm | ±1.0 | ±2.0 | ±6.0 | ±10.0 |

## 二、四等水准测量实施

国家四等水准测量的精度要求较普通水准测量的精度高，其技术指标见表6-8。四等水准测量的水准尺，通常采用木质的两面有分划的红黑面双面标尺，表6-8中的黑红面读数差，即指一根标尺的两面读数去掉常数之后所容许的差数。

### （一）四等水准测量的观测程序

四等水准测量在一测站上水准仪照准双面水准尺的顺序为：

① 照准后视标尺黑面，按视距丝、中丝读数；

② 照准前视标尺黑面，按中丝、视距丝读数；

③ 照准前视标尺红面，按中丝读数；

④ 照准后视标尺红面，按中丝读数。

这样的顺序简称为“后前前后”（黑、黑、红、红）。

四等水准测量每站观测顺序也可为后—后—前—前（黑、红、黑、红）。

无论何种顺序，视距丝和中丝的读数均应在水准管气泡居中时读取。

### （二）四等水准测量的观测记录及计算

四等水准测量的观测记录及计算的示例，见表6-10。表内带括号的号码为观测读数和计算的顺序，(1)～(8) 为观测数据，其余为计算所得。

表 6-10　四等水准测量观测手簿

测自　　　至　　　　　　　　　　　　　　　　　　　年　月　日

时刻始　时　分　　　　　　　　　　　　　　　　　　天气：晴

　　末　时　分　　　　　　　　　　　　　　　　　　成像：清晰

| 测站编号 | 后尺 下丝 / 上丝 / 后距 / 视距差 d | 前尺 下丝 / 上丝 / 前距 / ∑d | 方向及尺号 | 标尺读数 黑面 | 标尺读数 红面 | K＋黑－红 | 高差中数 | 备考 |
|---|---|---|---|---|---|---|---|---|
|  | (1) | (5) |  | (3) | (8) | (10) |  |  |
|  | (2) | (6) |  | (4) | (7) | (9) |  |  |
|  | (12) | (13) |  | (16) | (17) | (11) |  |  |
|  | (14) | (15) |  |  |  |  |  |  |
| 1 | 1571 | 0739 | 后 5 | 1384 | 6171 | 0 |  |  |
|  | 1197 | 0363 | 前 6 | 0551 | 5239 | －1 |  |  |
|  | 37.4 | 37.6 | 后-前 | ＋0833 | 0932 | ＋1 | ＋0832.5 |  |
|  | －0.2 | －0.2 |  |  |  |  |  |  |
| 2 | 2121 | 2196 | 后 6 | 1934 | 6621 | 0 |  |  |
|  | 1747 | 1821 | 前 5 | 2008 | 6796 | －1 |  |  |
|  | 37.4 | 37.5 | 后-前 | －0074 | －0175 | ＋1 | －0074.5 |  |
|  | －0.1 | －0.3 |  |  |  |  |  |  |
| 3 | 1914 | 2055 | 后 5 | 1726 | 6513 | 0 |  |  |
|  | 1539 | 1678 | 前 6 | 1866 | 6554 | －1 |  |  |
|  | 37.5 | 37.7 | 后-前 | －0140 | －0041 | ＋1 | －0140.5 |  |
|  | －0.2 | －0.5 |  |  |  |  |  |  |
| 4 | 1965 | 2141 | 后 6 | 1832 | 6519 | 0 |  |  |
|  | 1700 | 1874 | 前 5 | 2007 | 6793 | ＋1 |  |  |
|  | 26.5 | 26.7 | 后-前 | －0175 | －0274 | －1 | －0174.5 |  |
|  | －0.2 | －0.7 |  |  |  |  |  |  |
| 5 | 0089 | 0124 | 后 5 | 0054 | 4842 | －1 |  |  |
|  | 0020 | 0050 | 前 6 | 0087 | 4775 | －1 |  |  |
|  | 6.9 | 7.4 | 后-前 | －0033 | ＋0067 | 0 | －0033.0 |  |
|  | －0.5 | －1.2 |  |  |  |  |  |  |

1. 测站上的计算与校核

高差部分：

$$(9)=(4)+K-(7)$$

$$(10)=(3)+K-(8)$$

$$(11)=(10)-(9)$$

(10) 及 (9) 分别为后、前视标尺的黑红面读数之差，(11) 为黑红面所测高差之差。

$K$ 为后、前视标尺红黑面零点的差数；表 6-10 的示例中，5 号尺的 $K=4787$，6 号尺的 $K=4687$。

$$(16)=(3)-(4)$$
$$(17)=(10)-(9)$$

（16）为黑面所算得的高差，（17）为红面所算得的高差。由于两根尺子红黑面零点差不同，所以（16）并不等于（17）[表 6-10 的示例（16）与（17）应相差 100]，因此（11）尚可作一次检核计算，即

$$(11)=(16)\pm 100-(17)$$

视距部分：

$$(12)=(1)-(2)$$
$$(13)=(5)-(6)$$
$$(14)=(12)-(13)$$

（12）为后视距离，（13）为前视距离，（14）为前后视距差，（15）为前后视距累积差。

2. 观测结束后的计算与校核

高差部分：

$$\sum(3)-\sum(4)=\sum(16)=h_{黑}$$
$$\sum\{(3)+K\}-\sum(8)=\sum(10)$$
$$\sum(8)-\sum(7)=\sum(17)=h_{红}$$
$$\sum\{(4)+K\}-\sum(7)=\sum(9)$$
$$h_{中}=\frac{1}{2}(h_{黑}+h_{红})$$

$h_{黑}$、$h_{红}$ 分别为一测段黑面、红面所得高差；$h_{中}$ 为高差中数。

视距部分：

末站 $(15)=\sum(12)-\sum(13)$，总视距 $=\sum(12)+\sum(13)$

若测站上有关观测限差超限，在本站检查发现后可立即重测。若迁站后才检查发现，则应从水准点或间歇点起，重新观测。

## 三、三角高程测量（测距仪、全站仪）

三角高程测量的基本思想是根据测站向照准点所观测的垂直角和它们之间的水平距离，利用平面三角公式计算两点之间的高差。这种方法简便灵活，受地形条件的限制较少，故适用于测定三角点的高程。三角点的高程主要是作为各种比例尺测图的高程控制的一部分。一般都是在一定密度的水准网控制下，用三角高程测量的方法测定三角点的高程。

1. 三角高程测量基本公式

在控制测量中，由于距离较长，地球曲率对高差测定的影响已不容忽视，所以必须以椭球面为依据来推导三角高程测量的基本公式。

如图 6-15 所示。设 $S_0$ 为 $A$、$B$ 两点间的实测水平距离。仪器置于 $A$ 点，仪器高度为 $i_1$。

$B$ 为照准点，砚标高度为 $v_2$，$R$ 为参考椭球面上$A'B'$的曲率半径。$PE$、$AF$ 分别为过 $P$ 点和 $A$ 点的水准面。$\overline{PC}$是 $PE$ 在 $P$ 点的切线，$PN$ 为光程曲线。当位于 $P$ 点的望远镜指向与 $PN$ 相切的 $PM$ 方向时，由于大气折光的影响，由 $N$ 点出射的光线正好落在望远镜的

横丝上。这就是说，仪器置于 $A$ 点测得 $P$、$M$ 间的垂直角为 $\alpha_{1,2}$。

由图 6-15 可明显地看出，$A$、$B$ 两地面点间的高差为

$$h_{1,2}=BF=MC+CE+EF-MN-NB \tag{6-13}$$

式中，$EF$ 为仪器高 $i_1$；$NB$ 为照准点的觇标高度 $v_2$；而 $CE$ 和 $MN$ 分别为地球曲率和折光影响。由

$$CE=\frac{1}{2R}S_0^2,\quad MN=\frac{1}{2R'}S_0^2$$

式中，$R'$为光程曲线$\widehat{PN}$在 $N$ 点的曲率半径。设$\frac{R}{R'}=K$，则

$$MN=\frac{1}{2R'}\times\frac{R}{R}S_0^2=\frac{K}{2R}S_0^2$$

$K$ 称为大气垂直折射率。

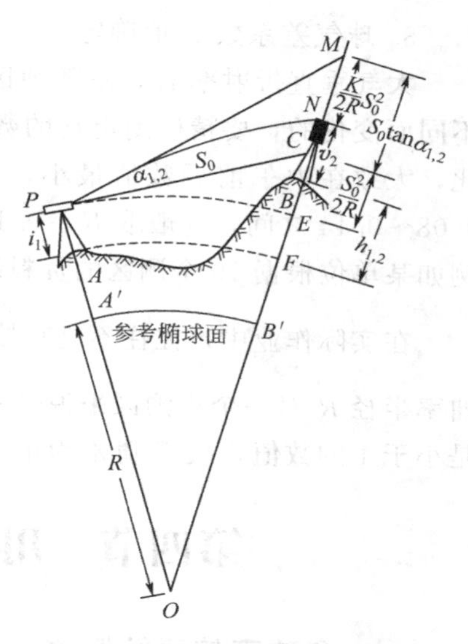


图 6-15　三角高程测量原理

由于 $A$、$B$ 两点之间的水平距离 $S_0$ 与曲率半径 $R$ 之比值很小（当 $S_0=10\text{km}$ 时，$S_0$ 所对的圆心角仅 5′多一点），故可认为 $PC$ 近似垂直于 $OM$，即认为 $\angle PCM\approx90°$，这样 $\triangle PCM$ 可视为直角三角形。则式(6-12) 中的 $MC$ 为

$$MC=S_0\tan\alpha_{1,2}$$

将各项代入式(6-12)，则 $A$、$B$ 两地面点的高差为

$$h_{1,2}=S_0\tan\alpha_{1,2}+\frac{1}{2R}S_0^2+i_1-\frac{K}{2R}S_0^2-v_2$$

$$=S_0\tan\alpha_{1,2}+\frac{1-K}{2R}S_0^2+i_1-v_2$$

令式中$\frac{1-K}{2R}=C$，$C$ 一般称为球气差系数，令 $f=CS_0^2$则上式可写成

$$h_{1,2}=S_0\tan\alpha_{1,2}+f+i_1-v_2 \tag{6-14}$$

式(6-13) 就是单向观测计算高差的基本公式。式中垂直角 $\alpha$，仪器高 $i$ 和觇标高 $v$，均可由外业观测得到，$S_0$ 为实测的水平距离，$f$ 为球气差改正数。

2. 电磁波测距三角高程测量的高差计算公式

由于电磁波测距仪的发展异常迅速，不但其测距精度高，而且使用十分方便，可以同时测定边长和垂直角，提高了作业效率，因此，利用电磁波测距仪作三角高程测量已相当普遍。根据实测实验表明，当垂直角观测精度 $m_\alpha\leqslant\pm2.0''$，边长在 2km 范围内，电磁波测距三角高程测量完全可以替代四等水准测量，如果缩短边长或提高垂直角的测定精度，还可以进一步提高测定高差的精度。如 $m_\alpha\leqslant\pm1.5''$，边长在 3.5km 范围内可达到四等水准测量的精度；边长在 1.2km 范围内可达到三等水准测量的精度。

电磁波测距三角高程测量可按斜距由下列公式计算高差

$$h=D\sin\alpha+CD^2\cos^2\alpha+i-Z \tag{6-15}$$

式中，$h$ 为测站与镜站之间的高差；$\alpha$ 为垂直角；$D$ 为经气象改正后的斜距；$i$ 为经纬仪水平轴到地面点的高度；$Z$ 为反光镜瞄准中心到地面点的高度。

3. 球气差系数 $C$ 值确定

大气垂直折射率 $K$，是随地区、气候、季节、地面覆盖物和视线超出地面高度等条件不同而变化的，要精确测定它的数值，目前尚不可能。通过实验发现，$K$ 值在一天内的变化，大致在中午前后数值最小，也较稳定；日出、日落时数值最大，变化也快。$K$ 值在 0.08～0.14 之间，一般取 $K=0.14$。不少测绘单位对 $K$ 值进行过大量的计算和统计工作，例如某单位根据 16 个测区的资料统计，得出 $K=0.107$。

在实际作业中，往往不是直接测定 $K$ 值，而是设法确定 $C$ 值，因为 $C=\frac{1-K}{2R}$。而平均曲率半径 $R$ 对一个小测区来说是一个常数，所以确定了 $C$ 值，$K$ 值也就知道了。由于 $K$ 值是小于 1 的数值，故 $C$ 值永为正。

## 第四节　用全球定位系统进行控制测量

### 一、全球定位系统概述

全球定位系统（GPS）是“授时、测距导航系统/全球定位系统（navigation system timing and ranging/global positioning system）”的简称。该系统是由美国从 20 世纪 70 年代开始研制，历时 20 年，耗资 200 亿美元，于 1994 年全面建成，具有在海、陆、空进行全方位实时三维导航与定位能力的新一代卫星无线电导航与定位系统。已深得广大用户的信赖，并成功地应用于大地测量、工程测量、航空摄影测量、运载工具导航和管制、地壳运动监测、工程变形监测、资源勘察、地球动力学等多学科领域，从而给测绘学科带来了一场深刻的技术革命。随着全球定位系统的不断改进，硬、软件的不断完善，应用领域也正在不断

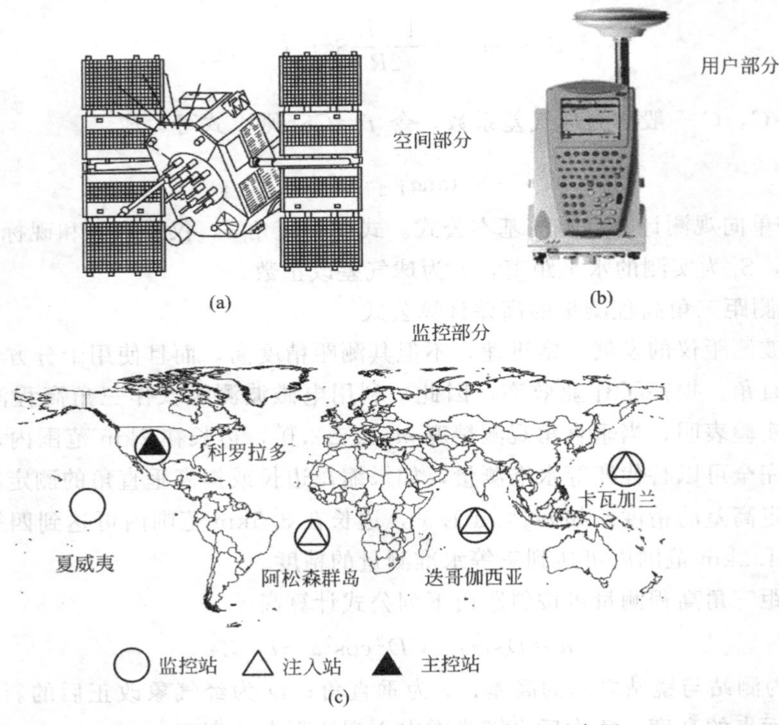


图 6-16　全球定位系统（GPS）构成示意图

地拓展，遍及国民经济各种部门，并逐步深入人们的日常生活。GPS同其他导航系统相比，其主要特点包括：

① 全球覆盖；

② 自动化，精度高；

③ 实时三维动态定位、测速和定时；

④ 高效率，无用户数量限制，应用广泛。

### （一）GPS定位系统的组成

GPS定位技术是利用空中的GPS卫星，向地面发射L波段的载频无线电测距信号，由地面上的用户接收机实时地连续接收，并依此计算出接收机天线相位中心所在的位置。因此，GPS定位系统由三个部分组成（图6-17）：GPS卫星星座（空间部分）、地面监控系统（地面控制部分）、GPS用户接收机（信号接收处理部分）。对于整个全球定位系统来说，它们都是不可缺少的。

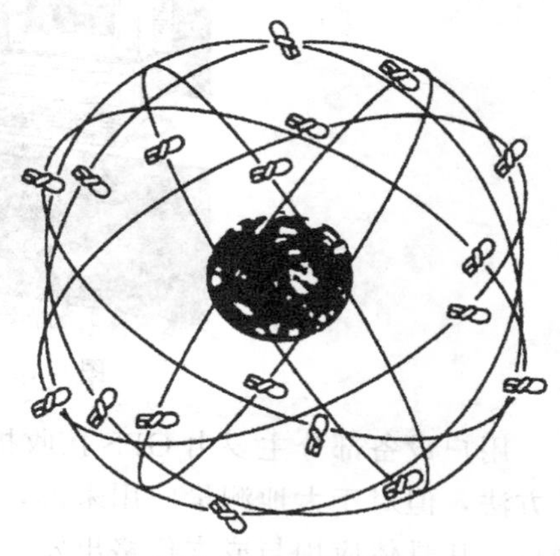

图6-17 GPS星座

1. 空间部分（GPS卫星星座）

GPS定位系统的空间卫星星座，由24颗卫星组成，其中包括3颗备用卫星，如图6-17所示。卫星分布在6个轨道面内，每个轨道上分布有4颗卫星。卫星轨道面相对地球赤道面的倾角约为55°每个轨道在经度上相隔60°，轨道高度为20200km，卫星的运行周期为11h58min。因此，每天出现的卫星分布图形相同只是时间提前约4min。每颗卫星每天约有5h在地平线以上，同时位于地平线以上的卫星个数，随时间和地域而不同，最少有4颗，最多可达11颗。

2. 地面监控部分

地面监控系统由一个主控站、三个注入站和五个监测站组成，如图6-16(c)所示。主控站的作用是收集各个监测站所测得的伪距和积分多普勒观测值、环境要素等数据；计算每颗GPS卫星的星历、时钟改正量、状态数据，以及信号的大气层传播改正，并按一定的形式编制成导航电文，传送到主控站；此外还控制和监视其余站的工作情况并管理调度GPS卫星。

注入站的作用是将主控站传来的导航电文，用10cm（S）波段的微波作载波，分别注入到相应的GPS卫星中，通过卫星将导航电文传递给地面上的广大用户。导航电文是GPS用户所需要的一项重要信息，通过导航电文才能确定出GPS卫星在各时刻的具体位置，因此注入站的作用是很重要的。

监测站的主要任务是为主控站编算导航电文提供原始观测数据。每个监测站上都有GPS接收机对所见卫星作伪距测量和积分多普勒观测，采集环境要素等数据，经初步处理后发往主控站。

以上地面监控系统实际上都是由美国军方所控制的。由于军方为了限制民间用户通过GPS所达到的实时定位精度，而对GPS卫星轨道精度和时钟稳定性作了有意降低（SA政策）。为了克服SA政策的影响，一些国际性科研机构建立了广泛分布的全球性跟踪网络，用来精确测定GPS卫星的轨道供后处理之用，或计算预报星历。但是这两种星历都不是由

GPS卫星播发给用户，而是要通过一定的信息渠道获得，有别于GPS卫星的广播星历。

3. 用户设备部分

GPS的空间部分和地面监控部分，为用户广泛利用该系统进行导航和定位提供了基础。而用户要实现利用GPS进行导航和定位的目的，还需要GPS接收机，即用户设备部分。这部分的作用是接收GPS卫星发射的信号，获得必要的导航和定位信息及观测量，经数据处理后获得观测时刻接收机天线相位中心的位置坐标，如图6-18所示。

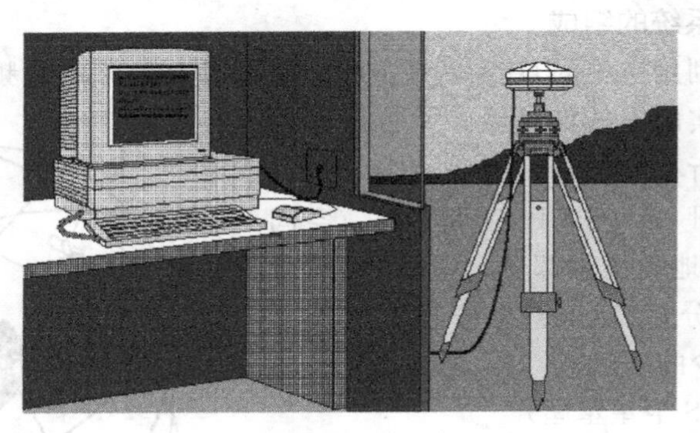

图6-18　GPS接收机和数据处理设备

用户设备部分主要由GPS接收机硬件和数据处理软件组成。关于GPS接收机有多种分类方法，但对于大地测量应用来说，一般都是采用较精密的双频接收机，可作双频载波相位测量。从具体应用与成本价格出发，也可选用稍为便宜的单频接收机。所有GPS接收机生产厂家一般都随机提供数据处理软件包，但其作用是有限的。国际上有一些科研机构为了克服商用数据处理软件的不足，已经开发研制了多种精密的GPS数据后处理软件包，如GAMIT（美国麻省理工学院）、Bernese（瑞士伯尔尼大学天文学院）、GIPSY（美国加州大学喷气推进实验室）等，主要用于科研目的。

## （二）GPS卫星定位的基本原理

GPS卫星定位原理是测量学中的空间距离交会方法。GPS定位方法有多种：若按观测值的不同，可分为伪距观测定位和载波相位测量定位；按使用同步观测的接收机数和定位解算方法来分，有单点定位和相对（差分）定位；根据接收机的运动状态可分为静态定位和动态定位。单点定位确定的是天线相位中心在世界坐标系（WGS-84）中的三维坐标，又称为绝对定位。相对定位确定的是待定点相对于地面上另一参考点的空间基线向量。静态定位接收机是静止不动的，动态定位是确定安置接收机的运动平台的三维坐标和速度。绝对定位和相对定位中，均包含静态和动态两种方式。比较有代表性的定位模式，即为伪距单点定位和载波相位相对定位，其他的定位模式均为依此衍生而来。

1. 伪距单点（绝对）定位

伪距就是卫星到接收机的距离观测量，即由卫星发射的测距码信号到达GPS接收机的传播时间乘以光速所得的距离，由于伪距观测量（码相位观测量和载波相位观测量）所确定的卫星到测站的距离，都不可避免地会含有大气传播延迟、卫星钟和接收机同步误差等的影响项。为了与卫星和接收机之间的真实几何距离相区别，这种含有误差影响项的距离观测，通常称为“伪距”，并把它视为GPS定位的基本观测量。

伪距法单点定位，就是利用GPS接收机在某一时刻，同步测定的至少4颗以上GPS卫星的伪距，以及从卫星导航电文中获得的卫星位置，采用距离交会法求得天线所在的三维坐标。因为一般卫星接收机采用石英振荡器，精度低；加之卫星从 2 万公里高空向地面传输，空中经过电离层、对流层，会产生时延，所以接收机测的距离含有误差，用$R_G^{Si}$表示。其数学模型

$$R_G^{Si}=\rho_G^i+\delta_{\rho I}+\delta_{\rho T}-c\delta_t^S+c\delta_{tG} \tag{6-16}$$

$$\rho_G^{Si}=[(X^{Si}-X_G)^2+(Y^{Si}-Y_G)^2+(Z^{Si}-Z_G)^2]^{1/2} \tag{6-17}$$

式中 $X_G$，$Y_G$，$Z_G$——待测点的三维坐标；

$X^{Si}$，$Y^{Si}$，$Z^{Si}$——GPS 卫星的空间坐标，由卫星导航电文计算得到；

$\delta_{\rho I}$——电离层延迟改正；

$\delta_{\rho T}$——对流层延迟改正；

$\delta_t^S$——卫星钟差改正；

$\delta_{tG}$——接收机钟差改正。

这些误差中$\delta_{\rho I}$、$\delta_{\rho T}$可以用模型修正，$\delta_t^S$可用卫星星历文件中提供的卫星钟修正参数修正。由式(6-16)、式(6-17) 中可见，有四个未知数：$X_G$，$Y_G$，$Z_G$，$\delta_{tG}$。所以 GPS 三维定位至少需要四颗卫星，即至少需要 4 个同步伪距观测值来实时求解 4 个未知参数，如图 6-19 所示。但当地面高程已知时也可用三颗卫星定位。

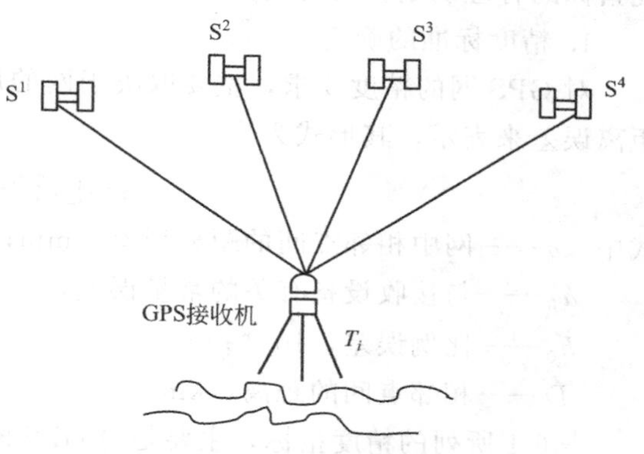


图 6-19 GPS 伪距单点定位原理

2. 相对定位

GPS 相对定位，又称差分定位，是目前 GPS 定位中精度最高的一种定位方法。相对定位的基本方法是：将两台 GPS 接收机，分别安置在测线两端（该测线称为基线），同步接收 GPS 卫星信号，利用同步观测值进行解算，求定基线两端在 WGS-84 坐标系中的相对位置或基线向量。当其中一个端点坐标已知时，则可推算出另一个待定点（端点）的坐标。

如图 6-20 所示，在两个或多个观测站同步观测相同卫星的情况下，卫星的轨道误差、卫星钟差、接收机钟差以及电离层和对流层的折射误差等，对观测量的影响具有一定的相关

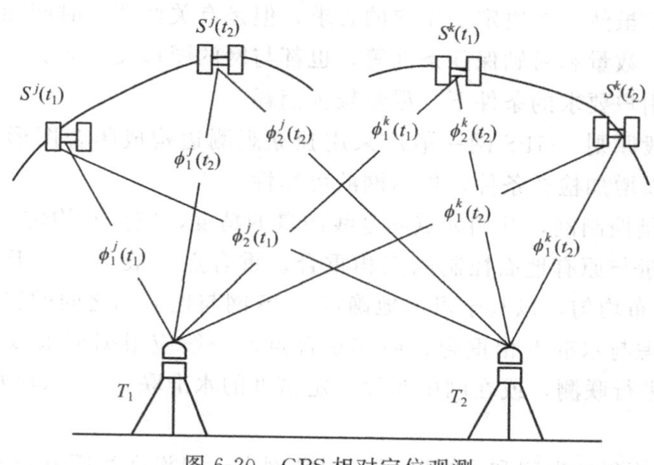


图 6-20 GPS 相对定位观测

性，所以利用这些观测量的不同组合（单差、双差和三差），进行相对定位，便可有效地消除或减弱上述误差的影响，从而提高相对定位的精度。

## 二、GPS 测量的实施

GPS 测量的实施过程与常规测量的一样，按性质可分为外业和内业两大部分。如果按照 GPS 测量实施的工作程序，则大体上可分为如下几个阶段：网的优化设计；选点与建立标志；外业观测；内业数据处理。由于以载波相位观测值为主的相对定位法是当前 GPS 精密测量中普遍采用的方法，所以本节主要介绍在城市与工程控制网中采用 GPS 相对定位的方法和工作程序。

### （一） GPS 网的设计

GPS 网的优化设计，是实施 GPS 测量工作的第一步，是一项基础性的工作，也是在网的精确性、可靠性和经济性方面，实现用户要求的重要环节。这项工作的主要内容包括：精度指标的合理确定，网的图形设计和网的基准设计。

1. 精度标准的确定

对 GPS 网的精度要求，主要取决于网的用途。精度指标，通常均以网中相邻点之间的距离误差来表示，其形式为

$$\sigma=[a_0^2+(b_0D)^2]^{\frac{1}{2}} \tag{6-18}$$

式中 $\sigma$——网中相邻点间的距离误差，mm；

$a_0$——与接收设备有关的常量误差，mm；

$b_0$——比例误差，$10^{-6}$；

$D$——相邻点间的距离，km。

表 6-1 所列的精度指标，主要是对 GPS 网的平面位置而言，而考虑到垂直分量的精度，一般较水平分量为差，所以根据经验，在 GPS 网中对垂直分量的精度要求，可将表 6-1 所列的比例误差部分增大一倍。

精度指标，是 GPS 网优化设计的一个重要量，它的大小将直接影响 GPS 网的布设方案、观测计划、观测数据的处理方法以及作业的时间和经费。所以，在实际设计工作中，要根据用户的实际需要和可能，慎重确定。

2. 网形设计

网的图形设计，虽然主要决定于用户的要求，但是有关经费、时间和人力的消耗以及所需接收设备的类型、数量和后勤保障条件等，也都与网的图形设计有关。对此应当充分加以考虑，以期在满足用户要求的条件下，尽量减少消耗。

(1) 设计的一般原则　GPS 网一般应采用独立观测边构成闭合图形，例如三角形、多边形或附合线路，以增加检核条件，提高网的可靠性。

GPS 网作为测量控制网，其相邻点间基线向量的精度，应分布均匀。

GPS 网点应尽量与原有地面控制网点相重合。重合点一般不应少于 3 个（不足时应联测），且在网中应分布均匀，以利于可靠地确定 GPS 网与地面网之间的转换参数。

GPS 网点应考虑与水准点相重合，而非重合点，一般应根据要求以水准测量方法（或相当精度的方法）进行联测，或在网中布设一定密度的水准联测点，以便为大地水准面的研究提供资料。

为了便于 GPS 的测量观测和水准联测，GPS 网点一般设在视野开阔和交通便利的地方。

为了便于用经典方法联测或扩展，可在GPS网点附近布设一通视良好的方位点，以建立联测方向。方位点与观测站的距离，一般应大于300m。

（2）基本图形的选择　根据GPS测量的不同用途，GPS网的独立观测边，应构成一定的几何图形。图形的基本形式如图6-21所示。

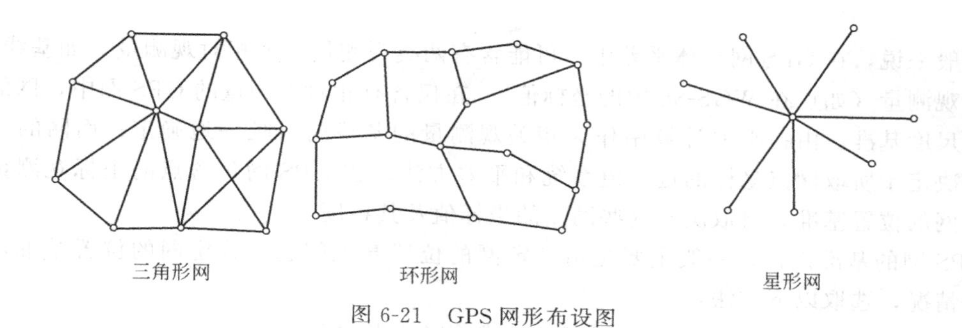


图6-21　GPS网形布设图

三角形网：GPS网中的三角形边由独立观测边组成。根据经典测量的经验已知，这种图形的几何结构强，具有良好的自检能力，能够有效地发现观测成果的粗差，以保障网的可靠性。同时，经平差后网中的相邻点间基线向量的精度分布均匀。

这种网形的主要缺点是观测工作量较大，尤其当接收机的数量较少时，将使观测工作的总时间大为延长。因此通常只有当网的精度和可靠性要求较高时，才单独采用这种图形。

环形网：由若干含有多条独立观测边的闭合环所组成的网，称为环形网。这种网形与经典测量中的导线网相似，其图形的结构强度比三角网为差。不难理解，由于网的自检能力和可靠性，与闭合环中所含基线边的数量有关，所以，根据网的不同精度要求，一般都规定闭合环中包含的基线边，不超过一定的数量。例如，在某工程控制网设计中，对闭合环中基线的边数，作了如下的限制。见表6-11。

**表6-11　闭合环中基线边数的限值**

| 级　　别 | 一 | 二 | 三 |
|---|---|---|---|
| 闭合环中的边数 | ≤4 | ≤5 | ≤6 |

环形网的优点是观测工作量较小，且具有较好的自检性和可靠性，其缺点主要是，非直接观测的基线边（或间接边）精度比直接观测边低，相邻点间的基本精度分布不均匀。

作为环形网的特例，在实际工作中还可按照网的用途和实际情况，采用所谓附合线路。这种附合线与经典测量中的附合导线相类似。采用这种图形的条件是，附合线路两端点间的已知基线向量，必须具有较高的精度，另外，附合线路所包含的基线边数，也不能超过一定的限制。

三角形网和环形网，是大地测量和精密工程测量中普遍采用的两种基本图形。通常，根据情况往往采用上述两种图形的混合网形。

星形网：星形网的几何图形简单，但其直接观测边之间，一般不构成闭合图形，所以其检验与发现粗差的能力差。

这种网形的主要优点，是观测中通常只需要两台GPS接收机，作业简单。因此在快速静态定位和准动态定位等快速作业模式中，大都采用这种网形，它被广泛地应用于工程放样、边界测量、地籍测量和碎部测量等。

3. 网的基准设计

网的基准包括网的位置基准、方向基准和尺度基准。而确定网的基准，是通过网的整体平差来实现的。在GPS网的优化设计中，应当根据网的用途，提出确定网的基准的方法和原则。

一般来说，在GPS网整体平差中，可能含有两类观测量，即相对观测量（如基线向量）和绝对观测量（如点在WGS-84中的坐标值）。在仅含有相对观测量的GPS网中，网的方向基准和尺度基准，由在平差计算中作为相关观测量的基线向量唯一地确定；而网的位置基准，则决定于所取网点坐标的近似值系统和平差方法。在GPS网包含点的坐标观测量的情况下，网的位置基准，将取决于这些网点的坐标值及其精度。

GPS网的基准设计，一般主要是指确定网的位置基准问题。确定网的位置基准，通常可根据情况，选取以下方法：

① 选取网中一点的坐标值并加以固定，或给以适当的权；

② 网中的点均不固定，通过自由网伪逆平差或拟稳平差，确定网的位置基准；

③ 在网中选若干点的坐标值并加以固定；

④ 选网中若干点（直至全部点）的坐标值并给以适当的权。

**（二）外业观测**

1. 外业观测计划设计

（1）编制GPS卫星可见性预报图　利用卫星预报软件，输入测区中心点概略坐标、作业时间、卫星截止高度角≥15°等，利用不超过20天的星历文件即可编制卫星预报图。

（2）编制作业调度表　应根据仪器数量、交通工具状况、测区交通环境及卫星预报状况制定作业调度表。作业表应包括：

① 观测时段（测站上开始接收卫星信号到停止观测，连续工作的时间段），注明开、关机时间；

② 测站号、测站名；接收机号、作业员；

③ 车辆调度表。

2. 野外观测

野外观测应严格按照技术设计要求进行。

（1）安置天线　安置天线是GPS精密测量的重要保证。要仔细对中、整平，量取仪器高。仪器高要求钢尺在互为120°方向量三次，互差小于3mm，取平均值后记录或输入GPS接收机。

（2）安置GPS接收机　GPS接收机应安置在距天线不远的安全处，连接天线及电源电缆，并确保无误。

① 开机观测。按规定时间打开GPS接收机，输入或记录测站名。详情可参见不同仪器的操作手册。GPS接收机自动化程度很高，仪器一旦跟踪卫星进行定位，接收机自动将接收的卫星星历、观测值文件以及输入信息存入接收机内记忆体。作业员只需要定期查看接收机工作状况，发现故障及时排除，并做好记录。接收机正常工作过程中不要随意开关电源、更改设置参数（如：卫星截止高度角、观测采样间）、关闭文件等。

一个时段的测量结束后，要查看仪器高和测站名是否输入，确保无误后再关机、关电源，迁站。

② GPS 接收机记录的数据有：

a. GPS 卫星星历和卫星钟差参数；

b. 观测历元的时刻和伪距观测值及载波相位观测值；

c. GPS 绝对定位结果；

d. 测站信息。

3. 观测数据下载及数据预处理

观测成果的外业检核是确保外业观测质量和实现定位精度的重要环节。所以外业观测数据在测区时就要及时严格检查，对外业预处理成果，按规范要求严格检查、分析，根据情况进行必要的重测和补测。确保外业成果无误后方可离开测区。

### （三）内业数据处理

根据上述处理所获得的标准化数据文件，便可进行观测数据的平差计算工作。

平差计算的主要内容如下。

1. 同步观测基线向量的解算

即同一基线边，多历元同步观测值的平差计算。在同一测区中，同类精度的数据处理，应采用相同的方法和相同的模型。由此所得到的平差结果为：基线向量（坐标差）及其相应的方差与协方差。

2. 观测成果检核与网平差

基线解算完毕后，就需要对个基线向量按网形构成，检核同步环、异步环以及重复观测边的闭合差。具体要求参见 GPS 测量规范。检查合格后，就可以利用上述基线向量的平差结果，作为相关观测量，进行网的整体平差，消除不符值。整体平差应在 WGS-84 坐标系统中进行，平差的结果，一般是网点的空间直角坐标、大地坐标和高斯平面坐标，以及相应的方差与协方差。

3. 坐标系统的转换，或与地面网的联合平差

在城市、矿山等区域性的测量工作中，往往需要将 GPS 测量结果，换算到用户所采用的区域性坐标系统。因此，上述 GPS 网，在 WGS-84 坐标系统中的平差结果，尚需按用户的要求，进行坐标系统的转换，或者为了改善已有的经典地面控制网，确定 GPS 网与经典地面网之间的转换参数，需要进行两网的联合平差。

## 三、GPS 定位系统进行矿区控制测量实例

1. 概况

新河煤矿位于济宁市与嘉祥县分界处，新河井田东西长 2.0km，南北长 6.75km，面积约 $14km^2$。区内地势平坦，地面海拔高程+36m 左右。区内含自然村庄 15 个，新河煤矿工业广场和生活区坐落在井田西南部。

1983～1987 年在新河井田附近有山东煤田地质公司施测的三等三角网白庄、胡厂、白嘴等十个点。该网最大角 107°54′，最小角 30°28′；最长边 9.98km，最短边 2.68km；三角形闭合差最大为 6.39″，平均 1.7″，测角中误差±1.24″；该网共有 120 个点，观测精度较高，用 26 个二等三角点作为起算点进行平差，最弱点点中误差±0.042m。标石保存完好的三等三角点均可作为四等 GPS 控制网的起算点使用。在矿井建设初期，原新挑河煤矿测设了近井点 GPS 控制网（共 5 点）由于地面建设仅剩 1 点（XTH5）还能满足生产需要；在布设四等 GPS 控制网时，须重合该点，以保证新布设的四等 GPS 控制网与原 GPS 控制网相一致。原成果平面系统为 1954 年北京坐标系，中央子午线 117°。

2. 四等GPS平面控制网的布设

在GPS控制测量中，严格按照《煤矿测量规定》、《工程测量规范》、《全球定位系统(GPS)测量规范》和《测绘产品检查验收规定》进行布点、观测和数据处理，测设的四等GPS控制网最弱边相对中误差≤1/4万，最弱点点位中误差≤±5cm。

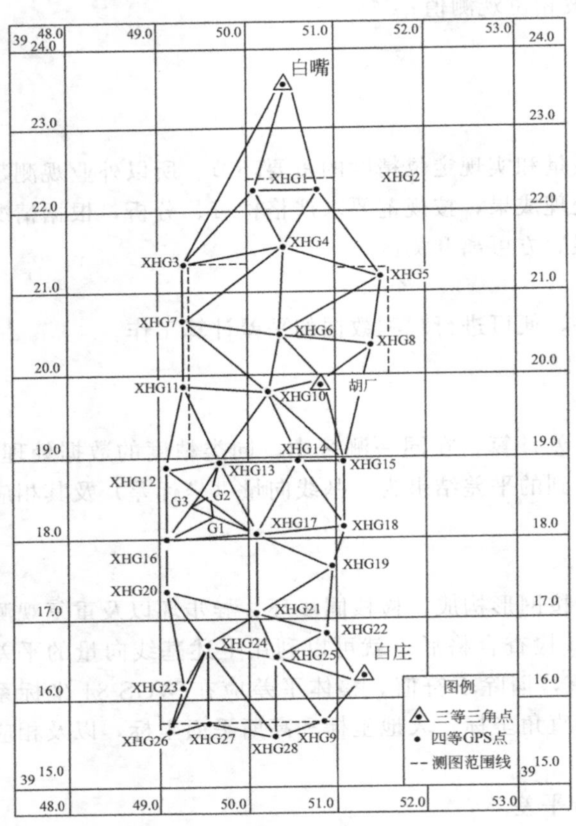


图6-22 四等GPS控制网展点图

在布设四等GPS平面控制网之前，首先根据山东省测绘局1979年出版的1∶1万比例尺地形图进行选点布网设计，通过实地勘察，最终确定本测区在原有三个三等三角点白庄、白嘴和胡厂的基础上布设四等GPS平面控制网，共计34个点，组成34个同步环，9个异步环，最长边4.7km，最短边0.5km，平均边长0.7km，网形结构见图6-22。为了精确校核煤矿主副井井筒十字中心线的位置，特在工业广场内布设三个四等GPS点，并兼作近井点之用。四等GPS控制点用阿拉伯数字顺序编排，点号前冠以英文字母XHG；工业广场内GPS点为G1～G3(见图6-22)。

3. 选点及埋石

(1) 选点　D级GPS控制点选择在便于安置接收设备和操作、视野开阔、被测卫星高度角＞15°的地方，测点距无线电发射源（如电视台、微波站等）≥400m，距高压输电线≥200m，其距离点位附近严禁有强烈干扰卫星信号接收的物体，并尽量避开大面积水域；点位地面基础稳定，且利于长期保存。

(2) 埋石　根据点位所在的具体位置，本测区四等GPS控制点按如下规格埋设标石。

地面测点混凝土标石规格为：顶部15cm×15cm，底部30cm×30cm，高50cm。埋设时底部铺设40cm×40cm，高20cm的混凝土，顶部加固20cm厚的混凝土，标石顶面与地面持平。

位于楼顶上的测点，采用顶部20cm×20cm，底部30cm×30cm，高15cm的模具现场浇灌。浇灌时将楼顶顶面打毛，打入钢钉，使标石和建筑物顶面牢固连接。

位于水泥墙顶面上的点，采用$\phi$1cm×10cm的钢钉，直接打入墙内，用钢錾在其顶部凿一圆点作为标志标石。

4. 数据观测

本测区D级GPS控制网，采用三台标称精度优于$(5+1\times10^{-6})$mm的Trimble 4600LS型单频接收机同步作业。在整个GPS控制系统作业前，对GPS接收机和辅助气象仪器进行详细的检查和校核，并实行专人管理。观测时，保证有效观测卫星总数始终＞4颗；观测时段≥6段，时段长度≥120min，时段中任一卫星有效观测时间≥30min。当边长＜2km时，观测时间≥30min，当边长>2km 时，观测时间≥45min；数据采样间隔时间 15～60s；观测时所选有效观测卫星与测站组成的几何图形保证尽可能坚强，确保点位强度因子（PDOP）值<6。

GPS 接收机在开始观测前，先进行预热和静置，并严格按照接收机操作手册进行操作。每一观测组都严格遵守调度命令，按规定的时间进行作业，同步观测同一组卫星。接收机开始记录数据后，观测员认真查看各种信息（如接收卫星数量、卫星号、各通道信噪比、相位测量残差、实时定位结果及其变化和存储介质记录情况等），记录员随时填写各种测量项目。每时段气象观测≥3 次，分别在时段开始时、中间时段，时段结束时。气象观测所用通风干湿表悬挂在测站附近，与天线相位中心大致等高处。悬挂点处尽可能保持通风良好，且避开阳光直接照射。空盒气压表置于测站附近地面，其读数在顾及天线相位中心高度的同时，加入相应的高程修正。每时段观测前后，各量取天线高一次至 1mm，两次量高之差<3mm，取平均值作为最后天线高。

5. 数据处理

（1）野外数据检核　观测任务结束后，及时对外业观测数据进行了全面检核，各项检核限差为：

同步环全长相对闭合差 $\omega_{同} \leqslant 6\times10^{-6}$；

异步环全长相对闭合差 $\omega_{异} \leqslant 6\times10^{-6}$；

复测基线的长度较差限差 $ds \leqslant \sqrt{2}\delta$（mm）。式中，$\delta$ 为相应等级规定的精度（按基线长度计算），$\delta=\sqrt{10}$；$d$ 为相邻点间距离，km。

本测区四等 GPS 控制网的验算使用 GPSurvey2.35 软件，在计算机上进行，最终验算结果如表 6-12。

**表 6-12　D 级 GPS 控制网验算精度统计**

| 同步环闭合差/×10⁻⁶ | | 异步环闭合差/×10⁻⁶ | | 复测基线较差/mm | |
|---|---|---|---|---|---|
| 最大 | 允许 | 最大 | 允许 | 最大 | 允许 |
| 2.4 | 6.0 | 14.2 | 20.0 | 5.1 | ±14.0 |

（2）数据处理　在现行 GPS 测量技术中采用的是 WGS-84 大地坐标系，而本测区需要提供的是 1954 年北京坐标系，因此平差计算在 WGS-84 坐标系统内进行无约束平差，进行坐标换算后在 1954 年北京坐标系内进行约束平差。控制网采用白庄、白嘴、胡厂三点进行平面约束，用 XHG12、XHG15 等 11 点进行高程约束，平差后的精度情况见表 6-13。

**表 6-13　四等 GPS 控制网平差后的精度统计**

| 最弱边相对精度/(1/万) | | | 最弱点位中误差/cm | | |
|---|---|---|---|---|---|
| 边名 | 精度 | 允许 | 点名 | 精度 | 允许 |
| G1～G2 | 1/10.8 | 1/4.0 | XHG23 | ±0.6 | ±5.0 |

## 本章小结

本章简要介绍了国家、城市控制网的基本概念，矿区控制网的特点和布网原则，三角高程测量方法，全球定位系统及其在矿区控制测量中的应用。重点介绍了导线测量内外业内容和步骤、四等及等外水准测量要求。

导线的布设形式有闭合导线、附合导线和支导线。导线测量的外业工作包括：踏勘选点、埋设标志、测角量边及联测。闭（附）合导线测量内业步骤包括：角度闭合差的计算与调整、各导线边坐标方位角的推算、坐标增量的计算及坐标增量闭合差的调整、导线点的坐标计算。

全球定位系统主要由空间卫星星座部分、地面监控部分和用户部分。GPS定位方法包括绝对定位和相对定位。GPS定位外业工作包括选点、埋点、野外数据采集及成果质量检验，其内业工作包括GPS测量的技术设计、数据处理以及技术总结编写。

# 习　题

1. 简述GPS卫星定位系统的组成，并说明各部分的作用。
2. 名词解释：坐标正算、坐标反算、坐标增量、导线全长相对闭合差、球气差、对向观测。
3. 为什么要建立控制网？控制网可分为哪几种？
4. 导线测量外业有哪些工作？选择导线点应注意哪些问题？
5. 导线与高级控制点连接有何目的？
6. 在没有高级控制点连接的情况下，采用哪种导线形式为好？
7. 角度闭合差在什么条件下进行调整？调整的原则是什么？
8. 四等水准在一个测站上的观测程序是什么？有哪些限差要求？
9. 坐标增量的正负号与坐标象限角和坐标方位角有何关系？
10. 完成下面的附合导线坐标计算表6-14（观测角为右角）。

**表6-14　附合导线计算表格**

| 点号 | 观测角(改正数) | 改正后的角值 | 坐标方位角 | 边长/m | 增量计算值/m | | 改正后的增量值/m | | 坐标/m | |
|---|---|---|---|---|---|---|---|---|---|---|
| | ° ′ ″ | ° ′ ″ | ° ′ ″ | | $\Delta x$ | $\Delta y$ | $\Delta x$ | $\Delta y$ | $x$ | $y$ |
| 1 | 2 | 4 | 5 | 6 | 7 | 8 | 9 | 10 | 11 | 12 |
| $A$ | | | | | | | | | | |
| | | | 317 52 06 | | | | | | | |
| $B$ | 267 29 58 | | | | | | | | 4028.53 | 4006.77 |
| | | | | 133.84 | | | | | | |
| 2 | 203 29 46 | | | | | | | | | |
| | | | | 154.71 | | | | | | |
| 3 | 184 29 36 | | | | | | | | | |
| | | | | 80.74 | | | | | | |
| 4 | 179 16 06 | | | | | | | | | |
| | | | | 148.93 | | | | | | |
| 5 | 81 16 52 | | | | | | | | | |
| | | | | 147.16 | | | | | | |
| $C$ | 147 07 34 | | | | | | | | 3671.03 | 3619.24 |
| | | | 334 42 42 | | | | | | | |
| $D$ | | | | | | | | | | |

续表

| 点号 | 观测角(改正数) | 改正后的角值 | 坐标方位角 | 边长/m | 增量计算值/m | | 改正后的增量值/m | | 坐标/m | |
|---|---|---|---|---|---|---|---|---|---|---|
| | ° ′ ″ | ° ′ ″ | ° ′ ″ | | $\Delta x$ | $\Delta y$ | $\Delta x$ | $\Delta y$ | $x$ | $y$ |
| Σ | | | | | | | | | | |
| 辅助计算 | $f_\beta=$　　$F_\beta=\pm40''\sqrt{n}=$　　$f_x=$　　$f_y=$<br>$f=\sqrt{f_x^2+f_y^2}=$　　$k=\frac{f}{\sum d}=$ | | | | | | | | | |

11. 三角高程路线上 $AB$ 的平距为 85.7m，由 $A$ 到 $B$ 观测时，竖直角观测值为 $-12°00'09''$，仪器为 1.561m，觇标高为 1.949m。由 $B$ 到 $A$ 观测时，竖直角观测值为 $+12°22'23''$，仪器高为 1.582m，觇标高为 1.803m，已知 $A$ 点高程为 500.123m，试计算试边的高差及 $B$ 点高程。

# 第七章　地形图的基本知识

## 第一节　地形图的比例尺

### 一、比例尺的表示方法

1. 比例尺的意义

地面上的各种物体，不可能按其实际大小描绘在图纸上，总是要经过缩小，才能在图纸上表示出来。图上某一线段长度 $l$ 与实地相应线段水平距离 $L$ 之比叫作图的比例尺。它可用下式表示

$$比例尺=\frac{图上距离}{相应水平距离}=\frac{1}{M} \tag{7-1}$$

比例尺通常把分子约化为 1，$M$ 为比例尺的分母，即为缩小倍数，$M$ 值大，则比例尺小，$M$ 值小，则比例尺大。

比例尺越大，则反映图上的内容越详细，使用时越准确，但是在测图过程中所耗费的人力、物力和时间也愈多。因此，应根据用图的需要适当选择测量比例尺的大小。

若已知地形图的比例尺，则可根据图上距离 $l$ 求得相应实地的水平距离 $L$，反之，亦可根据实地水平距离 $L$ 求得相应图上距离 $l$。

例如：已知某地形图的比例尺为 1∶5000，其图上距离 $l=1\text{cm}$，求相应实地水平距离。

根据求比例尺公式有

$$L=Ml=0.01\times5000=50\ (\text{m})$$

又设实地水平距离 $L=100\text{m}$，求相应图上距离。按求比例尺公式可得

$$l=\frac{L}{M}=\frac{100\text{m}}{5000}=2\text{cm}$$

2. 比例尺的种类

比例尺按表示的方法不同，可分为数字比例尺、直线比例尺和斜线比例尺。

(1) 数字比例尺　用数字表示的比例尺称为数字比例尺，例如 1∶500、1∶1000、1∶2000、1∶5000 等。地形图上都印有数字比例尺。

(2) 直线比例尺　图上距离与相应实地水平距离互相换算时，如果用数字比例尺去计算，速度较慢，在实用上很不方便，为了解决这个问题则用直线比例尺。

直线比例尺的绘制：在图上绘一直线，以 2cm 或 1cm 为单位长度，在直线上截取若干相等的线段，将左边一个基本长度再分为二十个或十个等份。在每个分划线上面按图的比例尺注以相应实地长度，如图 7-1 所示为 1∶2000 的直线比例尺。

应用直线比例尺量取图上两点间的长度，求相应于地面上的水平距离时，先张开两脚规，对准图上两点，然后移至直线比例尺上，以右脚准确地放在零点右边适当的分划线上，左脚放在零点左边的小分划上，小分划的零数是估读的，然后从右脚指出的读数加上左脚所指出的读数，就得出相当于地面上的直线距离，图中所示为 98m。

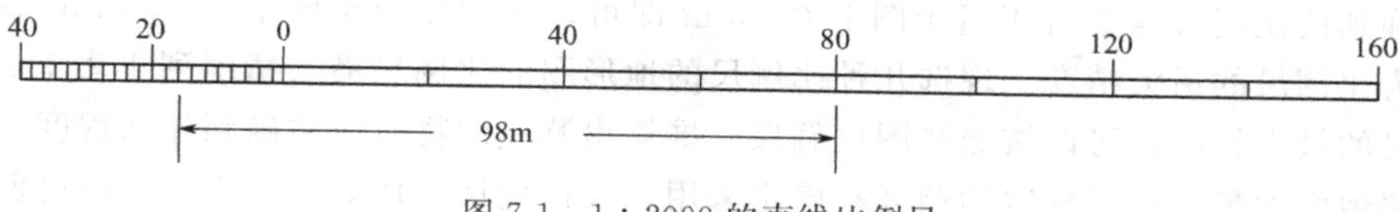


图 7-1　1∶2000 的直线比例尺

(3) 斜线比例尺　应用直线比例尺只能精确读到基本单位长度的十分之一。因为小分划的零数是估读的，不一定准确。因此，为了减少估读误差，通常采用斜线比例尺，又称复式比例尺。

图 7-2 所示为 1∶5000 的斜线比例尺，其绘制方法如下：在直线 $MN$ 上以 2cm 为基本单位进行等分，再自各截点以基本单位长向上作垂线，将两端点的垂线十等分，连接对应的各分点，得到与 $MN$ 平行的十条横线。然后将左端的基本单位 $CB$ 和 $MO$ 各十等分，上下错开一格一次连接即成斜线比例尺，并在各分点处注出相应于实地的水平距离。

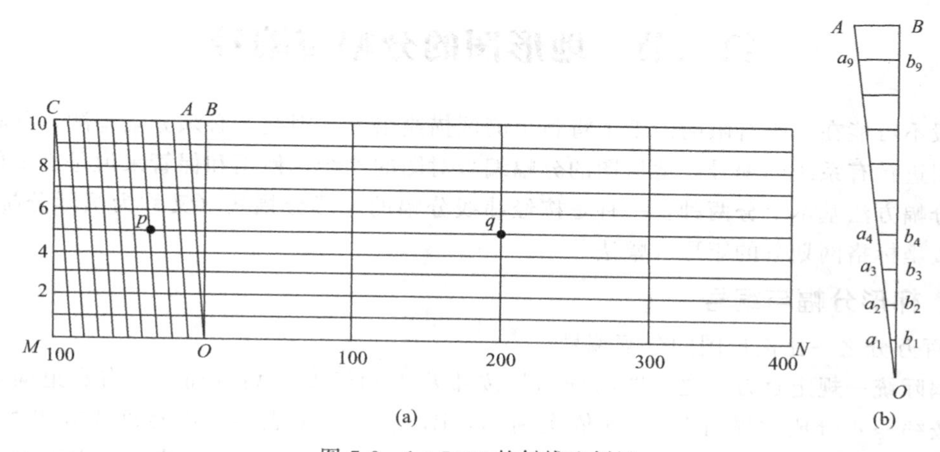


(b)

图 7-2　1∶5000 的斜线比例尺

在图 7-2(a) 小的三角形 $OAB$，把它放大成图 7-2(b)，在三角形 $OAB$ 中可以看出

$$a_1b_1=\frac{1}{10}AB=\frac{1}{100}MO$$

$$a_2b_2=\frac{2}{10}AB=\frac{2}{100}MO$$

$$\cdots$$

$$a_9b_9=\frac{9}{10}AB=\frac{9}{100}MO$$

所以不足一小格 $AB$ 的长度，可直接按斜线和平行线的交点读出。根据斜线比例尺能直接量取基本单位的 1/100，故较直线比例尺精度提高十倍。应用时，用两脚规在图上截得一段距离后，将一脚尖置于 $O$ 点右边之某一基本单位的分划线上，上下移动两脚规，使另一脚尖恰好落在斜线与横线之某交点上，将左右两脚尖之读数相加，便可求得所量之实地水平距离。图中 $pq$ 两点间实地水平距离为 235m。

## 二、比例尺精度

一般认为，正常人的眼睛只能分辨出图上最短距离为 0.1mm。因此在地面上丈量距离只要精确到按比例尺缩小后相当于图上 0.1mm 即可。这种相当于图上 0.1mm 的实地水平距离称为比例尺的最大精度。现选几种比例尺的地形图的比例尺最大精度列于表 7-1 中。根据比例尺的最大精度，可以按照测图比例尺，推算出测量地物时应精确到什么程度。反之也可以按照地面测量平距所规定的精度来确定采用多大比例尺。例如测绘 1∶2000 比例尺的地形图，则地面丈量距离的精度需要达到 0.2mm。又如在图上能显示出 0.1m 的精度，根据上述原则采用测图比例尺不应小于 1∶1000，因为

$$\frac{1}{M}=\frac{0.1\text{mm}}{0.1\text{m}}=\frac{1}{1000} \tag{7-2}$$

**表 7-1　不同比例尺的最大精度**

| 比例尺 | 1∶500 | 1∶1000 | 1∶2000 | 1∶5000 | 1∶10000 |
|---|---|---|---|---|---|
| 比例尺最大精度 | 0.05m | 0.1m | 0.2m | 0.5m | 1.0m |

# 第二节　地形图的分幅与编号

一般不可能在一张有限的图纸上将整个测区描绘出来。因此，必须分幅施测，并将分幅的地形图进行有系统的编号。地形图的分幅编号对图的测绘、使用和保管来说是必要的。地形图的分幅方法基本上分两种：一种是按经纬线分幅的梯形分幅法（又称为国际分幅），另一种是按坐标格网划分的矩形分幅法。

## 一、梯形分幅与编号

1. 百万分之一比例尺图的分幅编号

由国际统一规定百万分之一图的分幅是按纬差 4°和经差 6°划分而成。自赤道向北或向南分别按纬差 4°分成“横行”，各列依次用 A，B，…，V 来表示。由经度 180°开始起算，自西向东按经差 6°分成“纵列”，各行依次用 1，2，…，60 来表示。其编号方法是用“横行-纵列”的代号组成，例如北京某地的经度为东经 116° 24′20″，纬度为 39° 56′30″，所在百万分之一图的编号为 J-50（见图 7-3）。

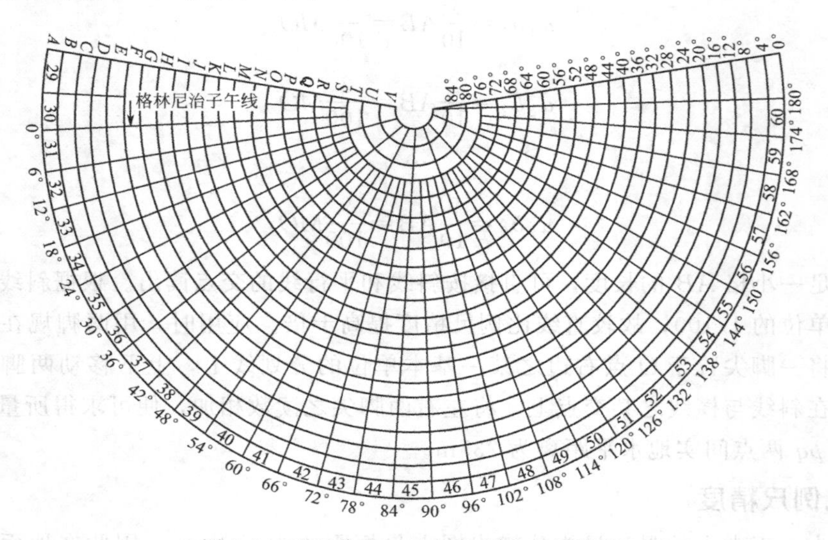


图 7-3　百万分之一比例尺图的分幅编号

由于六度带的带号是从零子午线起由西向东分带，而百万分之一分幅“纵列”是从180°子午线由西向东分行，对于我国而言，它们的关系为

$$带号=纵列号-30$$

2. 十万分之一图的分幅编号

将一幅百万分之一的图，按经差30′，纬差20′分为144幅十万分之一的图，并依次用1，2，…，144表示。如图7-4所示，北京某地十万分之一图的编号为J-50-5。

3. 1∶5万、1∶2.5万、1∶1万图的分幅编号

这三种比例尺图的分幅编号都是以比例尺1∶10万图为基础的。每幅1∶10万的图分为4幅1∶5万的图，分别用A，B，C，D表示。每幅1∶5万图又可分为4幅比例尺1∶2.5万的图，分别以1，2，3，4表示。每幅1∶10万图分为64幅1∶1万的图，分别以(1)、(2)、(3)…(64)表示。其各自的代号组成见表7-2。

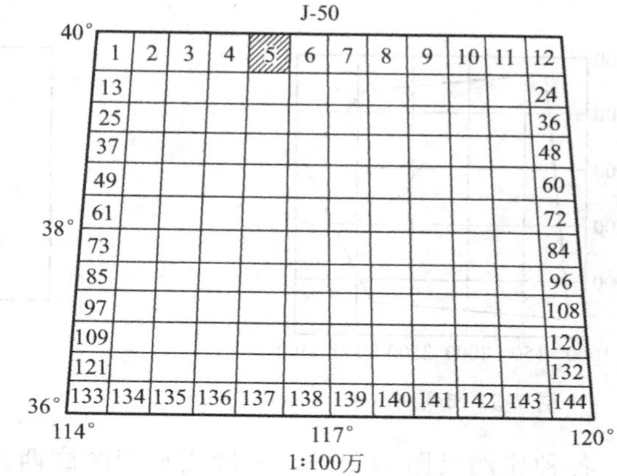


图7-4　十万分之一比例尺图的分幅编号

表7-2　不同比例尺图幅编号组成

| 比例尺 | 图幅的大小 | | 在前一列比例尺中所包含的幅数 | 某地的图幅编号 |
|---|---|---|---|---|
| | 纬度差 | 经度差 | | |
| 1∶10万 | 20′ | 30′ | 在1∶100万图幅中有144幅 | J-50-5 |
| 1∶5万 | 10′ | 15′ | 4幅 | J-50-5-B |
| 1∶2.5万 | 5′ | 7′30″ | 4幅 | J-50-5-B-2 |
| 1∶1万 | 2′30″ | 3′45″ | 在1∶10万图中有64幅 | J-50-5-(15) |

4. 1∶5000和1∶2000地形图的分幅编号

对于大比例尺1∶5000和1∶2000图的分幅和编号是在1∶1万图的基础上进行的。每幅1∶1万的图分为4幅1∶5000的图，分别以a，b，c，d表示。每幅1∶5000地形图又包括9幅1∶2000的地形图，分别以1，2，3，…，9表示，图幅大小及编号见表7-3。

表7-3　1∶5000和1∶2000地形图图幅大小及编号

| 比例尺 | 图幅的大小 | | 在前一列比例尺中所包含的幅数 | 某地的图幅编号 |
|---|---|---|---|---|
| | 纬度差 | 经度差 | | |
| 1∶1万 | 2′30″ | 3′45″ | 在1∶10万图幅中有64幅 | J-50-5-(15) |
| 1∶5000 | 1′15″ | 1′52.5″ | 4幅 | J-50-5-(15)-a |
| 1∶2000 | 25″ | 37.5″ | 9幅 | J-50-5-(15)-a-9 |

## 二、矩形分幅与编号

工程测量所用的大比例尺地形图，通常采用矩形分幅，图廓线就是纵、横坐标线，一般规定在1∶5000比例尺时采用纵、横各40cm，即实地各2km。每小方格为10cm×10cm。

1∶2000、1∶1000、1∶500 比例尺测图时，采用纵、横各 50cm 的图廓，故每幅图包括 25 个小方格。也有采用 40cm×50cm 的长方形分幅。

如果测区范围较大，整个测区包含多幅图，这时为了保管和使用方便起见，应该画一张分幅总图。图 7-5 所示为某测区比例尺 1∶1000 测图时的分幅图，其中有整幅图 9 幅及不满一幅的破幅图 16 幅。

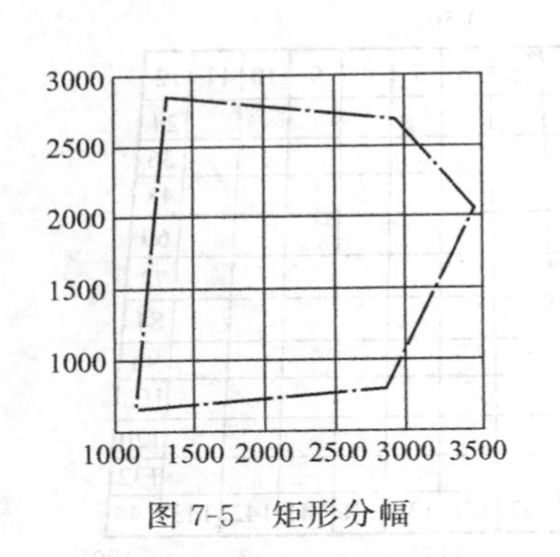

图 7-5 矩形分幅

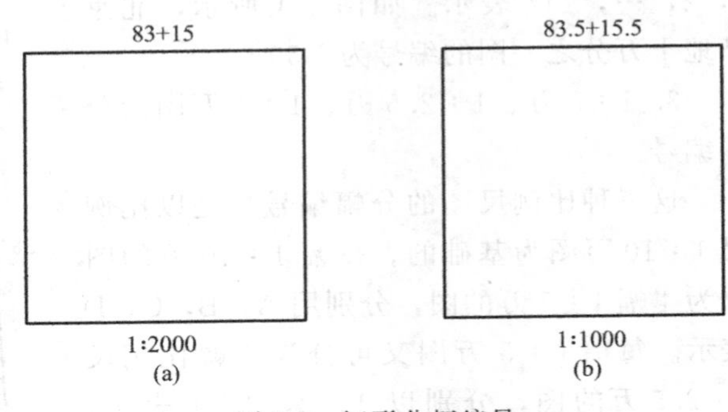

图 7-6 矩形分幅编号

各种比例尺图的图号，一般用该图图廓西南角的坐标以千米为单位表示。现举例说明，图 7-6(a) 为某 1∶2000 比例尺图的图幅，其西南角坐标 $x=83000\text{m}$，$y=15000\text{m}$，故其图幅编号为 83＋15。图 7-6(b) 则为 1∶1000 比例尺图的图幅编号。但也有用工程代号与数字相结合的方法进行编号，因为大比例尺地形图不少是小面积地区的工程设计、施工用图，在分幅编号方面，根据用图单位的意见和要求，结合作业的方便灵活处理，以达到测图、用图、管图方便为目的。

## 第三节 地物及地貌表示方法

### 一、地物的表示方法

地面上的地物，如房屋、道路、河流、森林、湖泊等，其类别、形状和大小及其地图上的位置，都是用规定的符号来表示的。根据地物的大小及描绘方法的不同，地物符号分为以下几类：

(1) 比例符号　轮廓较大的地物，如房屋、运动场、湖泊、森林、田地等，凡能按比例尺把它们的形状、大小和位置缩绘在图上的，称为比例符号。这类符号表示出地物的轮廓特征。

(2) 非比例符号　轮廓较小的地物，或无法将其形状和大小按比例画到图上的地物，如三角点、水准点、独立树、里程碑、水井和钻孔等，则采用一种统一规格、概括形象特征的象征性符号表示，这种符号称为非比例符号，只表示地物的中心位置，不表示地物的形状和大小。

(3) 半比例符号　对于一些带状延伸地物，如河流、道路、通信线、管道、垣栅等，其长度可按测图比例尺缩绘，而宽度无法按比例表示的符号称为半比例符号，这种符号一般表示地物的中心位置，但是城墙和垣栅等，其准确位置在其符号的底线上。

(4) 地物注记　对地物加以说明的文字、数字或特定符号，称为地物注记。如地区、城镇、河流、道路名称；江河的流向、道路去向以及林木、田地类别等说明。

## 二、地貌的表示方法

1. 等高线原理

等高线是地面相邻等高点相连接的闭合曲线。一簇等高线，在图上不仅能表达地面起伏变化的形态，而且还具有一定立体感。如图 7-7 所示，设有一座小山头的山顶被水恰好淹没时的水面高程为 50m，水位每退 5m，则坡面与水面的交线即为一条闭合的等高线，其相应高程为 45m、40m、35m、30m、25m。将地面各交线垂直投影在水平面上，按一定比例尺缩小，从而得到一簇表现山头形状、大小、位置以及它起伏变化的等高线。

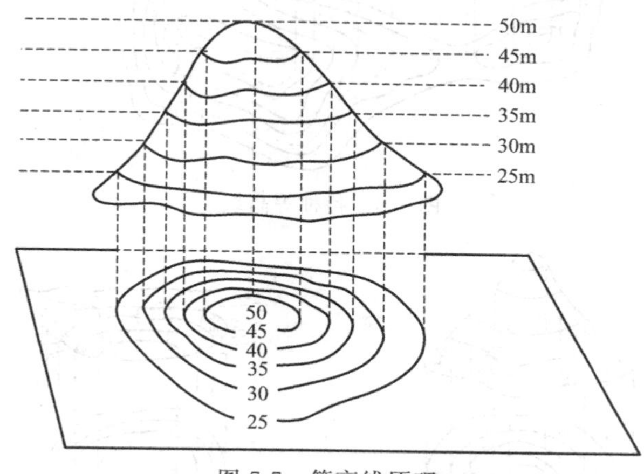


图 7-7　等高线原理

相邻等高线之间的高差 $h$，称为等高距或等高线间隔，在同一幅地形图上，等高距是相同的，相邻等高线间的水平距离 $d$，称为等高线平距。由图可知，$d$ 越大，表示地面坡度越缓，反之越陡。坡度与平距成反比。

用等高线表示地貌，等高距选择过大，就不能精确显示地貌；反之，选择过小，等高线密集，失去图面的清晰度。因此，应根据地形和比例尺参照表 7-4 选用等高距。

**表 7-4　大比例尺地形图的基本等高距**

| 比例尺 | 地形类别 | | | |
|---|---|---|---|---|
| | 平原/m | 丘陵/m | 山地/m | 高山地/m |
| 1∶500 | 0.5 | 0.5 | 0.5,1 | 1 |
| 1∶1000 | 0.5 | 0.5,1 | 1 | 1,2 |
| 1∶2000 | 0.5,1 | 1 | 2 | 2 |

按上表选定的等高距称为基本等高距，同一幅图只能采用一种基本等高距。等高线的高程应为基本等高距的整倍数。按基本等高距描绘的等高线称首曲线，用细实线描绘；为了读图方便，高程为 5 倍基本等高距的等高线用粗实线描绘并注记高程，称为计曲线；在基本等高线不能反映出地面局部地貌的变化时，可用 1/2 基本等高距用长虚线加密的等高线，称为间曲线；更加细小的变化还可用 1/4 基本等高距用短虚线加密的等高线，称为助曲线（图 7-8）。

2. 等高线表示典型地貌

地貌形态繁多，但主要由一些典型地貌的不同组合而成。要用等高线表示地貌，关键在于掌握等高线表达典型地貌的特征。典型地貌有：

（1）山头和洼地（盆地）　如图 7-9 表示山头和洼地的等高线。其特征等高线表现为一组闭合曲线。

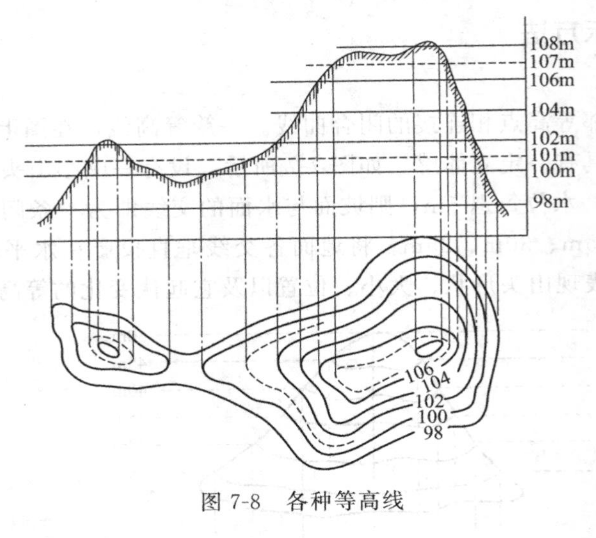


图 7-8　各种等高线

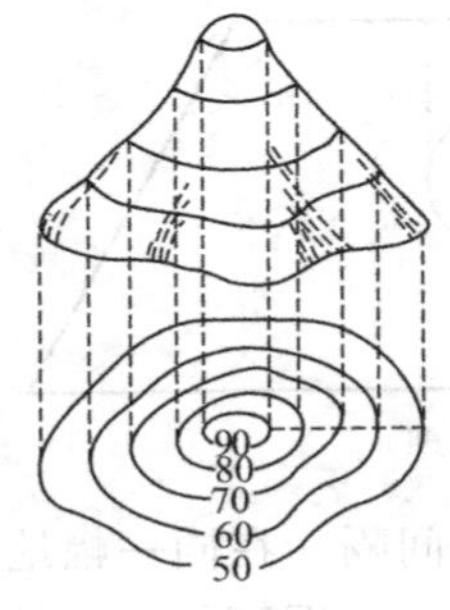


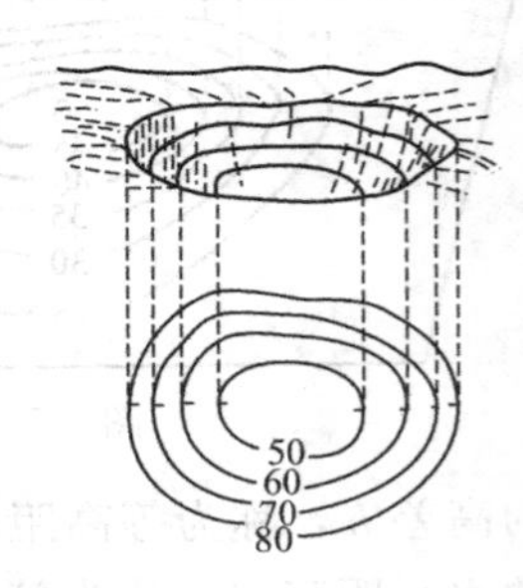


图 7-9　山头与洼地等高线

在地形图上区分山头或洼地可采用高程注记或示坡线的方法。高程注记可在最高点或最低点上注记高程，或通过等高线的高程注记字头朝向确定山头（或高处）；示坡线是从等高线起向下坡方向垂直于等高线的短线，示坡线从内圈指向外圈，说明中间高，四周低。由内向外为下坡，故为山头或山丘；示坡线从外圈指向内圈，说明中间低，四周高，由外向内为下坡，故为洼地或盆地。

(2) 山脊和山谷　山脊是沿着一定方向延伸的高地，其最高棱线称为山脊线，又称分水线，如图 7-10(a) 所示山脊的等高线是一组向低处凸出为特征的曲线。山谷是沿着一方向延伸的两个山脊之间的凹地，贯穿山谷最低点的连线称为山谷线，又称集水线，如图 7-10(b)

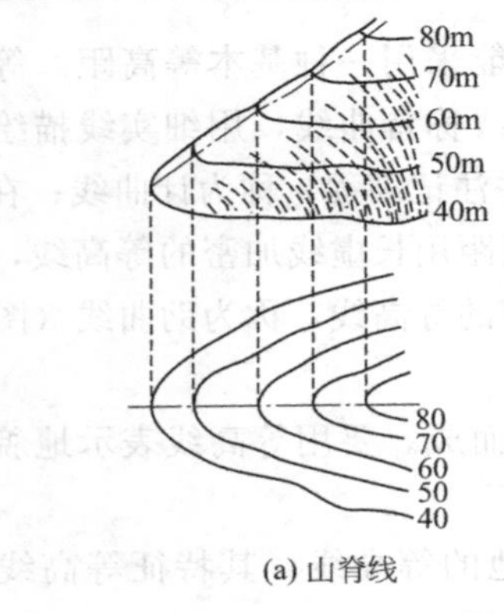


(a) 山脊线

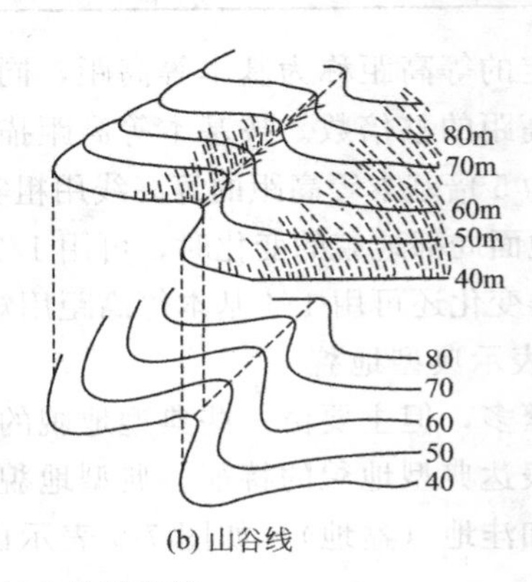


(b) 山谷线

图 7-10　山脊与山谷等高线

中所示，山谷的等高线是一组向高处凸出为特征的曲线。

山脊线和山谷线是显示地貌基本轮廓的线，统称为地性线，它在测图和用图中都有重要作用。

（3）鞍部　鞍部是相邻两山头之间低凹部位呈马鞍形的地貌，如图 7-11 所示。鞍部俗称垭口，是两个山脊与两个山谷的会合处，等高线由一对山脊和一对山谷的等高线组成。

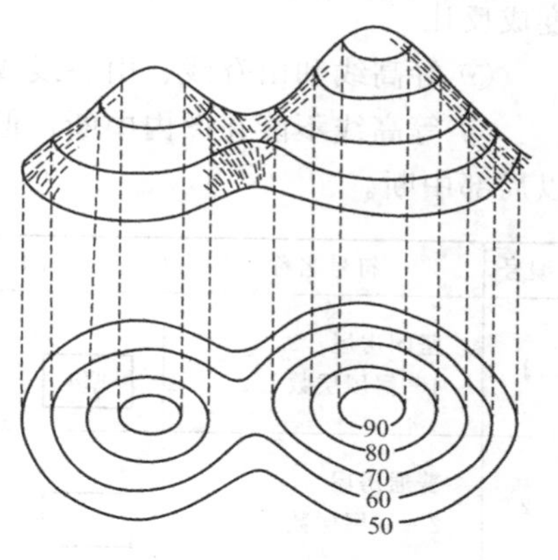


图 7-11　鞍部等高线

（4）陡崖和悬崖　陡崖是坡度在 70°以上的陡峭崖壁，有石质和土质之分，图 7-12 是石质陡崖的表示符号。悬崖是上部凸出中间凹进的地貌，这种地貌等高线如图 7-12 所示。

（5）冲沟　冲沟又称雨裂，如图 7-12 所示，它是具有陡峭边坡的深沟，由于边坡陡峭而不规则，所以用锯齿形符号来表示。

熟悉了典型地貌等高线特征，就容易识别各种地貌，图 7-13 是某地区综合地貌示意图及其对应的等高线图，读者可自行对照阅读。

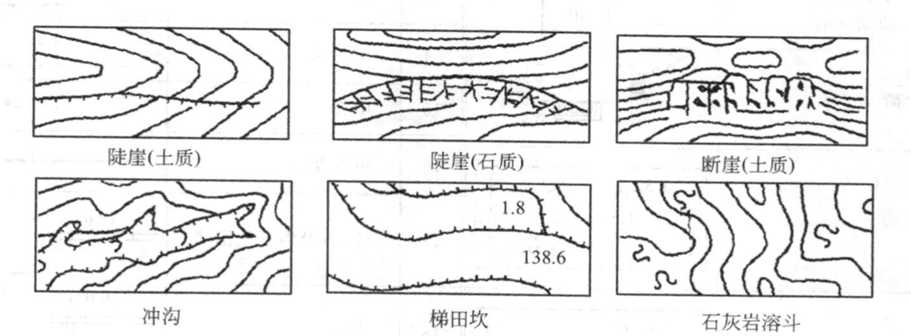


图 7-12　特殊地貌的等高线

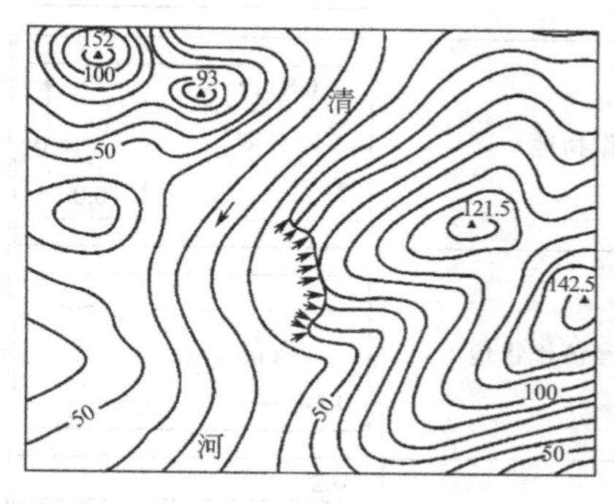


图 7-13　地貌与等高线

3. 等高线的特性

根据等高线的原理和典型地貌的等高线，可得出等高线的特性如下。

① 同一条等高线上的点，其高程必相等。

② 等高线均是闭合曲线，如不在本图幅内闭合，则必在图外闭合，故等高线必须延伸到图幅边缘。

③ 除在悬崖或绝壁处外，等高线在图上不能相交或重合。

④ 等高线的平距小，表示坡度陡，平距大则坡度缓，平距相等则坡度相等，平距与坡度成反比。

⑤ 等高线和山脊线、山谷线成正交。如图 7-10 所示。

⑥ 等高线不能在图内中断，但遇道路、房屋、河流等地物符号（图 7-14）和注记处可以局部中断。

| 编号 | 符号名称 | 图　例 | 编号 | 符号名称 | 图　例 |
|---|---|---|---|---|---|
| 1 | 坚固房屋<br>4—房屋层数 | 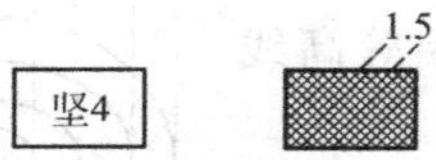 坚4　1.5 | 11 | 灌木林 | 0.5　1.0 |
| 2 | 普通房屋<br>2—房屋层数 | 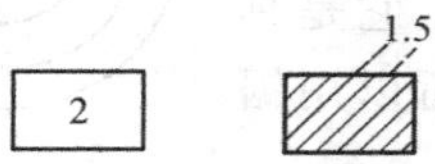 2　1.5 | 12 | 菜地 | 2.0　2.0　10.0　10.0 |
| 3 | 窑洞<br>1. 住人的<br>2. 不住人的<br>3. 地面下的 | 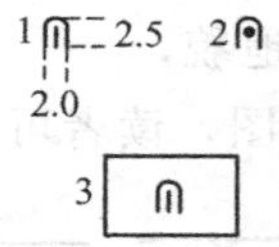 1　2.5　2　2.0　3 | 13 | 高压线 | 4.0 |
| 4 | 台阶 | 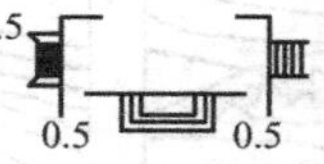 0.5　0.5　0.5 | 14 | 低压线 | 4.0 |
| 5 | 花圃 | 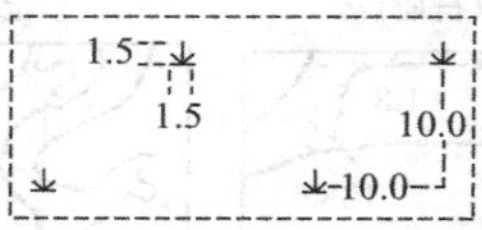 1.5　1.5　10.0　10.0 | 15 | 电杆 | 1.0 |
| 6 | 草地 | 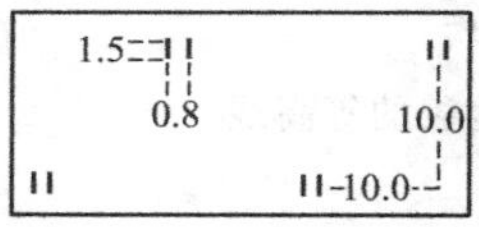 1.5　0.8　10.0　10.0 | 16 | 电线架 | |
| 7 | 经济作物地 | 0.8　3.0　蔗　10.0　10.0 | 17 | 砖、石及混凝土围墙 | 10.0　0.5　10.0 |
| 8 | 水生经济作物地 | 3.0　藕　0.5 | 18 | 土围墙 | 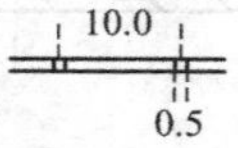 10.0　0.5 |
| 9 | 水稻田 | 0.2　2.0　10.0　10.0 | 19 | 栅栏、栏杆 | 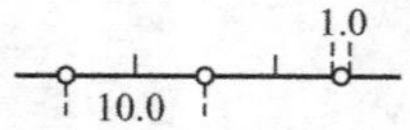 1.0　10.0 |
| 10 | 旱地 | 1.0　2.0　10.0　10.0 | 20 | 篱笆 | 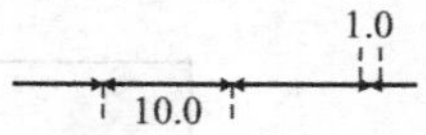 1.0　10.0 |
| | | | 21 | 活树篱笆 | 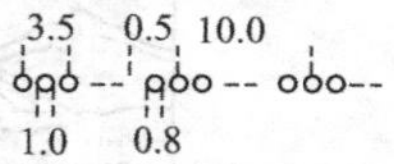 3.5　0.5　10.0　1.0　0.8 |
| | | | 22 | 沟渠<br>1. 有堤岸的<br>2. 一般的<br>3. 有沟堑的 | 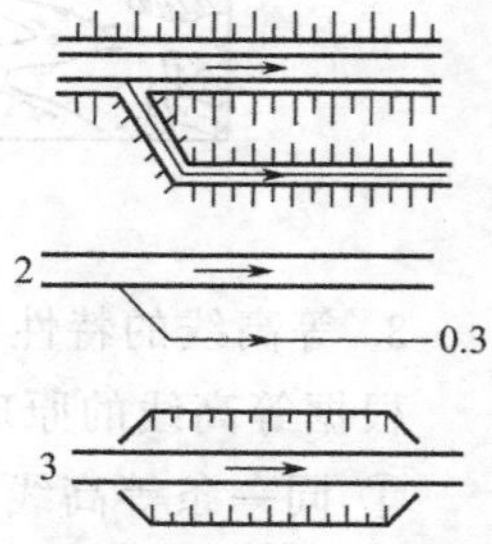 2　0.3　3 |
| | | | 23 | 公路 | 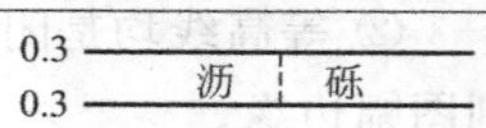 0.3　0.3　沥　砾 |

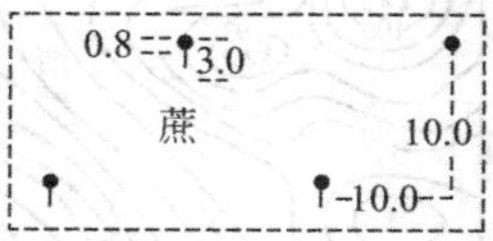

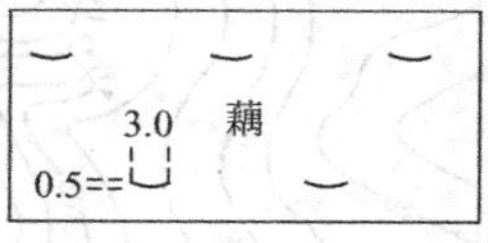

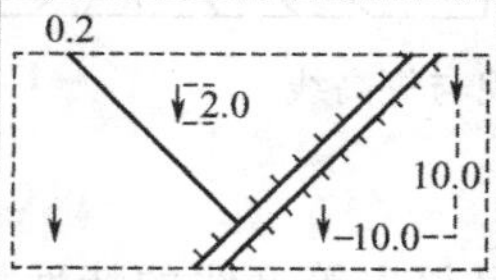

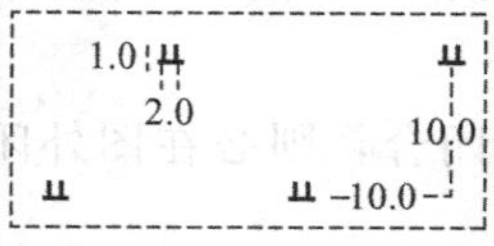

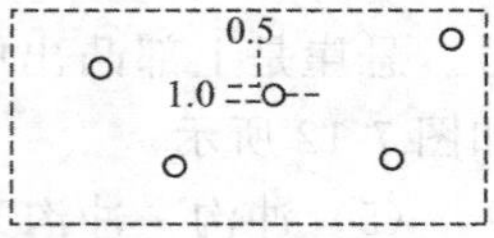

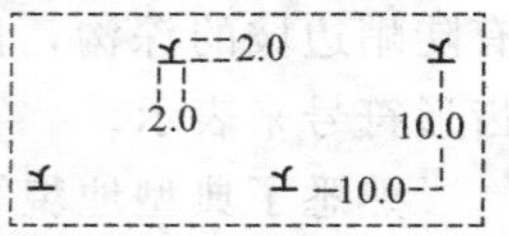

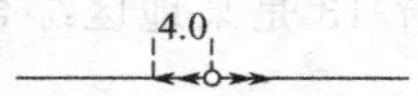

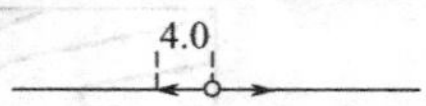

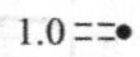

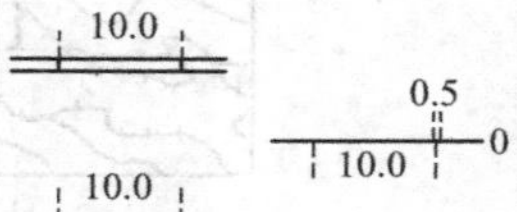

| 编号 | 符号名称 | 图例 | 编号 | 符号名称 | 图例 |
| --- | --- | --- | --- | --- | --- |
| 24 | 简易公路 | 8.0　2.0 | 37 | 钻孔 | 30　1.0 |
| 25 | 大车路 | 0.15　0.3　碎石 | 38 | 路灯 | 1.5　1.0 |
| 26 | 小路 | 4.0　1.0　0.3 | 39 | 独立树<br>1. 阔叶<br>2. 针叶 | 1.5　1　3.0　0.7<br>2　3.0　0.7 |
| 27 | 三角点<br>凤凰山-点名<br>394.468 高程 | 凤凰山 394.468　3.0 | 40 | 岗亭、岗楼 | 90°　3.0　1.5 |
| 28 | 图根点<br>1. 埋石的<br>2. 不埋石的 | 1　2.0　N16 84.46<br>2　1.5　25 62.74　2.5 | 41 | 等高线<br>1. 首曲线<br>2. 计曲线<br>3. 间曲线 | 0.15　87　1<br>0.3　85　2<br>0.15　6.0　1.0　3 |
| 29 | 水准点 | 2.0　N京石5 32.804 | 42 | 示坡线 |  |
| 30 | 旗杆 | 1.5　1.0　4.0　1.0 | 43 | 高程点及其注记 | 0.5　163.2　75.4 |
| 31 | 水塔 | 2.0　3.0　1.0　1.2 | 44 | 滑坡 | 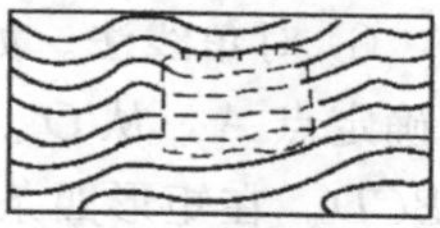 |
| 32 | 烟囱 | 3.5　1.0 | 45 | 陡崖<br>1. 土质的<br>2. 石质的 | 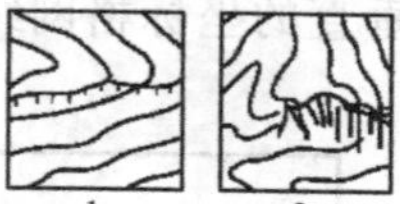 1　2 |
| 33 | 气象站(台) | 3.0　4.0　1.2 | 46 | 冲沟 |  |
| 34 | 消火栓 | 1.5　1.5　2.0 | | | |
| 35 | 阀门 | 1.5　1.5　2.0 | | | |
| 36 | 水龙头 | 3.5　2.0　1.2 | | | |

图 7-14　地物符号

# 第四节　地形图测绘

## 一、测图前的准备工作

1. 搜集资料与现场踏勘

测图前应将测区已有地形图及各种测量成果资料，如已有地形图的测绘日期，使用的坐标系统，相邻图幅图名与相邻图幅控制点资料等收集在一起。对本图幅控制点资料的收集内容包括：点数、等级、坐标、相邻控制点位置和坐标、测绘日期、坐标系统及控制点的点之记。

现场踏勘则是在测区现场了解测区位置、地物地貌情况、通视、通行及人文、气象、居民地分布等情况，并根据收集到的点之记找到测量控制点的实地位置，确定控制点的可靠性和可使用性。

收集资料与现场踏勘后，制定图根点控制测量方案的初步意见。

2. 制定技术方案

根据测区地形特点及测量规范对图根点数量和技术的要求，确定图根点位置和图根控制形式及其观测方法等，如确定测区内水准点数目、位置、联测方法等。测图精度估算、测图中特殊地段的处理方法及作业方式、人员、仪器准备、工序、时间等亦均应列入技术方案之中。地表复杂区可适当增加图报点数目。

3. 图纸准备

地形图的测绘一般是在野外边测边绘，因此测图前应先准备图纸。包括在图纸上绘制图廓和坐标格网，并展绘好各类控制点。

(1) 图纸选择　一般选用一面打毛，厚度为0.07～0.10mm，伸缩率小于0.2‰的聚酯薄膜作为图纸。聚酯薄膜坚韧耐湿，沾污后可洗，便于野外作业，图纸着墨后，可直接晒蓝图。但它有易燃、折痕不能消失等不足。聚酯薄膜是透明的，测图前在它与测图板之间应衬以白纸或硬胶板。小地区大比例尺测图时，也可用白纸作为图纸。

(2) 绘制坐标格网　将各种控制点根据其平面直角坐标值 $x$、$y$ 展绘在图纸上。为此需在图纸上先绘出10cm×10cm的正方形格网作为坐标格网（又称方格网）。我们可以到测绘仪器用品商店购买印制好坐标格网的图纸，也可以下述两种方法绘制。

① 对角线法。如图7-15所示，连接图纸两对角线交于 $O$ 点。先在图幅左下角的对角线上确定点 $A$，从 $O$ 点起沿对角线量取四段等长的线段 $OA$ 得 $A$、$B$、$C$、$D$，并连线得矩形 $ABCD$。在矩形四条边上自下向上或自左向右每10cm量取一分点，连接对边分点，形成互相垂直的坐标格网线及矩形或正方形内图廓线。

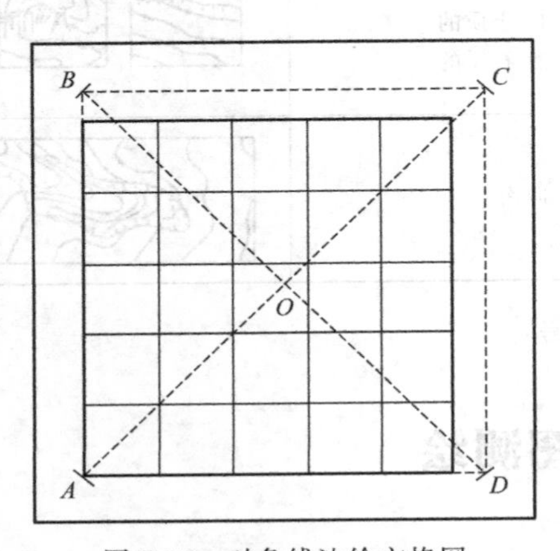


图7-15　对角线法绘方格网

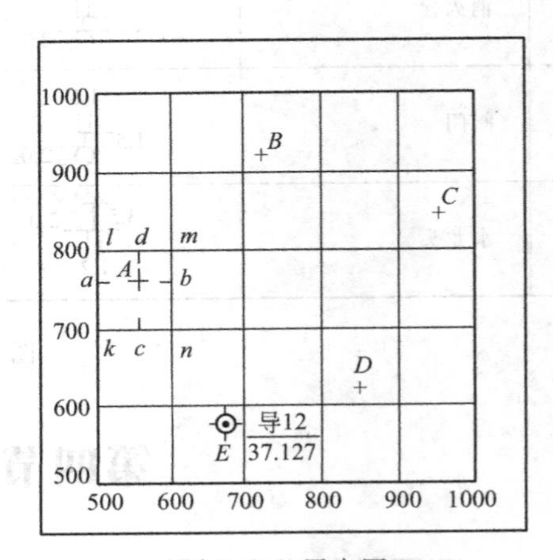


图7-16　展点图

② 绘图仪法。在计算机中用AutoCAD软件编辑好坐标格网图形，然后把图形通过绘图仪绘制在图纸上。绘出坐标格网后，应进行检查。对坐标格网的要求是：方格的边长应准

确，误差不超过 0.2mm；纵横格网线应互相垂直，方格对角线和图廓对角线的长度误差不超过 0.3mm。超过允许偏差值，应改正或重绘。

4. 展绘控制点

坐标格网绘制并检查合格后，根据图幅在测区内的位置，确定坐标格网左下角坐标值，并将此值注记在内图廓与外图廓之间所对应的坐标格网处，如图 7-16 所示。展点可用坐标展点仪，将控制点、图根点坐标按比例缩小逐个绘在图纸上。

下面介绍人工展点方法。例如，控制点 $A$ 坐标为：$x_A=764.30\text{m}$，$y_A=566.15\text{m}$。首先确定 $A$ 点所在方格位置为 $klmn$。自 $m$ 和 $n$ 点向上用比例尺量 64.30m，得出 $a$、$b$ 两点，再自 $k$ 和 $l$ 点向右用比例尺量 66.15m，得出 $c$、$d$ 两点，连接 $ab$ 和 $cd$，其交点即为 $A$ 点在图上位置。用同样方法将图幅内所有控制点展绘在图上。最后用尺量出相邻控制点间的距离以进行检查，其长度误差在图上不应超过 0.3mm。展绘完控制点平面位置并检查合格后，擦去图幅内多余线划。图纸上只留下图廓线、四角坐标、图号、比例尺以及方格网十字交叉点处 5mm 长的相互垂直短线。用符号标出控制点及其点号和高程。

## 二、传统测图方法测图

### （一）地形图测绘基本原理

地形图测绘是以相似形理论为依据，以图解法为手段，按比例尺的缩小要求，将地面点测绘到平面图纸上而成地形图的技术过程。地形图测绘分为测量和绘图两大步骤。

地形图测绘亦称碎部测量，即以图根点（控制点）为测站，测定出测站周围碎部点的平面位置和高程，并按比例缩绘于图纸上。由于按规定比例尺缩绘，图上碎部点连接成的图形与实地碎部点连接的图形呈相似关系，其相似比值即地形图比例尺数值。

1. 碎部点的概念

碎部点即碎部特征点，包括地物特征点和地貌特征点。

地物特征点是能够代表地物平面位置，反映地物形状、性质的特殊点位，简称地物点。如地物轮廓线的转折、交叉和弯曲等变化处的点、地物的形象中心、路线中心的交叉点、电力线的走向中心、独立地物的中心点等，如图 7-17 所示。

图 7-17　地物特征点

地貌特征点是体现地貌形态，反映地貌性质的特殊点位，简称地貌点。如山顶、鞍部、变坡点、地性线、山脊点和山谷点等，如图 7-18 所示。

2. 测定碎部点平面位置的基本方法

水平距离和水平角是确定点的平面位置的两种基本量，因此测定碎部点平面位置实际上就是测量碎部点与测站点的水平距离，及其与已知方向的夹角。根据不同的测绘仪器和地形条件，在测图实践中形成了如下不同的测量方法：极距法、角度交会法、距离交会法、直角坐标法、极坐标法等。

图 7-18　地貌特征点

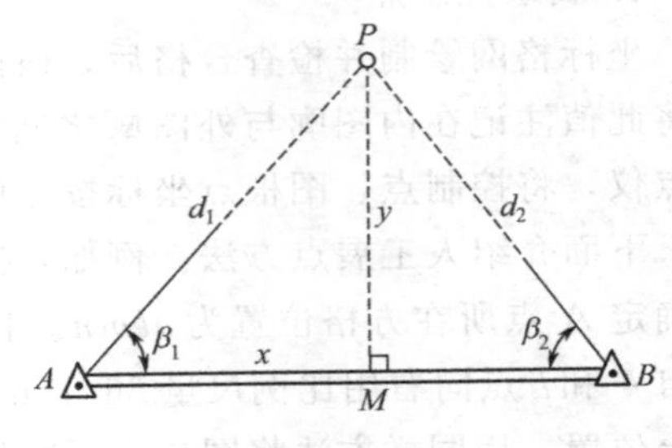


图 7-19　极距法

① 如图 7-19 所示，设 $A$、$B$ 为已知控制点，$P$ 为待测碎部点。测定从测站到碎部点连线方向与已知方向 $AB$ 间的水平角及测站到碎部点的水平距离（$d_1$、$\beta_1$或 $d_2$、$\beta_2$），即可确定碎部点的位置。这是碎部测量最常用的方法。

② 角度交会法从两个已知测站点 $A$、$B$，分别测出到碎部点 $P$ 的方向和已知方向 $A$ 间的水平角 $\beta_1$、$\beta_2$，根据 $\beta_1$、$\beta_2$ 角，用图解法即可确定 $P$ 点。此法适用于碎部点较远或不易到达的情况，如图 7-20 所示的河流测绘。

③ 距离交会法　从两已知点 $A$、$B$ 分别量出到碎部点 $P$ 的距离 $d_1$、$d_2$，按比例尺在图上用圆规即可交出碎部点 $P$ 的位置，如图 7-19 所示。此法适用于测量距离已知点较近的碎部点。

选 $A$ 为原点，以 $B$ 方向为 $x$ 轴，量出碎部点 $P$ 到 $x$ 轴的垂距（$y$ 值）和垂足点到 $A$ 的距离（$x$ 值）。

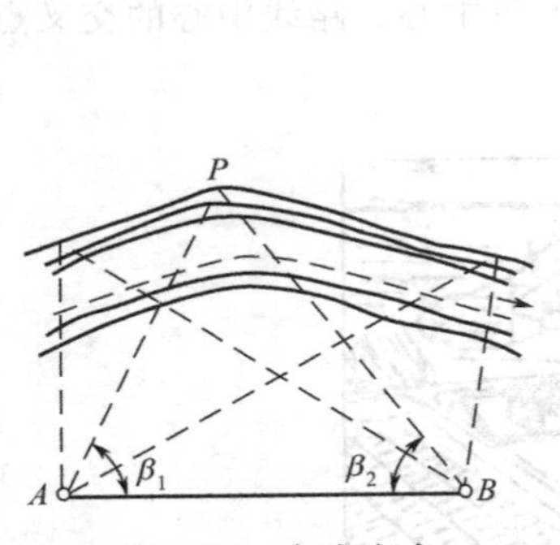


图 7-20　角度交会

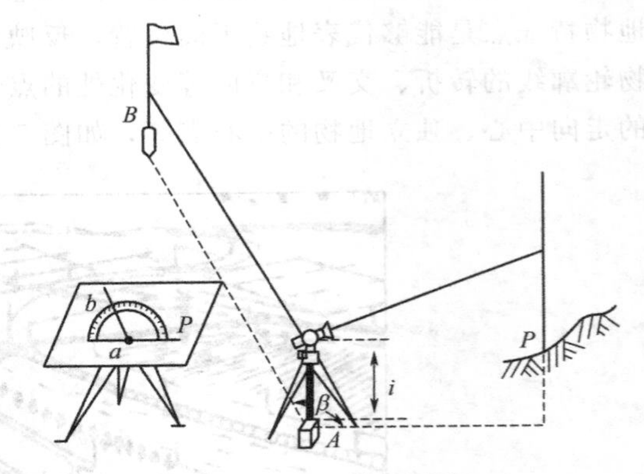


图 7-21　经纬仪测绘

即可确定其位置（如图 7-19 所示）。此法适用于靠近控制点，周围有相互垂直的两方向且垂距（$y$ 值）较短的情况。垂直方向可用简单工具定出。

3. 碎部点高程的测量

测量碎部点高程可用水准测量或三角高程测量等方法。

**（二）经纬仪测绘法**

依据所使用的仪器及操作方法不同，大比例尺地形图的常规测绘方法有：经纬仪测绘法、大平板仪法、经纬仪和小平板仪联合法。其中，经纬仪测绘法操作简单、灵活，适用于各种类型的地区。下面仅介绍经纬仪测绘法。

经纬仪测绘法的基本工作如下。

① 在图根点上安置经纬仪，测定碎部点的平面位置和高程。平面位置的确定用极坐标法，用视距法测量水平距离和高差。

② 根据测量数据用半圆仪在图板上以极坐标原理确定地面点位，并注记高程，对照实地勾绘地形。一个测站的具体工作步骤如下。

1. 测站上的准备工作

（1）安置经纬仪　如图 7-21 所示，将经纬仪安置在测站（控制点）$A$ 上，量出仪器高 $i$，测量竖盘指标差 $x$，记录员将其记录在“地形测绘记录手簿”中（如表 7-5 所示），一并记录表头的其他内容。以盘左 0°00′00″对准相邻另一控制点（后视点）作为起始方向。为防止用错后视点，应用视距法检查测站到后视点的平距和高差。

**表 7-5　地形测绘记录手簿**

| 点号 | 视距 $l$ /m | 中丝读数 $v$/m | 竖盘读数 | 竖直角 $\alpha$ | 高差 $h$ /m | 水平角 $\beta$ | 水平距离 $d$/m | 高程 $H$ /m | 附注 |
|---|---|---|---|---|---|---|---|---|---|
| | 测站：$A$ | 后视点：$B$ | 仪器高 $i$=1.30m | | 指标差 $x$=−1′ | | 测站高程 $H_A$=82.78m | | |
| $P$ | 65.2 | 1.30 | 88°25′ | +1°34′ | +1.78 | 114°07′ | 65.2 | 84.6 | 山脊点 |

（2）安置平板仪　平板安置在经纬仪附近，图纸中点位方向与实地点位方向一致。绘图员在图纸上用铅笔把测站点 $A$ 和后视点 $B$ 连接起来作为起始方向线。用小针穿过半圆仪（图 7-22）中心小孔与图上相应的测站点 $A$ 固连在一起。

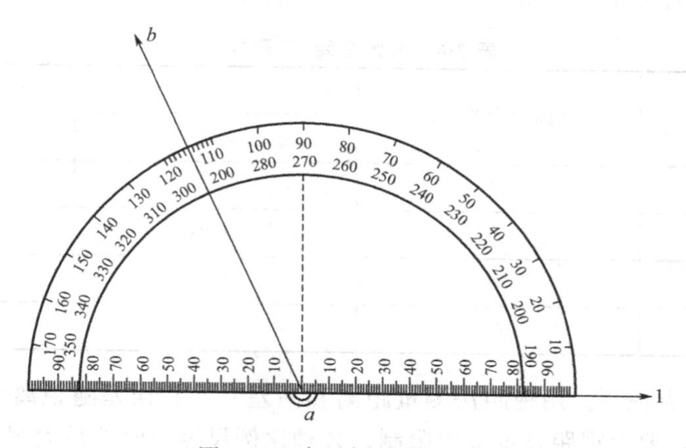


图 7-22　半圆仪展绘碎部点

2. 测站上的工作

一次立尺于 $P$ 点的测量工作过程，包括观测、记录、计算、展点等。

（1）观测　观测员照准标尺，读取水平度盘读数，上下视距丝读数或直接读取视距 $l$、竖盘读数 $L$、中丝读数 $V$。

（2）记录　记录员将观测读数依次记入表 7-5 中。对于实地绘图，也可不作记录。

（3）计算　记录员根据上下视距丝读数或视距、中丝读数 $v$、竖盘读数 $L$ 和仪器高 $i$、测量竖盘指标差 $x$、测站高程 $H_A$，按视距测量公式计算平距和高程。

（4）展绘碎部点

① 绘图员转动半圆仪，将半圆仪上角值（例中为15°00′）的刻划线对准起始方向线（$AB$）。此时半圆仪的零刻划方向便是该碎部点的方向。注意：当$\beta \leqslant 180°$时，零刻划方向在右侧；当$\beta > 180°$时，零刻划方向在左侧。

② 在零刻划方向上，按比例尺量出平距$d$，即可标出碎部点的平面位置。

③ 在点的右侧注记高程$H$。

按同样方法逐个观测碎部点。当一个测站周围的碎部点都测完以后，最后应重新照准后视点$B$进行归零检查，归零差不应超过4′。

3. 注意事项

（1）密切配合　测绘人员要分工合作，讲究工作次序，特别是立尺员应预先有立尺计划，选好跑尺路线，以便配合得当，提高效率。

（2）讲究方法　在测图过程中，应根据地物情况和仪器状况选择不同的方法。主要的特征点应独立测定，一些次要的特征点可采用量距、交会等方法测定。如对于圆形建筑物可测定其中心并量其半径即可；对于道路，可只测定一侧边线并量其宽度即可。

（3）布点适当

① 碎部点的密度。碎部点的分布和密度应适当。碎部点过稀，不能详细反映出地面的变化，影响成图质量。碎部点过密，则不仅增加了工作量，还影响图面的清晰。因此，选择碎部点应按照少而精的原则。碎部点适宜的密度取决于地物、地貌的繁简程度和测图的比例尺。大比例尺测图的地形点，一般在图面上平均相隔2～3cm一点为宜，具体规定见表7-6。《测规》规定地形点在图上的点间距：地面横坡陡于1∶3时，不宜大于15mm；地面横坡为1∶3及以下时，不宜大于20mm。

**表7-6　最大视距（《测规》）**

| 比例尺 | 地形点间距/m | 最大视距/m | |
|---|---|---|---|
| | | 地物 | 地貌点 |
| 1∶500 | 15 | 60 | 100 |
| 1∶1000 | 30 | 100 | 150 |
| 1∶2000 | 50 | 180 | 250 |
| 1∶5000 | 100 | 300 | 350 |

② 碎部点的最大视距。用视距法测量距离和高差时，其误差随距离的增大而增大。为保证地形图的精度，要对视距长度加以限制。各种比例尺测图时的最大视距见表7-7。

**表7-7　地形点间距和最大视距**

| 比例尺 | 最大视距/m | |
|---|---|---|
| | 竖直角<12° | 竖直角≥12° |
| 1∶500 | 100 | 80 |
| 1∶1000 | 200 | 150 |
| 1∶2000 | 350 | 300 |
| 1∶5000 | 400 | 350 |
| 1∶10000 | 600 | 600 |

4. 增设测站

测图时，应利用图幅内所有的控制点和图根点作为测站点，但在图根点不足或遇到地形复杂隐蔽处时，需要增设地形转点作为临时测站。《测规》规定地形转点可用经纬仪现距法或交会法测设，可连续设置两个。用经纬仪现距法测设时，施测边长不能超过最大视距的2/3，竖直角不应大于25°；边长和高差均应往返观测，距离相对较差不大于1/200，高差不符值不大于距离的1/500。用交会法测设时，距离不受限制，但交会角不应小于30°并不大于150°。

**（三）地形图的绘制**

地形图的绘制是一项技术性很强的工作，要求注意地物点、地貌点的取舍和概括，并应具有灵活的绘图运笔技能。

1. 地物的描绘

地形图上所绘地物不是对相应地面情况简单的缩绘，而是经过取舍与概括后的测定与绘图。图上的线划应当密度适当，否则会造成用图的困难。规范中规定图上凸凹小于0.4mm的地物形状可以不表示其凸凹形状。

为突出地物基本特征和典型特征，化简某些次要碎部而进行的制图概括，称为地物概括。如在建筑物密集且街道凌乱窄小的居民区，为突出居民区所占位置及整个轮廓，清楚地表示贯穿居民区的主要街道，可以采取保持居民区四周建筑物平面位置正确，将凌乱的建筑物合并成几块建筑群，并用加宽表示的道路隔开的方法。

地物形状各异、大小不一，勾绘时可采用不同的方法：对于用比例符号表示的规则地物，可连点成线，画线成形；对于用非比例符号表示的地物，以符号为准，单点成形；对于用半比例符号表示的地物，可沿点连线，近似成形。

2. 地貌勾绘

如图7-23(a) 所示为一批测绘在图纸上的地貌特征点，下面说明等高线的勾绘过程。

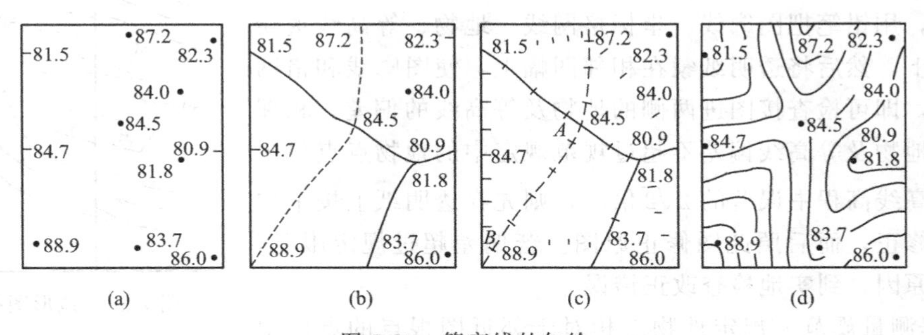


图7-23 等高线的勾绘

(1) 连接地性线 参照实际地貌，将有关的地貌特征点连接起来，在图上绘出地性线。用虚线表示山脊线，用实线表示山谷线，如图7-23(b) 所示。

(2) 内插等高线通过点 由于等高线的高程必须是等高距的整倍数，而地貌特征点的高程一般不是整数，因此要勾绘等高线，首先要找出等高线的通过点。因为地貌特征点必须选在地面坡度变化处，所以相邻两特征点之间的坡度可认为是均匀的。这样，可在两点之间，按平距与高差成正比例的关系，内插出两点间各条等高线通过的位置。

实际工作中，内插等高线通过点均采用图解法或自估法。如图7-24所示，图解法是把绘有若干条等间距平行线的透明纸蒙在待内插的两点 $a$、$b$ 上，转动透明纸，使 $a$、$b$ 两点

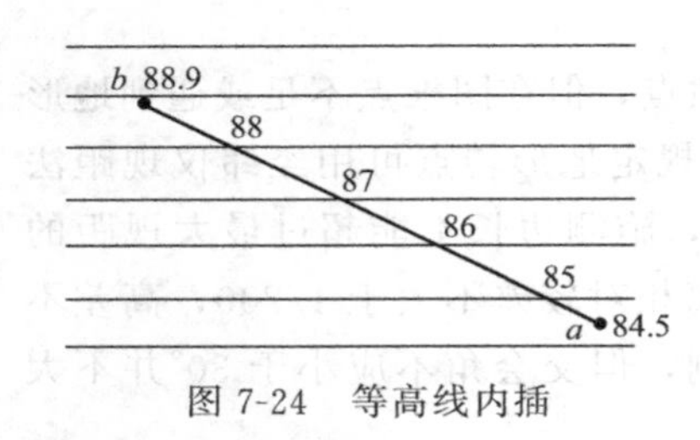

图 7-24 等高线内插

间通过平行线的条数与内插等高线的条数相同（图中为 4 条），且 $a$、$b$ 两点分别位于两点高程值不足等高距部分的分间距处（图中 $a$、$b$ 分别位于 0.5 间距、0.9 间距处），则各平行线与 $ab$ 的交点就是所求点（图中为 85、86、87、88 四条等高线通过点）。

图 7-23 中用图解法内插等高线把所有相邻两点进行内插，就得到等高线通过点，如图 7-23(c) 所示。注意：内插一定要在坡度均匀的两点间进行，为避免出错，最好在现场对照实际情况进行。

(3) 勾绘等高线　把高程相同的点用圆顺的曲线连接起来，就勾绘出反映地貌形态的等高线。勾绘等高线时要对照实地进行，要运用概括原则，对于山坡面上的小起伏或变化，要按等高线总体走向进行制图综合。特别要注意，描绘等高线时要均匀圆滑，不要有死角或出刺现象。等高线绘出后，将图上的地性线全部擦去，图 7-23(d) 为勾绘好的等高线图。

上述为用等高钱表示地貌的方法。如果在平坦地区测图，则很大范围内绘不出一条等高线。为表示地面起伏，就需用高程碎部点表示。高程碎部点简称高程点。高程点位置应均匀分布在平坦地区。各高程点在图上间隔以 2～3cm 为宜。平坦地有地物时则以地物点高程为高程碎部点，无地物时则应单独测定高程碎部点。

**(四) 地形图的拼接、检查和整饰**

1. 地形图的拼接

当测区较大时，地形图必须分幅测绘。由于测量和绘图误差，致使相邻图幅连接处的地物轮廓线与等高线不能完全吻合，如图 7-25 所示。

为进行图幅拼接，每幅图四边均应测出图廓外 5mm。接图是在 5～6cm 的透明纸条上进行。先把透明纸蒙在本幅图的接图边上，用铅笔把图廓线、坐标格网线、地物、等高线透绘在透明纸上，然后将透明纸蒙在相邻图幅上，使图廓线和格网线拼齐后，即可检查接图进两侧的地物及等高线的偏差。相邻两幅图的地物及等高线偏差不超过规范规定中的地物点点位中误差、等高线高程中误差的 $2\sqrt{2}$ 倍时，则先在透明纸上按平均位置进行修正，而后照此图修正原图。若偏差超过规定限差，则应分析原因，到实地检查改正错误。

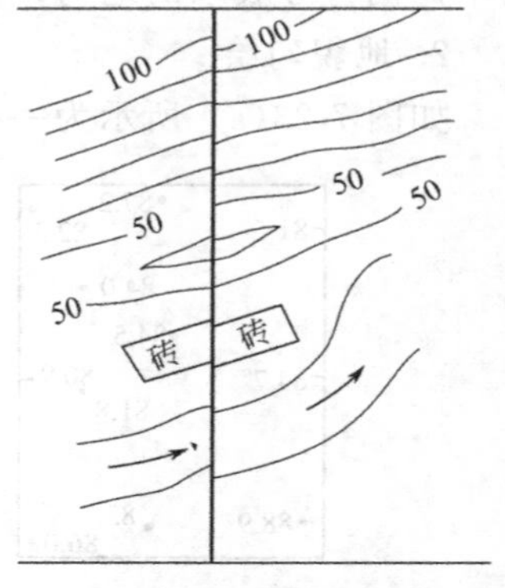

图 7-25 地形图拼接

《工程测量规范》规定地物点相对于邻近图根点的点位中误差和等高线相对于邻近图根点的高程中误差如表 7-8 所示。《测规》规定地物点在图上的点位中误差：测图比例尺为 (1∶500)～(1∶2000) 时不应大于 1.6mm；测图比例尺为 (1∶5000)～(1∶10000) 时不应大于 0.8mm。等高线高程中误差与表 7-8 也有所不同。

**表 7-8 图上地物点的点位中误差和等高线插求点的高程中误差**

| 图上地物点的点位中误差/mm | | 等高线插求点的高程中误差/mm | | | |
|---|---|---|---|---|---|
| 一般地区 | 居民区、工业区 | 平坦地 | 丘陵地 | 山地 | 高山地 |
| 0.8 | 0.6 | $d/3$ | $d/2$ | $2d/3$ | $1d$ |

注：$d$ 为等高距，m。

2. 地形图的检查

地形图测完后，必须对成图质量进行全面检查。

（1）室内检查　每幅图测完后检查图面上地物、地貌是否清晰易读；各种符号注记是否按图式规定表示；等高线有否矛盾可疑之处；接图有无问题等。如发现错误或疑问，应到野外进行实地检查。

（2）野外检查

① 巡视检查。沿选定的路线将原图与实地进行对照检查，查看所绘内容与实地是否相符，有否遗漏，名称注记与实地是否一致等。将发现的问题和修改意见记录下来，以便修正或补测时参考。

② 仪器检查。根据室内检查和巡视检查发现的问题，到野外设站检查和补测。另外还要进行抽查，把仪器重新安置在图根控制点上，对一些主要地物和地貌进行重测，如发现误差超限，应按正确结果修正，设站抽查量一般为10%。

3. 地形图的整饰

地形原图是用铅笔绘制的，故又称铅笔底图。在地形图拼接后，还应清绘和整饰，使图面清晰美观。整饰顺序是先图内后图外，先地物后地貌，先注记后符号。整饰的内容如下。

① 擦掉多余的、不必要的点线。

② 重绘内图廓线、坐标格网线并注记坐标。

③ 所有地物、地貌应按图式规定的线划、符号、注记进行清绘。

④ 各种文字注记应注在适当的位置，一般要求字头朝北，字体端正。

⑤ 等高线应描绘光滑圆顺，计曲线的高程注记应成列。

⑥ 按规定图式整饰图廓及图廓外各项注记。

### （五）地形图的验收

验收是在委托人检查的基础上进行的，以鉴定各项成果是否合乎规范及有关技术指标（或合同要求）。对地形图验收，一般先室内检查、巡视检查，并将可疑处记录下来，再用仪器在可疑处进行实测检查、抽查。通常仪器检测碎部点的数量为测图量的10%。统计出地形图的平面位置精度及高程精度，作为评估测图质量的主要依据。对成果质量的评价一般分为优、良、合格和不合格四级。

## 三、数字测图方法测图

### （一）野外数据采集模式

数字化测图通常分为外业数据采集和内业编辑处理两大部分，其中外业数据采集极其重要，它直接决定成图质量。外业数据采集就是在野外直接测定地形特征点的位置，并记录地物的连接关系及其属性，为内业处理提供必要信息及便于数字地图深加工利用。如何测定地形特征点的位置（坐标和高程），并记录地物的连接关系及其属性（编码），是本章讨论的主要内容。

数据采集就是采集供自动绘图用的绘图信息，是数字测图的一项重要工作。不同的数据源、不同的作业模式有不同的数据采集方式，有内业数据采集与外业数据采集之分，有手工输入、半自动输入、自动输入之分。一个优秀的数字测图系统通常支持多种数据采集方式。目前大比例尺野外数字测图主要使用全站仪采集数据，故本节主要介绍使用全站仪实施野外数据采集的方法。

1. 测图前的准备工作

(1) 控制测量　野外数据采集包括两个阶段，即控制测量和地形特征点（碎部点）采集。实施数字测图之前必须先进行控制测量。控制测量方法与白纸测图法中的控制测量基本相同。由于采用光电测距，测站点到地物、地形点的距离即使在500m，也能保证测量精度，故对图根点的密度要求已不很严格，一般以在500m以内能测到碎部点为原则。通视条件好的地方，图根点可稀疏些；地物密集、通视困难的地方，图根点可密些（相当白纸测图时图根点的密度）。等级控制点尽量选在制高点。控制测量主要使用导线测量，观测结果（方向值、竖角、距离、仪器高、目标高、点号等）自动或手工输入电子手簿，一般直接由电子手簿解算出控制点坐标与高程。对于图根控制点，还可采用"辐射法"和"一步测量法"。辐射法就是在某一通视良好的等级控制上，用极坐标测量方法，按全圆方向观测方式一次测定周围几个图根点。这种方法无需平差计算，直接测出坐标。为了保证图根点的可靠性，一般要进行两次观测（另选定向点）。所谓一步测量法就是将图根导线与碎部测量同时作业。

(2) 仪器器材与资料准备　实施数字测图前，应准备好仪器、器材、控制成果和技术资料。仪器、器材主要包括：全站仪、对讲机、电子手簿或便携机、备用电池、通信电缆（若使用全站仪的内存或内插式记录磁卡，不用此电缆）、花杆、反光棱镜、皮尺或钢尺等。全站仪、对讲机应提前充电。在数字测图中，由于测站到镜站距离比较远，配备对讲机是必要的。

目前多数数字测图系统在野外进行数据采集时，要求绘制较详细的草图。绘制草图一般在专门准备的工作底图上进行。这一工作底图最好用旧地形图、平面图的晒蓝图或复印件制作，也可用航片放大影像图制作。另外，为了便于多个作业组作业，在野外采集数据之前，通常要对测区进行"作业区"划分。一般以沟渠、道路等明显线状地物将测区划分为若干个作业区。对于地籍测量来说，一般以街坊为单位划分作业区。分区的原则是各区之间的数据（地物）尽可能地独立（不相关）。对于跨区的地物，如电力线等，会增加内业编图的麻烦。在数据采集之前，最好提前将测区的全部已知成果输入电子手簿或便携机，以方便调用。

2. 野外数据采集

使用全站仪实施大比例尺野外数字测图，作业方式可区分为测记法和电子平板法。另外，数据采集还可以使用GPS RTK测绘模式。下面分别介绍这几种方式的野外数据采集。

(1) 测记法施测　测记法数据采集，每作业组一般需仪器观测员（兼记录员）1名，绘草图领镜（尺）员1名，立镜（尺）员1～2名，其中绘草图领镜员是作业组的指挥者，需技术全面的人担任。

进入测区后，绘草图领镜（尺）员首先对测站周围的地形、地物分布情况大概看一遍，认清方向，及时按近似比例勾绘一份含主要地物、地貌的草图（若在放大的旧图上会更准确地标明），便于观测时在草图上标明所测碎部点的位置及点号。仪器观测员指挥立镜员到事先选好的某已知点上准备立镜定向；自己快速架好仪器，连接电子手簿，量取仪器高；然后启动操作全站仪和电子手簿，选择测量状态，输入测站点号和定向点号、定向点起始方向值（一般把起始方向值置零）和仪器高；瞄准定向棱镜，定好方向后，锁定全站仪度盘，通知立镜者开始跑点。立镜员在碎部点立棱镜后，观测员及时瞄准棱镜，用对讲机联系、确定镜高（一般设在一个固定的高度，如2.0m）及所立点的性质，输入镜高（镜高不变直接按回车键）、地物代码（无码作业时直接按回车键），确认准确照准棱镜后，再按电子手簿上的回车键，待电子手簿发出鸣响声，即说明测点数据已进入电子手簿，测点的信息已被记录下来。

一般来讲，施测的第一个点选在某已知点上，测后与原已知点坐标比较，若相符即可转测下面的点；否则应从以下几方面查找原因。已知点、定向点的点号是否输错；坐标是否输错；所调用于检查的已知点的点号、坐标是否有错。若不是这些原因，再查看所输的已知点成果是否抄错；成果计算是否有误；检查仪器、设备是否有故障等。

野外数据采集，由于测站离测点可以比较远，观测员与立镜员或绘草图者之间的联系离不开对讲机，测站与测点两处作业人员必须时时联络。观测完毕，观测员要告知立镜者，以便及时对照手簿上记录的点号和绘草图者标注的点号，保证两者一致。若两者不一致，应查找原因。是漏标点了，还是多标点了，或一个位置测重复了等，必须及时更正。

测记法数据采集通常区分为有码作业和无码作业。有码作业需要现场输入野外操作码(CASS7.0)，操作规则将在后面详细介绍。无码作业现场不输入数据编码，而用草图记录绘图信息。绘草图人员在镜站把所测点的属性及连接关系在草图上反映出来，以供内业处理、图形编辑时用。草图的绘制要遵循清晰、易读、相对位置准确、比例一致的原则。草图示例如图 7-26 所示。图中为某测区在测站 1 上施测的部分点。另外，需要提醒一下，在野外采集时，能测到的点要尽量测，实在测不到的点可利用皮尺或钢尺量距，将丈量结果记录在草图上，室内用交互编辑方法成图；或利用电子手簿的量算功能，及时计算这些直接测不到的点的坐标。

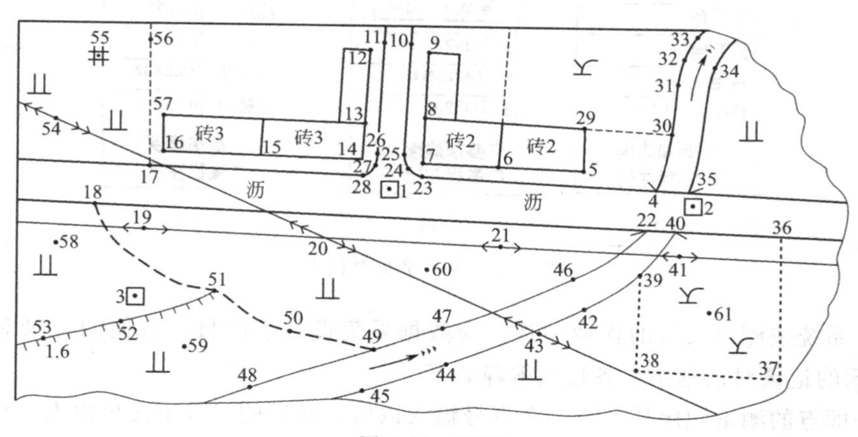


图 7-26　草图

在进行地貌采点时，可以用一站多镜的方法进行。一般在地性线上要有足够密度的点，特征点也要尽量测到。例如在山沟底测一排点，也应该在山坡边再测一排点，这样生成的等高线才真实。测量陡坎时，最好坎上坎下同时测点，这样生成的等高线才没有问题。在其他地形变化不大的地方，可以适当放宽采点密度。

在一个测站上，当所有的碎部点测完后，要找一个已知点重测进行检核，以检查施测过程中是否存在因误操作、仪器碰动或出故障等原因造成的错误。检查完，确定无误后，关闭仪器电源，中断电子手簿，关机、搬站。到下一测站，重新按上述采集方法、步骤进行施测。

(2) 电子平板法施测　电子平板法测图时，作业人员一般配置为：观测员 1 名，电子平板（便携机）操作人员 1 名，跑尺员 1～2 名，其中电子平板操作员为测图小组的指挥。

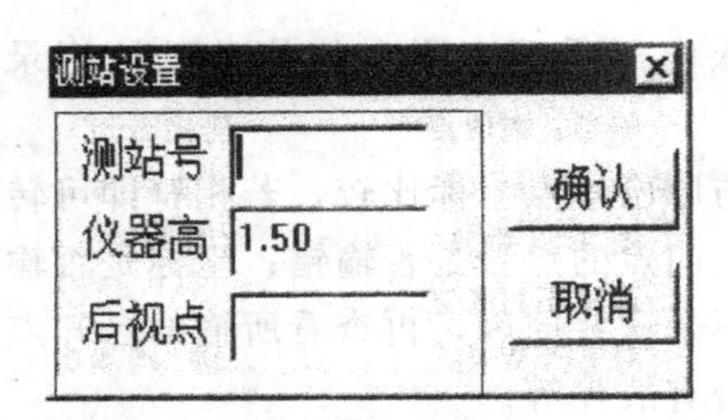

图 7-27 测点设置

EPSW 电子平板测图系统是一个使用广泛有代表性的电子平板测图系统，下面以 EPSW 电子平板为例简介数据采集。进行碎部测图，一般先在测站点安置好全站仪，通过测站设置对话框输入测站设置信息：测站点号、后视点号以及仪器高，如图 7-27 所示。然后以极坐标法为主，配合其他碎部点测量方法施测。数据采集可采用角、距记录模式，对话框如图 7-28(a) 所示，也可采用坐标记录模式，对话框如图 7-28(b) 所示。图 7-28(c) 所示为视距法对话框。如遇特殊情况，则可选用电子平板系统所提供的其他碎部点测量方法（如：十字尺法、延长量边法、垂足法、直线方向交会法、直线距离交会法等）施测。记录点的全部信息后，自动计算出碎部点坐标，并可实时展点显示，随时连线和调用图式符号，及时成图。

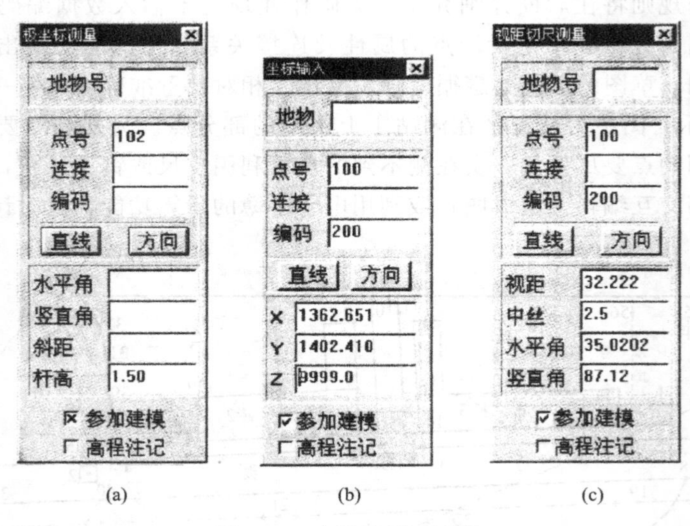

图 7-28 电子平板对话框

EPSW 系统按测量人员的作业习惯，为数据采集设计了醒目、方便的记录对话框。如图 7-28 所示的记录对话框中，各选项解释如下。

点号：即点的测量顺序号。第一个点号输入以后，其后的点号不必再由人工输入。每测一个点，点号自动累加 1，一个作业区内点号是唯一的，不能重复。

编码：顺序测量时同类编码只输一次，其后的编码由程序自动默认。只有测点编码变换时才键入新的编码。

水平角、竖直角、斜距（或 $X$、$Y$、$Z$），由全站仪观测并自动输入。如果用半站仪，即光学经纬仪观测角度值，由人工键入，距离可自动输入。视距切尺法（普通视距测量）视距、中丝、水平角、竖直角由人工输入。

杆高（觇标高）：由人工键入。输入一次以后，其余测点的觇标高则由程序自动默认（自动填入原觇标高），只有觇标高改变了，才重新键入新觇标高。

连接点：凡与上一点相连时，程序在连接点自动默认上一点点号。当需要与其他点相连时，则需键入该连接点的点号。电子平板系统则可在便携机的显示屏上，用光笔或鼠标捕捉连接点，其点号将自动填入记录框。

线形：表明点间（本点与连接点间）的连接线形。用鼠标单击［直线］按钮可改变线形，改变后的线形自动加入线形代码：直线为1；曲线为2；圆弧为3，三点才能画圆或弧；独立点则为空。

图7-28中其他项都是为完善测图系统而增加的功能项，如［方向］按钮可随时修正有向线符号的方向等，这里不再赘述。

对EPSW电子平板系统来讲，现场能自动完成绝大部分绘图工作；可在现场对所测图形检查与修改，以保证测图的正确性。电子平板野外数据采集过程就是成图过程，即数据采集与绘图同步进行，内业仅做一些图形编辑、整饰工作。

（3）GPS RTK测绘　以上所述的，用全站仪和电子手簿采用地物编码的方法，利用测图软件测绘地形图。都要求测站点与被测的周围地物地貌等碎部点之间通视，而且至少要求2～3人操作。

如果采用GPS RTK技术进行测图时，仅需一人背着仪器在要测的碎部点观测1～2s并同时输入特征编码，通过电子手簿或便携微机记录，在点位精度合乎要求的情况下，把一个区域内的地形地物点位测定后回到室内或在野外，由专业测图软件可以输出所要求的地形图。用RTK技术测定点位不要求点间通视，仅需一人操作，便可完成测图工作，大大提高了测图的工作效率。

### （二）地形要素分类编码和野外采集数据的记录格式

1．地形点的描述

一般地形图包括：

① 点状地物，控制点、独立符号、工矿符号等；

② 线类地物，管线、道路、水系、境界等；

③ 面状地物，需要填充符号的，如居民地、植被、水塘等。

2．地形要素的分类和编码

地形图的地形要素很多，如何科学而有效地对地形要素进行分类与编码一直是有待研究的问题，其原则是要有科学性、系统性、完整性、稳定性、适用性和扩展性。国家技术监督局发布的GB/T 13923—92《国土基础信息数据分类与代码》标准和GB 14804—93《1∶500、1∶1000、1∶2000地形图要素分类与代码》已将它们总结归类为十大类：

① 测量控制点；

② 居民地；

③ 工矿企业建筑物和公共设施；

④ 独立地物；

⑤ 道路及附属设施；

⑥ 管线及附属设施；

⑦ 水系及垣栅；

⑧ 境界；

⑨ 地貌与土质；

⑩ 植被。

3．数据编码概念原则

野外数据采集仅用全站仪或其他大地测量仪器测定碎部点的位置（坐标）是不能满足计算机自动成图要求的，还必须将地物点的连接关系和地物属性信息（地物类别等）记录下来。一般用按一定规则构成的符号串来表示地物属性和连接关系等信息，这种有一定规则的符号串称为数据编码。数字测图中的数据编码要考虑的问题很多，如要满足计算机成图的需要，野外输入要简单、易记，便于成果资料的管理与开发。数据编码的基本内容包括：地物要素编码（或称地物特征码、地物属件码、地物代码）、连接关系码（或连接点号、连接序号、连接线型）、面状地物填充码等，数字测图系统内的数据编码一般在6～11位，有的全部用数字表示，有的用数字、字符混合表示。编码设计得好坏会直接影响到外业数据采集的难易、效率和质量，而且对后续地形（地籍）资料的交换、管理、使用和建立地理信息资料库都会产生很大的影响。

《大比例尺地形图机助制图规范》（GB 14912—94）规定，野外数据采集编码的总形式为：地形码＋信息码。地形码是表示地形图要素的代码。地形码可采用GB 14804—93中相应的代码，也可采用汉语拼音速写码、键盘菜单以及混合编码等。当采用非标准编码形式时，经计算机处理后，要转换为符合GB 14804—93规定的地形图要素的代码。GB 14804—93规定的地形图要素的代码由四位数字码组成，共分为九个大类，并依次细分为小类、一级和二级。信息码是表示某一地形要素测点与测点之间的连接关系。随着数据采集的方式不同，其信息编码的方法各不相同。无论采用何种信息编码，应遵循有利于计算机对所采集的数据进行处理和尽量减少中间文件的原则。

目前，国内开发的测图软件已经有很多，一般都是根据各自的需要、作业习惯、仪器设备及数据处理方法等设计自己的数据编码方案，还没有形成固定的标准。数据编码从结构和输入方法上区分，主要有全要素编码、块结构编码、简编码和二维编码。

4. 数据全要素编码方案

(1) 全要素编码方案　全要素编码要求对每个碎部点都要进行详细的说明。全要素编码通常是由若干个十进制数组成。其中每一位数字都按层次分，都具有特定的含义。首先参考图式符号，将地形要素分类。如1代表测量控制点；2代表居民地；3代表独立地物；4代表道路；5代表管线和垣栅；6代表水系；7代表境界；8代表地貌；9代表植被。然后，再在每一类中进行次分类，如居民地又分为：01代表一般房屋；02代表简单房屋；03代表特种房屋等。另外，再加上类序号（测区内同类地物的序号）、特征点序号（同一地物中特征点连接序号）。如某一碎部点的编码为20101503，各位数字的含义如下：

第一位数字（2）表示地形要素分类；

第二、第三位数字（01）表示地形要素次分类；

第四、第五、第六位数字（015）表示类序号；

第七、第八位数字（03）表示特征点序号。

这种编码方式的优点是各点编码具有唯一性，计算机易识别与处理，但外业编码输入较困难，目前很少用。

(2) 块结构编码方案　块结构编码将整个编码分成几大部分，如分为：点号、地形编码、连接点和连接线型四部分，分别输入。地形编码是参考图式的分类，用3位整数将地形要素分类。如：100代表测量控制点类；104代表导线点；200代表居民地类，又代表坚固房屋；210代表建筑中的房屋。点号表示测量的先后顺序，用4位数字表示；连接点是记录与碎部点相连接的点号；连接线型是记录碎部点与连接点之间的线型，用一位数字表示。

清华山维的EPSW电子平板系统就是采用块结构编码方案。它分块输入，操作简单。下面结合EPSW系统较详细地介绍块结构编码方案。

EPSW 电子平板系统用 3 位数来表示每大类中的地形元素，第一位为类别号，代表十大类；第二、第三位为顺序号，即地物符号在某大类中的序号。例如，编码为 105 的地物，1 为大类，即控制点类；05 为图式符号中顺序为 5 的控制点，即导线点；106 为埋石图根点。又如 201 为居民地类的一般房屋中的混凝土房。由于每一大类中的符号编码不能多于 99 个，而符号最多的第七类（水系及附属设施）却有 130 多个，符号最少的第一类（控制点）只有 9 个，因此 EPSW 系统在上述十大类的基础上作适当的调整。将水系及附属设施的编码分为两段，由 700～799 和 850～899 表示；将植被也放在第一类编码中，编码为 120～189；将绘制符号的图元放在 0 类。这样每个地物符号都对应一个 3 位地形编码（简称编码）。

作业人员将 3 位地形编码全部记住是很困难的，EPSW 系统采用了“无记忆编码”输入法，即将每一个地物编码和它的图式符号及汉字说明都编写在一个图块里，形成一个图式符号编码表（分主次页），如图 7-29 所示，存储在便携机内，只要按一下 A 键，编码表就可以显示出来；用光笔或鼠标点中所要的符号，其编码将自动送入测量记录中。用户无需记忆编码，随时可以查找。实际上，对于一些常用的编码，像导线点 105、一般房角点 200 等，多用几次也就记熟了。

| 100<br>24.5<br>天文点 | 101<br>张家湾<br>156.713<br>三角点 | 102<br>小三角点 | 103<br>摩天岭<br>294.91<br>土堆上的三角点 | 104<br>土堆上的小三角点 | 105<br>116<br>294.91<br>导线点 | 106<br>16<br>294.91<br>埋石图根点 |
|---|---|---|---|---|---|---|
| 107<br>25<br>62.74<br>不埋石图根点 | 108<br>Ⅱ京石5<br>32.804<br>水准点 | 110<br>D21<br>156.76<br>GPS控制点 | 200<br>一般房屋 | 207<br>简单房屋 | 210<br>建<br>建筑中的房屋 | 211<br>破<br>破坏房屋 |
| 211<br>45°　1.6<br>棚房 | 214<br>地上窑洞不依比例 | 215<br>房屋式窑洞 | 217<br>地下窑洞 | 218<br>蒙古包 | 225<br>砼3　1.0<br>廊房 | 228<br>砼4　砼4<br>悬空通廊 |
| 230<br>砼　3<br>建筑物下的通道 | 231<br>混5　1.0<br>门廊 | 233<br>台阶 | 235<br>无墙壁柱廊 | 236<br>柱廊有墙壁边 | 238<br>过街天桥 | 239<br>过街地道 |
| 241<br>货栈<br>有平台露天货栈 | 242<br>货栈<br>无平台露天货栈 | 243<br>谷<br>打谷场 | 244<br>厕<br>厕所 | 245<br>牲<br>饲养场 | 246<br>温室<br>温室 | 248<br>依比例尺门墩 |

图 7-29　编码

当测点是独立地物时，只要用地形编码来表明它的属性，即知道这个地物是什么，应该

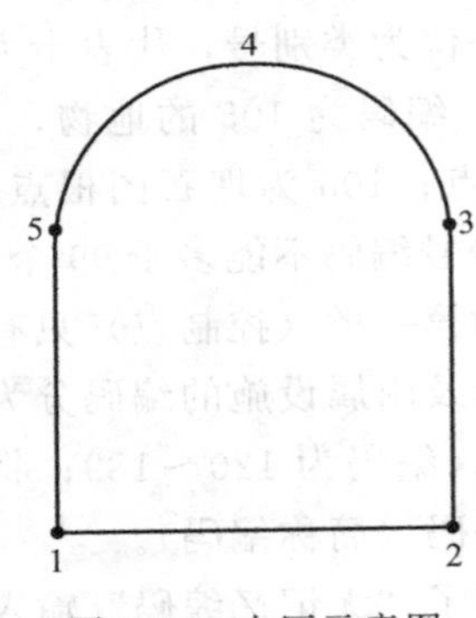

图 7-30　大厅示意图

用什么样的符号来表示。如果测的是一个线状或面状地物，这时需要明确本测点与哪个点相连，以什么线型相连，才能形成一个地物。所谓线型是指直线、曲线或圆弧线等。如图7-30 所示的大厅，测 2 点须与 1 点以直线相连，3 点须与 2 点直线相连，5 点与 4 点、4 点与 3 点则以圆弧相连（圆弧至少需要测 3 个点才能绘出），5 点与 1 点以直线相连。有了点位、编码，再加上连接信息，就可以正确地给出房屋大厅（地物）了。

为了便于计算机的自动识别和输入，在 EPSW 中规定：1 为直线；2 为曲线；3 为圆弧；空为独立点。连接线型只有 4 种，一般是容易区别和记忆的，有时圆或曲线不容易分辨，均可以曲线处理，对绘图影响不大。

（3）简编码输入方案　简编码就是在野外作业时仅输入简单的提示性编码，经内业识别自动转换为程序内部码。CASS 系统的有码作业是一个有代表性的简编码输入方案。CASS 系统的野外操作码（也称为简码或简编码）可区分为：类别码、关系码和独立符号码 3 种，每种只由 1～3 位字符组成。其形式简单、规律性强，无需特别记忆，并能同时采集测点的地物要素和拓扑关系码。它也能够适应多人跑尺（镜）、交叉观测不同地物等复杂情况。

① 类别码（亦称地物代码，见表 7-9）是按一定的规律设计的，不需要特别记忆。如代码 F0、F1、…、F6 分别表示特种房（坚固房）、普通房、一般房、……、简易房。F 取“房”字拼音首字母，0～6 表示房屋类型由“主”到“次”。又如代码 D0、D1、D2、D3 分别表示电线塔、高压线、低压线、通信线等。另外，K0 表示直折线型的陡坎，U0 表示曲线型的陡坎；X1 表示直折线型内部道路，Q1 表示曲线型内部道路。由 U、Q 的外形很容易想象到曲线。

**表 7-9　类别码符号及含义**

| 类　别 | 符号及含义 |
| --- | --- |
| 坎类(曲) | K(U)＋数(0——陡坎；1——加固陡坎；2——斜坡；3——加固斜坡；4——垄；5——陡崖；6——干沟) |
| 线类(曲) | X(Q)＋数(0——实线；1——内部道路；2——小路；3——大车路；4——建筑公路；5——地类界；6——乡、镇界；7——县、县级市界；8——地区、地级市界；9——省界线) |
| 垣栅类 | W＋数(0，1——宽为 0.5m 的围墙；2——栅栏；3——铁丝网；4——篱笆；5——活树篱笆；6——不依比例围墙，不拟合；7——不依比例围墙，拟合) |
| 铁路类 | T＋数[0——标准铁路(大比例尺)；1——标(小)；2——窄轨铁路(大)；3——窄(小)；4——轻轨铁路(大)；5——轻(小)；6——缆车道(大)；7——缆车道(小)；8——架空索道；9——过河电缆] |
| 电力线类 | D＋数(0——电线塔；1——高压线；2——低压线；3——通信线) |
| 房屋类 | F＋数(0——坚固房；1——普通房；2——一般房屋；3——建筑中房；4——破坏房；5——棚房；6——简单房) |

② 关系码（亦称连接关系码，见表 7-10）共有 4 种符号：“＋”、“－”、“A＄”和“p”配合简单数字来描述测点间的连接关系。其中“＋”表示连线依测点顺序进行；“－”表示连线依测点相反顺序进行；“p”表示绘平行体；“A＄”表示断点标识符。

**表 7-10 关系码符号及含义**

| 符 号 | 含 义 |
|---|---|
| + | 本点与上一点相连，连线依测点顺序进行 |
| − | 本点与下一点相连，连线依测点顺序相反方向进行 |
| $n$+ | 本点与上 $n$ 点相连，连线依测点顺序进行 |
| $n$− | 本点与下 $n$ 点相连，连线依测点顺序相反方向进行 |
| p | 本点与上一点所在地物平行 |
| $n$p | 本点与上 $n$ 点所在地物平行 |
| +A$ | 断点标识符，本点与上点连 |
| −A$ | 断点标识符，本点与下点连 |

“+”、“−” 符号的意义：(“+”、“−” 表示连方向)

1 (F1) 2 (+) 1 (F1) 2 (−)。

③ 对于只有一个定位点的独立物，用 A×× 表示（见表 7-11），如 A42 表示普通电杆、A50 表示阔叶独立树等。

**表 7-11 独立地物编码及符号含义**

| 类别 | 编码及符号含义 | | | | |
|---|---|---|---|---|---|
| 水系设施 | A00<br>水文站 | A01<br>停泊场(锚地) | A02<br>航行灯塔 | A03<br>航行灯桩 | A04<br>航行灯船 |
| | A05<br>左航行浮标 | A06<br>右航行浮标 | A07<br>系船浮筒 | A08<br>急流 | A09<br>过江管线标 |
| | A10<br>信号标 | A11<br>露出的沉船 | A12<br>淹没的沉船 | A13<br>泉 | A14<br>水井 |
| 土质 | A15<br>石堆 | | | | |
| 居民地 | A16<br>学校 | A17<br>沼气 | A18<br>卫生所 | A19<br>地上窑洞 | A20<br>电视发射塔 |
| | A21<br>地下窑洞 | A22<br>窑 | A23<br>蒙古包 | | |
| 管线设施 | A24<br>上水检修井 | A25<br>下水雨水检修井 | A26<br>圆形污水箅子 | A27<br>下水暗井 | A28<br>煤气天然气检修井 |
| | A29<br>热力检修井 | A30<br>电信人孔 | A31<br>电信出孔 | A32<br>电力检修井 | A33<br>工业、石油检修井 |
| | A34<br>液体、气体储存设备 | A35<br>不明用途检修井 | A36<br>消火栓 | A37<br>阀门 | A38<br>水龙头 |
| | A39<br>长形污水箅子 | | | | |
| 电力设施 | A40<br>变电室 | A41<br>无线电杆、塔 | A42<br>电杆 | | |
| 军事设施 | A43<br>旧碉堡 | A44<br>雷达站 | | | |
| 道路设施 | A45<br>里程碑 | A46<br>坡度表 | A47<br>路标 | A48<br>汽车站 | A49<br>臂板信号机 |

数据采集时现场对照实地输入野外操作码，图 7-31 中点号旁的括号内容为输入结果。

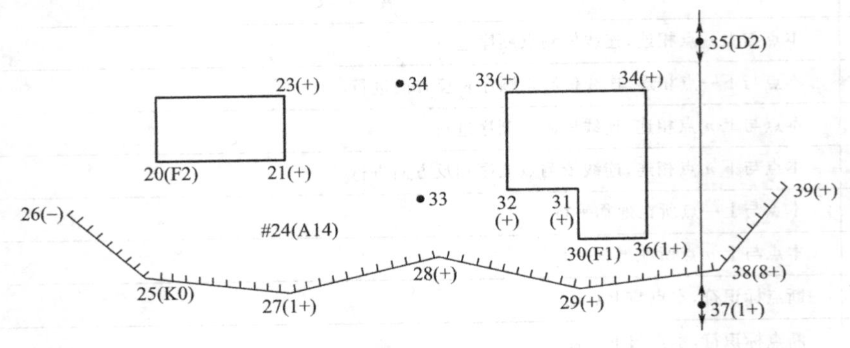


图 7-31　输入结果

(4) 二维编码方案　GB 14804—93 规定的地形图要素代码只能满足制图的需要，不能满足 GIS 图形分析的需要。因此有些测图系统在 GB 14804—93 规定的地形要素代码的基础上进行扩充，以反映图形的框架线、轴线、骨架线、标识点（Label 点）等。二维编码（亦称主附编码）对地形要素进行了更详细的描述，一般由 6～7 位代码组成。下面以开思创力的 SCS G2000 测图系统为例，介绍二维编码方案。

SCS G2000 系统的二维编码由 5 位主编码和 2 位附编码组成。主编码前 4 位为 GB 14804—93 规定的地形要素代码，GB 14804—93 不足 4 位的，用“0”补齐为整形码；主编码后 1 位代码为在 GB 14804—93 的基础上进一步细分类的码，无细分类时，用“0”补齐。附编码（第二维）为景观、图形数据分类代码。

二维编码具体定义如下：

① 中间注有不依比例尺独立符号的依比例尺地物，其独立符号用“主编码＋00”表示，范围边界用“主编码＋01”表示；

② 带有辅助设施的复杂符号，其特征定位线的编码为“主编码＋00”，辅助设施符号编码为“主编码＋02”；

③ 带有辅助描述符的复杂符号，其特征定位线的编码为“主编码＋00”，辅助描述符编码为“主编码＋ 03”；

④ 用于表示某地物方向的箭头符号（如水流方向），其编码为“相应需表示方向的地物的主编码＋04”；

⑤ 为便于 GIS 作网络分析，表示地物连通性的“双向轴线”（如道路准中心线）的编码为“轴线所描述地物的主编码＋05”；表示地物连通性的“单向轴线”（如单行道的准中心线）的编码为“轴线所描述地物的主编码＋06”；

⑥ Label 点（标识点）均以一点在相应多边形区域中标示，其编码为“所描述多边形的主编码 ＋07”；Label 点标示的多边形将自动提取至 Label 层（原多边形不变），其编码与 Label 点一致（其区别为：一个是点符，一个是线或面符）；

⑦ 为描述非封闭性面状地物的外形特征（骨架线），程序生成该地物的框架线的编码为“描述对象的主编码 ＋08”；

⑧ 有些线状符号本身不能描述其特征线，程序将生成该符号的骨架线，骨架线的编码为“骨架线描述的地物的主编码＋09”，符号本身视为辅助描述符；

⑨ 所有直接用线形描述的符号（该线即为符号的骨架线），其编码为“主编码＋00”；

⑩ 所有点符号（独立地物）编码为“主编码＋00”；

⑪ 文字注记的编码为“该文字说明的符号的主编码＋99”；

⑫ 框架线、轴线、骨架线、Label 点分别作为一个图层管理，如表 7-12 所示。

**表 7-12 图层管理**

| 类 别 | 图层名 |
| --- | --- |
| 框架线 | Bound |
| 轴线 | Axes |
| 骨架线 | Value |
| Label 点与需建拓扑关系的多边形 | Label |

二维编码没有包含连接信息，连接信息码由绘图操作顺序反映。二维编码数位多，观测员很难记住这些编码，故 SCS G2000 测图系统的电子平板采用无码作业。测图时对照实地，现场利用屏幕菜单和绘图专用工具或用鼠标提取地物属性编码，绘制图形。

5. 连接信息

自动成图要求的，还必须将地物点的连接关系和地物属性信息（地物类别等）记录下来。一般按一定规则构成的符号串来表示地物属性信息和连接信息，这种有一定规则的符号串称为数据编码。数据编码的基本内容包括：地物要素编码（或称地物特征码、地物属性码、地物代码）、连接关系码（或连接点号、连接序号、连接线型）、面状地物填充码等。

连接信息可分解为连接点和连接线型。当测点是独立地物时，只要用地形编码来表明它的属性，即知道这个地物是什么，应该用什么样的符号来表示。如果测的是一个线状地物，这时需要明确本测点与哪个点相连，以什么线型相连，才能形成一个地物。所谓线型是指直线、曲线或圆弧等。在 EPSW 中规定：1 为直线；2 为曲线；3 为圆弧；空为独立点。

6. 野外采集数据的记录内容和格式

大比例尺数字测图野外采集的数据包括：

一般数据，如测区代号，施测日期，小组编号和手簿记录序号等。

仪器数据，如仪器类型，仪器误差，测距仪加常数、乘常数，观测方式等。

方向观测数据，如方向号，目标的觇标高，方向、天顶距和斜距的观测值等。

碎部点观测数据，如点号，连接点号，连接线型，地形要素分类码，计算的 $X$、$Y$ 坐标和高程等。

控制点数据，如点号，类别，$X$、$Y$ 坐标和高程等。

为区分各种数据的记录内容，并便于计算机有效地管理、使用这些数据，需要规定它们的字长，根据数据的字长和数据之间的关系，确定一条记录的长度。每条记录具有相同的长度和相同的数据段，按记录类别码可以确定一条记录中各数据段的内容，对于不用的数据段可以用零或空格填充补齐，这样就形成了一定的记录格式。例如 Leica 的坐标文件 GSI 格式为：

```
110041+00000041 81..00+03192955 82..00+03293195 83..00+0050872
110042+00000042 81..00+03300761 82..00+03301215 83..00+0050978
…
```

其中第1～2位的字符表示编码块，第7～15位为测量点号，后面的81、82、83分别为$Y$（东）、$X$（北）、$H$（高程）的标志码。

CASS7.0测图系统的原始测量数据的记录格式为：

S，128.031-140.158-49.249，100-200-49.600，0，1.5

1，45.1225，89.1015，30.254，1.3

…

其中第一行为测站信息，依次为测站号、测站坐标与高程、定向点坐标与高程、定向点的起始值、仪器高。

第二行为碎部点信息，依次为碎部点名、编码、水平角、垂直角、斜距、标高。

清华山维EPSW的外业数据文件记录格式为：

OS：1：1.50：2

00：200：：200：45.4534：89.3412：33.15：1.50：1：1：1：0：：：

02：：：201：203：202：0：4：

其中第一行为测站点信息，依次为测站标记符、测站号、仪器高、后视点号。

第二行为碎部点信息，依次为极坐标法标记符、碎部点号、连接点号、编码、水平角、垂直角、斜距、标高、线形方向、高程、高程注记、地物号。

由此可见，目前还没有统一的记录格式，各测图系统的数据格式都不尽相同。用户可以根据自己的作业习惯自行设计数据记录格式。如表7-13所示，一条碎部点记录格式可按如下形式设计：$A_1$表示点号；$A_2$表示图形信息码，包括地形要素分类码，连接线型和连接顺序码，连接点号等；$A_3$、$A_4$、$A_5$分别表示碎部点的地形$X$、$Y$坐标和高程。

**表7-13　数据记录格式**

| $A_1$ | $A_2$ | $A_3$ | $A_4$ | $A_5$ |
|---|---|---|---|---|
| | | | | |

### （三）全站仪采集碎部点的测量方法

1. 全站仪在一个测站采集碎部点的作业过程

（1）草图法数字测图的流程　外业使用全站仪测量碎部点三维坐标的同时，领图员绘制碎部点构成的地物形状和类型并记录下碎部点点号（必须与全站仪自动记录的点号一致）。内业将全站仪或电子手簿记录的碎部点三维坐标，通过CASS传输到计算机、转换成CASS坐标格式文件并展点，根据野外绘制的草图在CASS中绘制地物。

（2）全站仪野外数据采集步骤

① 置仪。在控制点上安置全站仪，检查中心连接螺旋是否旋紧，对中、整平、量取仪器高、开机。

② 创建文件。在全站仪Menu中，选择“数据采集”进入“选择一个文件”，输入一个文件名后确定，即完成文件创建工作，此时仪器将自动生成两个同名文件，一个用来保存采集到的测量数据，另一个用来保存采集到的坐标数据。

③ 输入测站点。输入一个文件名，回车后即进入数据采集的输入数据窗口，按提示输入测站点点号及标识符、坐标、仪高，后视点点号及标识符、坐标、镜高，仪器瞄准后视点，进行定向。

④ 测量碎部点坐标。仪器定向后，即可进入“测量”状态，输入所测碎部点点号、编

码、镜高后，精确瞄准竖立在碎部点上的反光镜，按“坐标”键，仪器即测量出棱镜点的坐标，并将测量结果保存到前面输入的坐标文件中，同时将碎部点点号自动加1返回测量状态。再输入编码、镜高，瞄准第2个碎部点上的反光镜，按“坐标”键，仪器又测量出第2个棱镜点的坐标，并将测量结果保存到前面的坐标文件中。按此方法，可以测量并保存其后所测碎部点的三维坐标。

(3) 下传碎部点坐标　完成外业数据采集后，使用通信电缆将全站仪与计算机的COM口连接好，启动通信软件，设置好与全站仪一致的通信参数后，执行下拉菜单“通讯/下传数据”命令；在全站仪上的内存管理菜单中，选择“数据传输”选项，并根据提示顺序选择“发送数据”、“坐标数据”和选择文件，然后在全站仪上选择确认发送，再在通信软件上的提示对话框上单击“确定”，即可将采集到的碎部点坐标数据发送到通信软件的文本区。

(4) 格式转换　将保存的数据文件转换为成图软件（如CASS）格式的坐标文件格式。执行下拉菜单“数据/读全站仪数据”命令，在“全站仪内存数据转换”对话框中的“全站仪内存文件”文本框中，输入需要转换的数据文件名和路径，在“CASS坐标文件”文本框中输入转换后保存的数据文件名和路径。这两个数据文件名和路径均可以单击“选择文件”，在弹出的标准文件对话框中输入。单击“转换”，即完成数据文件格式转换。

(5) 展绘碎部点、成图　执行下拉菜单“绘图处理/定显示区”确定绘图区域；执行下拉菜单“绘图处理/展野外测点点位”，即在绘图区得到展绘好的碎部点点位，结合野外绘制的草图绘制地物；再执行下拉菜单“绘图处理/展高程点”。经过对所测地形图进行屏幕显示，在人机交互方式下进行绘图处理、图形编辑、修改、整饰，最后形成数字地图的图形文件。通过自动绘图仪绘制地形图。

2. 数字测图碎部测量常用的方法

(1) 极坐标法　极坐标法是测量碎部点最常用的方法。如图7-32所示，$Z$为测站点，$O$为定向点，$P_i$为待求点。在$Z$点安置好仪器，量取仪器高$I$，照准$O$点，读取定向点$O$的方向值$L_0$（常配置为零，以下设定向点的方向值为零），然后照准待求点$P_i$，量取标高（镜高）$R_i$，读取方向值$L_i$，再测出$Z$至$P_i$点间的距离$D_i$和竖角$\alpha_i$（全站仪大部分以天顶距$T_i$表示。$T_i=90°-\alpha_i$），则待定点坐标和高程可由式(7-3)求得

$$\begin{cases}X_i=X_z+D_i\cos\alpha_{zi}\\Y_i=Y_z+D_i\sin\alpha_{zi}\\H_i=H_z+D_i\cot T_i+I-R\end{cases}\tag{7-3}$$

式中，$\alpha_{zi}=\alpha_{z0}+L_i$（$\alpha$为坐标方位角）。

式(7-3)适用于全站仪使用平距观测和平距丈量法，若用全站仪观测斜距$S_{zi}$，则

$$D_{zi}=S_{zi}\sin T_i$$

若使用视距法，设视距间距为$L$，则$D_{zi}=kl\sin^2T_i$，其$k=100$。

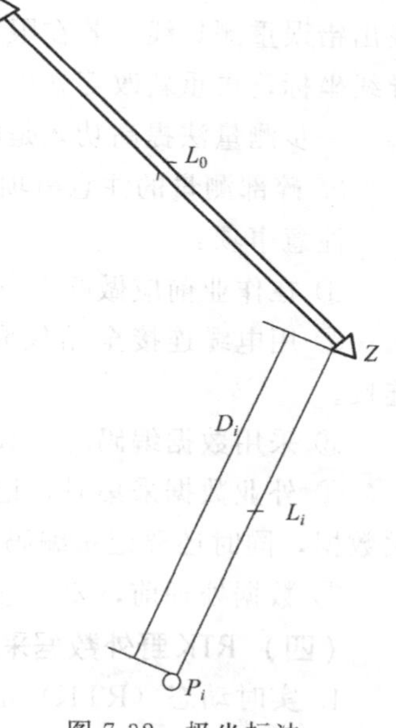

图7-32　极坐标法

(2) 一步测量法　利用电子平板测图，除了可按传统的作业程序进行施测以外，还可以

采用图根导线与碎部测量同时作业的“一步测量法”。即在一个测站上，先测导线的数据，接着就测碎部点。这是一种少安置一轮仪器、少跑一轮路，大大提高外业工作效率的测量方法。

如图7-33所示，$A$、$B$、$C$、$D$为已知点，1，2，3，…，$n$为图根导线，$1'$，$2'$，$3'$，…，$n'$为碎部点。

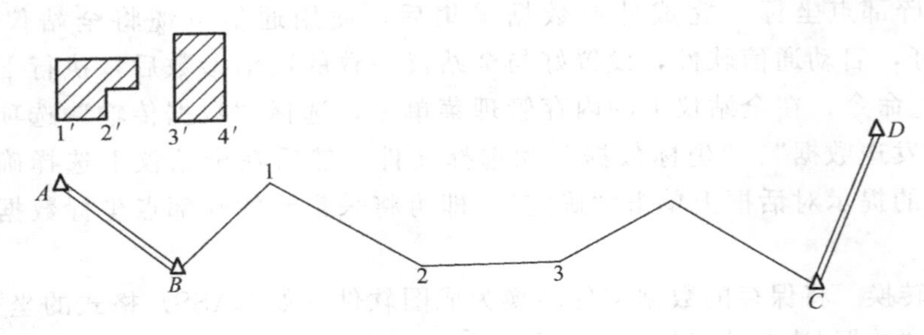


图7-33　一步测量法

作业步骤如下。

① 全站仪置于$B$点，先后视$A$点，再照准1点测水平角、垂直角和距离，可求得1点坐标。

② 不搬运仪器，再后视$A$点为零方向，施测$B$站周围的碎部点$1'$，$2'$，…，$n'$。根据$B$点坐标可得到碎部点的坐标。

③ $B$站测量完毕，仪器搬到1点，后视$B$点，前视2点，测角、测距，得2点坐标（近似坐标），再施测1点周围碎部点，根据1点坐标，可得周围碎部点坐标（近似坐标）。

同理，可依次测得各导线点坐标和该站周围的碎部点坐标，但要注意及时勾绘草图、标注点号。

④ 待测至$C$点，则可由$B$点起至$C$点的导线数据，计算附合导线闭合差。若超限，则找出错误重测导线；若在限差以内，用计算机重新对导线进行平差处理。然后利用平差后的导线坐标，再重新改算各碎部点的坐标。

一步测量法提高功效是明显的，尤其适合于线路测量。该法主要适用于全站仪测量。

3. 碎部测量的注意事项

注意事项：

① 在作业前应做好准备工作，全站仪的电池、备用电池均应充足电。

② 用电缆连接全站仪和计算机时，应选择与全站仪型号相匹配的电缆，小心稳妥地连接。

③ 采用数据编码时，数据编码要规范、合理。

④ 外业数据采集时，记录及草图绘制应清晰、信息齐全。不仅要记录观测值及测站有关数据，同时还要记录编码、点号、连接点和连接线等信息，以方便绘图。

⑤ 数据处理前，要熟悉所采用软件的工作环境及基本操作要求。

### （四）RTK野外数据采集

1. 实时动态（RTK）定位技术简介

实时动态（real time kinematic，RTK）测量技术，是以载波相位观测量为根据的实时差分GPS（RTKGPS）测量技术，它是GPS测量技术发展中的一个新突破。众所周知GPS

测量工作的模式已有多种，如静态、快速静态、准动态和动态相对定位等。但是，利用这些测量模式，如果不与数据传输系统相结合，其定位结果均需通过观测数据的测后处理而获得。由于观测数据需在测后处理，所以上述各种测量模式，不仅无法实时地给出观测站的定位结果，而且也无法对基准站和用户站观测数据的质量进行实时地检核，因而难以避免在数据后处理中发现不合格的测量成果，需要进行返工重测的情况。

以往解决这一问题的措施，主要是延长观测时间以获得大量的多余观测量，来保障测量结果的可靠性。但是这样一来，便显著地降低了GPS测量工作的效率。

实时动态测量的基本思想是，在基准站上安置一台GPS接收机，对所有可见GPS卫星进行连续地观测，并将其观测数据，通过无线电传输设备，实时地发送给用户观测站。在用户站上，GPS接收机在接收GPS卫星信号的同时，通过无线电接收设备，接收基准站传输的观测数据，然后根据相对定位的原理，实时地计算并显示用户站的三维坐标及其精度。RTK是能够在野外实时得到厘米级定位精度的测量方法。

这样，通过实时计算的定位结果，便可监测基准站与用户站观测成果的质量和解算结果的收敛情况，从而可实时地判定解算结果是否成功，以减少冗余观测，缩短观测时间。

RTK测量系统的开发成功，为GPS测量工作的可靠性和高效率提供了保障，这对GPS测量技术的发展和普及，具有重要的现实意义。

RTK测量系统用于统测地形图时，仅需一人背着仪器在要测的地形地貌碎部点呆上一两秒钟，并同时输入特征编码，通过手簿可以实时知道点位精度，把一个区域测完后回到室内，由专业的软件接口就可以输出所要求的地形图，这样用RTK仅需一人操作，不要求点间通视，大大提高了工作效率，采用RTK配合电子手簿可以测设各种地形图，如普通测图、铁路线路带状地形图的测设，公路管线地形图的测设，配合测深仪可以用于测水库地形图、航海海洋测图等。

2. RTK测绘地形图的步骤

近几年推出的载波相位差分技术，又称RTK（real time kinematic）实时动态定位技术，能够实时提供测点（用户站）在指定坐标系的三维坐标成果，测程在20km以内可达到厘米级精度。

作为新兴的GPS技术，RTK日渐受到人们的青睐，它使GPS技术真正应用于动态测量场合，具备了与常规仪器抗衡的实力。

（1）RTK的基本原理　对于静态测量，GPS系统需要两台或两台以上接收机同步观测，记录的数据用软件进行事后处理，可得两测站间精密的WGS-84基线向量，然后经平差、坐标转换等工作，才能最终得到未知点的坐标，现场无法求得坐标结果，不具备实时性，因此静态测量型GPS仪器很难直接应用于具体的测绘工程。

差分GPS（DGPS）是近几年内出现的新技术，包括RTD和RTK两种。其中RTD称实时伪距差分或平滑伪距差分。在该差分系统中，GPS基准站只传送伪距校正值及其变化率，RTD定位能达到米级精度。RTK称实时动态载波相位差分，在两台静态型测量仪器间加上一套无线电数据通信系统（也称数据链），将相对独立的GPS信号接收系统连成一个有机整体。基准站把接收到的所有卫星信息（包括伪距和载波相位观测值）和基准站的一些信息（如基准站的坐标、天线高等）都通过通信系统传送到流动站，流动站本身在接收卫星数据的同时，也接收基准站传送的卫星数据，在流动站完成初始化后，把接收到的基准站信息传到控制器内（一般是微型计算机），将基准站的载波观测信号与本身接收到的载波观测信号进行差分处理，即可实时求得两站间的基线值，同时输入相应的坐标转换参数（一般要通过重合点的两套坐标，由 RTK 软件实时求解），即可实时求得未知点的实用坐标。因此要求 GPS 接收机要具备很强的运算能力。

（2）RTK 系统组成　RTK 系统由一个基准站和若干个流动站及通信系统组成。

基准站包括 GPS 接收机、GPS 天线、无线电通信发射设备与供 GPS 接收机和无线电通信设备使用的电源及基准站控制器等。

一个流动站由以下部分组成：GPS 天线、GPS 接收机、电源与无线电通信接收设备及流动站显示控制器。

系统的结构及数据流程，如图 7-34 和图 7-35 所示。

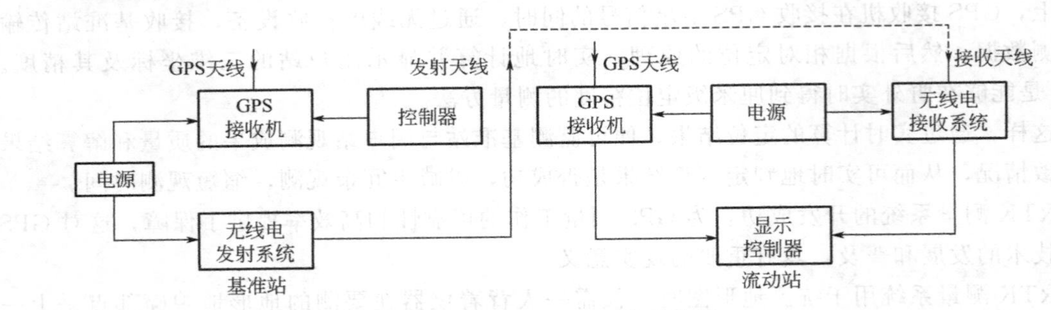


图 7-34　RTK-GPS 系统结构图

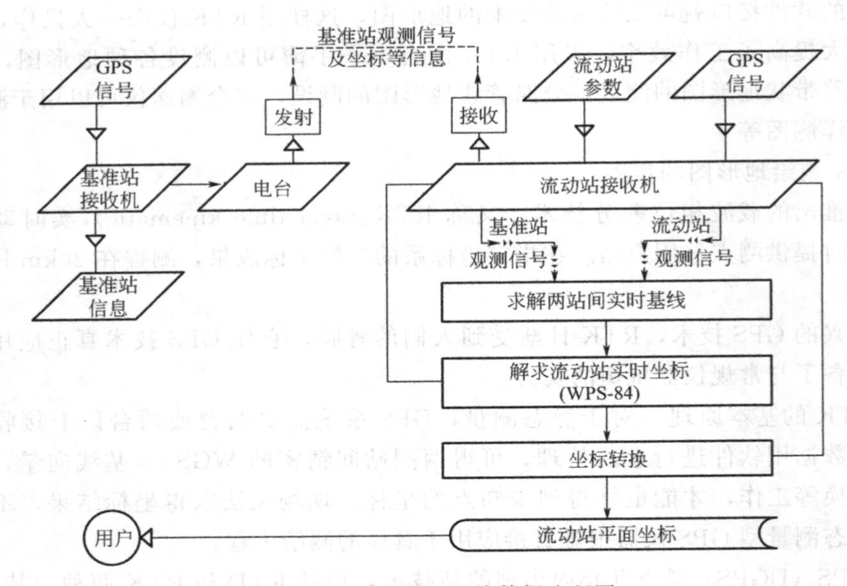


图 7-35　RTK-GPS 系统数据流程图

（3）野外数据采集　碎部测量一般是首先根据控制点进行图根点加密，然后在图根点上用经纬仪或平板仪进行碎部测图。这种方法均要求测站与碎部点之间相互通视，且至少应有 2～3 人操作。

利用 GPSRTK 技术进行土地资源调查（碎部测量）时，只要在基准站上安置 1 台 GPS 接收机，流动站仅需一人背着仪器在待测的碎部点上滞留 1～2s，并同时输入特征编码，通过电子手簿或便携微机记录，在点位精度合乎要求的情况下，则可将某一个区域内的地形地物点位通过专业绘图软件绘制成地形图。具体步骤包括：基准站设置、流动站设置、点校正、碎部点数据采集。

（4）内业数据处理　具体步骤包括：RTK 数据下载、绘制地形图。

（5）实地检查及精度分析

## 第五节　地形图的识读

### 一、地形图图廓外注记

1. 图名和图号

图名和图号标注于北图廓外的中央。图名是本幅图的名称，一般用图内最著名或重要的地名命名。图号就是图的编号，注在图名的下面。在地形图的图号下面还注有本图范围所属的行政区划名。如图 7-36 所示。

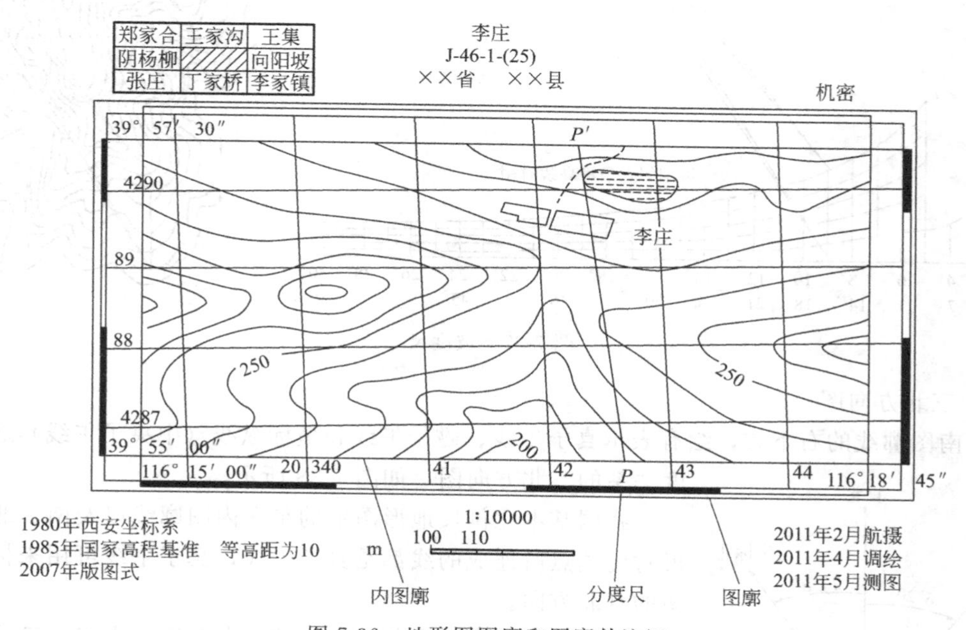


图 7-36　地形图图廓和图廓外注记

2. 接图表和接合图号

在图廓外左上角绘有接图表，中央阴影部分为本幅图，四周为相邻图幅的位置和图名。为了便于查找相邻图幅，有些地形图还在四条图廓边的中部注有相邻图幅的图号，即接合图号。

3. 平面直角坐标网

图内由相互垂直的两组直线所组成的方格网就是高斯平面直角坐标格网，在内、外图廓之间注有每条坐标格网线的纵横坐标值。根据坐标格网及其坐标值，可以确定图上任一点的高斯平面直角坐标。

在高斯投影中，由于相邻投影带的中央子午线不平行，以致两相邻投影带的纵横坐标线均斜交成一夹角。为了用图、拼图方便，规定我国基本比例尺地形图中位于投影带边缘相邻投影带重叠区内的图幅，在外图廓的外侧用短线绘制出邻带坐标格网，并注出其坐标值。

4. 比例尺

在南图廓线的下方中央，绘有直线比例尺和数字比例尺，用于图上量算距离。

5. 坡度尺

有些比例尺地形图，在比例尺的左侧绘有坡度尺，如图 7-37 所示。坡度尺的纵线表示等高线间的平距，横线自左向右注有1°~30°的地面坡度，用来量取相邻两条或六条等高线之间的坡度。利用坡度尺在图上求坡度的方法是，用尺子在图上量取所要求的等高线之间的平距，然后在相应的坡度尺的纵线上找出同高的位置，在横线上读出坡度值。

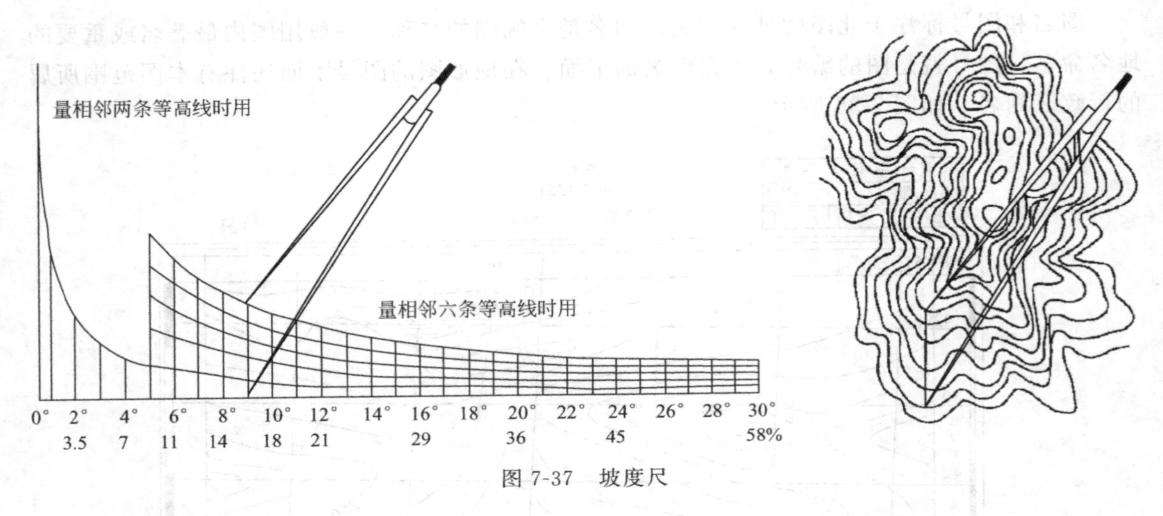


图 7-37　坡度尺

6. 三北方向图

在南图廓线的右下方，绘有表示真子午线、磁子午线和坐标纵线（中央子午线）之间角度关系的三北方向图，如图 7-38 所示。

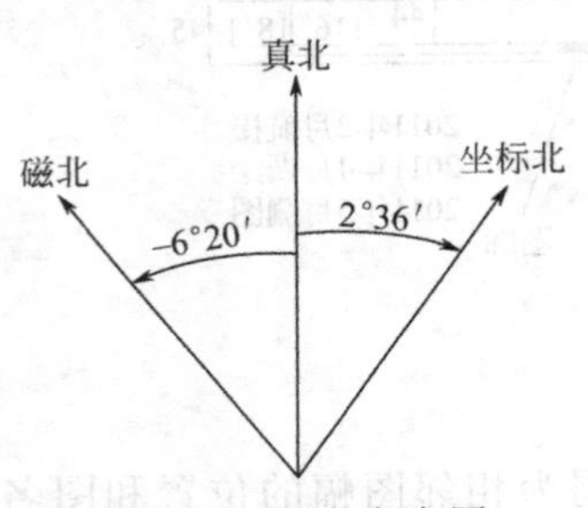


图 7-38　三北方向图

我国基本比例尺地形图中的东西内图廓线以及南、北分度尺对应端点所连成的线都是真子午线，真子午线可用来标定地图的真北方向。

在南北内图廓线上标有磁北点 $P'$和 磁南点 $P$，其连线表示该图幅范围内的平均磁子午线方向。

内图廓中平面直角坐标格网的纵线就是坐标纵线，它们平行于本图幅投影带的中央子午线，纵坐标值递增的方向就是坐标北方向（北半球）。

三北方向中两两之间的夹角有坐标纵线偏角（子午线收敛角）、磁偏角和磁坐偏角。偏角均有正有负。常用的子午线收敛角和磁偏角均是以中央子午线为标准线，东偏为正，西偏为负。处于投影带中央子午线以东区域的子午线收敛角均是东偏，角值为正；以西区域均是西偏，角值为负。6°带的子午线收敛角最大值约为±3°在我国范围内，磁偏角一般是西偏，只有在发生磁力异常的地区才会出现东偏。

7. 成图方法

在外图廓的右下角注有本图的成图方法。一般分航测成图、平板仪测图、经纬仪测图和数字化成图。

8. 其他

除以上内容外，图上还注有制图所依据的图示、测图单位、成图日期、出版日期、等高距及地形图的密级等。

### 二、坐标系统和高程系统

在外图廓的左下角注有本图幅所采用的坐标系统和高程系统。我国基本比例尺地形图1980年前一直采用1954年北京坐标系和1956年黄海高程系，以后改用1980年（西安）大地坐标系和1985年国家高程基准。其他地形图也有采用城市坐标系、独立平面直角坐标系及独立高程系的情况。

### 三、地形图式和等高线

应用定性图应该了解地形图所使用的地形图图式，熟悉一些常用的地物和地貌符号，了解图上文字注记和数字注记的确切含义，我国现行的国家《1∶500、1∶1000、1∶2000地形图图式》是识读地形图的重要依据。另外还应了解等高线的特性，要能根据等高线判读出山头、山脊、山谷、鞍部、山脊线、山谷线等各种地貌。

## 第六节　地形图的应用

地形图既详细又如实地反映了地面上各种地物分布、地形起伏及地貌特征等情况，因此它是国家各个部门和各项工程建设中必需的资料，而在军事与国防建设中也是极为重要的资料。一幅内容丰富完善的地形图，可以解决各种工程问题，并获得必要的资料，如果善于阅读地形图，就可以了解到图内地区的地形变化、交通路线、河流方向、水源分布、居民点的位置、人口密度及自然资源种类分布等情况。

地形图都注有比例尺，并具有一定的精度，因此利用地形图可以求取许多重要数据，如求取地面点的坐标、高程，量取线段的距离，直线的方位角以及面积等。

### 一、在图上求坐标、距离及角度

1. 确定图上任一点的坐标

在图上求任一点的坐标可根据图上的坐标格网的坐标值来进行。如图7-39所示，若要求$A$点的坐标，即根据坐标格网的注记，可知$A$点的$x$坐标在57100与57200之间，$y$坐标在18100与18200之间。通过$A$点作坐标格网的平行线$fe$和$gh$，用比例尺量取$eA$和$gA$的长度：

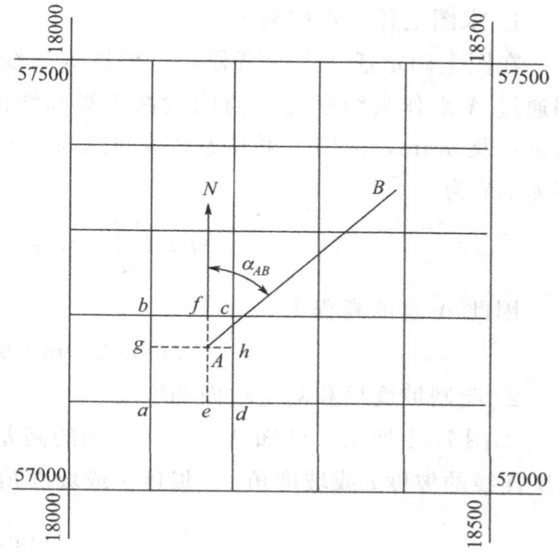

图7-39　确定图上任一点的坐标

$$eA=75.2 \quad gA=60.4$$

则

$$x_A=57100+75.2=57175.2\text{m}$$

$$y_B=18100+60.4=18160.4\text{m}$$

由于图纸可能有伸缩，因此还应量出$fe$和$gh$的长度，如果$fe$及$gh$的长度等于方格网的理论长度（一般为10cm），则说明图纸无伸缩，反之则必须考虑图纸的伸缩的影响，可按下式计算 $A$ 点的坐标。

$$x_A=57100+\frac{10}{ab}eA$$

$$y_A=18100+\frac{10}{ad}gA$$

2. 确定图上两点间的水平距离及方向

如图 7-39 所示，要确定 $AB$ 间的直线长度，一般可用比例尺来直接量取。并可以用量角器来量出 $AB$ 的方位角。

当精度要求较高时，需要考虑图纸伸缩的影响，可先从图上量测出 $A$ 点和 $B$ 点的坐标 $x_A$，$y_A$ 和 $x_B$，$y_B$，然后用下式计算直线的长度 $D_{AB}$。

$$D_{AB}=\sqrt{(x_B-x_A)^2+(y_B-y_A)^2} \tag{7-4}$$

直线 $AB$ 的方位角可用下式计算

$$\tan\alpha_{AB}=\frac{y_B-y_A}{x_B-x_A} \tag{7-5}$$

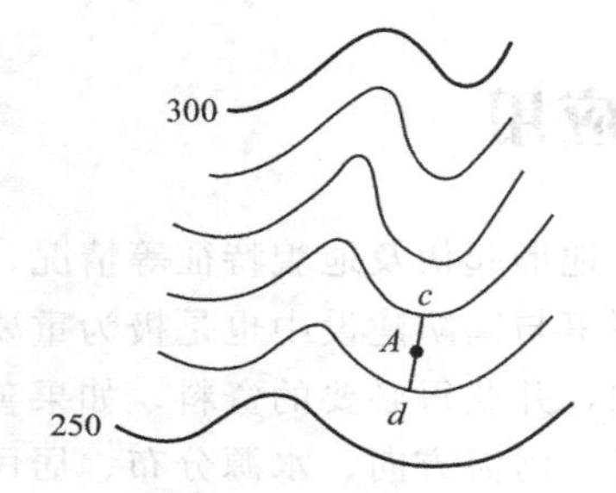

图 7-40　求图上任一点的高程

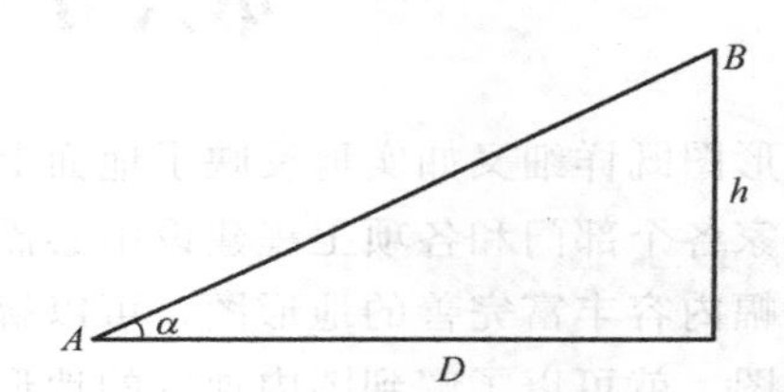

图 7-41　绘制坡度尺和测定地面的坡度

## 二、确定地面点的高程和斜坡的坡度

1. 求图上任一点的高程

在图上确定任一点的高程，可根据等高线来进行。在图 7-40 中，如要求 $A$ 点的高程，即通过 $A$ 点作大约垂直 $A$ 点附近两根等高线的垂线 $cd$，量出 $cd$ 及 $Ad$ 之长度，设分别为 12mm 及 8mm，由图上可知等高线间隔为 10m，则用比例方法求出 $A$ 点对 260m 等高线的高差 $\Delta h$ 为

$$\Delta h=\frac{Ad}{cd}\times10\text{m}=\frac{8}{12}\times10\text{m}=6.7\text{m}$$

因此 $A$ 点的高程为

$$H_A=260\text{m}+6.7\text{m}=266.7\text{m}$$

2. 绘制坡度尺和测定地面的坡度

如图 7-41 所示，已知 $A$、$B$ 两点间的高差 $h$，再量测出 $AB$ 间的水平距离 $D$，则可确定 $AB$ 连线的坡度 $i$ 或坡度角 $\alpha$。坡度 $i$ 或坡度角 $\alpha$ 可按下式计算

$$i=\tan\alpha=\frac{h}{D} \tag{7-6}$$

直线的坡度 $i$，一般用百分率（%）或千分率（‰）表示。

为了工作方便，在地形图上绘有坡度尺，利用坡度尺，根据图上相邻两条等高线的平距，可以求得相应的地面坡度。

坡度尺的做法如下：先绘一水平直线作基线，将基线等分成若干段，从左至右各分点依次注坡度角的度数1°、2°、3°、…、30°（或坡度 $i$），见图7-42。根据公式 $D=h\cot\alpha$，可依次求出各分点坡度角相对应的水平距离 $D$，式中 $h$ 为地形图上基本等高线的间隔，是一常数。过各分点作基线的垂线，按测图比例尺在相应垂线上截出水平距离 $D$，然后以圆滑曲线连接各垂线端点，即得量取相邻两条等高线时用的坡度尺。

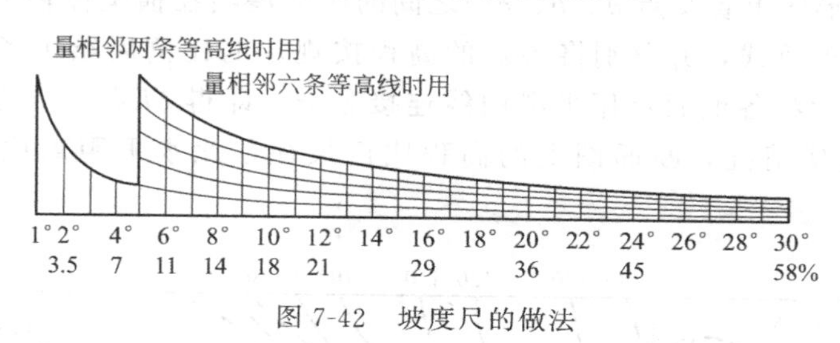


图7-42　坡度尺的做法

根据同样方法，按相邻六条等高线间的高差（五倍等高距）计算5°～30°的 $D$。并在相应的垂线上依次截取 $D$ 值，然后划分五等分，将其相应的等分点连成光滑的曲线，即得量取相邻1～6条等高线时用的坡度尺。

使用坡度尺时，当地面坡度很缓，在图上量得位于同一坡面上的相邻两条等高线之间的水平距离，然后与量相邻两条等高线时用的坡度尺上各垂线比较，即可读出相应坡度角。当地面坡度较陡，图上等高线平距很小时，在图上量得位于同一坡面上相邻1～6条等高线间的水平距离，然后与量相邻六条等高线时用的坡度尺上各相应垂线比较，即可读出相应坡度角。为适应工程上的需要，在基线下还注有坡度，这是为了便于根据平距求该直线的坡度，或者由坡度求平距。

## 三、根据规定坡度在地形图上设计最短路线

公路、渠道、管线等设计，往往要求在不超过某一坡度 $i$ 的条件下，选择最短的路线。这时应先根据地形图上的等高线间隔，求出相应于一定坡度 $i$ 时的平距 $D$，并按地形图的比例尺计算出图上的平距 $d$，用两脚规在地形图上求得整个路线的位置。如图7-43中，要从 $A$ 点开始，向山顶选一条公路线，使坡度为5%，从地形图上可以看出等高线间隔为5m，限制坡度 $i=5\%$，则路线通过相邻等高线的最短距离应该是

$$D=\frac{h}{i}=\frac{5}{5\%}=100\text{m}$$

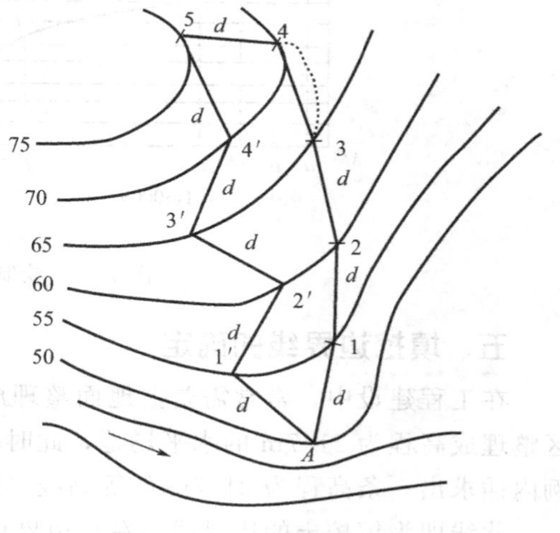


图7-43　设计最短路线

在1∶5000的地形图中，实地 $D=100$m，图上 $d$ 应为2cm。以 $A$ 点为半径，作圆弧与55m等高线相交于1和1′两点，再分别以1和1′为圆心，仍用2cm为半径作弧，交60m等高线于2及2′两点。依此类推，可在图上画出规定坡度的两条路线，然后再进行比较，要考虑整个路线不要过分弯曲，选取较理想的最短路线。

## 四、绘制某方向的断面图

为了修建道路、管线、水坝等工程，需要做出地形图上某方面的断面图，表示出特定方向的地形变化，这对工程规划设计有很大的意义。

如图 7-44 中要求绘出 $MN$ 方向上的地形断面图。通过 $MN$ 两点连线与各等高线相交于 $a$、$b$、$c$ 等点。其次，在另一方格纸上，以水平距离为横坐标轴，高程为纵坐标轴。以 $M$ 作为起点，并把地形图上各交点 $a$、$b$、$c$…之间的距离展绘在横坐标轴上，然后再自各点作垂直于横坐标轴的垂线，并分别将各点的高程按规定的比例展绘于各垂线上，则得各相应的地面点。最后将各地面点用平滑曲线连接起来，即得 $MN$ 方向的断面图。为了较明显地表示地面起伏情况，断面图上的高程比例尺往往比水平距离比例尺放大五倍或十倍。

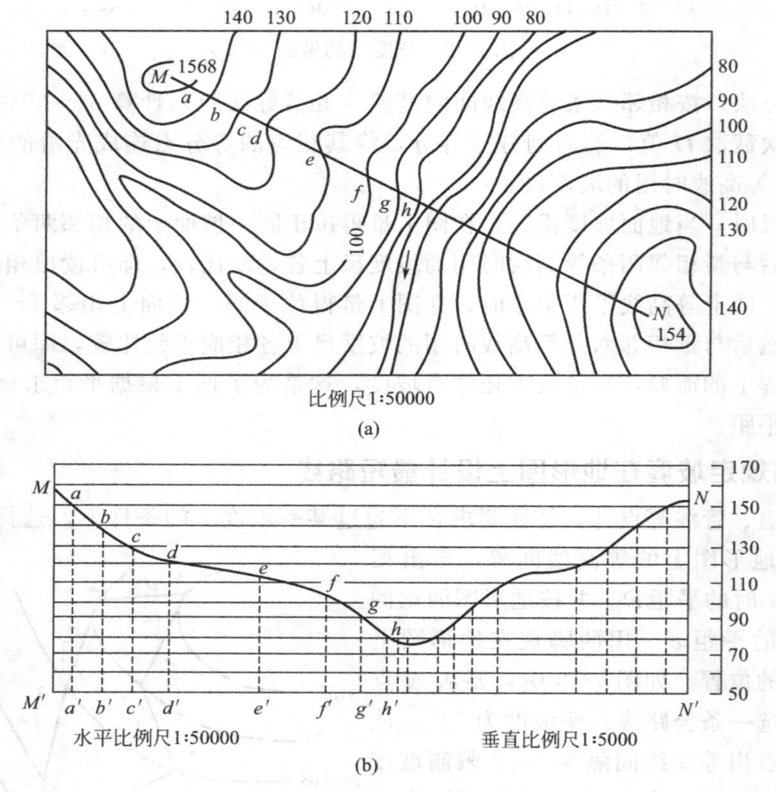


图 7-44　绘制已知方向的纵断面图

## 五、填挖边界线的确定

在工程建设中，常常需要把地面整理成水平或倾斜的平面。如图 7-45 所示，要把该地区整理成高程为 21.7m 的水平场地，此时可在 21m 和 22m 两条等高线之间，以 7∶3 的比例内插求出一条高程为 21.7m 的等高线（图 7-45 中的虚线）。

此线即为填挖土的边界线，在该边界线高程之上的地段为挖土区，在该边界线之下的地段为填土区，如图上 24m 等高线上要挖深 2.3m，在 20m 等高线上要填高 1.7m。

假如要把地表面整理成具有一定坡度的倾斜平面，如图 7-46 所示，设计的倾斜平面要通过地面上 $a$、$b$、$c$ 三点，此三点的高程分别为 150.7m、151.8m 和 148.2m。

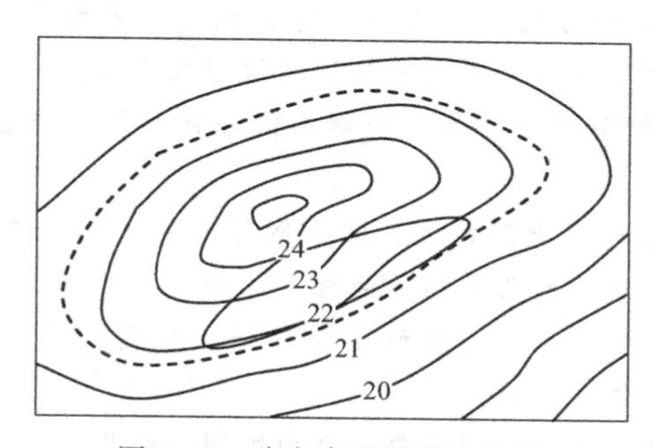

图 7-45　确定水平面填挖边界

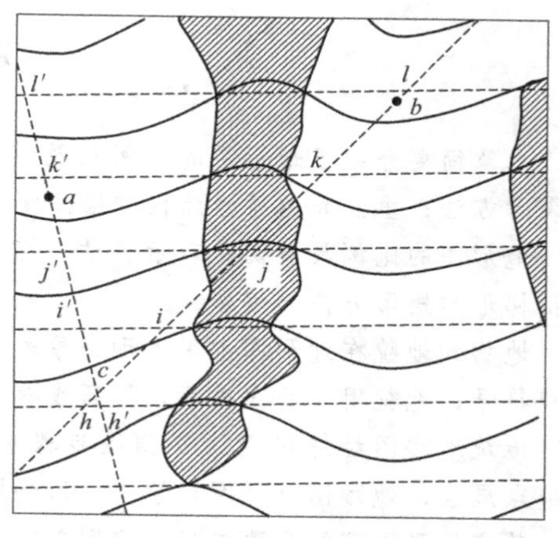

图 7-46　确定斜平面填挖边界

为了确定填挖的界限，必须先在地形图上作出设计面的等高线。由于设计面是倾斜的平面，所以设计面上的等高线应当是等距的平行线，画这些等高线时首先用直线连接 $b$、$c$ 两点，并将 $bc$ 线延长到图的边缘，然后根据 $b$、$c$ 两点的设计高程，用内插法在 $bc$ 线上得到高程为 148m、149m、150m、151m 和 152m 高程的点位，如图中的 $h$、$i$、$j$、$k$、$l$ 点。再以同样方法求出 $ac$ 线上内插的相应高程的点位 $h'$、$i'$、$j'$、$k'$、$l'$，连接 $hh'$、$ii'$、$jj'$、$kk'$及 $ll'$，就得到设计平面上所要画的等高线（图中彼此平行的虚线）。最后需要定出设计平面上的等高线与原地上同高程等高线的交点，把这些交点用平滑的曲线连接起来，即得出填挖土的边界线。图 7-46 中画有斜线的部分表示应填土的地方，而其余部分表示应挖土的地方。

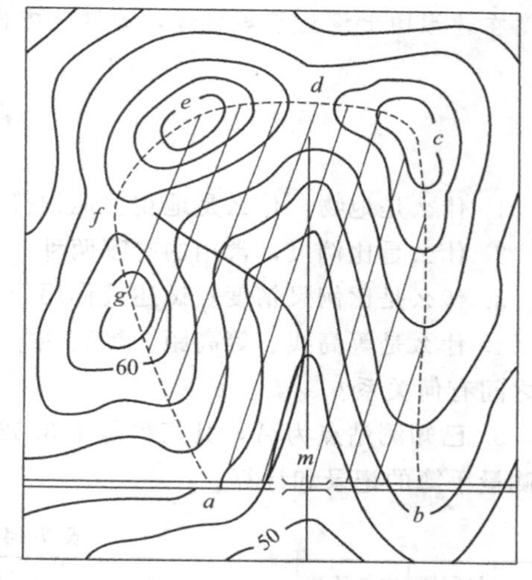

图 7-47　确定汇水面积

每处需要填土的高度或挖土的深度是根据实际地面高程与设计地面高程之差确定的。如在 $P$ 点，实际地面高程为 149.3m，而该处设计地面的高程为 148.7m，因此 $P$ 点必须挖深 0.6m。

## 六、确定汇水面积

在修建交通线路的涵洞、桥梁或水库的堤坝等工程建设中，需要确定有多大面积的雨水量汇集到桥涵或水库，即需要确定汇水面积，以便进行桥涵和堤坝的设计工作。通常是在地形图上确定汇水面积。

汇水面积是由山脊线所构成的区域。如图 7-47 所示，某公路经过山谷地区，欲在 $m$ 处建造涵洞，$cn$ 和 $em$ 为山谷线，注入该山谷的雨水是由山脊线（即分水线）$a$、$b$、$c$、$d$、$e$、$f$、$g$ 及公路所围成的区域。区域汇水面积可通过面积量测方法得出。另外，根据等高线的特性可知，山脊线处处与等高线相垂直，且经过一系列的山头和鞍部，可以在地形图上直接确定。

# 本章小结

本章简要介绍了地形图的比例尺及其精度、地形图的分幅编号方法、地物地貌在地形图上的表示方法；重点介绍了经纬仪测绘法测绘地形图和数字地形图测绘方法、地形图的应用。

地形图的比例尺有两种表示方法，即数字比例尺和图式比例尺。地形图的分幅和编号方法包括梯形和矩形分幅和编号。

地物和地貌在地形图上用地形符号表示。地物符号包括比例符号、非比例符号、线性符号、面积符号；地貌用等高线表示，等高线有首曲线、计曲线、间曲线和助曲线等四种。

传统地形图经纬仪测绘法测图步骤包括：测图前准备工作、测站安置仪器、观测、计算、碎部点展绘、地形图（原图）绘制、地形图的拼接、整饰、验收。

数字地形图测绘步骤包括：测图前准备、控制测量、野外数据采集、室内绘图、验收。

地形图的识读应遵循先图外后图内、先地物后地貌的顺序。

地形图的应用包括：图上确定点的坐标和高程；两点间的距离、坡度和方位角，根据规定坡度在地形图上设计最短路线，绘制某方向的断面图，填挖边界线的确定，计算汇水面积等。

# 习　题

1. 什么是地物，什么是地貌？地物符号有哪几种，举例说明。

2. 什么是比例尺，常用的有哪两种？什么是大比例尺地形图？

3. 什么是比例尺精度？试述其作用。

4. 什么是等高线、等高距、等高线平距？在同一幅地形图上等高线平距、等高距和地面坡度之间有何关系？

5. 已知测站点为 $A$，其高程是 123.52m，后视点为 $B$，仪器高为 1.50m，完成表 7-14 中碎部测量手簿的记录和计算。

表 7-14　碎部测量记录手簿

| 点号 | 尺间隔/m | 中丝读数/m | 竖盘读数 | 竖直角 | 初算高差/m | 改正数/m | 改正后高差/m | 水平角 | 水平距离/m | 测点高程/m | 备注 |
|---|---|---|---|---|---|---|---|---|---|---|---|
| 1 | 0.395 | 1.50 | 84°36′ | | | | | 43°30′ | | | |
| 2 | 0.575 | 1.50 | 85°18′ | | | | | 69°20′ | | | |
| 3 | 0.614 | 2.50 | 93°15′ | | | | | 10°50′ | | | |

注：望远镜水平时竖直度盘读数为 90°，当视线向上倾斜时读数减小。

6. 等高线有哪几种？

7. 地形图的基本应用有哪些？

8. 地形图有哪几种分幅方法？各自在什么情况下使用？

9. 设某点的经度为东经 106°42′，纬度为北纬 29°35′，试写出该点所在的 1∶2.5 万地形图的编号。

# 第八章　矿井联系测量

## 第一节　概　　述

将矿区平面坐标和高程系统传递至井下，使井上下采用统一的坐标和高程系统而进行的测量工作称为矿井联系测量。联系测量包括平面联系测量与高程联系测量两部分，前者称定向测量，后者称导入高程（标高）。

联系测量的目的是统一井上下的坐标系统和高程系统。其重要性在于：一是为了解地面建筑物、铁路以及水体与井下巷道、回采工作面之间的相互位置关系，需要绘制井上下对照图，以便及时准确地掌握矿井生产动态，采取预防措施；二是为了确定相邻矿井之间的保护煤柱需要准确地掌握两矿井间巷道及采空区的空间相对位置关系；三是为了解决许多重大工程，如井筒的延深贯通和井口间的巷道贯通，以及由地面向井下指定开凿小井或打钻等，这些工作都需要在一个统一的平面坐标系统和高程系统中才能得到解决。

联系测量的任务是：

① 确定井下经纬仪导线起始点的方位角；

② 确定井下经纬仪导线起始点的平面坐标；

③ 确定井下水准基点的高程。

前两项任务是通过平面联系测量完成的，后一项任务是由高程联系测量完成的。

在进行联系测量之前必须在进口附近的地面埋设永久控制点，称为近井点和高程基点（统称为定向基点），通过近井控制测量纳入矿区平面坐标及高程控制系统，然后以近井点和高程基点为基础，进行井上、下联系测量。

联系测量方法因矿井开拓方式不同而不同，在以平筒或斜井开拓的矿井中，从地面近井点开始，沿平筒或斜井进行经纬仪导线测量和高程测量，就能将地面的平面坐标、方位角及高程直接传递到井下导线的起始点和起始边上。而以立井开拓时，则需进行专门的测量工作。本章主要介绍立井联系测量的基本原理与方法。

## 第二节　近井点与井口高程基点

### 一、近井点与井口高程基点的布设

1. 布设要求

为了满足一些重要井巷工程测量的精度要求，多井口矿井在选择近井网（定向基点）的布设方案时，应统一规划，合理布置，尽可能使各定向基点位于同一个平面网中，并使相邻井口的近井点构成控制网中的一条边或力求间隔边数最少。如图 8-1 所示。

定向基点应尽可能埋设在便于观测、利于保存和不受采动影响的地点；近井点至井口的连测导线边数应不超过 3 条；高程基点不得少于 2 个（近井点可兼作高程基点）。

近井点和高程基点标石构造与埋设方法如图 8-2 所示。

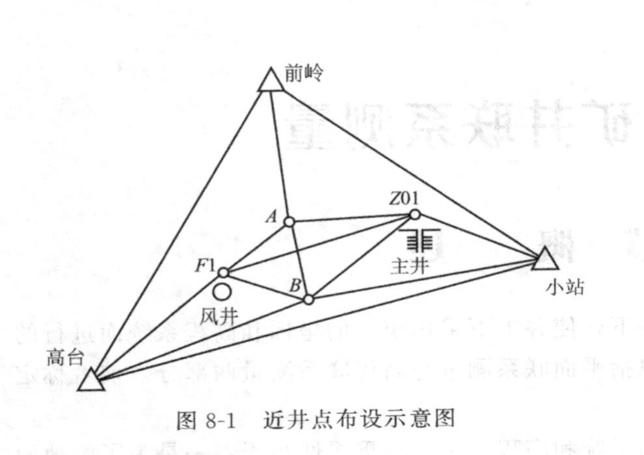

图 8-1　近井点布设示意图

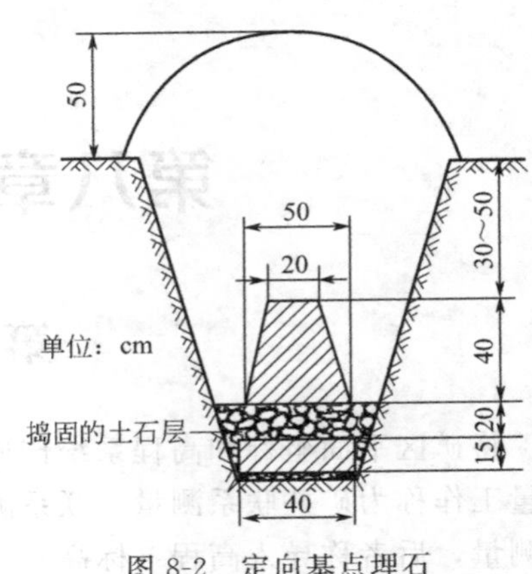

图 8-2　定向基点埋石

2. 布设精度

矿区二、三、四等三角网、导线网以及矿区 C、D 级 GPS 控制网中的只要埋设符合上述要求，均可作为近井点，亦可在此基础上测定。

近井点的精度，对于测定它的起算点而言，其点位中误差不得大于±7cm，后视方位角中误差不得超过 10″。

高程基点的测定，应不低于四等水准测量的精度。

### 二、测定方法

《煤矿测量规程》规定，近井点可在矿区三、四等三角网、测边网或边角同测网的基础上，采用插网、插点和敷设经纬仪导线（钢尺量距或光电测距）等方法测量。这些方法属于经典的测量方法，已基本淘汰，尤其是三角测量除非在特殊情况下采用。目前，在大型现代化煤矿绝大多数都配备了 GPS 卫星定位系统用户设备。因此，目前人们在选择定向基点测量方法时，首选 GPS 定位方法。各等级 GPS 定位测量技术规定见表 6-1，D 级或 E 级即可满足近井点测量精度要求。

## 第三节　平面联系测量

平面联系测量的任务是将地面的平面坐标和方位角传递到井下经纬仪导线的起始点和起始边上，使井上下采用同一坐标系统。

平面联系测量和方法有两类：几何法和物理法。

几何定向方法包括：

① 通过平硐或斜井的几何定向；

② 通过一个立井的几何定向；

③ 通过两个立井的几何定向。

物理定向方法即陀螺定向。

《煤矿测量规程》中规定，采用几何方法定向时，从近井点推算的两次定向结果的互差，对于一井定向不得超过 2′、两井定向不得超过 1′。

### 一、一井定向

一井定向是利用一个立井井筒的几何定向，是在井筒内悬挂两根钢丝，钢丝的一端固定在井口上方，另一端系上重锤自由悬挂至定向水平，再按地面坐标系统求出两根钢丝的平面坐标及其边线的方位角；在定向水平通过测量把垂线与井下永久导线点联系起来，这项工作称为连接。这样便能将地面的坐标和方向传递到井下，从而达到定向的目的。因此，整个定向工作分为投点与连接两部分，现分叙如下。

1. 投点

所谓投点，就是在井筒中悬挂重垂线至定向水平。在由地面向井下定向水平投点时，由于井筒内风流、滴水等因素的影响，致使钢丝偏斜。

如图 8-3 所示，$A$、$B$ 为两根钢丝在地面的位置，由于悬垂线偏斜，使得它们在定向水平的位置 $A'$、$B'$分别相对于 $A$、$B$ 产生线量偏差 $e_A$、$e_B$，称为投点误差。图 8-3(a)、(b)、(c) 分别示意投点误差可能出现的三种情况，图中由投点误差引起的两垂球线连线方向的误差 $\theta$，称为投向误差。在最不利的情况下，即两根钢丝分别向 $AB$ 连线两侧偏斜时的投向误差为

$$\tan\theta=\frac{e_A+e_B}{AB}$$

因 $e_A$、$e_B$ 很小，$\theta$ 角也很小，上式可简化为

$$\theta=\frac{e_A+e_B}{AB}\rho \tag{8-1}$$

式中，$\rho=206265''$（1 弧度的秒值）。

设 $e_A=e_B=1\text{mm}$，$AB=3.0\text{m}$，则投向误差为

$$\theta=\frac{e_A+e_B}{AB}\rho=\pm\frac{2\times206265}{3000}\approx\pm138''$$

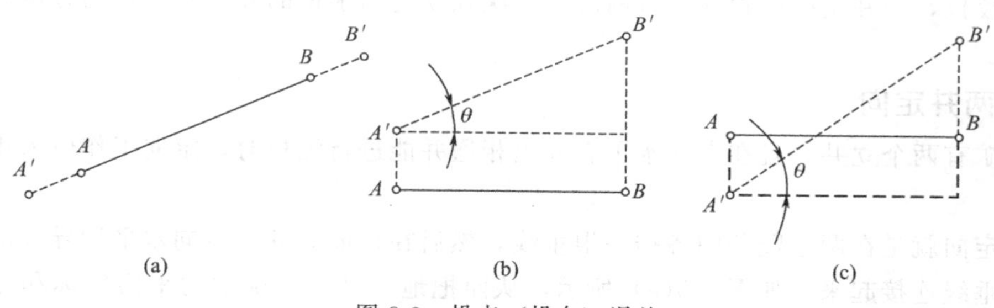


图 8-3　投点（投向）误差

上例说明，仅 1mm 的投点误差，却能引起方位角误差达 2′多。由式(8-1) 看出，要减少投向误差，必须加大两垂球线间的距离和减少投点误差 $e$。但由于井筒空间有限，两垂线间的距离不可能无限增大，一般不超过 3～5m。因此，在投点时必须采取措施减少投点误差。

2. 连接

连接的方法很多，目前普遍采用连接三角形法。

连接三角形法是在井上、下井筒附近选定连接点 $C$ 和 $C'$ [图 8-4(a)]，在井上下形成以两垂线连接 $AB$ 为公共边的两个三角形 $ABC$ 和三角形 $ABC'$，称井上下两个三角形为连接三角形 [图 8-4(b)]。为了提高精度，连接三角形应布设成延伸三角形，即可能将连接点 $C$ 和 $C'$设在 $AB$ 延长线上，而使 $\gamma$、$\alpha$ 及 $\gamma'$、$\beta'$尽量小（不大于 2°），同时，连接点 $C$ 和 $C'$应尽量靠近一根垂球线。

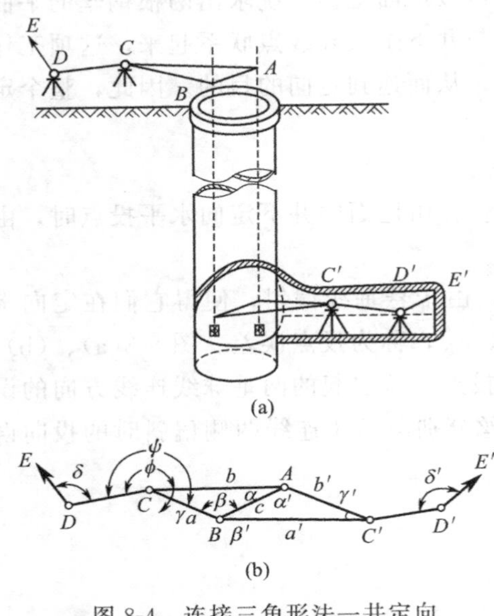


图 8-4　连接三角形法一井定向

连接三角形法的外业工作：

地面连接时，测出$\delta$、$\phi$和$\gamma$角，丈量$CD$边和延伸三角形的$a$、$b$、$c$边。

井下连接时，测出$\gamma'$、$\phi'$和$\delta'$角，丈量延伸三角形的$a'$、$b'$边和$C'D'$边。

之所以要测$\delta$和$\delta'$角，量$DC$和$D'C'$边长，是因为连接$C$和$C'$是在连接测量时临时选定的。

连接三角形法的内业包括解算三角形和导线计算两部分。

首先解算三角形，在图 8-4(b)中，角度$\gamma$和边$a$、$b$、$c$均为已知，在三角形$ABC$中，可按正弦定理求出$\alpha$和$\beta$角，即

$$\sin\alpha=\frac{a}{c}\sin\gamma;\qquad \sin\beta=\frac{b}{c}\sin\gamma$$

当$\alpha<2°$及$\beta>178°$时可用下列近似公式计算

$$\alpha''=\frac{a}{c}\gamma'';\qquad \beta''=\frac{b}{c}\gamma''$$

同样，可以解算出井下连接三角形中的$\alpha'$和$\beta'$。

然后，根据上述角度和丈量的边长，将井上下看成一条由$E$-$D$-$C$-$A$-$C'$-$D'$-$E'$组成的导线，按一般导线的计算方法求出井下起始边的方位角$\alpha_{D'E'}$和起始边的坐标$x'_D$、$y'_D$。

为了校核，一井定向应独立进行两次，两次独立定向求得的井下起始边的方位角互差不得超过 2′。

## 二、两井定向

当矿矿有两个立井，且在定向水平有巷道相通并能进行测量时，定向工作应采用两井定向方法。

两井定向就是在两个竖井中各挂一根垂线，然后在地面和井下定向水平用导线测量的方法把两根垂线连接起来。如图 8-5(a) 所示，从而把地面坐标系统中的平面坐标和方位角传递到井下。

两井定向时，两垂线之间的距离比一井定向大得多。当两垂线间距离$AB=30$m 时(《煤矿安全规程》规定两井筒间的最小间距不得小于 30m)，设投点误差$e_A=e_B=1$mm，根据公式(8-1)，其投向误差为

$$\theta=\frac{e_A+e_B}{AB}\rho=\pm\frac{2\times206265}{30000}\approx\pm13.8''$$

可见两井定向由投点误差引起的投向误差大大减少，井下起始边方位角的精度也随之提高，这就是两井定向的最大优点，而一井定向受井筒直径限制，两垂线间距离则小得多。所以，凡有条件的矿井，在选择定向测量方案时，应首先考虑用两井定向。

同一井定向一样，两井定向的全部工作包括投点、连接和内业计算。

1. 投点

投点的方法与一井定向相同，但因两井定向投点误差对方位角的影响小，投点精度要求

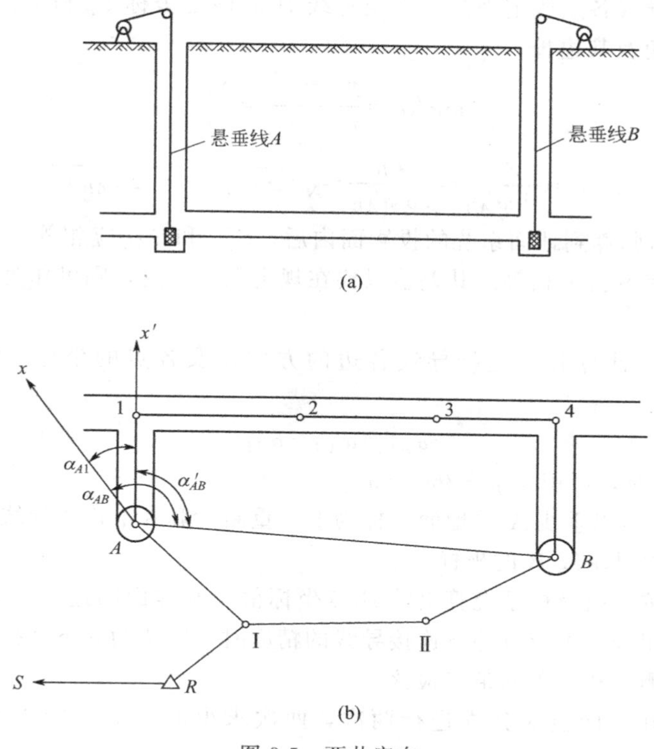


图 8-5　两井定向

较低；而且每个井筒中只悬挂一根钢丝，所以投点工作比一井定向简单，而且占用井筒时间短。

2. 连接

如图 8-5(b) 所示，由近井点 $R$ 向两悬垂线 $A$、$B$ 布设经纬仪导线 $R$—Ⅰ—$A$ 和 $R$—Ⅰ—Ⅱ—$B$，测定 $A$、$B$ 点位置。如果两井筒相距较远，可在两井筒附近各设一个近井点，分别与 $A$、$B$ 点相连接，而不在两井间布设导线，井下连接时，则通过测量导线 $A$—1—2—3—4—$B$ 将定向水平的两垂球线连接起来。

3. 内业计算

由于在一个井筒内仅投下一个点。因此，井下导线边的方位角，就不能像一井定向那样直接推算出来。为此，须在井下采用假定坐标系统的方法，并经过换算，才能获得与地面坐标系统一致的方位角。具体解算步骤如下：

根据地面连接导线算出 $A$、$B$ 的坐标后，用坐标反算公式计算出两悬垂线的连线 $AB$ 在地面坐标系统中的方位角和边长

$$\tan\alpha=\frac{y_B-y_A}{x_B-x_A}=\frac{\Delta y_{AB}}{\Delta x_{AB}} \tag{8-2}$$

$$S_{AB}=\frac{y_B-y_A}{\sin\alpha_{AB}}=\frac{x_B-x_A}{\cos\alpha_{AB}}=\sqrt{(\Delta x_{AB})^2+(\Delta y_{AB})^2} \tag{8-3}$$

建立井下假定坐标系统，计算在定向水平上两悬垂线连线的假定方位角和边长。为了简化计算，常假定 $A$-1 边为 $x$ 轴方向，与 $A$-1 垂直方向为 $y$ 轴，$A$ 为坐标原点，即 $\alpha'_{A1}=0°00'00''$，$x'_A=0$，$y'_A=0$。

计算井下连接导线各点假定坐标，直至垂线 $B$ 的假定坐标 $x'_B$ 和 $y'_B$。再用反算公式计算 $AB$ 的假定方位角及其边长

$$\tan\alpha'_{AB}=\frac{y'_B-y'_A}{x'_B-x'_A}=\frac{y'_B}{x'_B}$$

$$S'_{AB}=\frac{y'_B}{\sin\alpha'_{AB}}=\frac{x'_B}{\cos\alpha'_{AB}}=\sqrt{(\Delta x'_{AB})^2+(\Delta y'_{AB})^2}$$

理论上讲，$S'_{AB}$ 归算到地面系统的投影面内后，$S'_{AB}$ 和 $S_{AB}$ 应相等。但由于测角、量边的影响，使其 $S'_{AB}$ 和 $S_{AB}$ 不相等。其差值只要在规定限差以内，则可作为测量和计算的第一检核。

按地面坐标系统计算井下连接导线各边的方位角及各点的坐标。由图 8-5(b) 可以看出：

$$\alpha_{A1}=\alpha_{AB}-\alpha'_{AB} \tag{8-4}$$

式中，若 $\alpha_{AB}<\alpha'_{AB}$ 时，可用 $\alpha_{AB}+360°-\alpha'_{AB}$。

然后根据 $\alpha_{A1}$ 之值以垂线 $A$ 的地面坐标为准，重新计算井下连接导线各边的方位角及各点的坐标，最后算得悬垂线 $B$ 的坐标。

井下连接导线按地面坐标系统算出的 $B$ 点坐标值应和地面的连接导线所得的 $B$ 点坐标值相等。如其相对闭合差不超过井下连接导线的精度时，则认为井下连接导线的测量和计算是正确的，可作为测量和计算的第二检核。

为了检核，两井定向也应独立进行两次，两次求得的井下起始边方位角之差不得超过 1′。

## 三、陀螺经纬仪定向

采用几何方法定向时，因占用井筒而影响生产，且设备多，组织工作复杂，需要较多的人力、物力，安全技术管理难度大。用陀螺经纬仪定向就可克服上述缺点，且可大大提高定向精度。

根据《煤矿测量规程》规定，陀螺经纬仪的精度级别是按实际达到的一测回陀螺方位角的中误差来确定的，分为 15″和 25″。较为广泛使用的陀螺经纬仪 GK1 型，一次定向中误差为 20″。目前，自动化程度较高，高精度（10″）的陀螺经纬（全站）仪已在大型现代化煤矿用于矿井定向。

用陀螺经纬仪定向，可采用跟踪逆转点法、中天法、对称分划法或其他方法进行。

陀螺经纬仪定向的作业程序如下所述。

(1) 地面测定仪器常数　在地面已知边上采用 2 测回（或 3 测回）测定陀螺方位角，求得陀螺经纬仪的仪器常数 $\Delta$。

由于仪器结构本身的误差，致使陀螺经纬仪所测定的陀螺子午线和真子午线不重合，两者的夹角（即方向差值）称为仪器常数，用 $\Delta$ 表示。在井下定向测量前和测量后，应在地面同一条已知边（一般是近井点的后视边）上各测 3 次仪器常数，所测出的仪器常数互差，对于 15″级和 25″级仪器，分别不得超过 40″和 70″。

测定方法如图 8-6(a) 所示，$A$ 为近井点，$B$ 为后视点，$\alpha_{AB}$ 为已知坐标方位角。在 $A$ 点安置陀螺经纬仪，整平、对中，然后以经纬仪两个镜位观测 $B$，测出 $AB$ 方向值 $M_1$，启动陀螺仪，按逆转点法或中天法（对称分划法）2～3 个测回测定陀螺北方向值 $N_T$，再用经纬仪的两个镜位观测 $B$，测出 $AB$ 的方向值 $M_2$。取 $M_1$ 和 $M_2$ 的平均值 $M$ 为 $AB$ 线的最终

方向值，于是

$$T_{AB陀}=M-N_T \tag{8-5}$$

$$\Delta=T_{AB}-T_{AB陀}=\alpha_{AB}+\gamma_A-T_{AB陀} \tag{8-6}$$

式中　$T_{AB陀}$——$AB$ 边一次测定的陀螺方位角；

$T_{AB}$——$AB$ 边的大地方位角；

$\alpha_{AB}$——$AB$ 边的坐标方位角；

$\gamma_A$——$A$ 点的子午线收敛角。

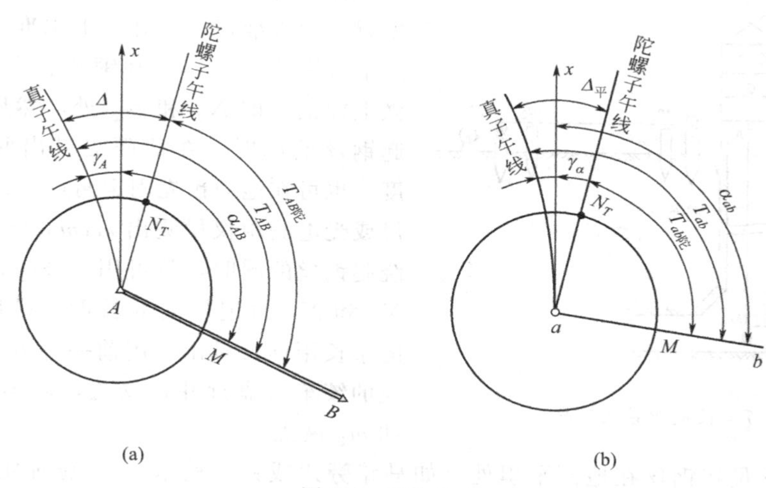


图 8-6　陀螺定向

可见，测定仪器常数实质上就是测定已知边的陀螺方位角，根据已知边陀螺方位角，便可求出仪器常数 Δ。

（2）井下定向边陀螺方位角的测定及坐标方位角的计算　按地面同样的方法，在井下定向边上测出 $ab$ 边（$ab$ 边的长度不得小于 30m）的陀螺方位角 $T_{ab陀}$，如图 8-6(b) 所示，则该边的坐标方位角

$$\alpha_{AB}=T_{ab陀}+\Delta_{平}-\gamma_{\alpha}$$

式中　$T_{ab陀}$——$ab$ 边的陀螺方位角，$T_{ab陀}=M-N_T$；

$\gamma_{\alpha}$——$a$ 点的子午线收敛角；

$\Delta_{平}$——仪器常数的平均值。

（3）返回地面后，尽快（距第一次不超过 3 天）在原已知边上在用 2～3 测回测定陀螺方位角，求得仪器常数。

以上就是井下导线起始边 2（3）—2—2（3）陀螺定向程序。井下陀螺定向，按《煤矿测量规程》要求应独立进行两次。井上下观测应由同一个观测者进行。

## 第四节　高程联系测量

高程联系测量亦称导入标高。它的任务是将地面坐标系统中的高程传递到井下高程测量的起始点上，使井上下采用统一高程系统。

由于矿井有平筒、斜井和立井三种开拓方式，相应的也要采用不同的方法导入标高，可

以用水准测量和三角高程来完成；通过立井导入标高，实际是丈量井筒深度，必须采用专门的方法才能完成。通过立井导入标高的方法有：长钢尺导入法、长钢丝导入法、测长器导入法、光电测距仪导入法。长钢丝导入法一般与陀螺经纬仪定向同时进行，光电测距仪导入法效率高，下面就着重介绍这两种方法。

## 一、钢丝导入标高

钢丝导入标高，实质上就是用钢丝丈量井筒的深度。导入标高时，将钢丝通过小滑轮由地面挂至井底，如图 8-7 所示，在井上、下各安置一台水准仪，在井上下水准点 $A$、$B$ 水准尺上分别读取 $a$、$b$，在钢丝上的水准仪照准处做上标记，即 $N_1$ 和 $N_2$ 处，然后用小绞车绕起钢丝的同时，在地面丈量出两记号间的长度。也可在地面预先固定两点 $m_1$ 和 $m_2$，用钢尺或光电测距仪量测出 $m_1m_2$ 长度，在用绞车绕起钢丝的同时，就可用 $m_1m_2$ 的长度来量取 $N_1$ 和 $N_2$ 两记号间的长度，最后不足 $m_1m_2$ 的余长用钢尺量出。用前一种方法时，缠绕钢丝的绞车可靠近井口安置，而不需要固定 $m_1$ 和 $m_2$ 两点。

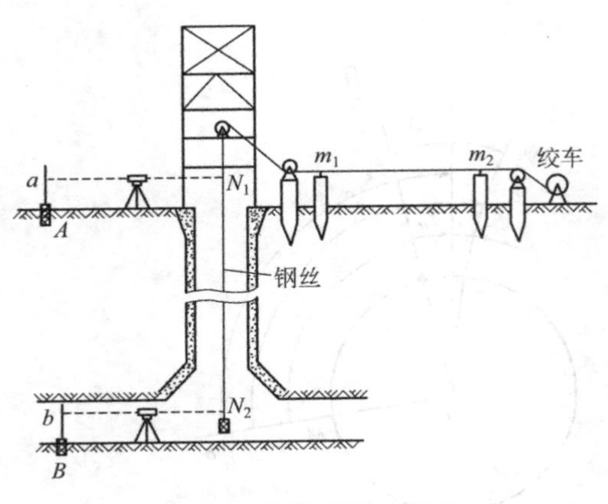


图 8-7 长钢丝导入标高

有时测量人员将钢丝在地面平坦处（如马路旁边或铁道枕木上），施加定向时的拉力，用钢尺或光电测距仪（全站仪）测量 $N_1$ 和 $N_2$ 的长度。

由图可知，井下高程基点的高程

$$H_B = H_A - h$$

$$h = L_{N_1 \sim N_2} - a + b$$

为了校核和提高精度，导入标高应进行两次，两次之差不得大于 $l/8000$（$l$ 为钢丝上下标志之间的长度，即井筒的深度）。

## 二、光电测距仪导入标高

随着光电测距仪在测量中的应用，用测距仪来测量井深也可达到导入高程的目的。这种方法测量精度高，占用井筒时间短，测量方法简单。

用光电测距仪导入高程（图 8-8）的基本方法是：测距仪 $G$ 安置在井口附近处，在井架上安置反射镜 $E$（与水平面成 45°角），反射镜 $F$ 水平置于井底。用测距仪分别测得测距仪至反射镜 $E$ 的距离 $D$（$D=GE$）和测距仪至反射镜 $F$ 的距离 $S$（$S=GE+EF$），由此得出井深 $H$ 为

$$H = S - D + \Delta H$$

式中 $\Delta H$——光电测距仪的气象及仪器加乘数等的总改正数。

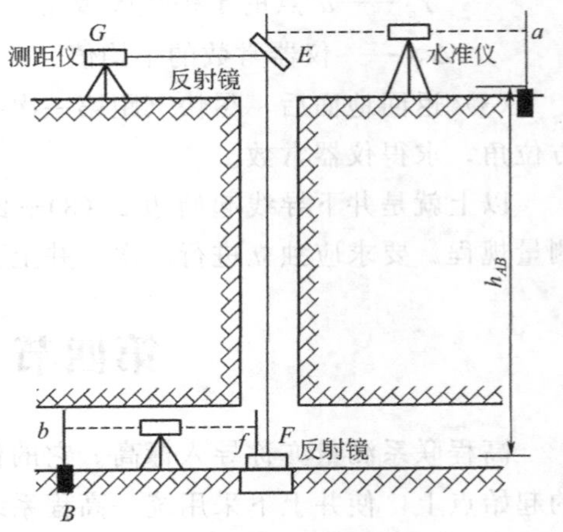


图 8-8 光电测距仪导入标高

在井上、下分别安置水准仪，读取立于 $A$、$E$

及$B$、$F$处水准尺$a$、$e$和$b$、$f$，则可求得井下水准点$B$的高程为

$$H_B = H_A - h_{AB}$$

其中，$h_{AB} = H - (a - e + f - b)$。

上次测量也应重复进行两次，按《规程》规定两次之差不得大于$H/8000$。

## 本章小结

本章介绍了联系测量的主要任务和目的，即确定井下经纬仪导线起始边的方位角、起始点的平面坐标和井下水准基点的高程，从而使井上下采用统一的坐标系统和高程系统。介绍了地面近井点和井口水准基点的测设方法和精度要求；对几何定向法、一井定向和两井定向的定向方法、步骤及计算等内容进行了详细的介绍；对物理定向法——陀螺经纬仪的定向原理和方法作了全面的介绍；指出联系测量就是矿井定向。高程联系测量方法，主要介绍了钢丝导入高程和光电测距仪导入高程三种方法。

## 习　题

1. 矿井联系测量的目的是什么？为什么要进行联系测量？
2. 近井点可采用哪几种方法测定？
3. 简述一井定向的主要步骤。
4. 简述陀螺定向井下陀螺定向边的工作步骤。
5. 高程联系测量有哪些方法？

# 第九章 井下控制测量

井下控制测量就是矿井测量的基础性工作，其目的是以此为基础，确定巷道、硐室、回采工作面及各特征点的空间位置及其相互关系。井下控制测量分为井下平面控制测量和井下高程控制测量。

井下控制测量应遵循“高级控制低级，每项测量有检查，测量精度应满足工程需要”三原则，严格执行《煤矿测量规程》，为煤矿建设和安全生产及技术管理提供准确、可靠、及时、完整的测量数据。

## 第一节 井下平面控制测量

### 一、概述

由于受井下条件所限，井下平面控制测量的形式主要是导线测量。按《煤矿测量规程》规定，井下导线分为基本控制导线和采区控制导线。

基本控制导线按测角精度分为7″、15″两级，采区控制导线亦按测角精度分为15″和30″两级。根据矿井采掘工程的实际需要，依据矿井和采区开采范围的大小而定。各级导线主要技术参数见表9-1。

表9-1 井下经纬仪导线技术参数

| 导线类别 | 测角中误差/(″) | 一般边长/m | 最大角度闭合差 | | 最大相对闭合差 | |
|---|---|---|---|---|---|---|
| | | | 闭(附)合导线/(″) | 复测支导线/(″) | 闭(附)合导线 | 复测支导线 |
| 基本控制 | ±7 | 40～140 | $\pm14\sqrt{n}$ | $\pm14\sqrt{n_1+n_2}$ | 1/8000 | 1/6000 |
| | ±15 | 30～90 | $\pm30\sqrt{n}$ | $\pm30\sqrt{n_1+n_2}$ | 1/6000 | 1/4000 |
| 采区控制 | ±15 | 30～90 | $\pm60\sqrt{n}$ | $\pm60\sqrt{n_1+n_2}$ | 1/4000 | 1/3000 |
| | ±30 | — | $\pm60\sqrt{n}$ | $\pm60\sqrt{n_1+n_2}$ | 1/3000 | 1/2000 |

注：$n$为闭（附）合导线的总站数；$n_1$、$n_2$分别为支导线第一次和第二次测量的总站数。

当井田一翼长超过5km时，应布设7″导线作为基本控制；当井田一翼小于5km时，根据矿区井田范围大小等具体条件，可以选择15″导线作为基本控制；当采区一翼长度大于1km时，布设15″导线作为采区控制；当采区一翼长度小于1km时，布设30″导线作为采区控制。由此可见，井下巷道平面控制测量的等级是根据井田范围的大小来决定的。

自20世纪90年代以来，随着采煤设备的自动化、大型化、集成化的程度提高，相继出现了年产量达到千万吨级的特大型现代化煤矿，其采区一翼长度就达3～5km。这样表9-1的规定就不一定能满足矿井安全生产的需要，因此应敷设精度更高的基本控制导线，为安全生产服务。

不仅如此，井下巷道测量精度还必须与工程要求相适应，例如上述导线不能满足工程要求时，应另行选择更高的导线等级，这样才能保证井下巷道的正确施工，避免不必要的返工浪费。为了提高井下导线的精度，除增加水平角观测次数外，一般每隔 1.5～2km 加测陀螺定向边。

井下基本控制导线是从井底车场的起始边和起始点开始，沿矿井斜井、暗斜井、平硐、井底车场、水平（阶段）运输巷道、总回风巷、集中上下山、集中运输石门等主要巷道，向井田边界敷设。

在主要巷道中，为了配合巷道施工，一般应先布设 15″或 30″导线，用以指示巷道的掘进方向。巷道每掘进 30～200m，测量人员应按该等级的导线要求进行导线测量。完成外业工作后即进行内业计算，将计算结果展绘在采掘工程平面图上，供有关部门安全生产技术管理人员了解巷道掘进进度、方向、坡度等，以便作出正确的决策。

每当巷道掘进 300～800m，就应布设控制导线，并根据基本控制导线成果展绘基本矿图。这样做不仅可以起检核作用，而且能保证矿图精度，提高巷道施工的质量，达到高级控制低级的目的。

采区控制导线一般沿采区上、下山，工作面运输巷道，轨道巷道和回风巷道以及其他次要巷道敷设。

井下经纬仪导线的布设在巷道中，受巷道掘进和矿井开拓方式的限制，起初大多为支导线形式。随着巷道的延伸及数量的增加，逐渐形成闭合导线、附合导线及导线网，如图 9-1 所示。

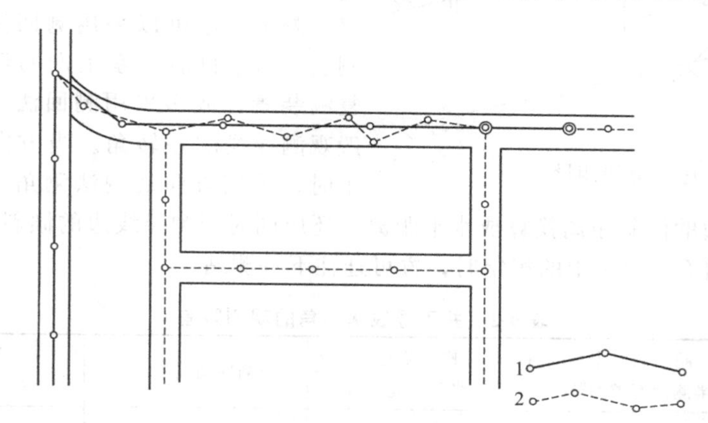


图 9-1　井下经纬仪导线的布设及导线网的形成

1—基本控制导线；2—采区控制导线

## 二、井下导线测量作业

井下经纬仪导线的布设形式，有闭合导线、附合导线和支导线三种。但井下经纬仪导线的布设与地面导线布设不同，井下导线是随着巷道的掘进而延伸的。在巷道未贯通之前，只能布设支导线，按《煤矿测量规程》应进行往、返测量，亦称复测支导线。巷道贯通后经联测，可能形成闭合导线或附合导线。

1. 井下导线测量外业

井下导线测量的外业步骤与地面导线一样，包括选点、埋点、测角、量边，其基本原理与地面经纬仪导线相同。

（1）选点埋点　通常设在坚硬岩石顶板上。对于巷宽超过 4m 永久大巷，为方便观测也可设在底板。巷道分岔处必须设点。选点时应注意：通视良好；边长不宜太短；便于安装仪器；测点易于保存，便于寻找。

井下导线点又分为永久点和临时点两种。在木棚梁架的巷道中，可用铁钉钉入棚子，作为临时设点。永久点每隔 300～800m 设置一组，每组有相邻的三点组成。永久点应在观测前 3 天选埋好，临时点可以边选点边观测。

为了便于管理和使用，各矿井可根据具体条件和习惯，将导线点按一定规则进行编号，导线点的编号力求简单易记，例如“S25”，表示南翼第 25 号导线点。为了防止用错点、便于寻找，在测点附近巷道帮上筑水泥牌，将编号用油漆写在牌子上，或刻印在水泥牌子上，涂上油漆，做到清晰、醒目、便于寻找。

(2) 水平角观测　经纬仪安置方法与地面测量相同，由于导线点设在顶板上，仪器安置在导线点之下，故要求仪器有镜上中心，以便进行点下对中，对中时，望远镜必须处于水平位置，风流较大时，要采取挡风措施，如果边长较短（例如小于 30m），为了提高测角精度、应按规程要求增加对中次数和测回数。

观测水平角时，在前、后视点上悬挂垂球，以垂球线作为觇标，如果需要测量倾角，还要在垂球线上作临时标志（如插小铁钉、细铁丝）。用矿灯上在垂线侧面照明，以便观测。在整个测角过程中，用“灯语”进行指挥可提高工作效率。

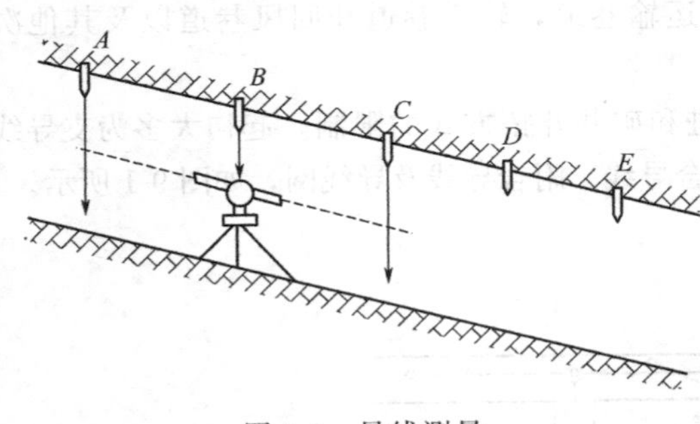

图 9-2　导线测量

测角方法可以采用测回法，亦可采用复测法。由于目前厂家生产的经纬仪大多没有复测装置，故多采用测回法观测水平角。一般观测导线的左转角。当方向数超过两个以上时，采用方向观测法测角。在测量水平角时，为了将导线边的倾斜距离换算成水平距离，还应同时观测导线边的倾斜角，如图 9-2 所示。当各项限差符合表 9-2 中的规定时，方可迁往下一测站。

**表 9-2　井下导线水平角的观测限差**

| 仪器级别 | 同一测回中半测回互差/(″) | 检查角与最终角之差/(″) | 两测回间互差/(″) | 两次对中测回(复测)间互差/(″) |
|---|---|---|---|---|
| $DJ_2$ | 20 | — | 12 | 30 |
| $DJ_6$ | 40 | 40 | 30 | 60 |

在测角过程中，前视司光者应用小钢尺量出前视照准点到测点的铅直距离，称为量上高；量出照准点到底板的铅直距离，称为量下高；量出照准点到巷道左、右帮的距离，称为左量和右量，丈量结果记入手簿（表 9-3），以便计算导线点的高程和展绘矿图。

**表 9-3　采区控制导线测量手簿**

测量地点：　　　仪器号：　　　测量者：　　　前视：

测量日期：　　　钢尺号：　　　记录者：　　　后视：

| 测站点 | 照准点 | 水平度盘读数 | | | 竖直度盘读数 | | 斜距 $L$ | 平距 $S$ | 觇标高上<br>左+右下 | 仪高 $i$ | 备注 |
|---|---|---|---|---|---|---|---|---|---|---|---|
| | | 盘左 | 盘右 | (左+右)/2 | 左/右 | 倾角 $\delta$ | | | | | |
| | | ° ′ ″ | ° ′ ″ | ′ ″ | ° ′ ″ | ° ′ ″ | m | m | m | m | |
| 1 | 8 | 0 46 00 | 180 45 54 | 45 57 | 89 46 54<br>270 13 18 | +0 13 12 | 24.633 | 24.633 | 1.050<br>1.3+1.4 | 0.880 | |
| | 2 | 31 05 36 | 211 04 54 | 05 15 | 89 45 30<br>270 14 34 | +0 14 32 | 59.049 | 59.049 | 1.890 | | |

续表

| 测站点 | 照准点 | 水平度盘读数 | | | 竖直度盘读数 | | 斜距 $L$ | 平距 $S$ | 觇标高上左+右下 | 仪高 $i$ | 备注 |
|---|---|---|---|---|---|---|---|---|---|---|---|
| | | 盘左 | 盘右 | (左+右)/2 | 左/右 | 倾角 $\delta$ | | | | | |
| | | ° ′ ″ | ° ′ ″ | ′ ″ | ° ′ ″ | ° ′ ″ | m | m | m | m | |
| 水平角 | | 30 19 36 | 30 19 00 | 19 18 | | | 往返平均值 | 59.044 | | | |
| 2 | 1 | 0 01 30 | 180 00 30 | 01 00 | 90 28 54<br>261 31 00 | −0 28 57 | 59.041 | 59.039 | 1.210<br>1.5+0.8<br>1.72 | 1.420 | |
| | 3 | 179 54 06 | 359 53 24 | 53 45 | 90 31 30<br>269 29 00 | −0 31 15 | 20.830 | 20.820 | | | |
| 水平角 | | 179 52 36 | 179 52 54 | 52 45 | | | 往返平均值 | 20.830 | | | |

（3）边长量测　在井下导线测量中，边长测量通常在测角之后进行。传统的方法是用钢尺量边。目前，基本控制导线采用光电测距仪进行距离测量，采区控制导线边长多采用钢尺丈量。

光电测距仪测距在将倾斜边长化算为水平边长之前，应进行气象改正，因此在测距的同时应记录测站点的温度和气压。

采用光电测距导线进行基本控制导线测量时，需要 6～8 人一组，观测、记录各一人，前、后各两人，另外两人协调或遇到第三方向时作前视；测量采区导线时，需要 4 人一组，一人观测，一人记录，前后视司光各一人。全组应合理分工、密切配合，共同完成外业工作。在巷道测量中，工作环境黑暗、潮湿、狭窄，来往行人、车辆较多，巷道内又有各种管线障碍，所以，无论测角或量边，都必须注意安全，爱护仪器工具。

2. 井下经纬仪导线测量内业

井下经纬仪导线测量内业计算与地面导线相同。为了防止发生错误，计算工作分别由两人独立进行。计算完毕应校对结果，各项要求符合《煤矿测量规程》规定时，记录于井下控制导线台账或展绘于矿图上。

# 第二节　井下高程测量

## 一、概述

井下高程测量的目的是要解决各种采掘工程在竖直方向上的几何问题。其具体内容和任务有：

① 在井下建立与地面统一的高程系统；

② 确定井下各主要巷道内水准点和永久导线点的高程，以建立井下高程控制网；

③ 巷道掘进时，给定其在竖直面内的方向；

④ 确定巷道底版的高程；

⑤ 检查主要巷道及其运输线的坡度。

考虑到井下条件的特殊性，井下高程测量应以满足采掘工程要求为出发点和最终目的。

井下高程测量，就其测量方法而言，除立井高程联系测量采用外，其他同地面一样。通常分为井下水准测量和井下三角高程测量，当巷道的坡度小于 8°时，用水准测量；坡度大于 8°时用三角高程测量。

井下高程点的设置方法与导线点基本相同，分永久点或临时点，可设在巷道顶板、底板或两帮的稳定岩体中也可设在井下永久固定设备的基础上。井下高程点也可以和导线点共用，永久水准点每隔 300～800m 设置一组，每组埋设两个以上水准点，两点间距以 30～80m 为宜。

《煤矿测量规程》规定，井下每组水准点间高差应采用往返测量的方法确定，往返测量高差较差不应大于$\pm 50\sqrt{R}$（mm）（$R$ 为水准点间的路线长度，km）。如果条件允许，随着巷道的掘进可布设成水准环线或附合水准路线，路线闭合差不应大于$\pm 50\sqrt{L}$（mm）（$L$ 为路线的总长度，km）。

## 二、井下水准测量

井下水准测量路线的布设形式、施设方法、内业计算以及仪器、工具等，均与地面水准测量相同，只是井下工作条件较差。

观测时，应将仪器安置于两个水准点之间使前后视距大致相等，以消除因水准管轴与视准轴不平行所产生的误差。视线长度一般为 15～40m。由于井下巷道高度所限通常使用 2～3m 长的水准塔尺，读数时，需要用灯光照明尺子。井下水准测量的测站检核和地面一样，用变更两次仪高（或其他方法）。所测两次高差之差不应超过 5mm。

井下水准测量原理与地面基本相同，但由于井下水准点大多数埋设在顶板上，观测时要倒立水准尺，所以，计算立尺点之间的高差可能出现如图 9-3 所示的四种情况，现分别说明如下：

① 前后视立尺点都在底板上，如测站（1），有

$$h_1=a_1-b_1$$

② 后视立尺点在底板上，前视立尺点在顶板上，如测站（2），有

$$h_2=a_2+b_2=a_2-(-b_2)$$

③ 前后视立尺点都在顶板上，如测站（3），有

$$h_3=-a_3+b_3=(-a_3)-(-b_3)$$

④ 后视立尺点顶板上，前视立尺点在底板上，如测站（4），有

$$h_4=-a_4-b_4=(-a_4)-b_4$$

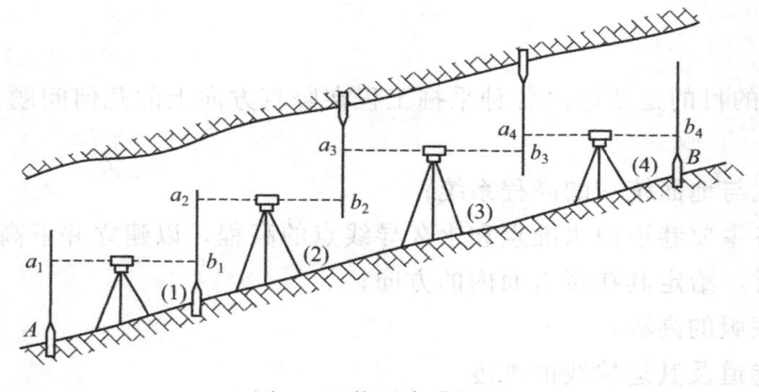


图 9-3　井下水准测量

在上述四种情况中，不难看出：凡水准尺倒立于顶板时，只要在读数前冠以负号，计算两点间的高差，仍然和地面一样，等于后视读数减去前视读数，即 $h=a-b$。因此，当尺子

倒立在顶板时，立尺员应将此种情况告诉记录员，使之在记录簿上注记清楚。用符号“┬”表示立尺点在顶板上，符号“┴”表示立尺点位于底板上，“┤”或“├”表示立尺点位于左、右帮上。外业工作完成之后，即可进行内业计算，其计算方法与地面水准测量相同。井下水准测量的外业记录格式和实例见表 9-4。

**表 9-4　井下水准测量记录**

工作地点：　　　　观测者：　　　　检查者：

日　　期：　　　　记录者：　　　　仪器号：

| 仪器站 | 测站 | 距离/m | 水准尺读数/m | | | 高差 $h$/m | 平均高差 $h$/m | 高程 $H$/m | 测点位置 | 站点号 | 备注 |
|---|---|---|---|---|---|---|---|---|---|---|---|
| | | | 后视 | 前视 | | | | | | | |
| | | | | 转点 | 中间点 | | | | | | |
| 1 | $A$ | | 0.935 | | | +2.420 | | −67.664 | ┴ | $A$ | |
| | | | 0.814 | | | +2.418 | +2.419 | | | | |
| | $B$ | | −1.580 | −1.485 | | | | −65.245 | ┬ | $B$ | |
| | | | −1.691 | −1.604 | | | | | | | |
| | $C$ | | | −1.588 | | +0.008 | | −65.237 | ┬ | $C$ | |
| 2 | | | | −1.696 | | +0.005 | +0.006 | | | | |

## 三、井下三角高程测量

当井下巷道坡度较大时，一是观测比较困难，二是视线短水准测量，由于测站太多误差积累快。因此，在倾斜巷道中应采用三角高程测量。

井下三角高程测量由水准点开始，沿倾斜巷道进行。它的作用是把矿井各水平的调和高程联系起来，即通过倾斜或急倾斜巷道传递高程，测出巷道中导线点的高程。

井下三角高程测量通常与导线测量同时进行。如图 9-4 所示，安置经纬仪 $A$，照准 $B$ 点垂球线上和标志，测出倾角 $\delta$，并丈量测站点 $A$ 的仪器中心至 $B$ 点标志的倾斜距离 $L$，量出仪器高 $i$ 和觇标高 $v$；然后按地面三角高程测量公式计算两点之间的高差，即

$$h_{AB}=L\sin\delta+i-v \tag{9-1}$$

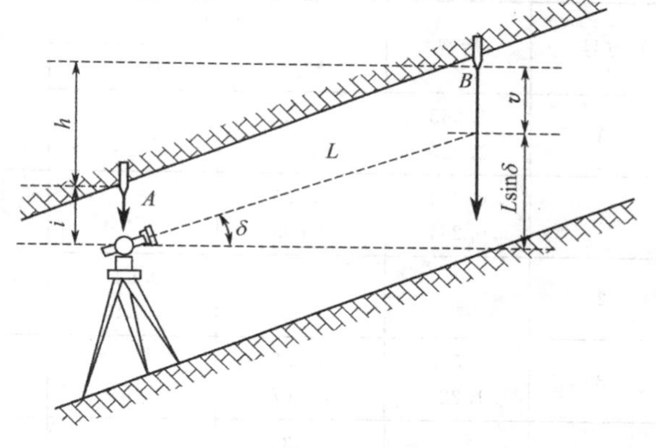


图 9-4　井下三角高程

由于井下测点有时设在顶板上或地板上，因此，在计算高差时，也会出现和进下水准测量相同的四种情况，所以在使用上式时，应注意：测点在顶板上时，$i$ 和 $v$ 的数值之前应冠以负号，$\delta$ 为仰角时函数值符号为正，俯角时为负。如图 9-4 中，$h_{AB}=L\sin\delta-i+v$。

三角高程测量的倾角观测，一般可用一个测回，通过上山传递高程不应少于两测回，仪器高和觇标高用小钢卷尺在观测开始前和结束后各量一次，现两次丈量的互差不得大于 4mm，取其平均值作为丈量结果。基本控制导线的三角高程测量应往、返进行，相邻两点往、返高差的互差及三角高程闭合差不超过表 9-5 的规定时，按边长成比例进行分配，然后算出各点高程。

表 9-5　井下三角高程测量限差

| 导线类别 | 相邻两点往返测高差的允许互差/mm | 三角高程允许闭合差/mm |
| --- | --- | --- |
| 基本控制 | $10+0.3l$ | $30\sqrt{L}$ |
| 采区控制 | | $80\sqrt{L}$ |

注：$l$——导线水平边长，m；$L$——三角高程导线长度，km。

# 本章小结

井下控制测量就是矿井测量的基础性工作，其目的是以此为基础，确定巷道、硐室、回采工作面及各特征点的空间位置及其相互关系。本章主要介绍了井下巷道平面和高程控制测量的特点、目的。重点介绍了井下经纬仪导线的布设等级、外业步骤、内业计算等内容；还介绍了井下水准测量和井下三角高程原理和施测方法及与地面水准测量、三角高程测量异同。

# 习　题

1. 井下经纬仪导线的布设形式有哪几种？井下导线测量的外业步骤有哪些？

2. 井下水准测量与地面水准测量有何异同？

3. 在井下 $A$ 点安置经纬仪，欲测 $B$ 点三角高程。$A$、$B$ 均设在顶板上，已知：仪器高为 0.540m，$H_A=345.034$m，$AB$ 斜距为 157m，觇标高为 1.02m，$\delta=-30°$。试求 $B$ 点高程。

4. 计算井下水准测量成果，并合理分配高程闭合差，完成表 9-6。

表 9-6　井下水准测量

| 点号 | 后视 | 前视 | | 高差/m | 平均高差/m | 高程/m | 立尺位置 |
| --- | --- | --- | --- | --- | --- | --- | --- |
| | | 转点 | 中间点 | | | | |
| $A$ | 1.365<br>1.225 | | | | | 157.453 | ⊥ |
| 1 | 0.334<br>0.264 | 0.525<br>0.633 | | | | | ⊤ |
| 2 | | | 0.525<br>0.445 | | | | |
| 3 | 1.563<br>1.223 | 0.735<br>0.667 | | | | | ⊤ |
| $B$ | | 0.430<br>0.760 | | | | 157.760 | ⊥ |

# 第十章　矿井施工测量

## 第一节　井筒施工测量

在立井开拓的矿井中，立井井筒施工测量是非常重要的工作。同其他的施工测量一样，其任务仍然是根据已批准的各种施工图纸资料，将施工工程的设计位置标定于现场，并进行检查测量。

### 一、井口位置及十字中线标定（井筒中心和十字中线标定）

1. 主要轴线和中心

圆形立井的井筒中心就是井筒水平圆截面的圆心，方形立井的井筒中心就是其水平截面的对角线的交点。

通过井筒中心且相互垂直的两条方向线称为井筒十字中线，其中一条与井筒提升中线平行或重合，称为井筒主十字中线。

通过井筒中心的铅垂线称为井筒中心线。

在井筒的水平断面图上，双罐笼提升的两钢丝绳中心连线的中点位置称为提升中心。通过提升中心且垂直于提升绞车主轴中线的方向线，称为提升中线。

井筒十字中线是在矿井建设时期和生产时期，立井各种安装测量和井口及工业广场各项建（构）筑物施工测量的基础和依据，必须精确测设。

上述各中心点和轴线位置如图 10-1 所示。

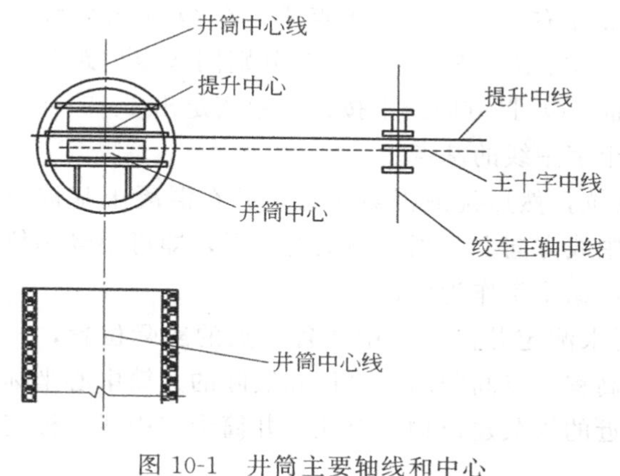


图 10-1　井筒主要轴线和中心

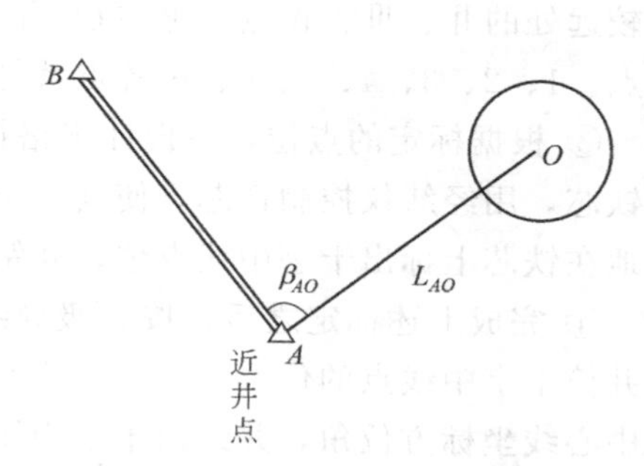


图 10-2　井筒中心的标定

2. 井筒中心的标定

井筒中心的位置应根据井筒中心的设计平面坐标和高程，用井口附近的测量控制点或近井点直接标定。当近井点离井筒中心较远时，可以再由近井点敷设一条边的导线，其等级不低于 5″级，再用该导线点作测站点标定井筒中心。

井筒中心位置通常采用极坐标法标定，如图 10-2 所示。

3. 十字中线的标定

标定井筒中心点后，接着我们就可以标定井筒十字中线。标定的依据是设计的井筒十字中线方位角，标定在实地的井筒十字中线，最终体现为数个基点标志桩。

《煤矿测量规程》规定，立井井筒十字中线点在井筒每侧均不得少于三个，点间距离不得小于 20m，离井口边缘最近的十字中线点距井筒以不小于 15m 为宜，用沉井法、冻结法施工时应不小于 30m。部分十字中线点可设在墙上或其他建筑物上。当主中心线在井口与绞车房之间不能设置三个点时，可以少设，但须在绞车房后面再设三个，其中至少应有一个能瞄视井架天轮平台。建立井塔时，地面十字中心线点的布置，每侧应保证至少有一个点能直接向每层井塔平台上标定十字中线。在井颈和每层井塔平台上，也须设置四个十字中线点。标定的方法如图 10-3 所示。

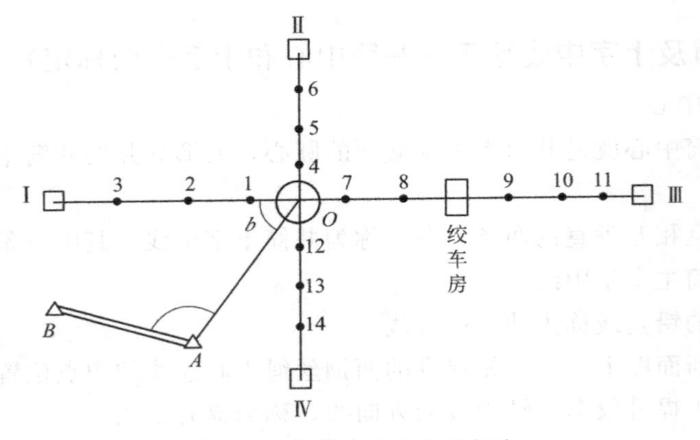


图 10-3 井筒十字中心的标定

① 根据井筒中心的标定方位角 $\alpha_{AO}$ 与主十字中线的方位角 $\alpha_{O\,\mathrm{I}}$，计算出角 $\beta$。

② 将经纬仪（$DJ_2$ 级）安置在井筒中心 $O$ 上，后视近井点 $A$，顺时针拨角 $\beta$，并用正倒镜标出 $O$-Ⅰ方向，在距井筒较远处（100m 左右）用木桩标出点Ⅰ，在 $O$-Ⅰ方向线上按设计距离定出 1、2、3 各点。然后拨角度 $\beta+90°$、$\beta+180°$、$\beta+270°$分别同法定出距井筒中心较远处的Ⅱ、Ⅲ、Ⅳ点。再在 $O$-Ⅱ、$O$-Ⅲ、$O$-Ⅳ方向线上按设计距离定出 4、5、6、…各点。1、2、3、4、5、6、…各点就是井筒十字中线的基点。

③ 根据标定的点位，按设计规格挖基点坑，然后浇灌混凝土桩，并在混凝土基桩中埋设铁芯，用经纬仪控制铁芯，使其位于十字中线方向上。当混凝土凝固后，即可用经纬仪精确地在铁芯上标出十字中线点位，并钻小孔或锯十字作为标记。

④ 完成上述标定之后，按 5″级导线的要求测定井筒十字中线各基点的实际位置，并绘制井筒十字中线点的位置图。图上注明点的高程、点间距离、设计和实际的井筒中心坐标及主中心线坐标方位角，并绘出十字中线点附近的永久建筑物。至此，井筒十字中线的标定工作完成。

由于所设的基点桩易受到破坏，因此，必须有进行永久性保护的措施，甚至可建立基点室来确保基点的稳定性，以便长期使用。

## 二、立井施工测量

1. 立井掘进时的施工测量

立井是矿山建设的重要工程，井筒掘进和砌壁施工必须严格按照设计要求进行，井壁必须竖直，井筒断面尺寸和预留梁窝的位置必须符合设计规定。

井筒掘进和砌壁时的测量工作主要有：井筒临时锁口和永久锁口的标定；指示掘进和砌壁的中心垂线的标设；梁窝和牌子线的标设；井筒掘进深度的定期丈量等。

以上测量工作是以井筒十字中线基点为基础，根据相关设计图纸进行的。

(1) 临时锁口的标定　标定井筒中心和井筒十字中线基点后，就可以根据井筒中心和设计半径，在实地画出范围，并开始立井井筒施工。但破土后，井筒中心点就变成虚点，这时可以沿井筒十字中线拉两条钢丝，其交点就是井筒中心，从交点处自由悬挂垂球，就可以指导井筒掘进施工。

当井筒下掘 3～5m 时，应砌筑安置临时锁口，以固定井位，封闭井口。

标定临时锁口时，先在井壁外 3～4m 处，根据井筒十字中线基点，精确标定十字中线点 $A$、$B$、$C$、$D$，在地上打入木桩，钉上小钉作为标志，并在木桩上给出井口设计高程。临时锁口盘有木质、钢结构和混凝土三种类型，木质和钢结构的锁口盘须在地面组装，而混凝土锁口盘一般在安装钢梁后现浇。在地面组装锁口盘时，须在盘上标出井筒中线点 $a$、$b$、$c$、$d$，如图 10-4 所示。然后在 $A$、$B$、$C$、$D$ 间拉紧两根钢丝，在钢丝上挂垂球，移动锁口盘并用垂球找正 $a$、$b$、$c$、$d$ 四点的位置，使其位于井筒十字中线上，用水准仪操平使锁口盘水平，再固定锁口盘。对于现浇混凝土锁口盘，只需根据 $A$、$B$、$C$、$D$ 四个十字中线点和井口设计高程，安装钢梁后再浇筑混凝土。

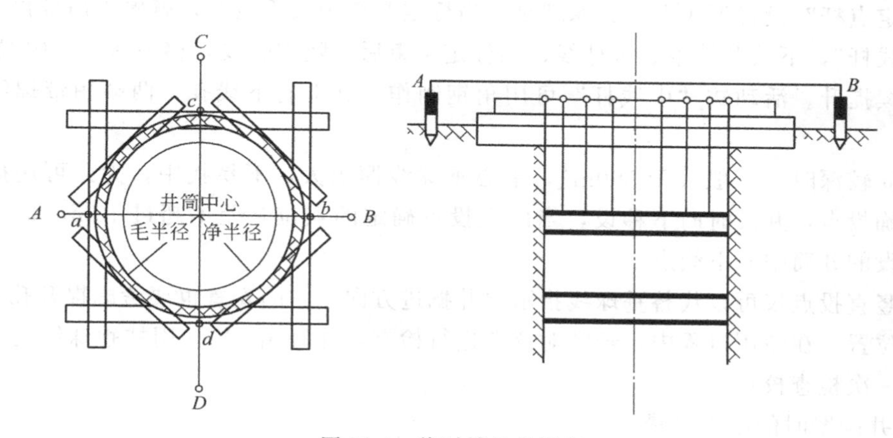


图 10-4　临时锁口的标定

(2) 永久锁口的标定　砌筑临时锁口后，可以在井筒中心处自由悬挂的垂球指示下，继续进行井筒掘进施工。当掘进至第一砌壁段时，应由下向上砌筑永久井壁和永久锁口（图 10-5）。

同标定临时锁口一样，标定永久锁口时，也要标定出井筒十字中线点 $A$、$B$、$C$、$D$，各木桩点桩顶高程相等，并高出井口设计高程 0.1～0.3m。浇灌永久锁口时，在 $AB$、$CD$ 间拉紧钢丝，在交点处挂上垂球线，作为永久锁口模板安装找正的标准。由两钢丝下量垂距，使模板的地面高程和顶面高程均满足设计要求。当浇灌混凝土到永久锁口的顶部时，应沿井筒中线方向在井筒边缘埋设四个扒钉。待混凝土凝固后，再在扒钉上精确标出井口十字中线位置，锯成标志，并把它作为井筒内确定十字中线方向的依据。

(3) 井筒中心垂球线的固定　浇筑立井的永久锁口时，立井还要向下掘进延伸，因而必须悬挂垂球线作为施工依据。

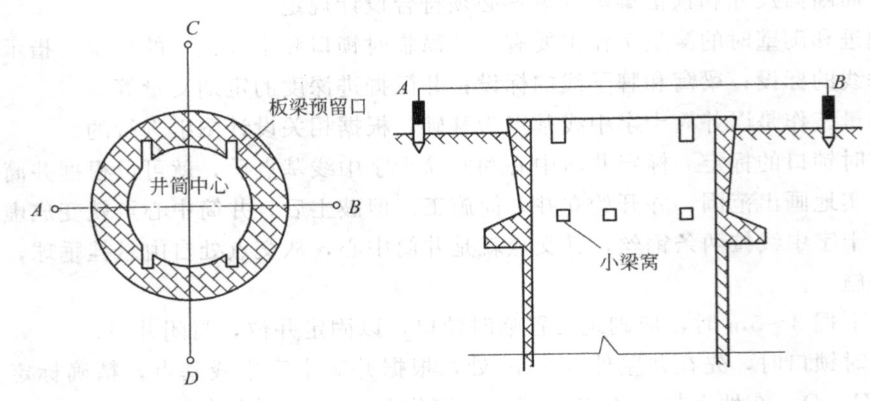


图 10-5　永久锁口的标定

① 当提升吊桶不在井筒中心位置时，可以在井筒中心附近的钢梁上焊接一块角钢，然后在角钢上精确标定出井筒中心位置，并在标出的位置上钻孔或锯出三角形缺口（下线点），让垂球线通过孔或缺口后自由悬挂，此时的垂球线就是经过井筒中心点的垂线，可以指示井筒掘进延伸的方向。

② 当提升吊桶在井筒中心位置时，就不可能直接下放垂球线指示掘进方向，此时采用活动式"定点杆"设置下线点。其原理是，当标定井筒中线垂线时，就停止吊桶提升，安置活动"中线杆"，下放井筒中心垂球线；当标定结束后，随即收线，移去活动"中线杆"，吊桶即可继续提升。活动式"中线杆"可用角钢制作，其上有下线孔，两端用带螺纹的销钉连接。

当井筒较深时（一般大于 500m），中心垂球线摆幅大，不易找中，为此可用摆动观测的方法精确投点，并及时向下移设，当两次投点确定的点位互差不超过 10mm 时，取其中数作为移设的井筒中心下线点。

激光竖直投点仪可以代替垂球线指示立井掘进方向。它的安置也要考虑提升孔是否占据井筒中心位置。在使用过程中，经常对仪器进行检查，并每隔 100m 用挂垂球线的方法对激光束进行一次检查校正。

2. 立井砌壁时的施工测量

(1) 砌壁时的检查测量　井筒每向下延伸一段距离，须立即由下向上砌筑永久井壁。浇灌混凝土井壁时，应根据井筒中心垂球线检查井壁位置和模板位置是否正确，且托板也必须操平。检查的方法是丈量出垂球线至井壁的距离和至模板的距离，并与设计值进行对比。这些检查测量工作至少 15m 左右进行一次。

(2) 预留梁窝的标定　安装罐梁时，井壁上要有梁窝。梁窝可以安装时现凿，也可以在砌壁时留出，一般多采用后一种方法。

标定梁窝的平面位置，就是在模板上标出梁窝中线。一般采用极坐标法直接在井盖上标定出梁窝线的下线点。标定方法如图 10-6 所示。在井筒十字中线基点间，先确定一点 A，再精确测定 A 点的坐标，再用极坐标法定出下线点 1、2、3、4，然后通过各下线点，下放梁窝线，根据梁窝线在模板上确定梁窝中线的平面位置。

确定了梁窝中线的平面位置后，还需要确定高程位置。一般采用"牌子线"法确定高程位置。所谓"牌子线"，就是按照设计的梁窝层间距，在钢丝上焊上小铁牌，用以标示梁窝

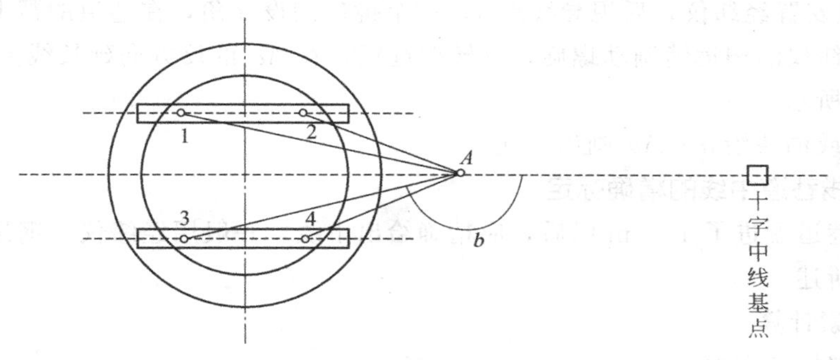


图 10-6　预留梁窝的标定

的位置。焊小铁牌时，须给钢丝施以标准拉力。牌子线只制作一根，并从主梁梁窝线下线点处下放。下放牌子线时，也应施以标准拉力，并在精确确定出下线点到第一个梁窝牌子的垂直距离后固定，此时牌子线上每个牌子的高度，就是每层梁窝的高度，也是每层罐梁梁面的高度。设置好牌子线后，就可根据牌子线和梁窝线，用半圆仪或连通管在模板上标定出各梁窝的位置。

# 第二节　巷道中线的标定

井下巷道的位置是根据设计图纸提供的数据标定出来的，这种标定工作贯穿于井下巷道的始终。确定巷道的平面位置时需要标定巷道的中线。所谓中线，是指巷道投影在水平面上的几何中心线。中线一般设在巷道顶板上，用于控制水平面上的方向。

标定工作是一项非常重要的工作，一旦出现差错，将会造成较大的经济损失，严重的甚至会酿成重大安全事故。因此，它要求我们矿山测量人员具有高度的责任心，及时、认真、准确地标定出巷道中线。

## 一、直线巷道中线的标定

图 10-7 中，虚线表示将要开拓的直线巷道，$AB$ 为设计中线，$A$ 为中线上一点，并位于导线 $S_{45}$ 上。

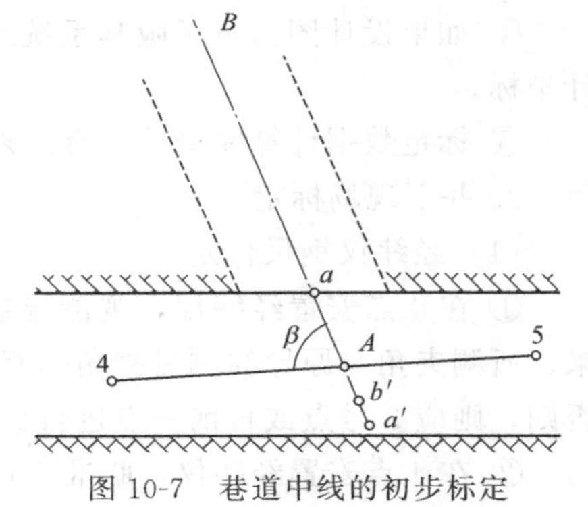


图 10-7　巷道中线的初步标定

### （一）直线巷道中线的初步标定

初步标定直线巷道的中线，一般用罗盘仪、皮尺、经纬仪、钢尺、全站仪等工具进行，对于大型现代化矿井用罗盘仪和皮尺显然不能满足要求。因此，下面着重介绍经纬仪、钢尺，全站仪标定中线，步骤如下所述。

1. 确定标定数据

① 根据设计图纸上确定 $AB$ 的坐标方位角 $\alpha_{AB}$ 和距离 $D_{4A}$、$D_{A5}$；

② 根据新开巷道的设计方位角 $\alpha_{AB}$ 和导线边 4-5 的方位角 $\alpha_{4\text{-}5}$ 计算井下标定角 $\beta$。

$$\beta=\alpha_{AB}-\alpha_{4\text{-}5}$$

2. 现场标定

① 标定前，应先检查相邻导线点的位置是否正确，防止用错点，铸成大错；

② 用钢尺从点 4 沿边长量出距离 $S_{4A}$，定出 $A$ 点，并丈量 $S_{A5}$ 作为检核；

③ 在 $A$ 点安置经纬仪，后视导线点 4，一个镜位测设 $\beta$ 角，在巷道的帮上得出 $a$ 点；

④ 打开经纬仪的望远镜制动螺旋，纵转望远镜，在 $Aa$ 的反方向延长线上标出 $a'$、$b'$ 两点，如图 10-7 所示；

⑤ 用灰浆或油漆沿 $a'b'Aa$ 画出中线。

**（二）直线巷道中线的精确标定**

新开直线巷道掘进了 4～8m 以后，应精确给出中线，一般用经纬仪、钢尺等工具进行，标定步骤如下所述。

1. 标定要素计算

（1）经纬仪标定数据

① 根据设计巷道中线的坐标方位角 $\alpha_{AB}$ 与原巷道中 4-5 边的坐标方位角 $\alpha_{4\text{-}5}$，计算出水平夹角 $\beta$（见图 10-7）。

② 根据设计巷道的起点坐标 $x_A$、$y_A$ 与 4、5 点的坐标，用坐标反算公式分别算出边长 $S_{4A}$、$S_{A5}$。

（2）全站仪井下标定数据

① 根据设计巷道的起点坐标 $x_A$、$y_A$ 与 4、5 点的坐标，用坐标反算公式分别算出边长 $S_{4A}$、$S_{A5}$。

② 确定 $D_{A1}$ 和 $D_{A2}$。

③ 计算出 1、2 两点的设计坐标；

$$x_1 = x_A + D_{A1}\cos\alpha_{AB}$$
$$y_1 = y_A + D_{A1}\sin\alpha_{AB}$$

同理可以计算出 2 点的坐标。

④ 如果设计图为电子版其系统平台为 AutoCAD，则可在图上直接拾取 1、2 两点的设计坐标。

⑤ 标定数据计算完毕后要有另外一人进行检核计算，防止出错。

2. 井下现场标定

（1）经纬仪钢尺标定

① 在 4 点安置经纬仪，观测导线点 3-4-5 之间的夹角，检查导线点是否发生位移。如果，所测夹角与原导线测量夹角的互差不超过规程的规定，则可接着进行下一步标定工作，否则，则应 3 号点或再前一点进行导线测量，重新测量 3、4、5 号点的坐标。

② 在 4 点安置经纬仪，瞄准 5 点，使望远镜置于水平位置，用钢尺量出 $D_{4A}$、定出 $A$ 点，并丈量 $D_{A5}$，作为校核。

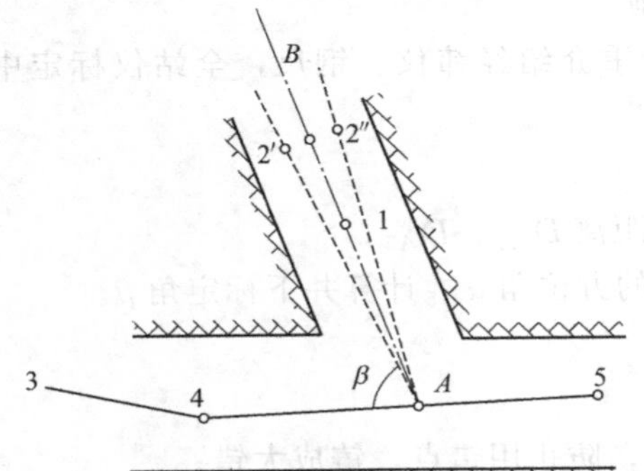

图 10-8　巷道中线的精确的标定

③ 用正倒镜标定 $\beta$ 角。由于测量误差影响，正倒镜给出的 2′点和倒镜时给出的 2″点往往不会重合。取 2′和 2″连线的中点 2 作为中线点（图 10-8）。

④ 按井下 30″导线的要求，用测回法或复测法重新检测 $\beta$ 角，丈量水平距离 $D_{A2}$，以避免发生错误，并计算 2 点的坐标以备填图用。

⑤ 瞄准 2 点，在 $A2$ 的方向上再设一点 1，得到 $A$、1、2 三点，即一组中线点，以此作为巷道掘进方向。

（2）全站仪标定

① 同经纬仪标定中线一样，在 4 点安置全站仪，首先检查导线点 3-4-5 之间的夹角，确定导线点是否发生位移。

② 在确认导线点没有发生位移后，正镜后视 5 点，打开主菜单，在程序子菜单下，选择三维坐标放样。按照提示先输入测站点 4 点的坐标，再输入后视点 5 点的坐标，接着输入 $A$ 点的设计坐标。

③ 根据全站仪屏幕的提示，测站人员指挥镜站人员标出 $A$ 点，并要进行检查测量，可测定 $A$ 点的坐标与设计坐标进行比较，也可测定 $D'_{4A}$ 与设计距离进行比较，若符合规程要求，则可进行下一步；否则，应重新标定 $A$ 点，直到符合规程要求。

④ 在 $A$ 点安置全站仪，后视 4 点或 5 点采用标定 $A$ 点相同的三维坐标放样方法定出 1、2 两中线点。$A$、1、2 三个中线点，即为一组中线点。

### （三）巷道中线的延长与使用

1. 巷道中线的延长

在巷道掘进过程中，为了保证巷道的掘进质量，测量人员应不断把中线向掘进工作面延长。巷道每掘 30～40m，就应延设一组中线点。

井下主要巷道和综采工作面顺槽中线，按规程要求应采用经纬仪或全站仪延长，具体步骤如下。

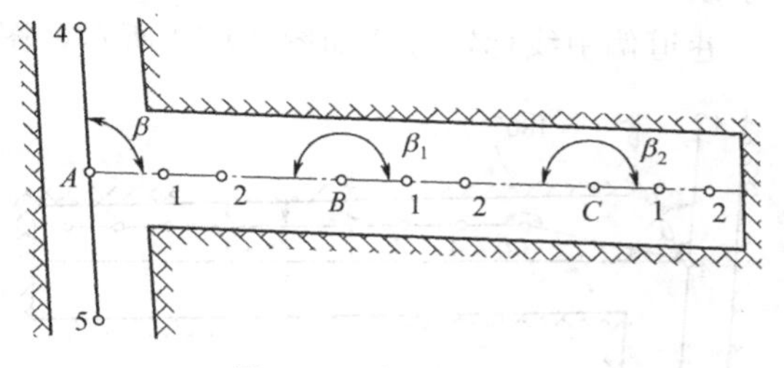


图 10-9　中线的延长

（1）经纬仪延长

① 如图 10-9 所示，欲从 $B$ 点延长另一组中线 $C$、1、2 点，在 $A$ 点安置经纬仪，测量角 $\beta$，与标定 $B$ 点时的观测值进行比较，以检查 $B$ 点是否移动；

② 在 $B$ 点安置经纬仪，后视 $A$ 点，正倒镜测设 $\beta_1$ 定出 $C$ 点，$\beta_1=\alpha_{BC}-\alpha'_{AB}$，$\alpha'_{AB}$ 为 $A$、$B$ 两点的实际方位角；

③ 沿 $BC$ 方向标定 $C$ 组中线点 1、2 点；

④ 按井下 15″或 30″导线的要求，观测角 $\beta_2$ 和距离 $D_{BC}$。

（2）全站仪延长

① 在 $A$ 点安置仪器，后视 4 点，对 $B$ 点进行检查测量，确定其是否位移；

② 用三维坐标放样程序，根据 $C$、1、2 点的设计坐标，标定 $C$、1、2 点；

③ 对定出的 $C$ 组中线点进行检查测量。

2. 巷道中线的使用

在巷道掘进过程中，机掘时掘进工作面掘进机的位置、方向，炮掘时工作面炮眼的布置、支架的位置和砌碹模板的安装，都是以中线为依据的。掘进施工人员应根据中线点在工作面标出巷道中线的位置。一般采用瞄线法和拉线法。

（1）瞄线法　如图 10-10 所示，在中线点 1、2、3 上挂垂球线，一人站在垂球线 1 的后面，用矿灯照亮三根垂球线，并在中线延长线上设置新的中线点 4，系上垂球，沿 1、2、3、4 方向用眼睛瞄视，反复检查，使四根垂球线重合,，即可定出 4 点。

施工人员需要知道中线在掘进工作面上的具体位置时，可以在工作面上移动矿灯（见图 10-10），用眼睛瞄视，当四根垂球线重合时矿灯的位置就是中线在掘进工作面上的位置。

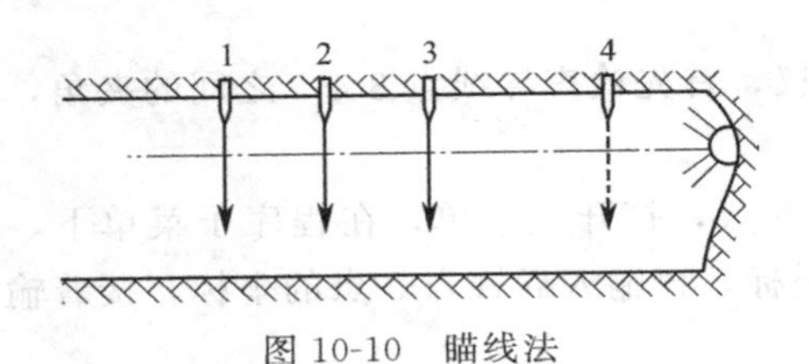

图 10-10　瞄线法

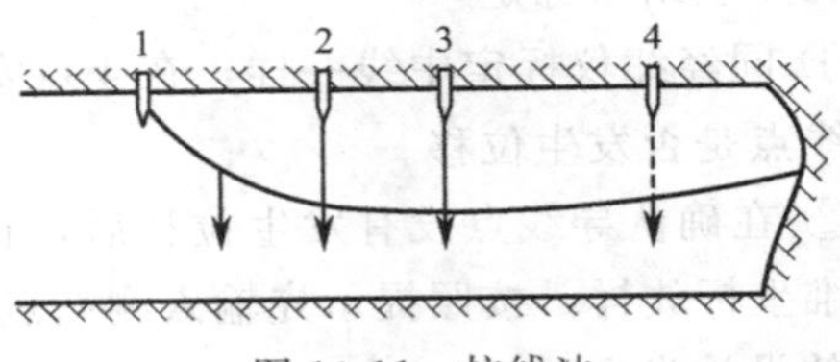

图 10-11　拉线法

(2) 拉线法　如图 10-11 所示，将测绳的一端系于 1 点上，另一端拉向工作面，使测绳与 2、3 点的垂球线相切；沿此方向在顶板上设置新的中线点 4，只要使其垂球线也与测绳相切即可。这时测绳一端的工作面的位置即为巷道中线位置。

## 二、巷道偏中线的标定

在大断面、机掘巷道的掘进过程中，为了避让运输机械，用偏中线（或称边线）方向来代替中线指向可能更安全。标定巷道的偏线就是靠近巷道的一帮标定巷道在水平面内的方向线。偏中线距离巷道边不能太近，一般最少相距 30～50cm。用偏中线给向易于发现巷道掘偏的现象，如果在斜巷中把边线设在人行道顶板上，还可以防止由于矸石下滑引起的人身安全事故。

巷道偏中线标定方法如图 10-12 所示，图中 $A$ 点为巷道中线点，在巷道设计图上取距离 $a$ 绘出平行中线的偏中线，定出偏中线起的点 $B$。然后根据 $AB$ 的距离 $D_{AB}$ 和定长 $a$ 计算出 $B$ 点的指向角 $\beta'$，即

$$\beta'=\beta-\gamma \tag{10-1}$$

$$\gamma=\arcsin\frac{a}{D_{AB}} \tag{10-2}$$

式中　$\beta$——设计巷道中线的指向角。

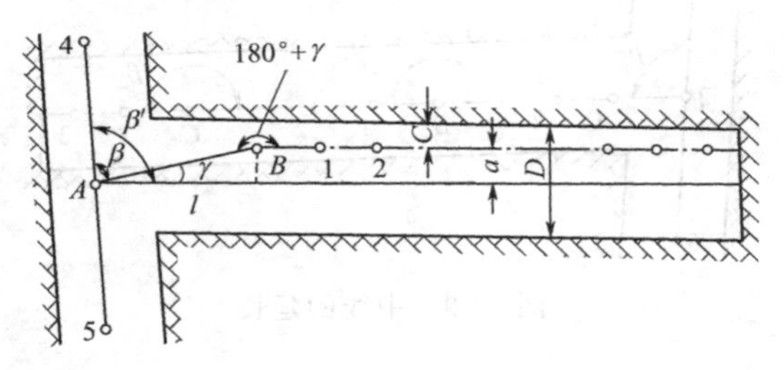

图 10-12　偏中线标定

现场标定时，先在 $A$ 点安置经纬仪，给出水平角 $\beta'$，用钢尺丈量 $D_{AB}$，并标定出 $B$ 点。再将仪器移至 $B$ 点，后视 $A$ 点，拨动 $(180°+\gamma)$ 角，这时望远镜的视线方向就是偏中线方向，在顶板上沿着这个视线方向标定出 1、2 等偏中线点。

在掘进过程中，测量人员根据巷道宽度 $D$ 按 $C=D/2-a$ 计算出边线离帮的距离 $C$，如图 10-12 所示，并随时通知施工人员，以便通知巷道方向。

## 三、曲线巷道中线的标定

井下巷道的转弯部分，一般都用圆曲线连接。曲线巷道的起点、终点，曲线半径 $R$ 和圆心角 $\theta$ 的大小，在设计图上都有注记。同直线巷道一样曲线巷道，既可以用经纬仪钢尺标定，亦可用全站仪标定。

### （一）经纬仪钢尺标定

因为曲线巷道的中心线是弯曲的，不能像直线巷道那样直接标定出来，只能用弦线来代替圆曲线指示巷道的掘进方向。所以曲线巷道中线的标定应先计算标定数据，然后，到井下进行标定。

1. 标定数据的计算

如图 10-13 所示，$A$ 为曲线巷道的起点，$B$ 为终点，半径为 $R$，圆心角为 $\theta$。现用 $n$ 段

相等的弦线来代替圆弧中心线。从平面几何知道，圆弧分的段数越多，折线越接近曲线，但测量工作量也越大。反之，弦越小，弦线就于弧线相差越大。除此之外，弦线长短还与曲线半径、圆心角以及巷道的宽度、车速、车长等有关。设计弦线长度时应特别注意保证能视。

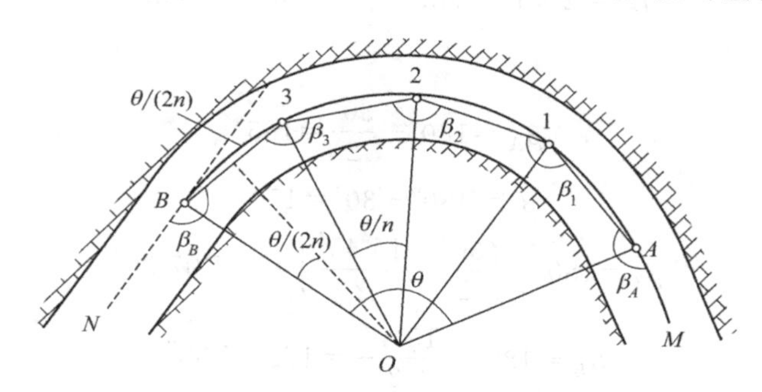


图 10-13　曲线要素计算图

一般说来，当曲线巷道的圆心角在 45°～90°时，分 2～3 段弦；当曲线巷道的圆心角在 90°～180°时，分 4～6 段弦。若将图 10-13 中的圆弧中心线分成 $n$ 等分，弦长用 $L$ 表示，由图可知

$$L=2R\sin\frac{\theta}{2n} \tag{10-3}$$

从图上还可以看出，起点和终点的转角为

$$\beta_A=\beta_B=180°-\frac{\theta}{2n} \tag{10-4}$$

中间各转折点处的转角为

$$\beta_1=\beta_2=\beta_3=180°-\frac{\theta}{n} \tag{10-5}$$

上述 $\beta$ 角是由 $A$ 向 $B$ 标定左转折角。如果从 $A$ 向 $B$ 标定右转折角时，那么式(10-4) 与式(10-5) 中的减号变为加号。

**【例 10-1】**　设中心角 $\theta=90°$，$R=12\text{m}$，若三等分中心角，即 $n=3$。每弦所对中心角为

解
$$\frac{\theta}{n}=\frac{90°}{3}=30°$$

弦长为

$$L=2R\sin\frac{\theta}{2n}=2\times12\times\sin15°=6.212\ (\text{m})$$

转角为

$$\beta_A=\beta_B=180°-\frac{\theta}{2n}=180°-15°=165°$$

$$\beta_1=\beta_2=180°-\frac{\theta}{n}=180°-30°=150°$$

标定曲线巷道的中线，有时会遇到圆心角 $\theta$ 不便于等分的情况，例如巷道转弯时，设计图上圆心角为 75°就不便于等分，下面举例说明这时计算标定要素的方法。

**【例 10-2】**　设曲线巷道的圆心角 $\theta=75°45'$，$R=12\text{m}$，将圆心角分为 30°、30°、15°45′三个小角（不等分圆心角)，求标定数据。

**解**　三个小角所对的弦长分别为

$$L_1=L_2=2\times12\times\sin\frac{30°}{2}=6.212\ (\text{m})$$

$$L_3=2\times12\times\sin\frac{15°45'}{2}=3.310\ (\text{m})$$

转向角分别为

$$\beta_A=180°-\frac{30°}{2}=165°$$

$$\beta_1=180°-30°=150°$$

$$\beta_2=180°-\left(\frac{30°}{2}+\frac{15°45'}{2}\right)=157°07'30''$$

$$\beta_B=180°-\frac{15°45'}{2}=172°07'30''$$

2. 井下现场标定

如图 10-14 所示，当巷道从直线巷道掘进到曲线起点位置 $A$ 后，先标定出该点。在 $A$ 点安置经纬仪，后视中线点 $M$ 点转动望远镜给出 $\beta_A$ 角即得出 $A1$ 方向；倒转望远镜，在顶板上标出 $1'$点。用 $1'A$ 方向指示 $A$-1 段的掘进方向。继续掘进到 1 点位置后，再置经纬仪于 $A$ 点，再次给出 $A$-1 方向，用钢尺量取弦 $L$，并标出 1 点。然后将经纬仪安置于 1 点，后视 $A$ 点转 $\beta_1$ 角给出 1-2 方向，再倒镜于顶板上标出 $2'$点，用 $2'1$ 方向指示 1-2 段的掘进。依此类推，直至 $B$ 点。然后在 $B$ 点安置经纬仪，转 $\beta_B$ 角，给出直线巷道。

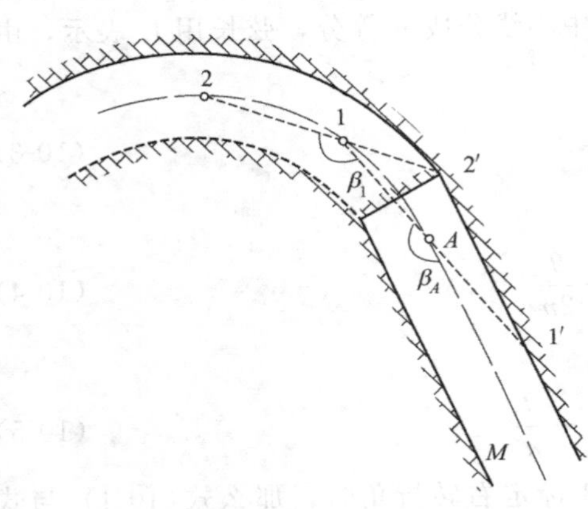

图 10-14　曲线巷道标定示意图

### （二）全站仪标定

1. 标定要素的计算

① 如图 10-13 所示曲线巷道，根据巷道的断面尺寸，在不影响通视和施工的前提下设计分段弧长或弦长。各段弧长可相等，亦可不同。

② 计算个分段中线点的坐标。如图 10-14 曲线巷道中线上分段点 1 点的坐标为

$$\begin{aligned}x_1&=x_A+L_{A1}\cos\left[\alpha_{MA}+\left(180°-\arcsin\frac{L_{A1}}{2R}\right)\right]\\y_1&=y_A+L_{A1}\sin\left[\alpha_{MA}+\left(180°-\arcsin\frac{L_{A1}}{2R}\right)\right]\end{aligned}\tag{10-6}$$

曲线弧 $A1$ 中线方向 $A1$ 的反方向 $A1'$上 $1'$点的坐标为

$$\begin{aligned}x_{1'}&=x_A+L_{A1'}\cos\left(\alpha_{MA}-\arcsin\frac{L_{A1}}{2R}\right)\\y_{1'}&=y_A+L_{A1'}\sin\left(\alpha_{MA}-\arcsin\frac{L_{A1}}{2R}\right)\end{aligned}\tag{10-7}$$

分段点 2 点的坐标为

$$\begin{aligned}x_2&=x_1+L_{12}\cos\left(\alpha_{A1}+2\arcsin\frac{L_{12}}{2R}\right)\\y_2&=y_1+L_{12}\sin\left(\alpha_{A1}+2\arcsin\frac{L_{12}}{2R}\right)\end{aligned}\tag{10-8}$$

曲线弧 12 段中线 12 反方向 $12'$ 上 $2'$ 的坐标为

$$x_{2'}=x_1+L_{12'}\cos\left(\alpha_{A1}-\arcsin\frac{L_{12}}{2R}\right)$$

$$y_{2'}=y_1+L_{12'}\sin\left(\alpha_{A1}-\arcsin\frac{L_{12}}{2R}\right) \tag{10-9}$$

同理可求出曲线上各分段点的坐标和各中线点的坐标。

2. 井下标定

① 如图 10-14 所示，当巷道从直线巷道掘进到曲线起点位置 $A$ 后（应超前 2～3m），在靠近 $A$ 点的导线点 $M$ 上安置全站仪，后视相邻的导线点，用三维坐标放样程序，先标定出 $A$ 点。

当然，在放样 $A$ 点前必须对导线点的可靠性进行检查，确认未发生移动方可。

② 在 $M$ 点根据计算好的 $1'$ 的坐标标定 $1'$。

③ 曲线中线点 $A$、$1'$ 定出后，应对其按要求进行检查测量，如符合规程规定，则 $1'A$ 所指方向即为曲线巷道 $A1$ 段的掘进方向。否则就要重新标定 $A$、$1'$，直到符合规程规定。

④ 巷道继续掘进到 1 点位置后，再置仪器于 $A$ 点，标出 1 点。然后将全站仪安置于 1 点，标出 $2'$ 点，用 $2'1$ 方向指示 1-2 段的掘进。依此类推，直至 $B$ 点。然后在 $B$ 点安置仪器，给出直线巷道中线。

3. 用图解法确定边距

曲线巷道是根据弦线方向掘进的，弦线到巷道两帮的距离是变化的。为了掌握掘进巷道两帮的弯曲程度，通常绘制曲线巷道的大样图，比值尺为 1∶50 或 1∶100，图上绘出巷道两帮与弦线的相对位置，然后在图上量出弦线到巷道两帮的边距。确定边距的方法有半径法与垂线法两种。

(1) 半径法　当弯道部分采用金属、水泥或木支架支护时，需要沿半径方向绘制边距大样图，如图 10-15(a) 所示。边距沿半径方向量取，并计算出内、外帮棚腿间距 $d_{内}$ 和 $d_{外}$，使棚子按设计架在半径方向上。由图 10-16 可以看出，内、外棚腿间距可由下式计算

$$d_{内}=d-\frac{dD}{2R} \tag{10-10}$$

$$d_{外}=d+\frac{dD}{2R} \tag{10-11}$$

式中　$d$——设计的棚间距；

$D$——巷道净宽；

$R$——曲线巷道设计半径。

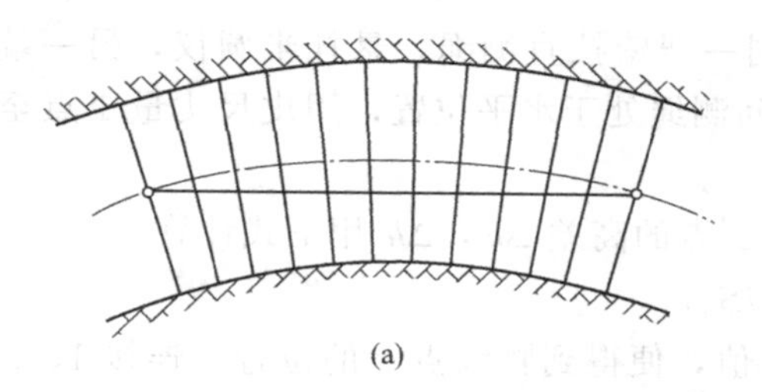

(a)

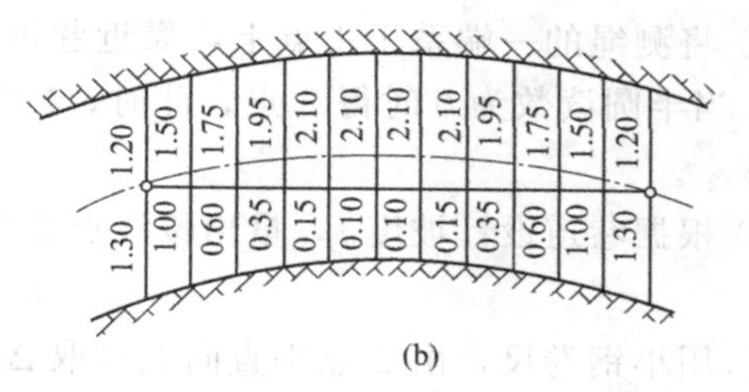


(b)

图 10-15　边距大样图

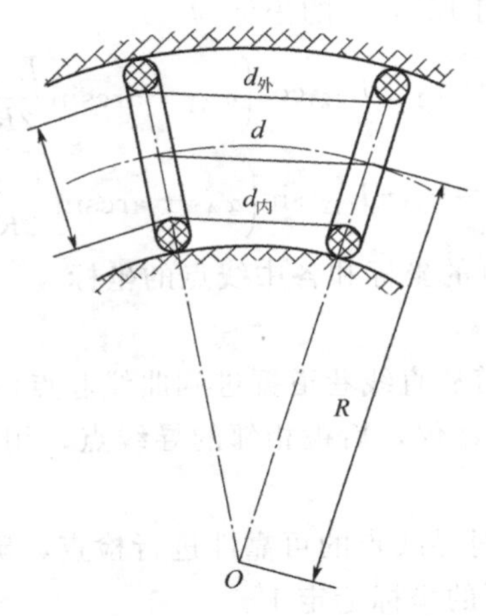


图 10-16　巷道支护示意图

(2) 垂线法　弯道部分砌碹时，采用垂线法绘制边距大样图［图 10-15(b)］。绘制方法时，沿弦线每隔 1m 作弦的垂线，然后从图上量取弦线到巷道两帮的边距，并将数值注在图上，以便施工。

## 第三节　巷道腰线的标定

为了保证矿井运输和排水，井下主要巷道是按一定的设计坡度掘进。巷道的坡度和倾角是用腰线来控制的。标定巷道腰线的测点称为腰线点，腰线点每三个为一组，点间距一般为 3～4m，腰线点与掘进工作面的距离不得超过 30～40m，在巷道的一帮上标定或在巷道的两帮上同时标定。一组或更多腰线点连成的直线即为巷道的坡度线，又称腰线，用其指示掘进巷道在竖直面内的方向。

根据巷道的设计坡度、性质和用途不同，腰线的标定可采用不同的仪器和方法。倾角小于 8°的平巷，用水准仪、半圆仪标定腰线，倾角大于 8°的倾斜巷道则可用经纬仪、半圆仪标定腰线。对于新开巷道，开口子时可以用半圆仪标定腰线，但巷道掘进 4～8m 后，应按上述要求用相应的仪器重新标定。现将各种标定方法分述如下。

### 一、水平巷道腰线的标定

倾角小于 8°的主要平巷的腰线用水准仪标定，次要巷道可以用半圆仪标定腰线。

1. 半圆仪标定次要水平巷道的腰线

在倾角小于 8°的次要巷道中，可用半圆仪标定腰线，如图 10-17 所示，1 点为已知腰线点，2 点为将要标定的腰线点。

① 将测绳的一端系于 1 点上，靠近巷道同一帮壁拉直测绳，悬挂半圆仪，另一端上下移动，当半圆读数为 0 时得 2′点，此时，1-2′间测绳处于水平位置，用皮尺丈量 1 点至 2′的平距 $S_{12'}$。

② 根据巷道设计坡度 $i$，量出腰线点 2 与 2′点的高差 $\Delta h$，$\Delta h$ 用下式计算

$$\Delta h = iS_{12'} \tag{10-12}$$

③ 用小钢卷尺，由 2′点垂直向上量取 $\Delta h$ 值，便得到腰线点 2 的位置。连接 1、2 两点就是巷道的腰线，应当指出的是，如果巷道的坡度为负。则应有 2′垂直向下量取 $\Delta h$ 值。

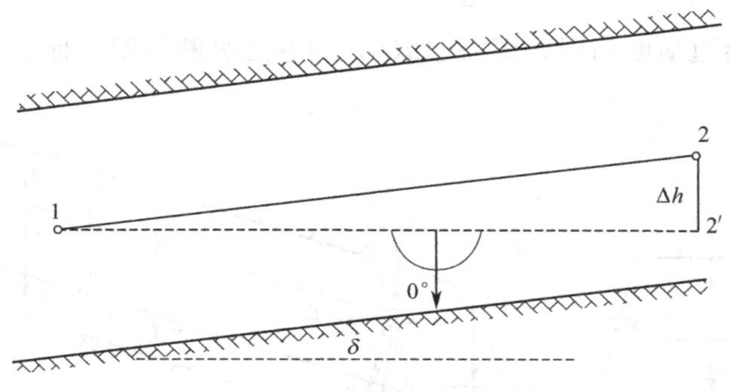

图 10-17　半圆仪标定平巷腰线

2. 水准仪标定主要水平巷道标定的腰线

如图 10-18 所示，设 $A$ 点为设计腰线点，高程为 $H_A$，巷道的设计坡度为 $i$，要求标定出巷道同一帮壁上的腰线点 $B$。标定步骤如下。

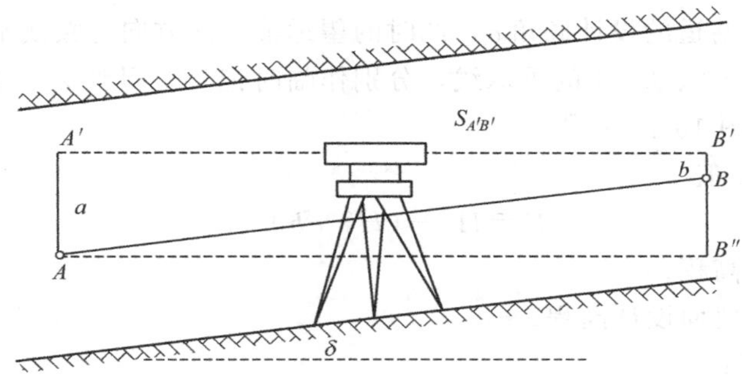

图 10-18　水准仪标定平巷腰线

① 首先在欲测 $A$ 点和附近的井下高程点（其高程为 $H_0$）之间安置水准仪，后视已知高程点，读数 $a$，根据 $A$ 点的设计高程 $H_A$ 和已知高程点的高程 $H_0$，计算前视读数 $b=a-(H_A-H_0)$。

② 在 $A$ 点立尺，上下移动尺子当读数为 $b$ 时，尺子底部即为 $A$ 点。

③ 将水准仪安置工作在 $A$、$B$ 两点之间的适当位置，后视 $A$ 点处巷道帮上画上一水平记号 $A'$。并量取 $A$、$A'$的垂直距离 $a$。

④ 前视 $B$ 处巷道，在帮壁画一水平记号 $B'$。这时 $A'B'$为水平线，用尺子量出 $A'B'$的水平距离，按下式计算 $A$、$B$ 两点间的高差

$$\Delta h_{AB}=iS_{A'B'} \tag{10-13}$$

⑤ 从 $B'$铅直向下量出 $a$ 值，得到一条与 $A'B'$平行的水平线 $AB''$（图 10-18）。然后从 $B''$向上量出 $\Delta h_{AB}$，得到新设腰线点 $B$。$A$ 和 $B$ 的连线即为腰线，并用油漆或灰浆画出。

另外，可按 $b=a-\Delta h_{AB}$ 计算出 $b$ 值，从 $B'$点向下量出 $b$ 值，得到新设腰线点 $B$。

在第三步骤中，若坡度 $i$ 为负值，则应从 $B''$点向下量出 $\Delta h_{AB}$。

用水准仪给腰线虽然很简单，但容易出错误，放线时特别注意前、后视点上应该向上量或向下量的值是多少。

## 二、倾斜巷道腰线的标定

在主要倾斜巷道中，通常采用经纬仪标定腰线，其方法较多，这里绍介其中三种。

1. 利用中线点标定腰线

图 10-19(a) 为巷道横断面图，图 10-19(b) 为巷道纵断面图。标定方法如下。

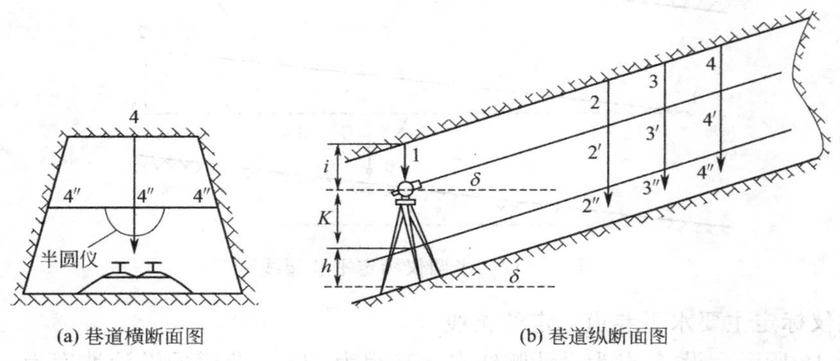

(a) 巷道横断面图　(b) 巷道纵断面图

图 10-19　利用中线点标定腰线

① 在中线点 1 安置仪器，量取仪高 $i$。

② 使竖盘读数为巷道的设计倾角 $\delta$，此时的望远镜视线方向与腰线平行。然后瞄准掘进方向，已标定的中线点 2、3、4 的垂球线，分别作临时记号，得到 2′、3′、4′。倒镜再测一次倾角 $\delta$ 作为检查 [图 10-19(b)]。

③ 由下式计算 $K$ 值

$$K=H_1-(H_1'+h)-i \tag{10-14}$$

式中　$H_1$——1 点的高程；

$H_1'$——1 点处轨面设计高程；

$i$——仪器高；

$h$——轨面到腰线点的铅垂距离。

④ 由中线点上的记号 2′、3′、4′分别向下量 $K$ 值，得到的 2″、3″、4″即为所求的腰线点。

⑤ 用半圆仪分别从腰线点拉一条垂直中线的水平线到两帮上，如图 10-19(a) 所示。

⑥ 用测绳连接帮壁上的 2″、3″、4″点，并用石灰浆或油漆沿测绳连接腰线。

2. 用伪倾角标定腰线

从图 10-20 可知，如果 $AB$ 为倾斜巷道中线方向，巷道的真倾角为 $\delta$，$BC$ 垂直与 $AB$，$C$ 点在巷道左帮上，与 $B$ 点同高，那么，水平距离 $AC'$ 大于 $AB'$，则 $AC$ 的倾角 $\delta'$（巷道伪倾角）小于 $AB$ 倾角 $\delta$。$\delta'$可如下计算：

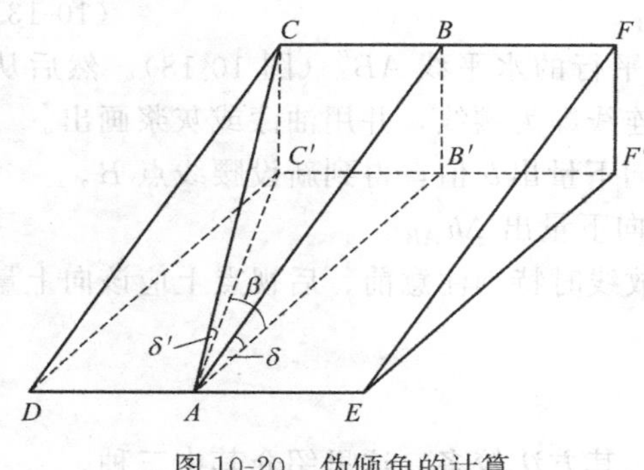

图 10-20　伪倾角的计算

因为　$AC'\tan\delta'=AB'\tan\delta$

$$\tan\delta'=\frac{AB'}{AC'}\tan\delta$$

$$\cos\beta=\frac{AB'}{AC'}$$

所以

$$\tan\delta'=\cos\beta\tan\delta \tag{10-15}$$

式中，$\beta$ 角为 $AB$ 与 $AC$ 的水平夹角，该角用经纬仪测得；$\delta$ 为设计巷道的真倾角。

图 10-21(a) 为巷道路纵断面图，图 10-21(b) 为巷道平面图。用伪倾角标定腰线的方法如下。

① 在 $B$ 点下安置仪器，测出 $B$ 至中线点 $A$ 及原腰线点 1 之间的水平夹角 $\beta_1$ [图 10-21(b)]。

② 根据水平角 $\beta_1$ 和真倾角 $\delta_1$，按式(10-15) 计算伪倾角 $\delta_1'$。

③ 瞄准 1 点，固定水平度盘，上下移动望远镜，使度盘读数为 $\delta_1'$，在巷道帮上作记号 1′，用小钢卷尺量出 1′到腰线 1 点的铅垂距离 $K$，见图 10-21(a)。

④ 转动照准部，瞄准新设的中线点 $C$，然后松开照准部瞄准在巷道帮上拟设腰线点处，测出 $\beta_2$ 角 [见图 10-21(b)]。

⑤ 根据水平角 $\beta_2$ 和真倾角 $\delta_2$ 计算得伪倾角 $\delta_2'$。

⑥ 望远镜照准拟设腰线处，并使竖盘读数为 $\delta_2'$，在巷道帮上作记号 2′，用小钢卷尺从 2′向上量出距离 $K$，即得到新标定的腰线点 2。

⑦ 用测绳连接 1、2 两点，用灰浆或油漆沿测绳画出腰线。

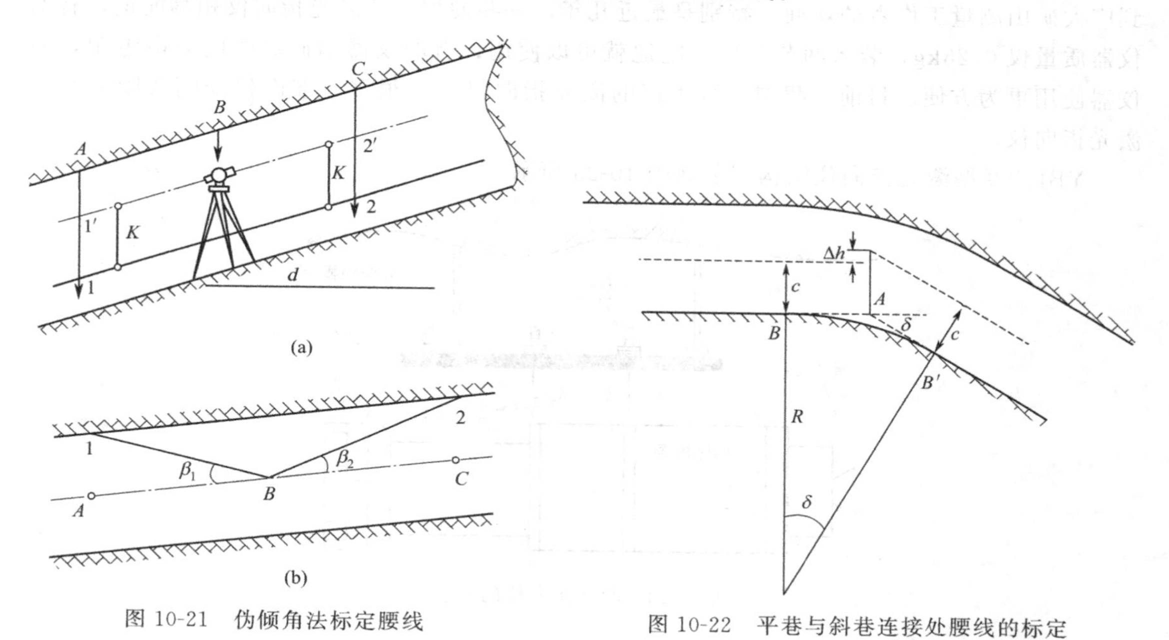


图 10-21　伪倾角法标定腰线

图 10-22　平巷与斜巷连接处腰线的标定

## 三、平巷与斜巷连接处腰线的标定

如图 10-22 所示，平巷与斜巷连接处是巷道坡度变化的地方，腰线到这里要改变坡度。巷道底板在竖直面上的转折点 $A$ 称为巷道变坡点。它的坐标或它与其他巷道的相互位置关系是由设计给定的。

在图 10-22 中，设平巷腰线到轨面（或底板）的距离为 $c$，斜巷腰线到轨面（或底板）的法线距离也保持 $c$，那么，在变坡点处，平巷腰线点必须抬高 $\Delta h$，才能得到斜巷腰线起坡点。由此标定出斜巷腰线。$\Delta h$ 按下式计算

$$\Delta h=\frac{c}{\cos\delta}-c=c(\sec\delta-1) \tag{10-16}$$

例如 $c=1.0\text{m}$，$\delta=30°$，则 $\Delta h=0.154\text{m}$。

标定时，测量人员首先应在平巷的中线点上标定出 $A$ 点的位置然后在 $A$ 点垂直于巷道中线的两帮上标出平巷腰线点，再从平巷腰线点向上量取 $\Delta h$，得到斜巷腰线起坡点位置。

斜巷掘进的最初10m，可以用半圆仪在帮上按$\delta$角划出腰线，主要巷道掘进到10m之后，就要用经纬仪从斜巷腰线起点开始，重新给出斜巷腰线。

# 第四节 激光指向

## 一、激光指向仪简介

激光指向仪能够发出一束可见的红光，并在掘进工作面射出一圆形的光斑，主要用来指示巷道的掘进方向，它具有占用巷道时间短、效率高、巷道中线和腰线一次给定、指示的光束直观便于使用等优点。激光指向仪在我国矿山的应用，是从20世纪70年代开始的。我国早期生产的激光指向仪，体积小，质量轻，寿命长，指向距离远，便于安装，操作方便，受到广大矿山测量工作者的欢迎。特别是最近几年，一些便携式的激光指向仪相继面世，有的仪器质量仅0.26kg，装入两节5号干电池就可以使用；有的仪器用矿灯式的充电电源，使仪器使用更为方便。目前，我国自行生产的激光指向仪型号很多，下面仅介绍YBJ-600型激光指向仪。

YBJ-600型激光指向仪结构安装如图10-23所示。

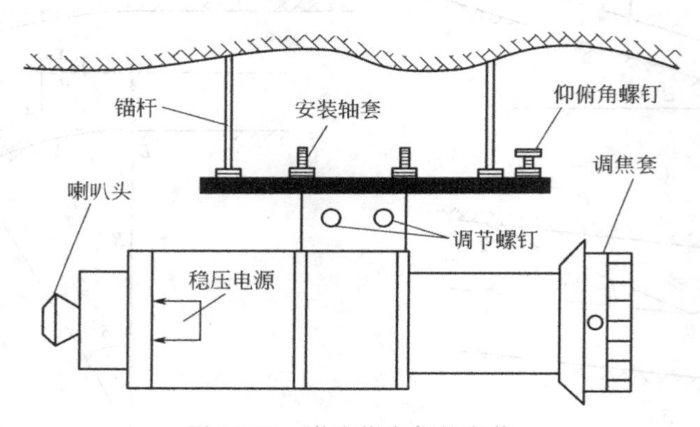


图10-23 激光指向仪的安装

该仪器的主要技术指标如下。

工作距离：600m处中心光斑≤30mm（光斑大小可调节）；

输入电压：127V（防爆型）；

工作电流：≤30mA；

激光管功率：≥10mW；

工作电压：DC3V；

光束调节范围：水平调节±16°、垂直调节±12°；

仪器质量：2.9kg；

外形尺寸：290mm×190mm×140mm。

该仪器通过锚杆固定在巷道顶板上，既可以用1根锚杆连接进行一点安装，也可以用2～4根锚杆连接实现多点安装。

## 二、激光指向仪的安装、使用和维护

激光指向仪的安装使用如图10-24所示。

① 用经纬仪在巷道中标设一组至少三个中线点1、2、3，点间距离以大于30m为宜，并在中线点垂线上标出腰线位置。

② 在距离巷道掘进工作面距离大于70m的适当位置，埋设1～4根直径为18mm的锚杆，并使仪器大致处于中线方向上，拧紧安装轴套螺栓，固定仪器。

③ 接通电源，仪器发射出红色的激光束。通过水平调节螺钉可调节水平角度和水平位移，使光斑中心对准2、3两中线点的垂线。

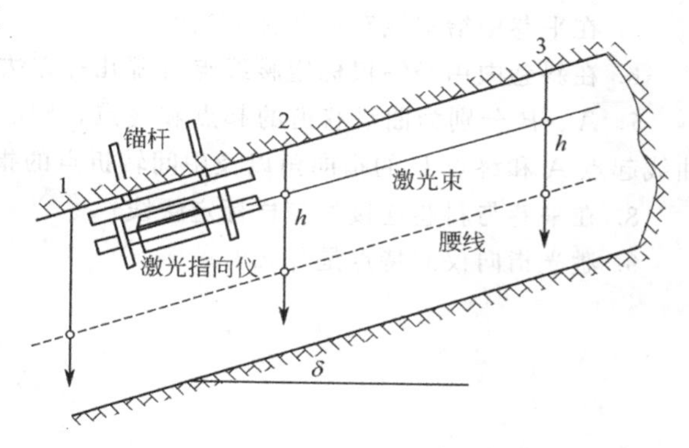


图10-24 激光指向仪的安装使用

④ 用仰俯角螺钉可调节垂直角度，即上下调节光束，使光斑中心至2、3两垂球线上的腰线标志的铅垂距离 $h$ 相同为止。此时，仪器射出的激光束就是与巷道腰线平行的一条中线。

⑤ 旋转调焦套可调节光斑大小，以保证光斑清晰稳定。调整完毕后，将锁紧螺母拧紧即可使用。

⑥ 每次使用前应检查激光光束，使其正确地指示巷道掘进方向。

⑦ 巷道每掘进100m，应至少对中线点腰线点进行一次检查测量，并根据检查测量结果调整。

# 本章小结

本章主要介绍了井筒施工测量和巷道施工测量基本工作，其任务都是根据已批准的各种施工设计图纸资料，将施工工程的设计位置标定于现场，并进行检查测量。

井筒施工测量所包括的内容很多，但主要的工作是井筒中心、井筒十字中心线的标定以及立井掘进时的施工测量。因此，在进行施工测量前，应熟悉设计图纸内容，领会设计意图，验算有关数据，核对图上平面坐标和高程系统、几何关系及设计与现场是否相符。

巷道施工测量的主要工作就是巷道的中线和腰线的标定，是矿井井下日常性的测量工作。中线是巷道在水平面内的方向线，用于指示巷道的掘进方向。腰线是巷道在竖直面内的方向线，标设在巷道帮上，用于控制巷道掘进时的坡度。

标定工作是一项非常重要的工作，一旦出现差错，将会造成很大的经济损失，严重的甚至会酿成重大安全事故。因此，它要求矿山测量人员具有高度的责任心，及时、认真、准确地标定。

# 习　题

1. 何谓井筒中心？何谓井筒的十字中线？何谓井筒的主十字中线？
2. 井筒十字中线如何标定？井筒中心垂球线如何固定？
3. 什么是巷道中线？什么是巷道腰线？它们分别位于巷道的什么位置？
4. 延长巷道中线有哪几种方法？

5. 在平巷中给腰线有哪几种方法？

6. 在斜巷中用经纬仪标定腰线点有哪几种方法？各有什么优缺点？

7. $A$、$B$ 分别为曲线巷道的起点和终点，圆心角为 $60°$，曲率半径为 10m。试计算短弦长、曲线起点 $A$ 和终点 $B$ 的指向角以及中间转折点的指向角。

8. 在平巷与斜巷连接处怎样标定腰线？

9. 激光指向仪的特点是什么？

# 第十一章　矿图的识读与应用

## 第一节　概　　述

随着测绘技术、计算机技术、通信技术和地理信息技术的发展和推广，数字中国、数字省区、数字城市的建设，许多现代大型煤矿企业集团（公司）已经或正在构建矿山地理信息系统（mine GIS），建设“数字矿山”。矿山生产技术人员利用矿山地理信息系统编制采掘计划，设计矿井通风、排水、运输、供电等系统；根据矿山地理信息系统中提供的煤层产状、地质条件、生产状况做出正确判断和决策，以便指导井巷安全施工，并且还要利用矿山地理信息系统监督、检查矿产资源合理开发。矿井通风安全部门利用矿山地理信息系统实现对煤矿通风系统、安全监测系统运行情况实时监督管理，煤矿集团公司有关领导和上级主管部门领导利用矿山地理信息系统这个平台，可以对煤矿通风系统和安全监测系统进行远程实时监控与监督管理，实现对影响矿井安全生产的重大隐患网上报警、做出决策。系统的实现能使煤矿安全生产管理跃上一个新的台阶，使我国的煤矿安全生产技术及管理与国家的信息化同步。

矿山地理信息系统是一种以采集、存储、管理、分析和描述矿山地面和井下与空间和地理分布有关的数据的信息系统。而矿图则是矿山地理信息系统基础与框架。

### 一、矿图的种类

矿图是矿山测量图、矿山地质图和其他采矿用图的总称。反映矿区地物、地貌情况和地下矿体、各种巷道、硐室、工作面等空间位置关系的图，称为矿山测量图。它是根据矿山测绘资料绘制的。矿山地质图和其他采矿用图则以矿山测量图件作为基本图件而编制。

一幅高质量的矿图，应该详细地反映出井上下各种巷道和矿体复杂的空间形体和时间概念，应具有内容齐全、正确可靠、整洁美观、清晰易读等特点。所以要求矿山测绘人员必须准确、及时地提供测量资料，按生产要求绘制出各种矿图。如果矿图绘制得不及时、不准确、不齐全，就会影响采矿生产，甚至会使国家资源受到损失，使工人的生命安全受到影响。

根据矿图的成图工艺不同，矿图可分为原图、底图（二底图）和蓝图（复印图）。直接根据测量数据绘制的矿图，称为原图。该图测绘要求严格，各项测量技术指标与测绘精度都必须达到规程规定的要求，因为它是编绘其他图纸的依据。

矿图根据其用途不同，可分为基本矿图、专用矿图和日常用图（交换图）。

基本矿图，是反映煤矿基本采掘情况、井上下重要自然要素、生产设施的位置及其几何关系，用以指挥生产（建设）活动所必需的图纸，是矿井生产、技术、安全管理的主要图件。

专用矿图，是主要供地测及其他部门掌握和分析有关地测资料而绘制的图纸。常见的专用矿图有：矿井地质图、矿井储量管理图、矿井水文地质图；矿井通风系统图，比例尺一般与主要巷道平面图相同；矿井排水系统图，比例尺一般与主要巷道平面图相同；机电设备布置图、供电系统图等。

日常用图，是专门绘制的、日常生产和正常业务活动所需要的图纸，供上级领导部门、生产技术管理部门了解生产状况使用的矿图。

根据《煤矿地质测量图技术管理规定》，生产矿井必须具备的基本矿图种类及其比例尺如下。

(1) 井田区域地形图　比例尺 1∶2000 或 1∶5000；

(2) 工业广场平面图　比例尺 1∶500 或 1∶1000；

(3) 井底车场平面图　比例尺 1∶200 或 1∶500；

(4) 采掘工程平面图　比例尺 1∶1000 或 1∶2000、1∶5000；

(5) 主要巷道平面图　比例尺 1∶1000 或 1∶2000；

(6) 井上下对照图　比例尺 1∶2000 或 1∶5000；

(7) 井筒断面图　比例尺 1∶200 或 1∶500；

(8) 主要保护煤柱图　比例尺 1∶1000 或 1∶2000、1∶5000。

生产矿井必备的地质图和比例尺如下。

(1) 矿井地形地质图或基岩地质图　比例尺 1∶10000、1∶5000、1∶2000；

(2) 矿井可采煤层底板等高线图　比例尺 1∶5000、1∶2000；

(3) 矿井煤（岩）层对比图　比例尺 1∶500、1∶200；

(4) 矿井煤系地层综合柱状图　比例尺 1∶1000、1∶500、1∶200；

(5) 矿井地质剖面图　比例尺 1∶5000、1∶2000、1∶1000；

(6) 矿井地质水平切面图　比例尺 1∶5000、1∶2000。

## 二、矿图的分幅与编号

矿图的图幅划分、编号、坐标方格网的绘制与地形面测绘中的方法相同。矿图图幅和方格网方向可以根据各矿的具体情况确定，但应便于长期保存，方便绘制和使用，同一矿区的图幅划分应尽量一致。

根据我国各矿区的情况，矿图也可以自由分幅，即图纸大小可以自由选择，图幅可以是正方形，也可以是长方形；坐标格网可以与图廓正交，也可以斜交，以满足生产要求为宜。例如某矿在矿图分幅时，以一个采区或一个煤层分为一幅，图纸的长方向大致与煤层走向一致，在图上，以煤层走向为标准绘制斜方格，然后统一编号，以便全矿区的矿图彼此拼接。

## 三、矿图图例符号

矿图的图例符号和地物符号与地形图一样，也分为比例符号、非比例符号、线型符号、充填符号及其注记说明。

本书第七章已述地物、地貌在地形图上的表示方法，因此，不再赘述。至于地质图上地层及地质构造的表示方法，请参照有关地质书籍及《煤田地质标准图例》。煤层赋存用煤层底板等高线及地质构造表示。表 11-1 中列举了部分矿图符号。矿井安全技术管理人员应熟悉有关国家标准及行业规范，以便于正确阅读和使用矿图。

本章先简要介绍矿图的投影知识，然后介绍规程中要求生产矿井必须具备的几种主要矿图，即采掘工程平面图、主要巷道平面图、井上下对照图、煤层底板等高线及储量计算图的内容、识读和应用。

表 11-1　矿图图例符号

| 名称 \ 符号 \ 比例尺 | 1∶500 和 1∶1000 | 1∶2000 | 1∶5000 |
|---|---|---|---|
| 经纬仪导线点 | | | |
| 永久 | 1.5 A ◎ 398.0 0.8 | 1.5 A ◎ 398.0 0.8 | 不表示 |
| 临时 | A ○ 142.0 1 | A ○ 142.0 1 | |
| 罗盘导线点 | · 380.0 0.3 | · 380.0 0.3 | |
| 巷道底板高程 | ∘ 250.1 0.3 | ∘ 250.1 0.3 | |
| 水准基点 | C ⊕ 170.690 ⊥ 1.5 | C ⊕ 170.690 ⊥ 1.5 | |
| 竖井 | | | |
| 圆形 | | 一号井 156.36 15. 73 3 4 提升 | 一号井 156.36 15.73 2 3 提升 |
| 矩形 | | 一号井 124.17 −60.20 3 4 通风 | 一号井 124.17 −60.20 2 3 通风 |
| 暗竖井 | 按实际比例尺参照 1∶2000 符号绘制 | | |
| 圆形 | | 五号井 −45.37 −130.24 3 4 提升 | −45.37 −130.24 2 3 提升 |
| 矩形 | | 五号井 107.15 39.46 3 4 提升 | 107.15 39.46 2 3 提升 |
| 暗小竖井 | | | |
| 圆形 | 按实际比例尺参照 1∶2000 符号绘制 | 六暗井 35.20 −13.70 3 通风 | 六暗井 35.20 −13.70 2 通风 |
| 矩形 | | 七暗井 −26.70 −112.50 2 3 通风 | 七暗井 −26.70 −112.50 1 2 通风 |

续表

| 名称 \ 符号 \ 比例尺 | 1∶500 和 1∶1000 | 1∶2000 | 1∶5000 |
|---|---|---|---|
| 斜井 | | 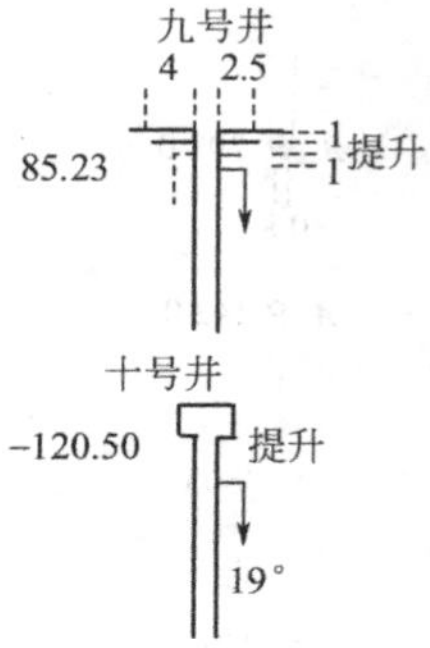 九号井 4 2.5 85.23 1 1 提升；十号井 −120.50 提升 19° | 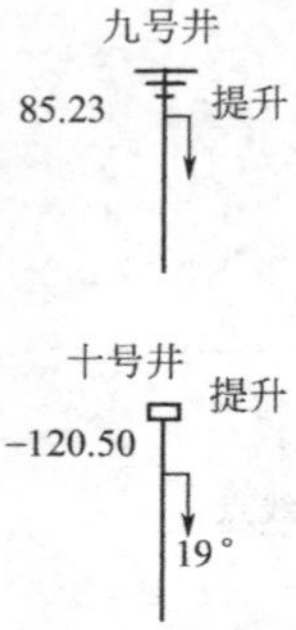 九号井 85.23 提升；十号井 −120.50 提升 19° |
| 水闸门 | 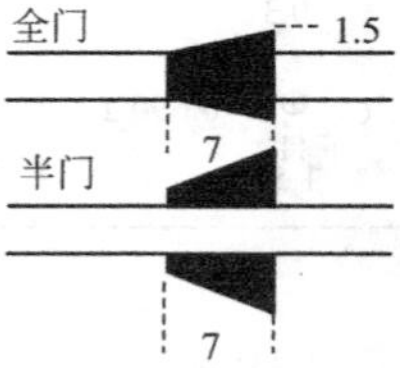 全门 1.5 7；半门 7 | 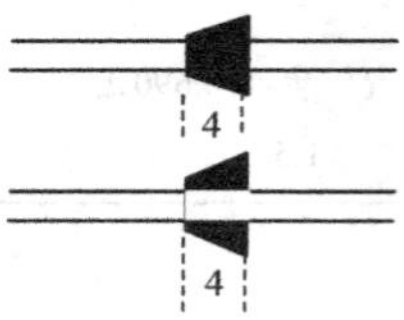 4；4 | 不表示 |
| 水闸墙 | 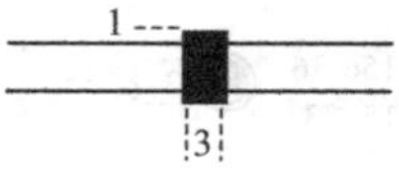 1 3 | 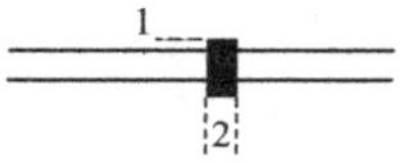 1 2 | 不表示 |
| 见煤钻孔 |  3 4.5 |  3.5 2 |  2 |
| 未见煤钻孔 |  3 4.5 |  3.5 2 | 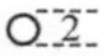 2 |

## 第二节　标高投影

在煤矿建设和生产过程中，由于各种井巷工程、矿体、地质现象等构成了一个极为复杂的空间形体，为了合理地开采矿产资源，需要将该空间形体绘制成各种图纸，它涉及制图与读图两个方面。制图是根据有关资料，按一定的比例尺和《煤矿地质测量图例》规定的有关符号，把空间形体正确、清晰地描绘在平面图纸上，而读图是在平面图纸上解决空间形态的几何关系问题。制图和读图是矿山工程技术人员最重要的基本功，而投影知识则是制图和读图的理论基础。

根据投影中心与投影面的位置不同，投影方法可分为中心投影和平行投影两大类。平行投影又分为正（直角）投影和斜投影两种。矿图中除部分地质图采用正投影（正投影方法在工程制图中已学过）外，矿山测量图多采用标高投影图。

标高投影是一种正投影。采用水平面作为投影面，将空间物体垂直投影在水平面上，然后把物体各点的高程注记在点的旁边，用以说明各点高于或低于投影面的数值，这种投影称为标高投影。

标高投影具有作图简单、便于度量、直观性强等优点。采用标高投影所绘制的矿图，如同测绘地形图一样。因为，井下巷道纵横交错，非常复杂，必须对这些巷道的平面位置和高程进行准确测量，然后，绘出巷道的标高投影图。

物体的外形都是由点、线、面构成的，如竖井井筒中心、巷道的特征点等，可以看作是一个点，地面的道路、井下各类巷道，可以看作是线，煤层、顶底板、断层面等，可以看作是面。因此，熟悉点、线、面的标高投影特点，对阅读矿图、应用矿图解决矿井安全生产技术管理问题就像找到了开锁的钥匙。

## 一、点的标高投影

在标高投影中，空间一点的标高投影，由其在零水平面上的投影和高程决定。在平面直角坐标系中，由点的坐标 $x$ 和 $y$ 定出点的平面位置，在点旁注上高程，这就是点的标高投影。

图 11-1 表示点的标高投影，其中图（a）中，$A$ 点的高程为＋60m，在零水平面之上，$B$ 点的高程为－56m，在零水平面之下，图（b）为 $A$、$B$ 点在零水平面上的标高投影图。

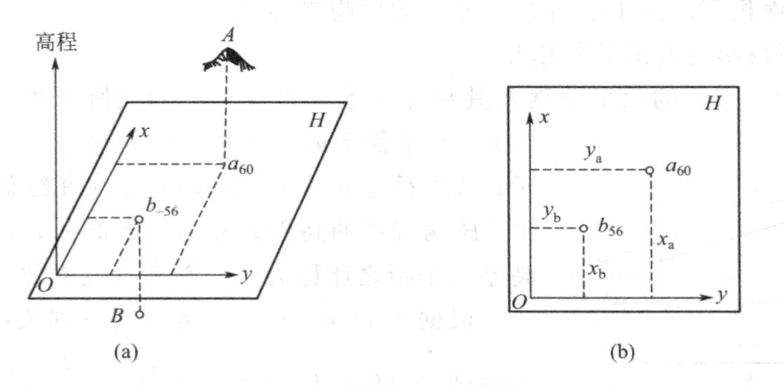


图 11-1　点的标高投影

## 二、直线的标高投影

### 1. 直线的标高投影表示方法

直线的标高投影通常用直线上两点的标高投影来表示。直线的标高投影表示法见图11-2和图 11-3 表示直线的标高投影图。在作直线的标高投影图时，首先根据坐标作出直线两端点在零水平面上的投影，然后注上各自的高程，再把投影图上的两点连接起来。如果两端点的高程都为正值，说明该直线位于水平面之上，如果都为负值，则位于零水平面之下，若一正一负，则说明该直线穿过零水平面。

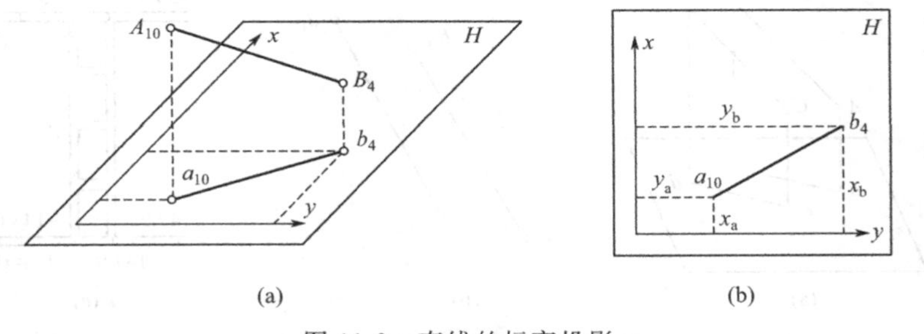


图 11-2　直线的标高投影

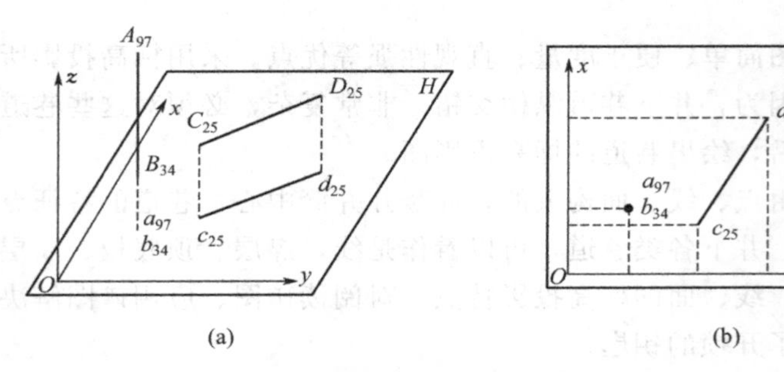


图 11-3　特殊直线的标高投影

在图 11-2(a) 中，直线 $AB$ 两端点的高程分别为了 10m、4m，两点在零水平面上的投影分别为 $a_{10}$、$b_4$，图 11-2(b) 就是用标高投影法作出的 $AB$ 直线投影图。

图 11-3 表示铅垂线和水平线两种特殊位置直线的标高投影图，其图 11-3(a) 中，直线 $AB$ 是铅垂线，其水平投影具有积聚性，标高投影分别为 $a_{97}$、$b_{34}$（一般把高程值大者写在上方，如图 11-3 所示），直线 $CD$ 为一水平线，标高投影为 $c_{25}$、$d_{25}$，显然 $CD=cd$，且 $CD$ 上各处的高程相等。图 11-3(b) 为相应的标高投影图。

2. 直线标高投影的要素及其相互关系

图 11-4 表示了直线的六个要素及其相互关系，直线 $AB$ 的实际长度为斜长用 $L$ 表示；$AB$ 在水平面上的投影长度称为水平长度或平距，用 $S$ 表示；$AB$ 对零水平面的倾角称为直线倾角，用 $\delta$ 表示；A、B 两端点的高程差称为直线高差，以 $h$ 表示；$AB$ 的高差与平距之比称为直线斜率（或斜坡），以 $i$ 表示。

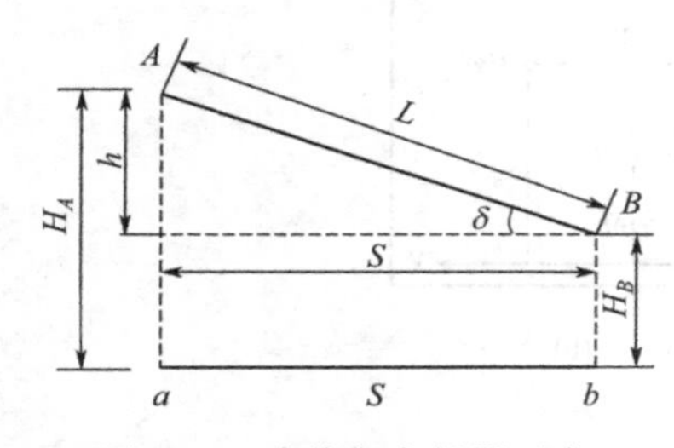


图 11-4　直线标高投影要素

根据图 11-4，以上各要素有下列关系：

$$h=H_A-H_B\text{；}L=\sqrt{S^2+h^2}\text{；}i=\frac{h}{S}\ (‰)\text{；}\delta=\arctan\frac{h}{S}$$

由上述关系式可知，只要在直线投影图上确定直线的两个要素，就能求出其他要素。例如在井下直线巷道的标高投影图上，可以按上述关系式计算出所需要的几何要素。

3. 空间两直线的相互关系及标高投影

空间两直线的相互位置关系有三种情况：两直线彼此平行；两直线相交；两直线交错。下面介绍它们在标高投影图中的表示方法及在巷道图上如何识别。

(1) 空间两直线平行　图 11-5(a) 表示空间两平行直线的标高投影，由图可以看出，若

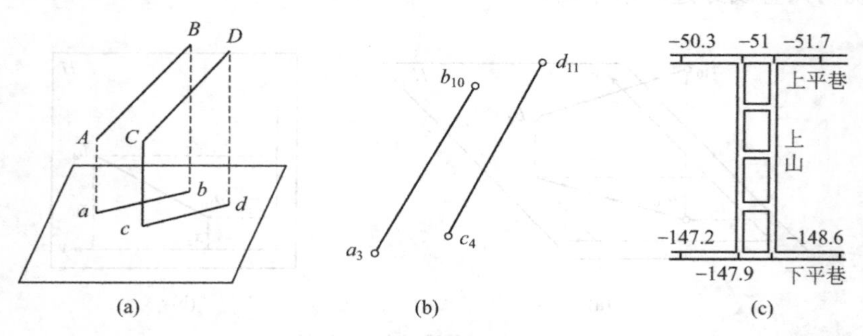


图 11-5　平行直线的标高投影

空间两直线的投影彼此平行，倾斜方向一致，倾角相等，则空间两直线平行，三个条件必须同时满足时，空间两直线才平行。

图 11-5(b) 是两直线平行的标高投影图，由图可知，两直线向同一方向倾斜，两端点的高差都是 7m，且直线的水平长度相等，故两直线空间是平行的。

图 11-5(c) 表示两巷道平行的标高投影图。根据上述原则，可判断两水平间的一对上山相互平行，上、下巷也是平行的。

(2) 空间两直线相交　空间两直线相交，其投影必相交，交点处只有一个高程值。图 11-6(a) 表示空间两直线相交的标高投影。在标高投影图 11-6(b) 中，$a$ 与 $b$ 的高差为 4m，将 $ab$ 等分内插，(与勾绘等高线的方法相同)；$c$ 与 $d$ 的高差为 6m，将 $cd$ 等分内插，求得交点 $K$ 的高程值都是 6m，因此可以判断出 $ab$ 与 $cd$ 在空间的直线也是相交的。根据此原则，可以判断图 11-6(c) 中的巷道空间关系，因此投影相交，只有一个高程值，由此看出空间两巷道是相交的。

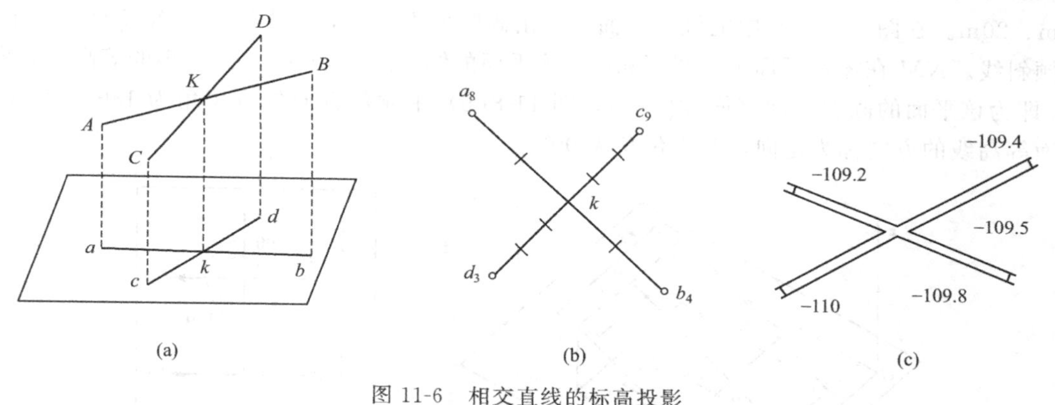


图 11-6　相交直线的标高投影

(3) 空间两直线交叉　若空间两直线的投影相交，但交点处的高程不等，则两直线在空间不相交，而是交叉的。

图 11-7(a)、(b) 表示空间两直线交叉的标高投影和投影图。在图 11-7(b) 中其投影虽然相交，但相交处的高程值不相等，$a$ 与 $b$ 的高差为 7m，$c$ 与 $d$ 的高差也为 7m，各等分内插，分别求得交点 $K_1$ 的高程值为 14m，$K_2$ 的高程值为 6，所以，相应的空间直线是交叉的。

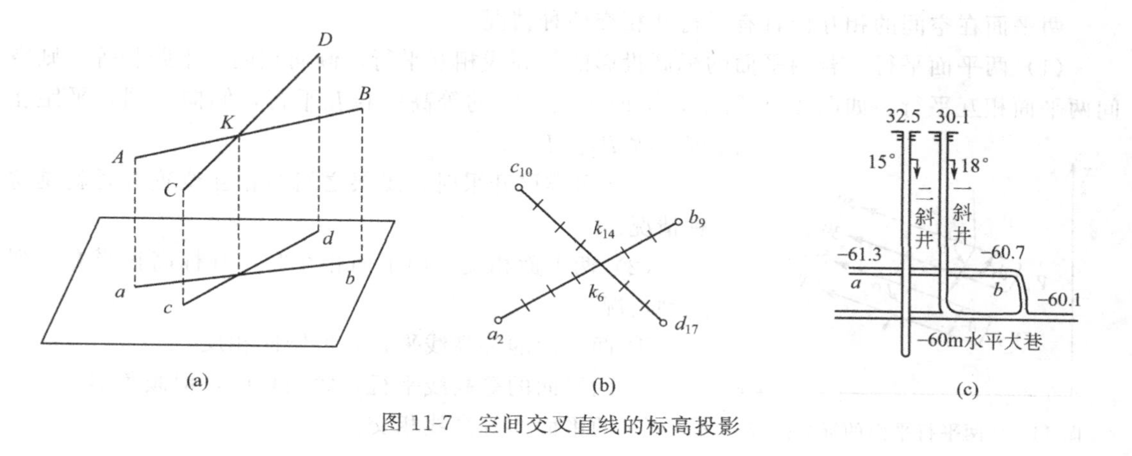


图 11-7　空间交叉直线的标高投影

根据这一原则，可以判断出图 11-7(c) 中的两巷道的空间关系。由图可以看出，两斜井和水平巷道 $ab$ 是交错的，二号斜井和 −60m 水平大巷也是交叉的。因为图上是用双线表示巷道，所以从绘法上可以直接看出高程值小的巷道被高程值大的巷道所遮盖。交错巷道在平面图上互不相通，如果用单线绘出巷道，只能用高程值判断出巷道之间的高、低关系。

除此之外，两直线的投影平行，直线的倾斜方向相反，两直线在空间也是交叉的。如果两直线的投影平行，倾向相同，但倾角不等，则该两直线在空间也是交叉的。

## 三、平面的标高投影

1. 平面的标高投影表示法

在标高投影中，通常用平面的等高线投影来表示。如图 11-8 表示平面的标高投影，图 11-8(a) 中用一组等间距的水平面与空间倾斜面相交，其交线即为等高线。这些等高线的投影即为该斜面的投影，它是一组相互平行的直线［见图 11-8(b)］，高程分别为 0m、10m、20m。在图 11-8(a) 中的倾斜平面内，由高向低垂直于等高线的直线 $NM$ 称为该平面的倾斜线。$NM$ 在零水平面上的投影 $nm$ 为该平面的倾斜线，$nm$ 指向高程小的等高线方向，$nm$ 即为该平面的倾斜方向（简称倾向），图 11-8(b) 中倾斜方向的方位角为 180°；而倾斜平面等高线的方向称为走向，其方位角为 90°。

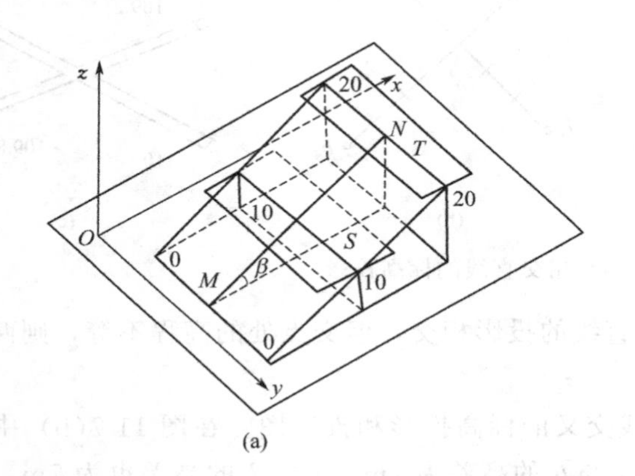


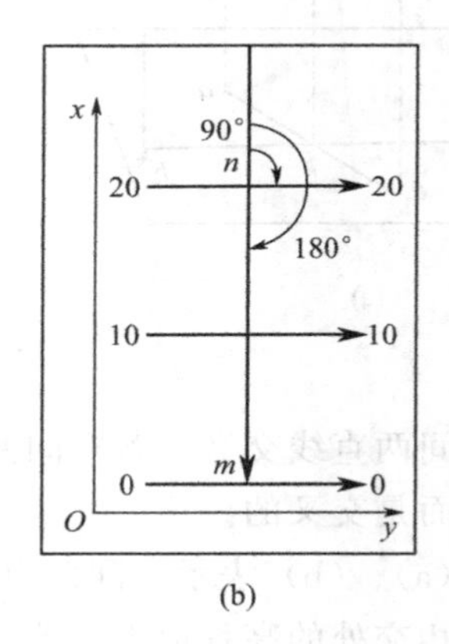


图 11-8　平面标高投影

2. 空间两平面的相互位置

两平面在空间的相互位置有平行和相交两种情况

(1) 两平面平行　若两平面的标高投影的等高线相互平行，倾向相同，平距相等，则空间两平面相互平行。如图 11-9 所示，平面 $P_1$、$P_2$ 的等高线相互平行，倾向相同，平距相等，故 $P_1 // P_2$。

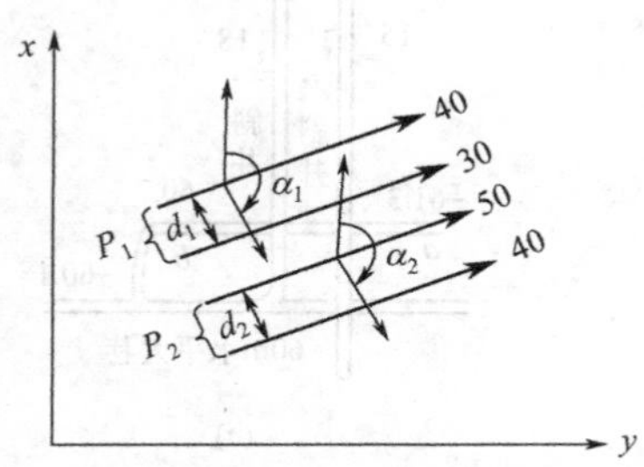


图 11-9　两平行平面的标高投影

井下多煤层开采时，煤层之间的相互位置有时就是这种情况。

(2) 两平面相交　两平面相交时，其标高投影有下列三种情况。

① 两平面的等高线平行，但倾向相反。

② 两平面的等高线平行，倾向相同，但倾角不等。

③ 两平面的等高线相交。

如图 11-10 所示为第一种情况。从图 11-10(a) 知，它们的走向彼此平行，但倾向正好相反，因此，两平面的空间是相交的，其交线是一条水平线。为了求出交线的水平投影，作一垂直与等高线方向的辅助剖面 $Q—Q$，如图 11-10(b) 所示，据 $a$、$b$、$c$、$d$ 点的高程，作两平面与剖面的交线（迹线）$AB$ 和 $CD$，其交点 $K$ 即为两平面交线上的一点，将 $K$ 点投影于水平线上，并转绘于平面图上，即得一点 $K$。过此点作平行于等高线的直线，即为两平面交线的投影，其高程值由剖面图上求得为 35m。

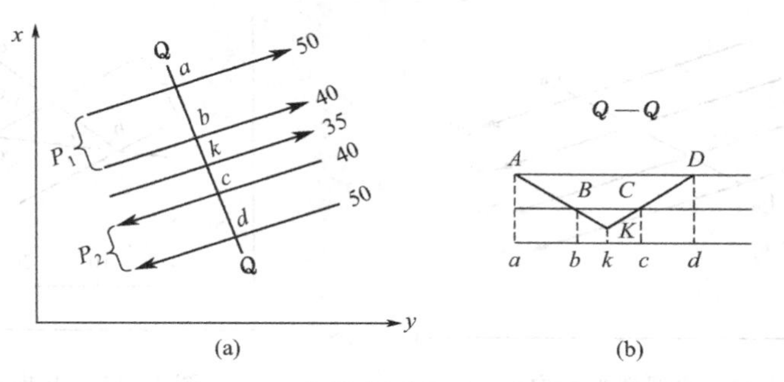


图 11-10　倾向相反的两相交平面

如图 11-11 所示为第二种情况。两平面的交线也是通过作辅助剖面求得的，方法与图 11-10(b) 相同。

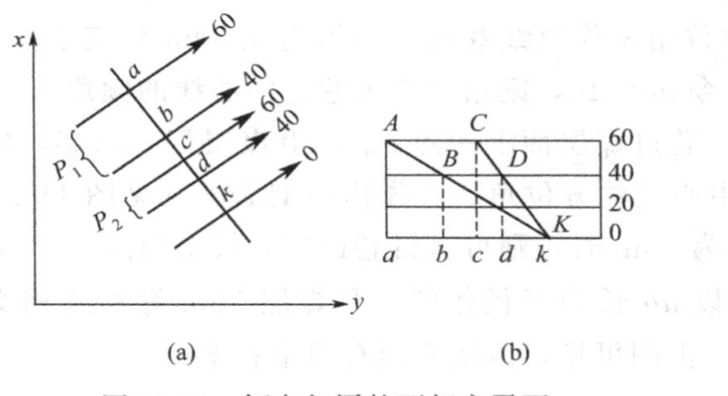


图 11-11　倾向相同的两相交平面

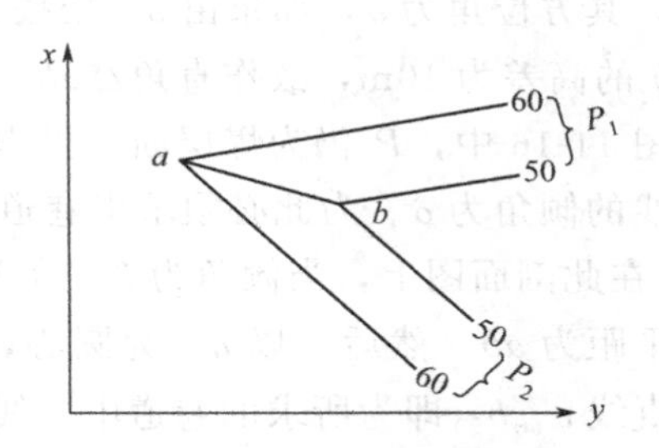


图 11-12　一般相交平面

如图 11-12 所示为第三种情况。将图上标高相同的等高线的交点连起来，即为两平面交线的投影，如 $ab$ 线。

在矿图中，求煤层和断层的交线，就属于两平面相交的情况。如图 11-13 所示，$P$ 为煤层上翼，$P'$为煤层下翼，$Q$ 为断层面。将断层面与煤层面高程相同的等高线的交点连接起来，便是断层面和煤层面的交线或交面线。因为断层有上下两盘，所以一条断层有两条交面线，上盘交面线用符号“—·—”表示，下盘交面线用符号“—×—”表示。

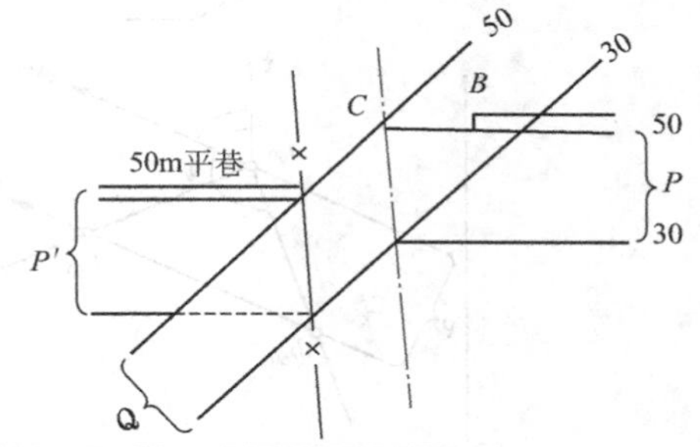


图 11-13　煤层与断层面相交

## 四、空间直线与平面的相互位置

直线与平面的相互位置有三种情况：直线在平面内；直线与平面平行；直线与平面相交。

1. 直线在平面内

如一条直线上有两点在某平面内，则该直线位于平面内。

图 11-14 中，直线 $AB$ 两个端点的投影 $A_{20}$、$B_{50}$ 在平面 $P$ 内，则该直线位于平面内。在煤矿生产中，煤层底板可以看成平面，巷道的中心线可以看成直线，沿煤层底板掘进巷道时，巷道的标高投影图就是直线位于平面内的例子。

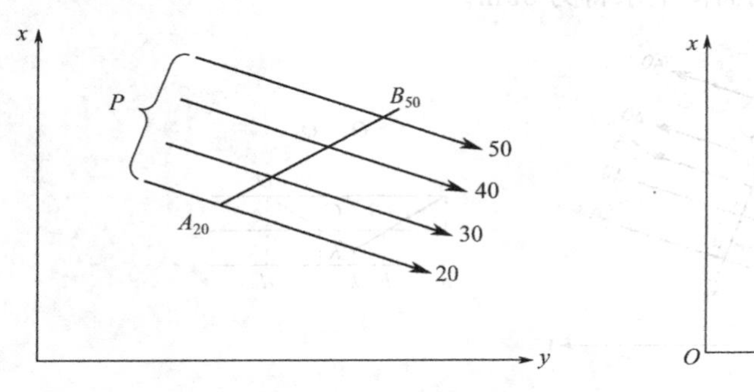


图 11-14　直线在平面内

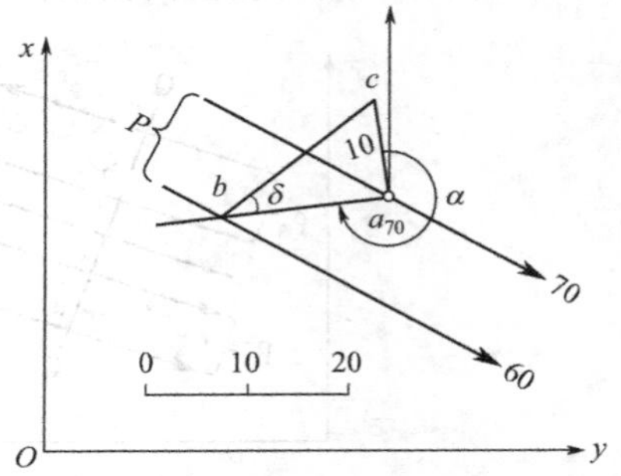

图 11-15　求巷道的倾角

若沿煤层掘进的巷道与煤层走向斜交，有时则需要根据巷道的方向求巷道的倾角，或根据巷道的倾角求巷道的方位角。

图 11-15 中，$P$ 为煤层面的投影。过煤层面上的点 $a_{70}$，沿煤层面掘一巷道与煤层走向斜交，其方位角为 $\alpha$，如果由 $a_{10}$ 处按方位角 $\alpha$ 作直线巷道，与等高线 60m 相交于 $b$。因为 $a$ 与 $b$ 的高差为 10m，故作直角$\triangle abc$，令 $ac=10$，则角度 $\delta$ 为巷道中心线的倾角。

图 11-16 中，$P$ 仍为煤层面的投影。若过煤层面上一点 $a_{60}$，沿煤层掘一斜巷，使斜巷中心线的倾角为 $\delta$。为此必须求出巷道中心线的方位角。首先作一剖面图（见图 11-16 的上部）。在此剖面图上，当倾角为 $\delta$、高差为 10m 时，则可求得巷道中心线上与高差 10m 相对应的平距为 $ab$。然后，以 $a_{60}$ 为圆心，以 $ab$ 长为半径作弧，和煤层 50m 等高线相交于两点，直线 $a_{60}b_{50}$ 即为所求的巷道中心线。由图可见，该类问题有两个答案。

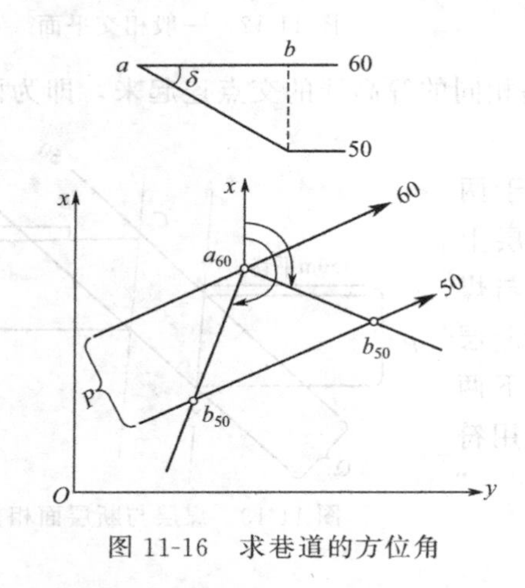


图 11-16　求巷道的方位角

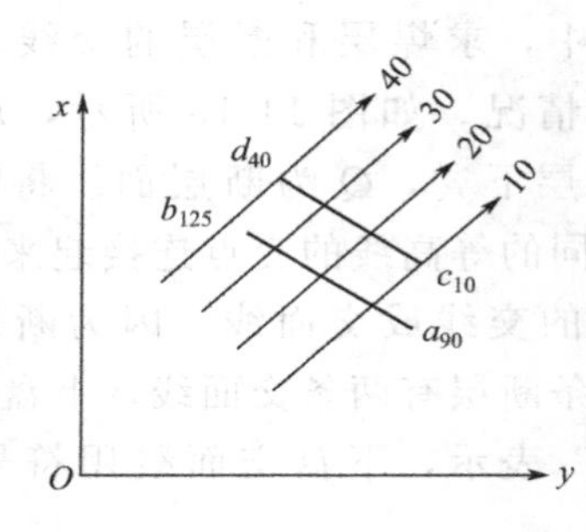


图 11-17　直线与平面平行

2. 直线与平面平行

如果直线平行平面内的某一直线，则直线与该平面平行。图 11-17 中，直线 $AB$ 的标高投影与平面内的直线 $CD$ 的标高投影相互平行。且由图可知，两者的倾向相同，平距相等，因此，两直线平行，所以 $AB$ 直线平行于平面。

3. 直线与平面相交

如果直线既不在平面内，又不与平面平行，则直线与平面相交。

图 11-18 中，直线 $CD$ 的标高投影高程数值与平面等高线数值不一致，所以 $CD$ 直线不在平面 $P$ 内，从图中知，$c_{20}$ 低于该处平面的标高，则 $C$ 点位于平面的下方，$d_{60}$ 高于该处平面的标高，则 $D$ 点位于平面的上方，由此可知，直线 $CD$ 必与平面相交。为了确定平面与直线的交点，过直线 $CD$ 作一辅助剖面图，如图 11-18(b) 所示。直线 $CD$ 与平面上的直线 $AB$ 相交于 $K$ 点，$K$ 点就是直线 $CD$ 与平面 $P$ 的交点，将 $K$ 投影到水平线上并转绘于平面图上，则得直线 $CD$ 与平面 $P$ 的交点的标高投影 $k_{34}$。

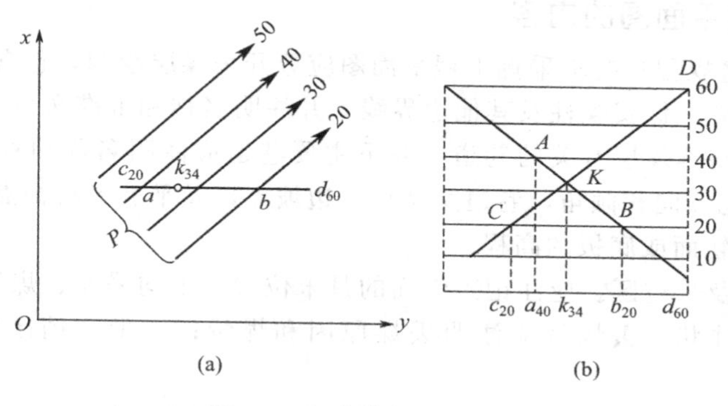


图 11-18　直线与平面相交

由一定点向煤层掘一倾斜井筒，就是直线与平面相交的例子。如图 11-19 所示，$P$ 为煤层面的投影，现从地面一点 $b_{125}$ 向煤层掘进井筒，井筒方位角为 $\alpha$，倾角为 $\delta$，按 $\alpha$、$\delta$ 可求出井筒与煤层的交点。

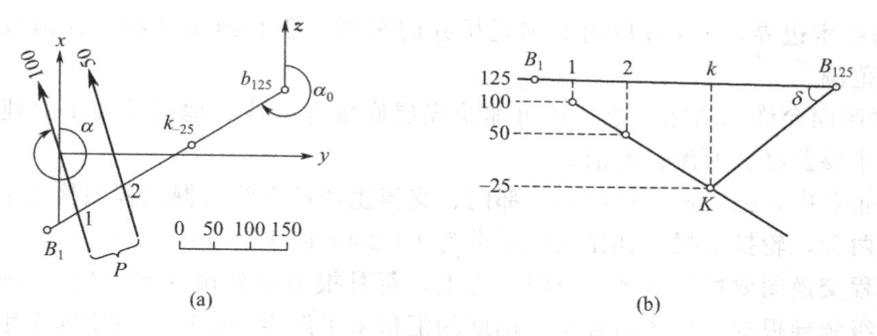


图 11-19　求井筒的长度

首先，过 $b_{125}$ 点按方位角 $\alpha$ 作巷道中心线的水平投影 $b_{125}B_1$，交煤层等高线于 1、2 两点。然后，再沿井筒中心线作垂直剖面图。

作剖面图时，先绘一条水平线［见图 11-19(b)］，此线高程为 125m。在该水平线上，选一点为 $B_{125}$，并按照平面图上的 $b_{125}$ 与 1、2 点的位置关系写定出 1、2 点的水平线上的位置。然后根据 1、2 点的高程，在 100m 与 50m 高程线上定出其在剖面中的位置，将这两点连接起来并适当延长则为煤层。由 $B_{125}$ 按照 $\delta$ 角作直线和煤层相交于 $K$，再将 $K$ 点投影到水平线上，并转绘于平面图上得到 $k$ 点。$K$ 点即为巷道和煤层交点的水平投影，其高程由剖面图上求得为 $-25$m。井筒的长度 $B_{125}K$ 也可在此剖面图上直接量取。

## 第三节　采掘工程平面图

采掘工程平面图能动态、实时、全面反映生产矿井煤层赋存状况与掘进回采进展情况，是矿井技术管理和安全生产最重要的基础性图纸之一，是矿井管理、技术安全人员进行技术管理、指挥生产、监测检查安全工作的重要依据。

采掘工程图不仅有采掘工程平面图，而且还包括立面图和剖面图。对于大型现代化矿井而言，其煤层赋存条件为适宜综合机械化生产的近水平煤层和缓倾斜煤层，为此，这里仅重点介绍采掘工程平面图的内容、识读和应用。

### 一、采掘工程平面图的内容

根据《煤矿测量规程》要求采掘工程平面图应分开采煤层绘制，包含如下内容：

① 井田技术边界、保安煤柱及其他边界线，并注明名称和批准文号。

② 本煤层以及与本煤层有关的巷道。井下主要巷道应注明名称和月末掘进工作面的位置，倾斜巷道应注记倾向和倾角，巷道交叉点、边坡点以及平巷等特征点。在图上每隔50～100mm 应注记巷道轨面或底板的高程。

③ 回采工作面及采空区。应注记工作面的月末位置、平均采厚、煤层倾角、开采方法、开采年度和煤层小柱状；丢煤区应注明丢煤原因和煤量；储量注销区应注明批准文号和煤量。

④ 永久导线点和水准点。注明点号和高程，临时点根据需要注记。

⑤ 钻孔、勘探线、煤层露头线、风化带、煤层变薄区、尖灭区、陷落柱和火成岩侵入区、煤厚点、煤样点以及实测的主要地质构造。

⑥ 发火区、积水区、透水点、煤及瓦斯突出区、冒流沙区等，并注明发生的时间和有关情况。

⑦ 井田技术边界外 100m 以内的邻近矿井的采掘工程和地质情况，井田范围内的小煤窑及其开采范围。

⑧ 根据图面允许和实际需要，还可加绘煤层底板等高线、地面重要工业建筑物、居民区、铁路、主要公路、河流、湖泊。

在采矿企业中，把定期上报给各管部门、交流生产信息的采掘工程图称为采掘工程交换图，通常有两套，轮换上报，其比例尺通常为 1∶2000 或 1∶5000。

采掘工程交换图要填绘准确、及时、完整，每月报集团公司（矿务局），每季报上级主管部门。各级领导根据交换图结合生产调度的汇报来了解生产状况，制定安全生产措施，监督、检查资源的合理开发和利用，确定矿区的发展规划等。

交换图采用折扇的方式折叠，折叠时应将图签露在外面，以方便查阅。图纸的右下角图签上注明项目：集团公司（矿务局）的名称；矿井名称；矿井移交生产年度；瓦斯等级和煤的牌号，矿井生产能力；图纸名称；领导签名；填绘日期及比例尺、坐标系统等。

当然，在已建立矿井地理信息系统的集团公司，就不必采用纸质的采掘工程交换图。集团公司（矿务局）可以借助局域网或互联网随时查看所属各生产矿井的安全生产情况，检查是否存在安全隐患，并要求有关部门监督其整改，以达到安全生产的目标。

### 二、采掘工程图的识读方法

采掘工程图的识读，应遵循从整体到局部、从地面到井下、先开拓系统后准备、回采系统的原则。

① 先看矿井的地理位置、指北方向、比例尺、图名、坐标和高程系统、井田技术边界等，了解矿井基本情况。

② 从井口、井底车场开始，找主要石门、水平运输大巷、集中风巷、主要上山、人行道，了解矿井的开拓方式和回采工艺，对全矿主要巷道的空间位置、相互关系，建立一个整体的和系统的概念。再看为回采准备的巷道、采区布置及工作面月进度、采煤方法、运输及通风系统等。

③ 了解煤层产状和地质构造。读出煤层倾角、走向、煤厚及断层等地质构造。

如图 11-20 所示为某矿四号煤层采掘工程平面图的一部分，比例尺为 1∶2000。按照上述方法识读该图，该矿为双翼开采，主井和风井井口地面高程分别为 1235.685m、1228.660m，材料及行人斜井井口地面高程为 1226.500m。主井和材料行人斜井为进风井、风井作为回风井。设备材料经材料行人斜井、井底车场、4 号煤层辅助运输大巷、盘区大巷、工作面辅运巷进入工作面。工作面采煤机落煤后，经刮板运输机、工作面主运巷、盘区运输巷、4 号煤层主运输大巷、主井至地面洗选系统。新鲜风流从地面经主井和材料行人斜井、井底车场、井下主运大巷、盘区运输巷、工作面主运巷进入工作面，乏风从工作面经工作面辅运巷、盘区回风大巷、中央回风大巷、风井至地面。由于图幅有限采掘工程平面图的内容不能一一列举。

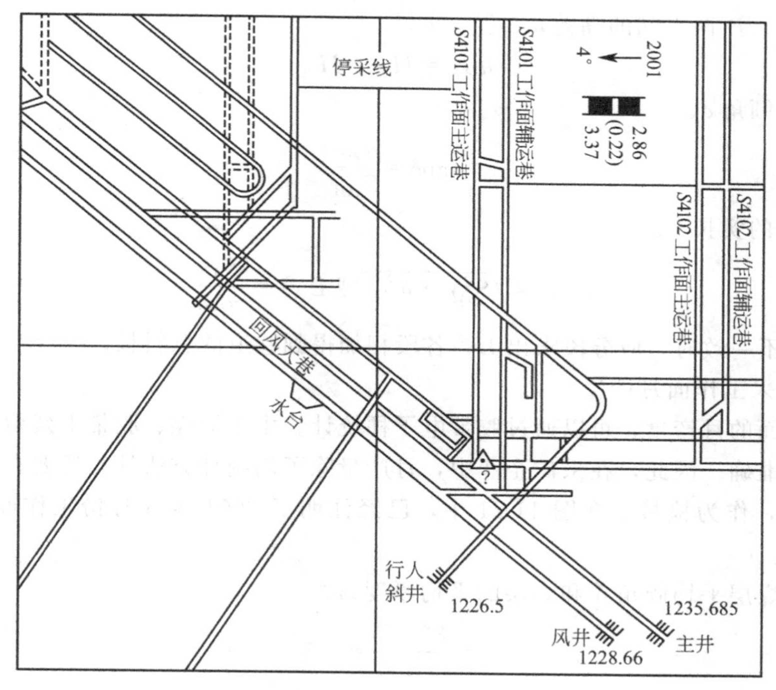


图 11-20 采掘工程平面图

## 三、采掘工程平面图的应用

采掘工程平面图是及时、动态、全面地反映矿井的采掘情况基础性图，它是指导生产、进行矿井安全技术管理和解决生产技术问题的重要工具，用途极为广泛，下面例举几点说明。

1. 求巷道两点间实际长度和倾角

欲进行某采区设计，需要在采掘工种平面图上（图 11-21）求出人行道 $AB$ 的实际长度及倾角。求法如下。

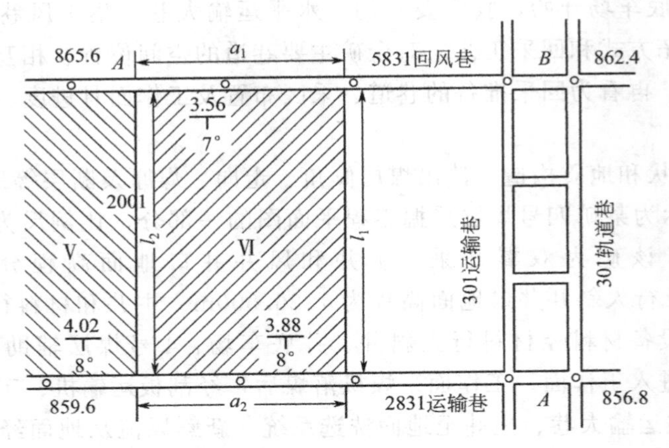


图 11-21 采掘工程平面图的应用

① 在图上量取 $AB$ 的长度 $l$ 并乘该图比例尺的分母 $M$，即为 $AB$ 的水平距离 $S_{AB}$，即

$$S_{AB}=lM$$

② 计算 $A$、$B$ 两点间的高差 $h_{AB}$。

$$h_{AB}=H_B-H_A$$

③ 求煤层倾角 $\delta$。

$$\tan\delta=\frac{h_{AB}}{S_{AB}}$$

④ 求 $AB$ 的实长 $L$。

$$L_{AB}=\sqrt{S_{AB}^2+h_{AB}^2}\text{或}L_{AB}=\frac{S_{AB}}{\cos\delta}$$

当巷道的倾角不一致时，应分段求出 $L$，各段相加得到巷道的总斜长。

2. 计算回采工作面月产量

采煤工作面的月产量，可以通过胶带电子秤统计。由于湿煤、胶带上残留等原因，使得这种统计不甚准确。因此，在采矿企业中，月产量除了用统计方法外，还要在采掘工种平面图上进行计算，作为检核。在图 11-21 中，已经注明了 2001 年 6 月份工作面推进的位置，计算方法如下。

（1）计算煤层平均倾角 $\delta$ 和煤层的平均厚度 $m$。

$$\delta=\frac{8°+7°}{2}=7.5°$$

$$m=\frac{3.65+3.88}{2}=3.765\text{（m）}$$

（2）计算全月回采面积 $F$　用比例尺在图上量出 $a_1$、$a_2$、$l_1$、$l_2$ 的水平距离，然后按下式计算出工作面的实际面积，即

$$F=\frac{a_1+a_2}{2}\times\frac{l_1+l_2}{2}\times\frac{1}{\cos\delta}$$

$$F=\frac{158+149}{2}\times\frac{202+204}{2}\times\frac{1}{\cos7.5^{\circ}}=31429\ (\text{m}^2)$$

（3）计算工作面的月产量　计算出煤层的平均厚度和工作面的面积之后，即可根据煤的密度（通常为 $1.4\text{t/m}^3$）和工作面回采率（通常为 0.97），计算出月产量，即

$$Q=FmRC$$

$$Q=31429\times3.765\times1.4\times0.97=160694\ (\text{t})$$

式中　$F$——回采面积；

$m$——煤层平均厚度；

$R$——煤的平均密度，根据煤层取样分析求得；

$C$——回采工作面回采率。

3. 根据采掘工程平面图沿主要石门作断面图

图 11-22(a) 为某矿井底车场部分的采掘工程平面图，由于巷道多处重叠，各巷道之间的关系看不清楚，需要沿主要石门作竖直断面图 11-22(b)。

首先，在平面图上沿主要石门绘中心线 $ll'$，此线与不同水平巷道的相交于 $A$、$B$、$C$、$D$、$E$、$F$、$G$、$H$、$I$ 等点。在图的下方绘一水平线，在水平线左端作一垂线为高程标尺，用于平面图比例尺相同的单位注出高程［见图 11-22(b)］。然后将 $A$、$B$、…、$I$ 等点垂直投于水平线上，再根据各交点处巷道的高程值，绘出巷道在竖直面上的实际位置。最后，把互相连通的巷道连接起来，便得到了沿主要石门的竖直断面图，如图 11-22 所示。

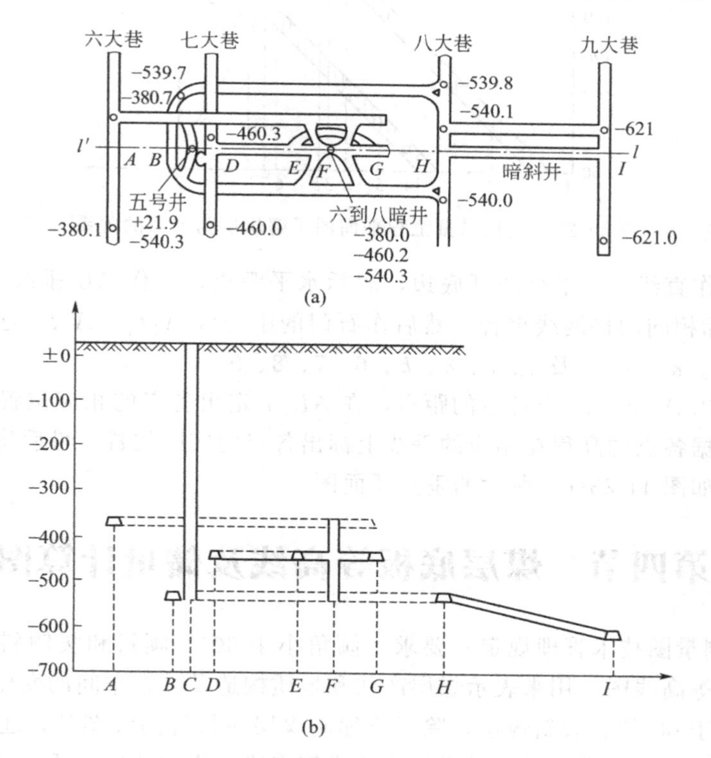


图 11-22　利用采掘工程平面图做巷道断面图

4. 根据几个煤层的采掘工程平面图作垂直断面图

垂直断面图水平比例尺与垂直比例尺的关系，可以相同，亦可不同。水平比例尺与垂直

比例尺相同，所作出断面图可以真实地反映煤层和巷道的空间关系；水平比例尺与垂直比例尺不同时，一般是 1∶10 的关系，对于近水平煤层可以比较突出地反映巷道与煤层在竖直面上的关系。

图 11-23（a）、（b）为Ⅰ、Ⅱ煤层的采掘工程平面图的一部分。为了了解两煤层及巷道间的相互关系，现需沿石门绘制一垂直断面图。

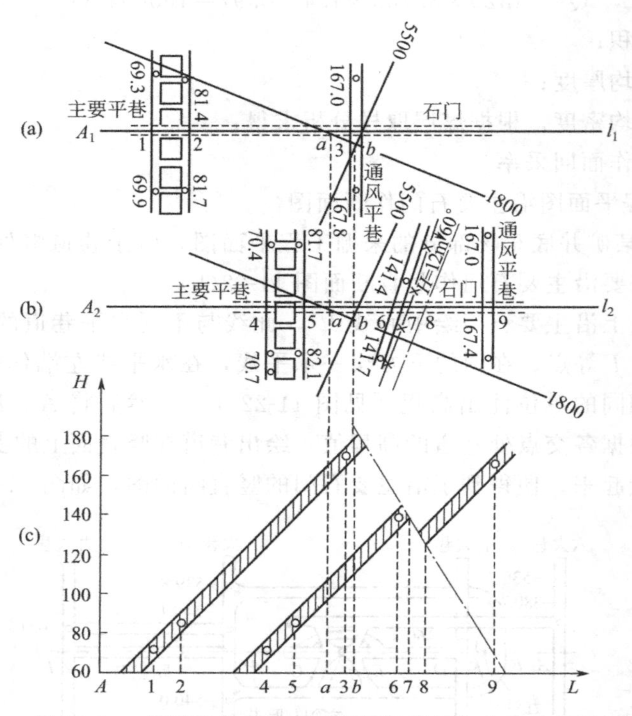


图 11-23　利用采掘工程平面图了解煤层与巷道的关系

作法是：先作直线 $AL$ 平行图纸底边，表示水平距离，再作 $AL$ 垂线 $AH$，表示高程。把 $a$、$b$ 图上坐标相同的格网线重合。然后作石门的中心线 $A_1l_1$、$A_2l_2$ 与各巷道、断层的交点分别为 1、2、$a$、3、$b$ 及 4、5、$a$、$b$、6、7、8、9。

沿中心线量出 $A_1$ 和 $A_2$ 至各点的距离，在 $AL$ 上定出各点的相应位置，再从这些点分别作铅垂线，根据各点的高程在相应的垂线上标出各点的实际位置。最后将同一煤层的各点连接起来，便得如图 11-23(c) 所示的垂直断面图。

## 第四节　煤层底板等高线及储量计算图

《煤矿地质测量图技术管理规定》要求，倾角小于 60°的倾斜和缓倾斜煤层的矿井，必须具备煤层底板等高线图，用来表示煤层产状和地质构造及其在空间的变化情况，并进行储量计算。倾角大于 60°的急倾斜煤层，除了要编制煤层底板等高线图外，还必须编制煤层立面图。因为煤层陡立时，采用平面投影往往造成等高线密集和巷道重叠，给资料填绘和识图带来困难。立面图的内容和比例尺与煤层底板等高线图相同。本节仅介绍煤层底板等高线及储量计算图的内容、识读和基本应用。

不同高程的水平面与煤层底板的交线称为煤层底板等高线，将煤层底板等高线用标高投影的方法，投影到水平面上，按照一定的比例尺绘出的图纸，称为煤层底板等高线图。煤层底板等高线图是生产矿井的基础性图件，其比例尺一般为（1：2000）～（1：10000）。

煤层底板等高线图是生产矿井采矿技术人员进行开拓布置、编制生产计划、设计井巷工程的重要依据，同时也是矿井地质人员总结、分析地质构造规律、布置生产勘探、进行储量计算的重要图纸。随着生产勘探的不断进行、井巷工程的开拓延伸，需要对煤层底板等高线及储量计算图不断地进行补充和修改，以适应生产的需要。

## 一、煤层底板等高线及储量计算图的主要内容

① 坐标格网线、指北线、井田边界、剖面线、主要保护对象及其保护煤柱线；

② 井筒位置、主要巷道工程及高程，采空区及小窑范围；

③ 穿过本煤层的全部钻孔、巷道所见煤层的真厚及小柱状（厚度过大时可放在图边或图外），煤层底板高程，煤质资料及煤种界线；

④ 煤层露头线、风化带及氧化带界线；

⑤ 煤层底板等高线，断层及编号、倾角、落差、褶曲轴，岩浆岩分布区，侵蚀区，冲刷区等；

⑥ 相邻区的地质资料；

⑦ 煤层可采边界线、平衡表外边界、零点边界，注销区、损失区；

⑧ 储量分级线，储量计算块段，包括块段编号、储量级别、煤层平均厚度及平均倾角，块段平面积块段储量。

## 二、煤层底板等高线及储量计算图的识读

煤层底板等高线及储量计算图的识读原则与其他矿图基本相同，识读可按以下方法和顺序进行。

（1）单线追踪　首先在图的一边选择一条等高线，观察它的标高、起止位置、弯曲和中断情况。等高线弯曲表示有褶曲，中断表示有断层。

（2）划分块段　由于断层，煤层底板等高线中断，以断层的断面交线为界，把煤层分成若干块段。

复杂的煤层底板等高线图分成若干块段后，每个块段就变得较为简单了，便比较容易逐个将块段搞清楚。

储量计算块段的划分除了断层外，当然还要观察其他因素。

（3）总体概括　最后再把各个块段联系起来，综合分析，就可搞清在井田范围内有几条断层，断层的性质，以及与其他构造的相互联系等。

如图 11-24 所示为某矿井的煤层底板等高线及储量计算图。井田的东南有一个向斜，井田大部位于向斜的一翼，煤层大致走向为南北方向，向东倾斜。煤层为近水平煤层，在井田东南部坡度较缓，倾角 1°～2°，西北部倾角较大为 2°～3°。该矿井田内有两条断层，将煤层切割为 3 个段块。两个断层均为正断层，$F_1$ 落差 5m 左右，走向大致为北东向，$F_2$ 落差 2m 左右，走向大致为北东向。$F_1$、$F_2$ 中间为一地堑。根据相邻区域的地质资料和本井田的地质构造及勘探，将井田划分为 4 个储量计算段块。储量级别为 111b 级和 122b 级，可以满足矿井设计、生产需要。

## 三、煤层底板等高线及储量计算图的应用

煤层底板等高线及储量计算图在煤矿设计和生产中，用途很多。现简述如下：

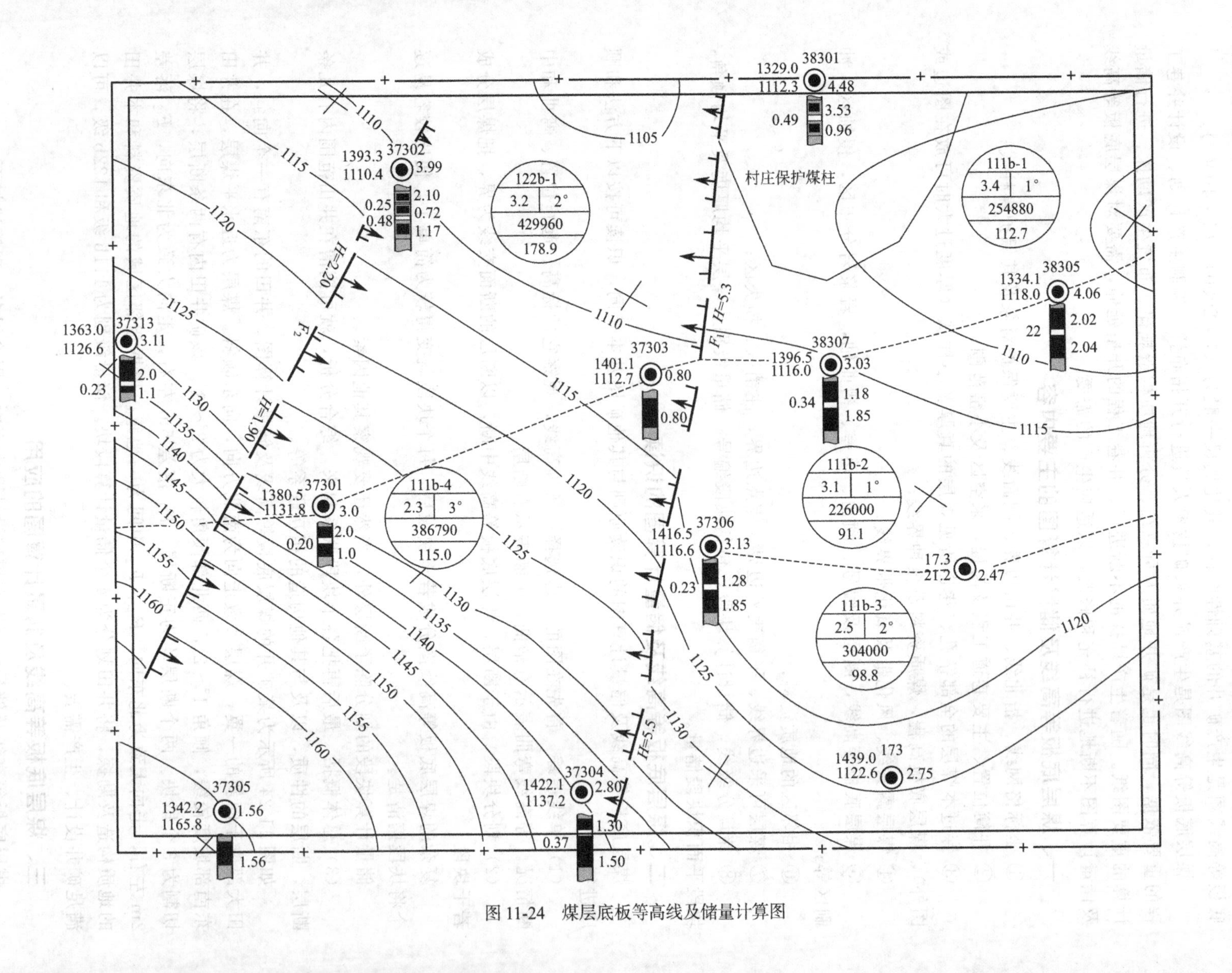


图 11-24 煤层底板等高线及储量计算图

① 了解煤层产状要素及地质构造；

② 计算矿井的煤炭储量；

③ 用于采掘设计；

④ 用于预计断层的位置。

# 第五节　龙软地测空间管理信息系统简介

## 一、龙软GIS地理信息系统基础平台

北京龙软科技股份有限公司开发的LongRuan GIS是一套针对煤矿地测、生产、安全等工作开发的专业地理信息系统，采用多层次的CLIENT/SERVER结构，在面向对象思想指导下设计与实现的；其前端开发工具为VC，后端数据库管理工具为SQL SERVER或ORACLE，数据库系统采用了通用的接口，具有异构多源数据访问的能力。

1. 龙软GIS地理信息系统的特点

① 完全自主开发，得到国内用户的长期使用，并已经开始走向国际化。

② 首次提出了组件化煤矿专业地理信息系统平台体系结构，方便地实现了“数字矿山”多部门、多专业、多管理层面的空间数据应用共享与交换。

③ 实现了CAD软件强大、方便、实用的图形编辑功能与GIS软件直观、高效、灵活的数据管理、自动成图、查询和空间分析功能的完美结合。

④ 采用了先进的组件式开发技术，减轻了系统维护的工作量、增强了系统的稳定性与可扩展性；实现了地质、测量、采矿、通风、设计、供电、安全等专业功能的组件化，用户可依功能需求实现灵活定制。

⑤ 提供了灵活的数据存储方式（完全支持空间数据库），实现了各专业数据共享与多源数据无缝集成。

⑥ 具有强大的二次开发能力和丰富的二次开发接口；不但具有底层API开发接口，还支持控件开发，可支持不同层次用户的二次开发。

⑦ 提供了全自动、交互式等地图矢量化功能，完美地解决了矿山数据采集的瓶颈问题。

⑧ 建立了完善的、符合煤炭行业规范的标准岩性编码与专业符号库，并为用户提供了方便的图例制作和管理等功能。

⑨ 具有精美的地图显示效果和强大的地图排版环境，支持打印预览和裁剪打印，兼容各种型号的打印机或绘图仪。

⑩ 基于WEBGIS技术实现了煤矿空间数据的网络化管理；并实现了远程监测监控、数据集成导航和预警应用。

⑪ 首次引入地理信息系统技术解决了通风、供电、设计等专业图形的绘制，进而提高了图形处理的自动化程度。

⑫ 用户能够自动定义属性表的格式和内容，极大地方便了基于图形的属性查询。

⑬ 基于空间数据库，实现了大比例尺向小比例尺图形的全自动、半自动和交互式转换。

⑭ 实现了平面图和剖面图数据的动态交流，完成相互的动态修改；实现了二维GIS与三维GIS的集成应用，动态构建三维模型，在国内首次实现了煤矿专用三维可视化系统的

实用化，如满足生产要求的任意剖面图形的绘制。

2. 龙软 GIS 地理信息系统的功能

地测空间管理信息系统严格遵循煤炭行业标准规范（完备的图例与线型），标准的字体；数据统一管理，自动为系统动态成图提供数据；操作命令专业化、俗语化。主要功能如下：

① 具备 CAD 强大的工程绘图和编辑功能，并具备煤矿专业实用的应用功能。

② 与当前主流的 AUTOCAD、MAPGIS、MAPINFO 等制图软件相兼容；可以和任何后台数据库进行无缝链接，如 SQL SERVER、SYSBASE、ORACLE 等。

③ 具备 GIS 软件适用的查询、定位和统一修改等功能，可快速对图形进行查询、修改，该功能可以让用户选择统改条件和统改结果，凡是满足条件的实体均参与统改，统改后实体的参数与统改结果一致。统改命令可以大大提高用户的工作效率。

④ 支持命令行操作、透明命令操作、滚轮缩放、多种方式对象捕捉。

⑤ 支持对光栅图像进行交互式或全自动矢量化，可对矢量化后的图形进行精确校正。

⑥ 提供多种标注功能，如线性标注、对齐标注、角度标注、半径标注、直径标注、引线标注、坐标标注、标高标注等功能，并且所有标注参数均可以灵活设置。

⑦ 提供了大量的实体编辑命令，包括删除、复制、移动、旋转、镜像、偏移、修剪、延伸、拉长、打断、倒角、圆角、缩放、连接线、改变线方向、线上删点、线上移点、线上加点、编辑注记内容等。这些编辑功能操作简单、使用方便，且操作过程中的每一步都有详细的命令行提示信息，用户只需要按照这些提示就可以完成操作。

⑧ 可以在自由状态下直接对实体进行编辑，而无需任何命令。这些编辑包括移动线的节点、更改圆心位置和半径、缩放和旋转文字等。并且在编辑实体时，线型、填充符号随之更新，非常直观，如图 11-25 所示。

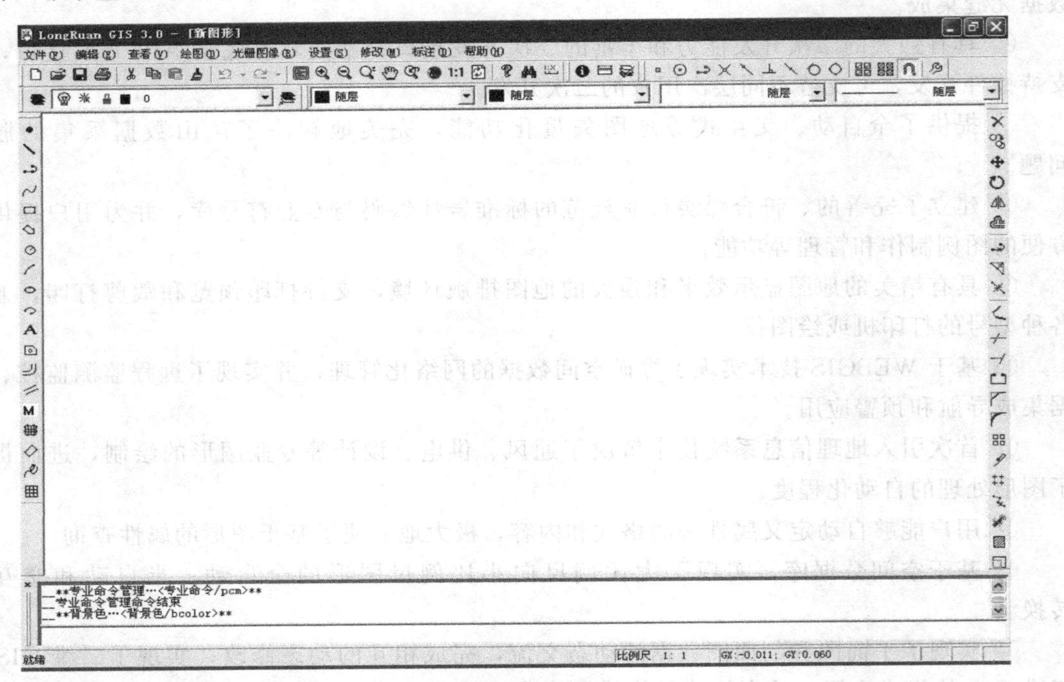


图 11-25　龙软 GIS 地理信息系统基础平台

## 二、地测空间管理信息系统

地测空间管理信息系统主要包括地质数据库管理系统、测量数据库管理系统、地质图形系统、测量图形系统、素描图形系统等五个子系统，系统是针对地质勘探和矿山地测部门而开发的一套专业地理信息系统软件，系统集数据管理、专业计算和矿图自动生成于一体，能依据地测数据自动生成采掘工程平面图、钻孔柱状图、煤岩层对比图、勘探线剖面图、底板等高线及储量计算图、巷道素描图、水平切面图、立面投影图等，同时可根据最新的地测数据动态修改相关图件。

1. 地质数据管理子系统

地测数据管理子系统包括地质数据库管理模块、测量数据库管理模块，如图 11-26 所示。

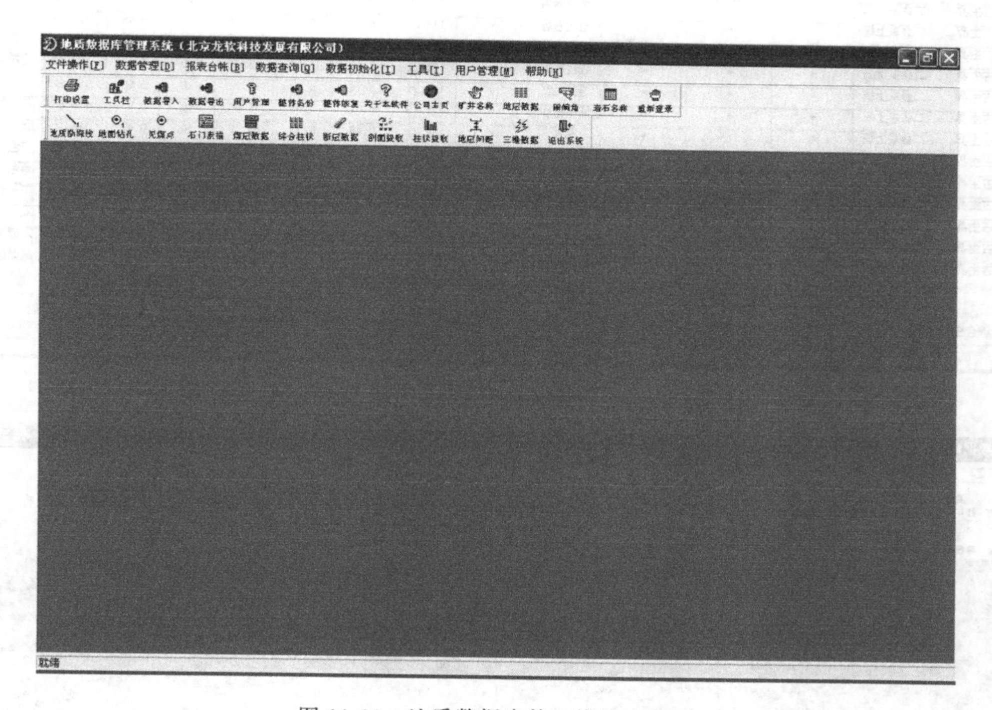


图 11-26 地质数据库管理模块主界面

地质数据库管理模块主要包括勘探线数据管理、钻孔数据管理、煤层管理、井巷见煤点数据管理、石门素描数据管理和断层数据管理，如图 11-27 所示。

2. 测量数据管理子系统

测量数据库管理模块主要包括交会定点数据管理与计算、导线测量数据管理与计算、导线成果数据管理、贯通误差预计、坐标正反算以及相关报表数据管理，如图 11-28、图11-29 所示。

3. 地质图形处理子系统

地质图形处理模块主要包括钻孔综合柱状图（图 11-30）、综合柱状图、煤岩层对比图、勘探线剖面图（图 11-31）、综合水文地质图（图 11-32）、煤层底板等高线及储量计算图（图11-33）、矿区区域水文地质图（图 11-34）巷道素描图、地形地质图、损失量图、充水性图、水平切面图、立面投影图等图形的处理。主要实现以下功能：

地质数据库管理系统（北京龙软科技发展有限公司） – [当前选择的钻孔号为天安四矿34-18号孔]

| 序号 | 地层代码(界) | 地层代码(系) | 地层代码(统) | 地层代码(组) | 地层代码(段) | 岩石名称 | 标志层名称 | 累深(m) | 层厚(m) | 采长(m) | 采取率(%) | 倾角(度) | 真厚(m) | 真厚累计(m) | 岩性描述 |
|---|---|---|---|---|---|---|---|---|---|---|---|---|---|---|---|
| 1 | 新生界 | * | * | * | * | 表土 | 第四系底界 | 1.10 | 1.10 | 0.00 | 0.00 | * | 1.10 | 1.10 | * |
| 2 | 古生界 | 二叠系上统 | * | * | * | 中粒砂岩 | * | 27.09 | 25.99 | 14.59 | 56.14 | 20 | 25.60 | 26.70 | 灰-灰白色 |
| 3 | 古生界 | 二叠系上统 | * | * | * | 粉砂岩 | * | 28.72 | 1.63 | 1.53 | 93.87 | 10 | 1.61 | 28.31 | 紫红色，绿 |
| 4 | 古生界 | 二叠系上统 | * | * | * | 中粒砂岩 | * | 43.00 | 14.28 | 4.32 | 30.25 | 10 | 14.06 | 42.37 | 灰-灰白色 |
| 5 | 古生界 | 二叠系上统 | * | * | * | 粉砂岩 | * | 43.85 | 0.85 | 0.55 | 64.71 | 10 | 0.84 | 43.21 | 褐黄-绿灰 |
| 6 | 古生界 | 二叠系上统 | * | * | * | 中粒砂岩 | * | 87.89 | 44.04 | 30.98 | 70.35 | 10 | 43.37 | 86.58 | 浅肉红色， |
| 7 | 古生界 | 二叠系上统 | * | * | * | 中砾岩 | * | 92.17 | 4.28 | 2.40 | 56.07 | 10 | 4.21 | 90.79 | 浅肉红色， |
| 8 | 古生界 | 二叠系上统 | * | * | * | 砂质泥岩 | * | 94.25 | 2.08 | 1.50 | 72.12 | 10 | 2.05 | 92.84 | 紫红，绿灰 |
| 9 | 古生界 | 二叠系上统 | * | * | * | 中粒砂岩 | * | 95.49 | 1.24 | 0.94 | 75.81 | 10 | 1.22 | 94.06 | 浅灰色，中 |
| 10 | 古生界 | 二叠系上统 | * | * | * | 砂质泥岩 | * | 100.37 | 4.88 | 4.28 | 87.70 | 10 | 4.81 | 98.87 | 紫花色，层 |
| 11 | 古生界 | 二叠系上统 | * | * | * | 细粒砂岩 | * | 102.70 | 2.33 | 2.28 | 97.85 | 10 | 2.29 | 101.16 | 绿灰色，厚 |
| 12 | 古生界 | 二叠系上统 | * | * | * | 中粒砂岩 | * | 106.65 | 3.95 | 3.95 | 100.00 | 10 | 3.89 | 105.05 | 灰白，浅肉 |
| 13 | 古生界 | 二叠系上统 | * | * | * | 粗粒砂岩 | * | 115.26 | 8.61 | 6.45 | 74.91 | 10 | 8.48 | 113.53 | 灰白色，厚 |
| 14 | 古生界 | 二叠系上统 | * | * | * | 泥岩 | * | 120.95 | 5.69 | 4.90 | 86.12 | 10 | 5.60 | 119.13 | 灰黑色，块 |
| 15 | 古生界 | 二叠系上统 | * | * | * | 细粒砂岩 | * | 126.17 | 5.22 | 4.90 | 93.87 | 10 | 5.14 | 124.27 | 浅灰色，中 |
| 16 | 古生界 | 二叠系上统 | * | * | * | 粉砂岩 | * | 131.91 | 5.74 | 5.70 | 99.30 | 10 | 5.65 | 129.92 | 灰-绿灰色 |
| 17 | 古生界 | 二叠系上统 | * | * | * | 含砾粗粒砂岩 | * | 137.73 | 5.82 | 5.65 | 97.08 | 10 | 5.73 | 135.65 | 灰白色，中 |
| 18 | 古生界 | 二叠系上统 | * | * | * | 泥岩 | * | 138.21 | 0.48 | 0.43 | 89.58 | 10 | 0.47 | 136.12 | 黑色，块状 |
| 19 | 古生界 | 二叠系上统 | * | * | * | 细粒砂岩 | * | 140.55 | 2.34 | 2.34 | 100.00 | 10 | 2.30 | 138.42 | 灰色，层状 |
| 20 | 古生界 | 二叠系上统 | * | * | * | 泥岩 | * | 141.18 | 0.63 | 0.48 | 76.19 | 10 | 0.62 | 139.04 | 黑色，块状 |
| 21 | 古生界 | 二叠系上统 | * | * | * | 、粉砂岩互 | * | 147.68 | 6.50 | 6.03 | 92.77 | 10 | 6.40 | 145.44 | 灰-黑灰色 |
| 22 | 古生界 | 二叠系上统 | * | * | * | 中粒砂岩 | * | 155.39 | 7.71 | 7.52 | 97.54 | 11 | 7.57 | 153.01 | 灰-灰白色 |
| 23 | 古生界 | 二叠系上统 | * | * | * | 细粒砂岩 | * | 157.04 | 1.65 | 1.65 | 100.00 | 11 | 1.62 | 154.63 | 灰绿色，层 |
| 24 | 古生界 | 二叠系上统 | * | * | * | 砂质泥岩 | * | 162.31 | 5.27 | 5.05 | 95.83 | 11 | 5.17 | 159.80 | 暗紫红色， |

图 11-27　地质数据库管理模块钻孔资料管理

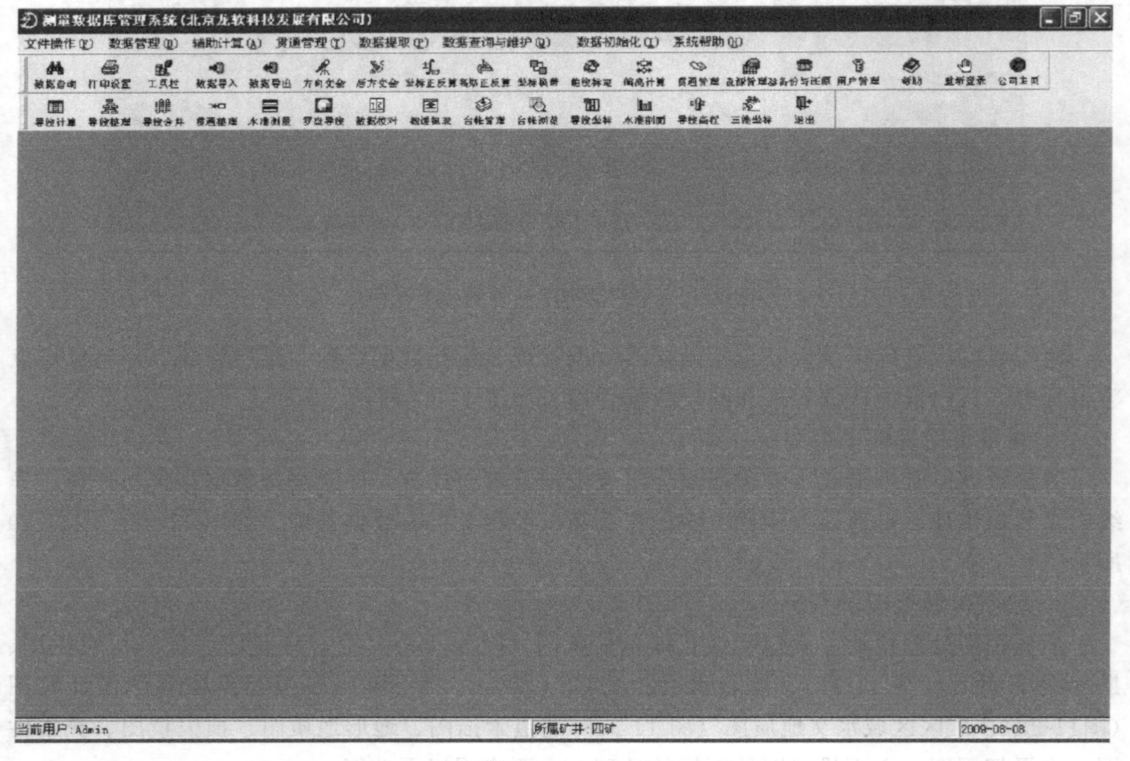


图 11-28　测量数据库管理模块主界面

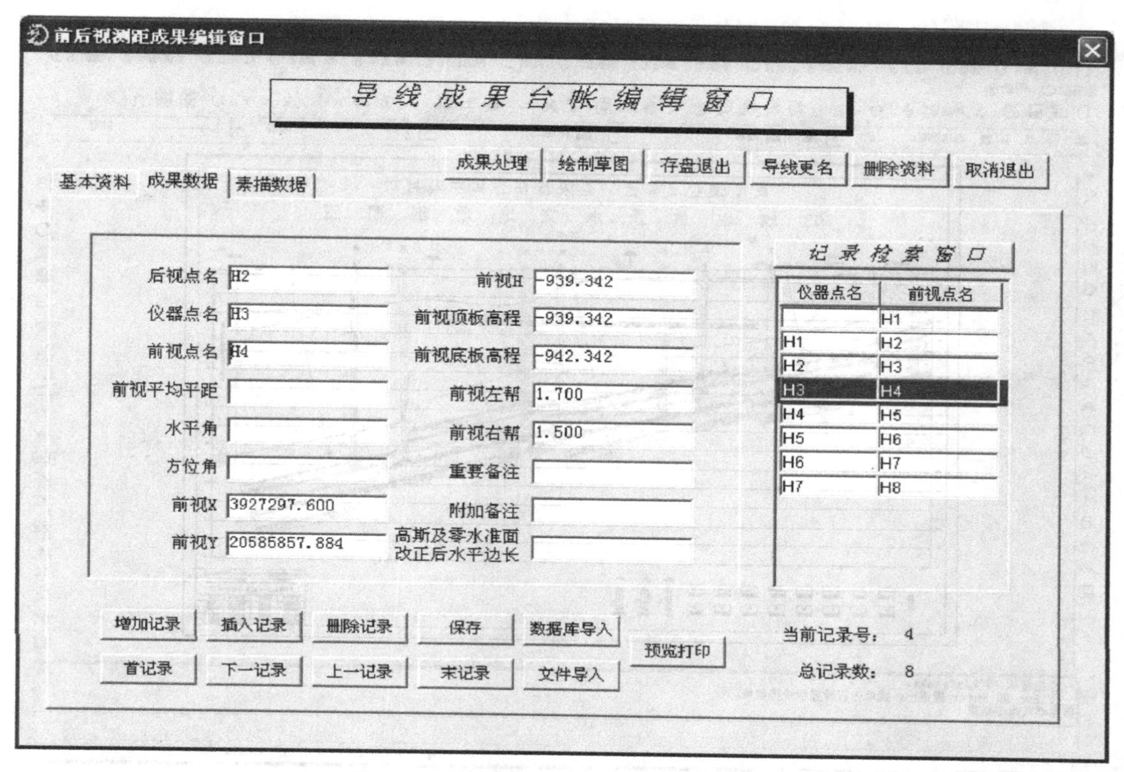


图 11-29　测量数据库管理模块导线管理

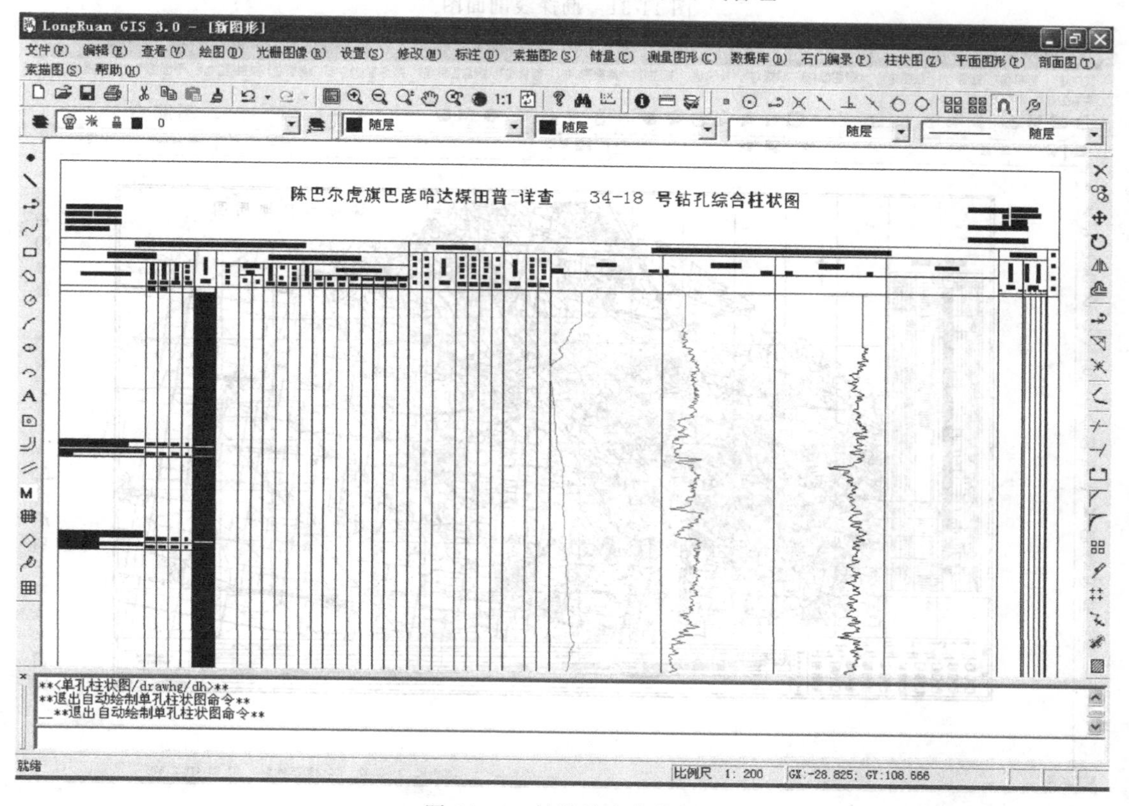


图 11-30　钻孔综合柱状图

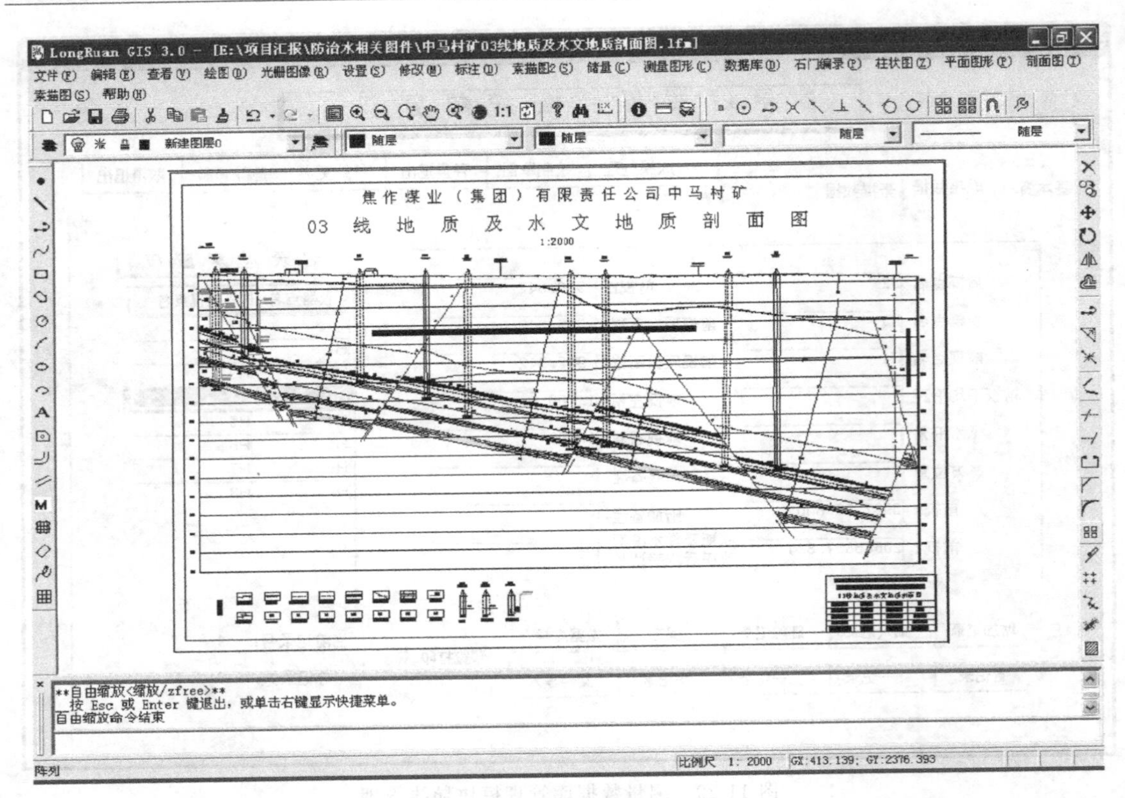


图 11-31　勘探线剖面图

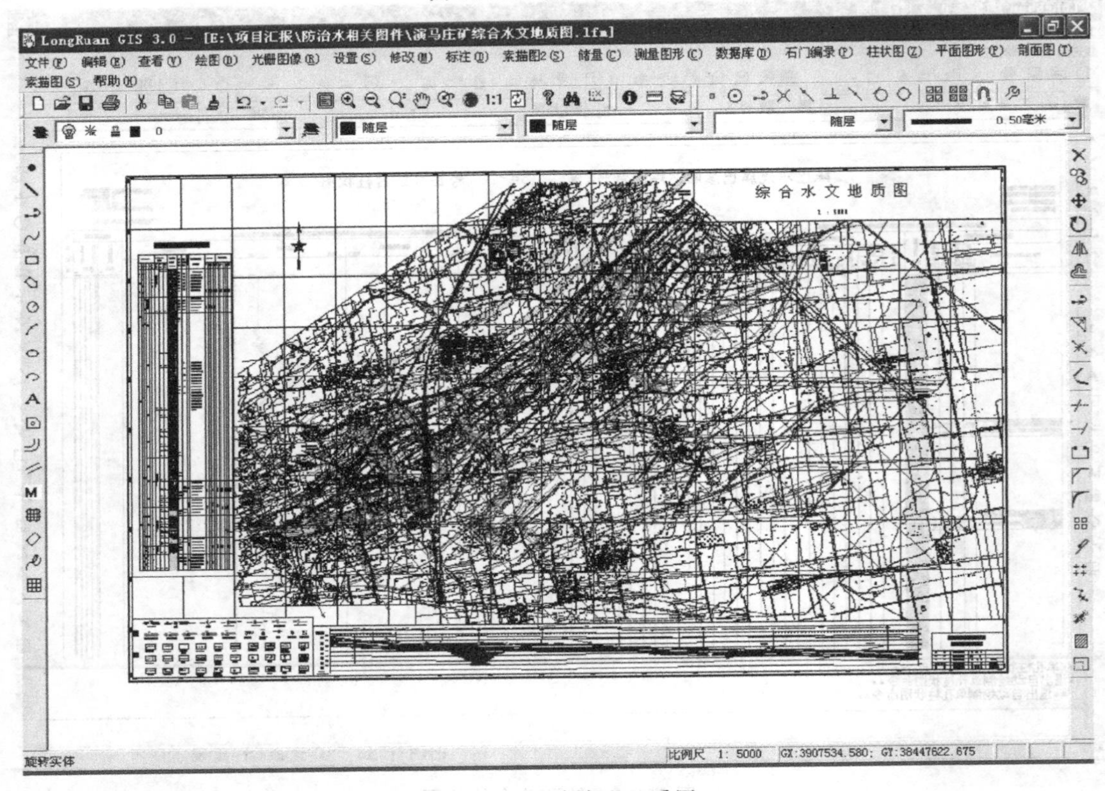


图 11-32　综合水文地质图

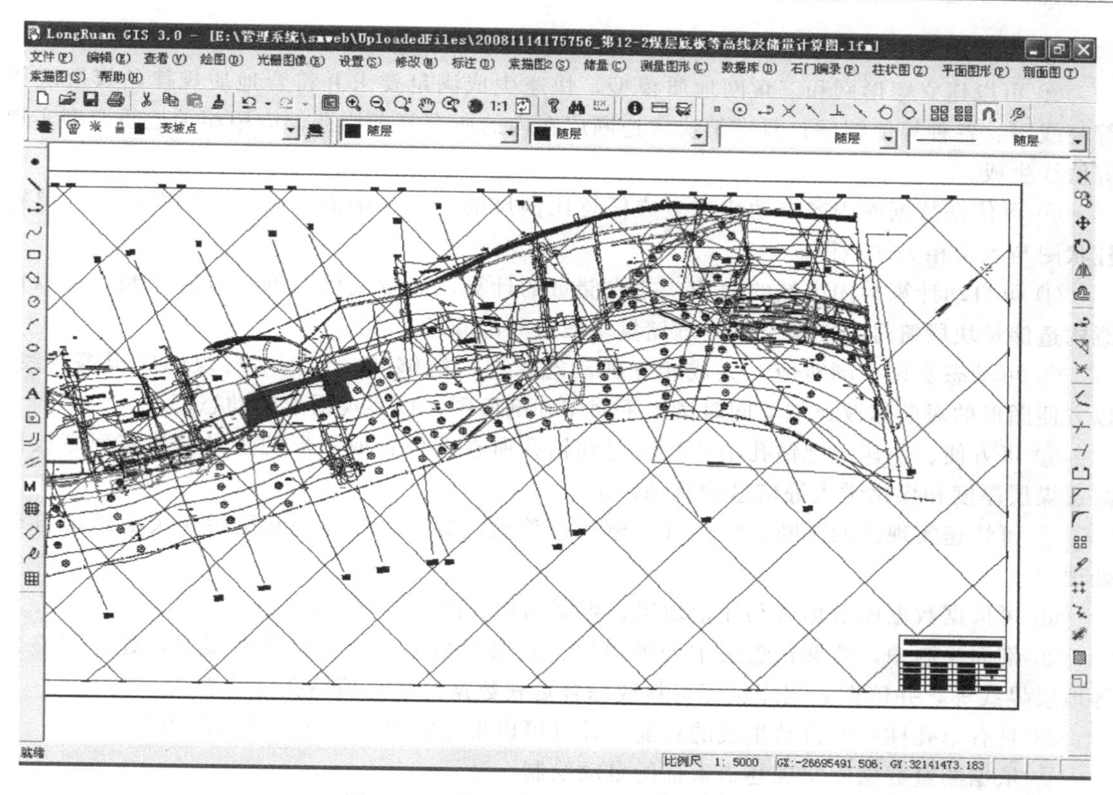


图 11-33　煤层底板等高线及储量计算图

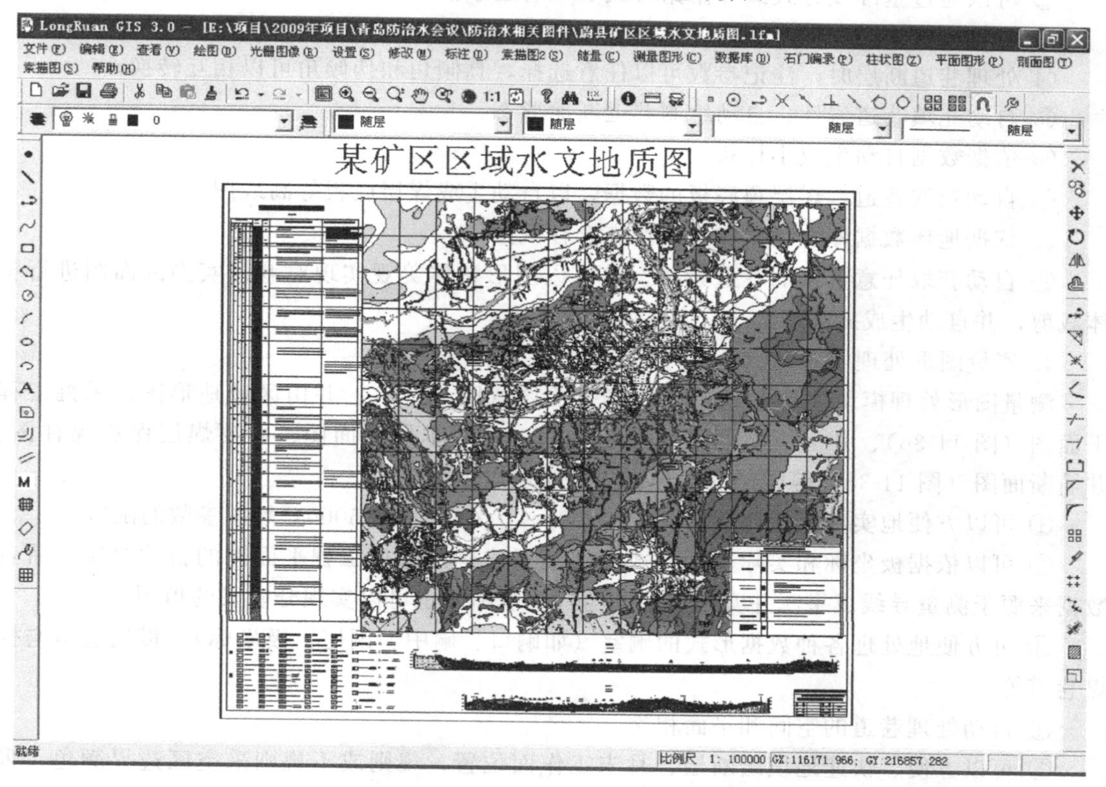


图 11-34　矿区区域水文地质图

① 可自动获取地质数据库内容展布钻孔数据与相关信息。

② 可以建立矩形网和三角网地质模型，快速生成满足要求并符合地质规律的煤层底板等高线图、各种等值线图；具有解决含逆断层在内的所有复杂构造，应用相关地质模型实现等值线生成。

③ 可依据数据库内容自动快速生成任意比例尺的勘探线剖面图、煤岩层对比图、单孔柱状图与水文相关曲线图。

④ 可自动计算封闭区域的面积，完成储量的计算，储量块段图例符号的绘制。可以任意构造储量块段符号；能够自动处理储量块段边界的颜色。

⑤ 可动态实现平剖对应，完成相互的动态修改；能够同时读入多层煤的底板等高线，以方便图形的对照修改；能够同时读入平面图和剖面图，以实现图形的动态修改。

⑥ 可方便、快速地把钻孔小柱状注记到钻孔所在的位置或图形的边界，并实现底板标高、煤层厚度和煤化学表等信息的自动标记。

⑦ 可快速实现剖面图断层的追加、删除、移动、旋转，在处理断层中相关的地层自动处理。

⑧ 可依据数据库数据自动注记地层、煤层结构、勘探线方位等。

⑨ 剖面绘制中，能够在煤层中处理顶煤、底煤及采空区，处理推断煤层，处理不整合等地层界线等，并依据数据库钻探资料或综合资料数据自动充填钻孔柱状岩性。

⑩ 具有单孔柱状图自动生成的功能，并且可以根据需要自定义柱状图的表头。

⑪ 依据测量数据库实现巷道素描的自动绘制。

⑫ 可以通过基准线方式或仰俯角方式实现巷道素描导线点加密。

⑬ 可以方便处理探煤厚数据，自动生成地层界线、煤层厚度探测线等。

⑭ 处理巷道断层时，注记参数可以任意选择，真倾角和伪倾角可以相互转换。

⑮ 自动充填巷道岩性、自动绘制巷道断面形态。

⑯ 依据数据自动生成小柱状。

⑰ 自动获取巷道、煤层顶底板的数据，以自动生成煤层底板等高线图。

⑱ 依据地质数据库自动生成工作面综合柱状图。

⑲ 自动获取任意目录的巷道素描，并可以图形整体美观实现对巷道实测剖面图进行整体裁剪，并自动生成标高线。

4. 测量图形处理子系统

测量图形处理模块主要包括工业广场平面图（图 11-35）、井田区域地形图、采掘工程平面图（图 11-36）、井上下对照图（图 11-37）、井底车场平面图、主要煤层保护煤柱图、井筒断面图（图 11-38）等图形的处理。主要实现以下功能。

① 可以方便地实现任意比例尺（1∶1000、1∶2000、1∶5000）填图参数的配置。

② 可以依据极坐标和实际坐标方式实现任意比例尺采掘工程平面图的自动绘制。后者数据来源于测量导线成果库并实现交互式与自动填图，也可以实现分阶段的填图。

③ 可方便地处理各种数据形式的硐室（如硐口、硐中、硐尾、极坐标），贯通巷道与探煤巷道等。

④ 自动处理巷道的空间和平面相交。

⑤ 可以方便、快速地填绘断层、月末工作面位置，规则或不规则采空区边界颜色，采空区的延伸等。

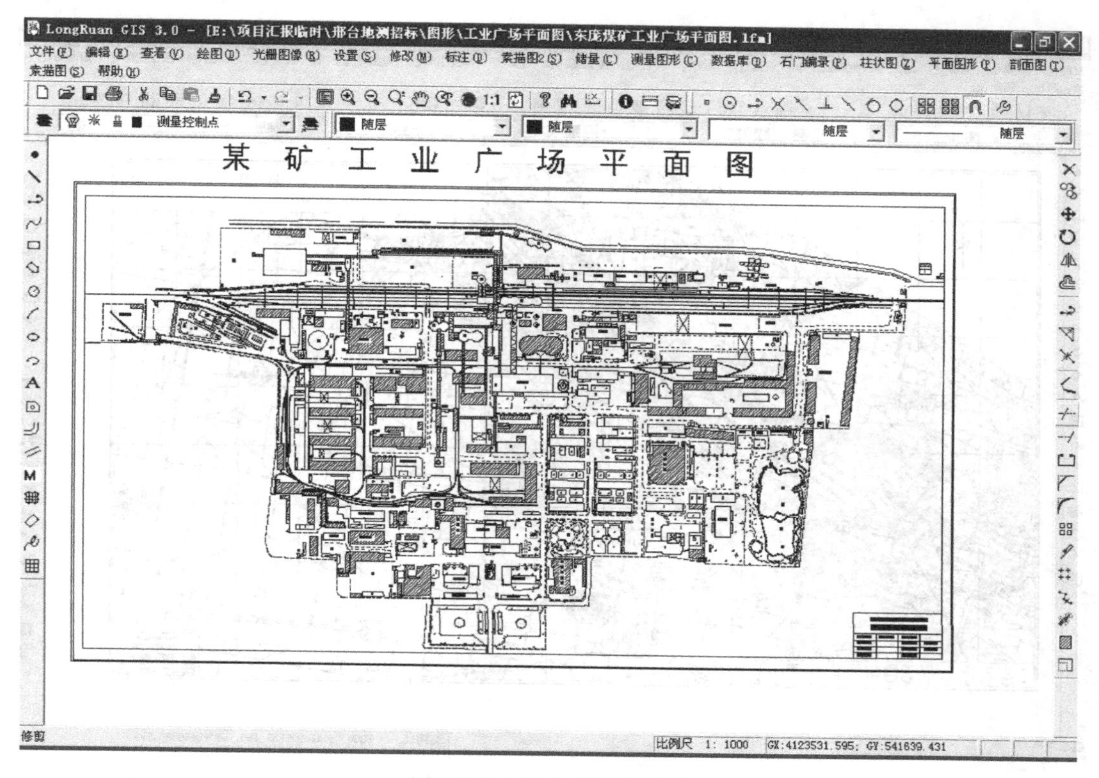


图 11-35　工业广场平面图

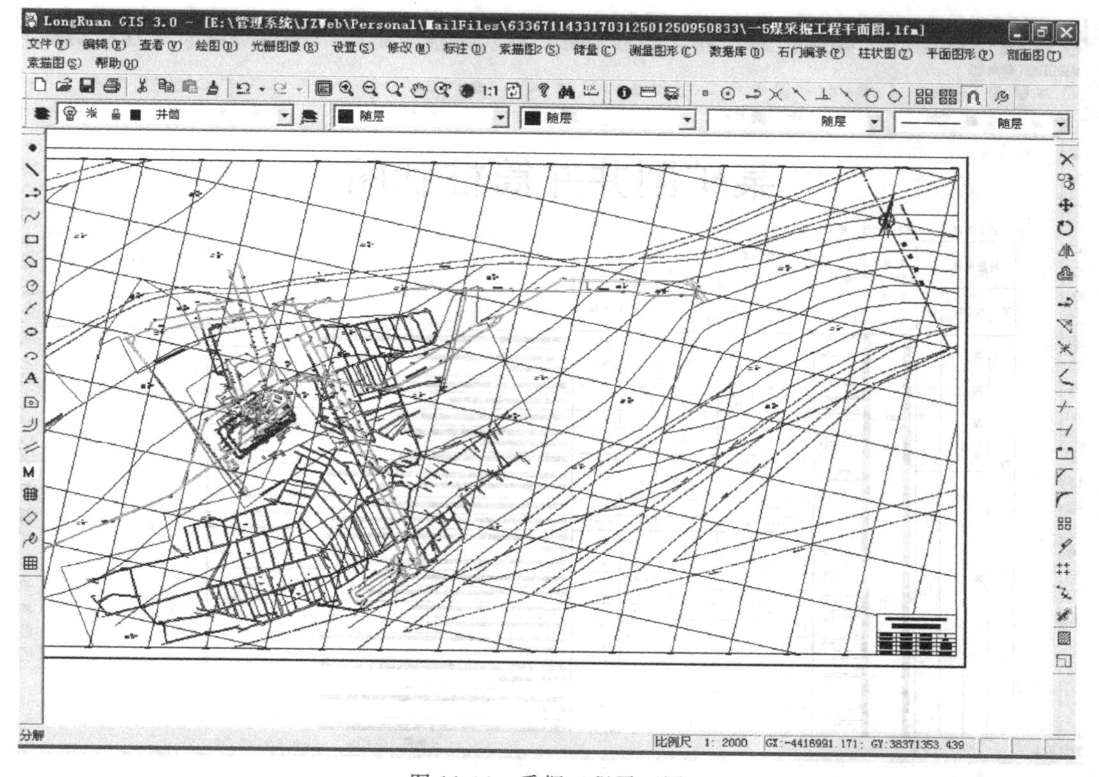


图 11-36　采掘工程平面图

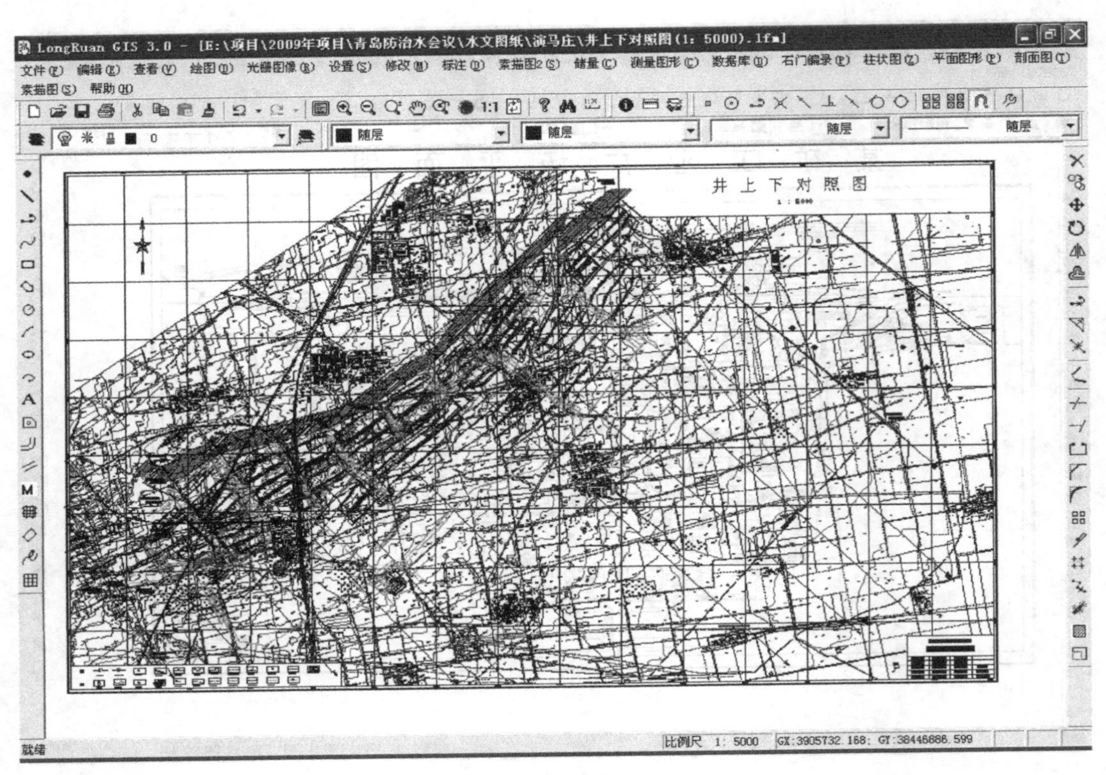


图 11-37 井上下对照图

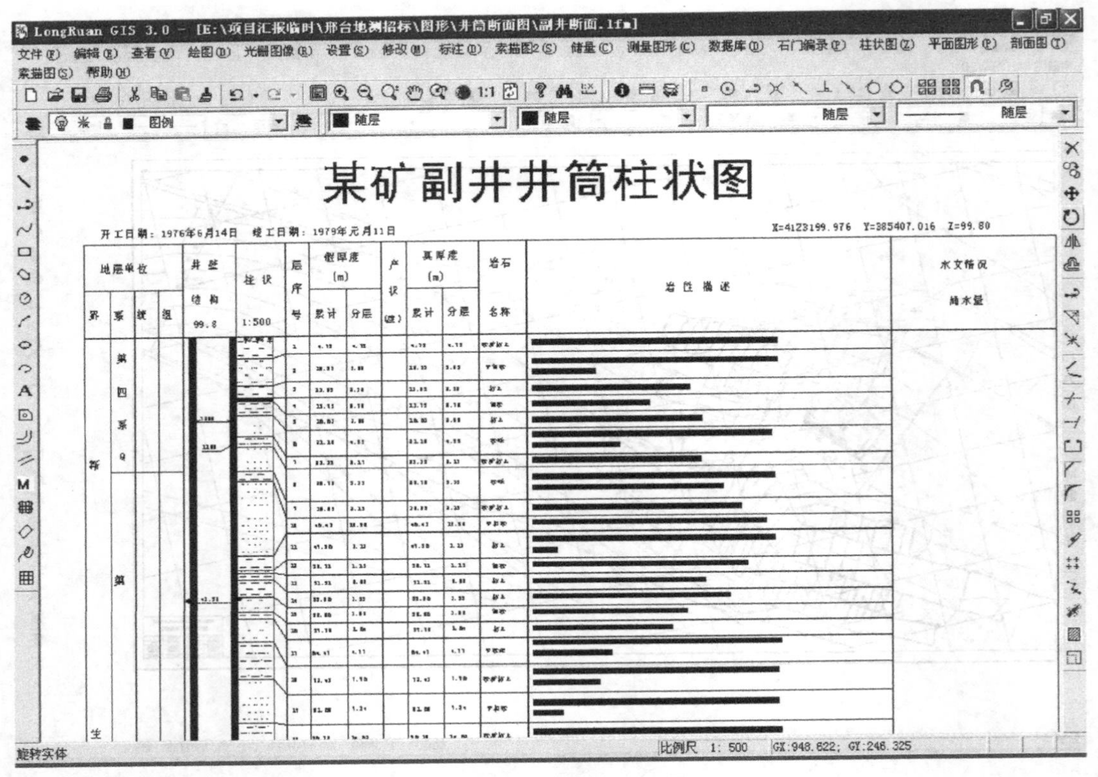


图 11-38 井筒断面图

⑥ 可以处理任意比例尺的工作面小柱状。

5. 地测图例库管理子系统

地测图例库管理模块主要包括地质、测量、水文、储量各类比例尺标准符号库的制作与管理，如图 11-39、图 11-40 所示。

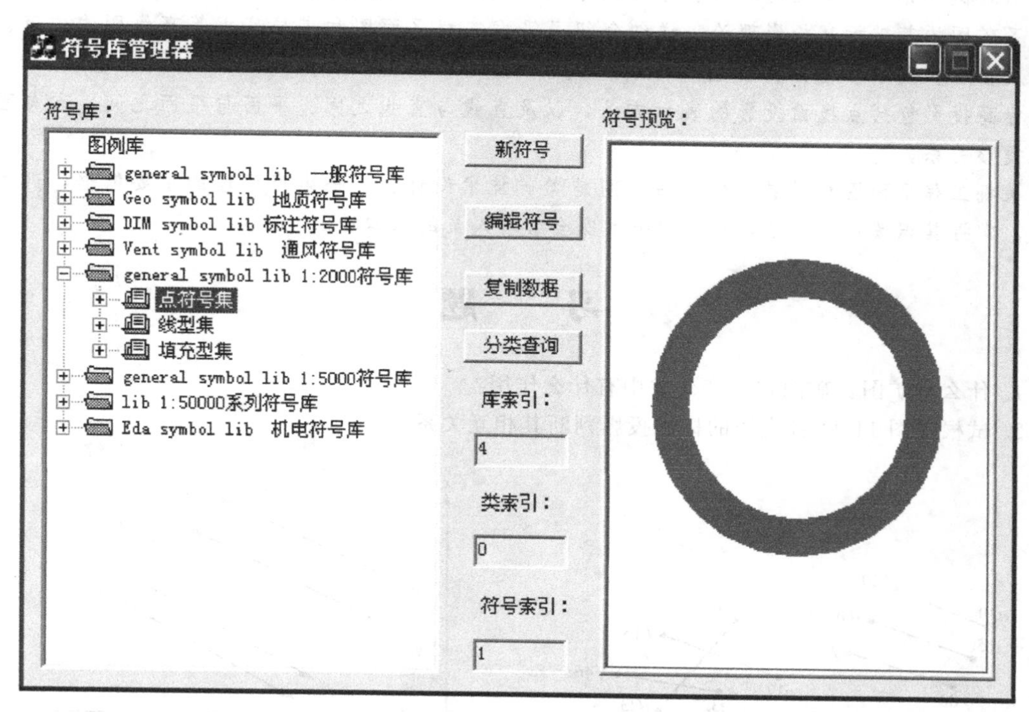


图 11-39　符号库管理

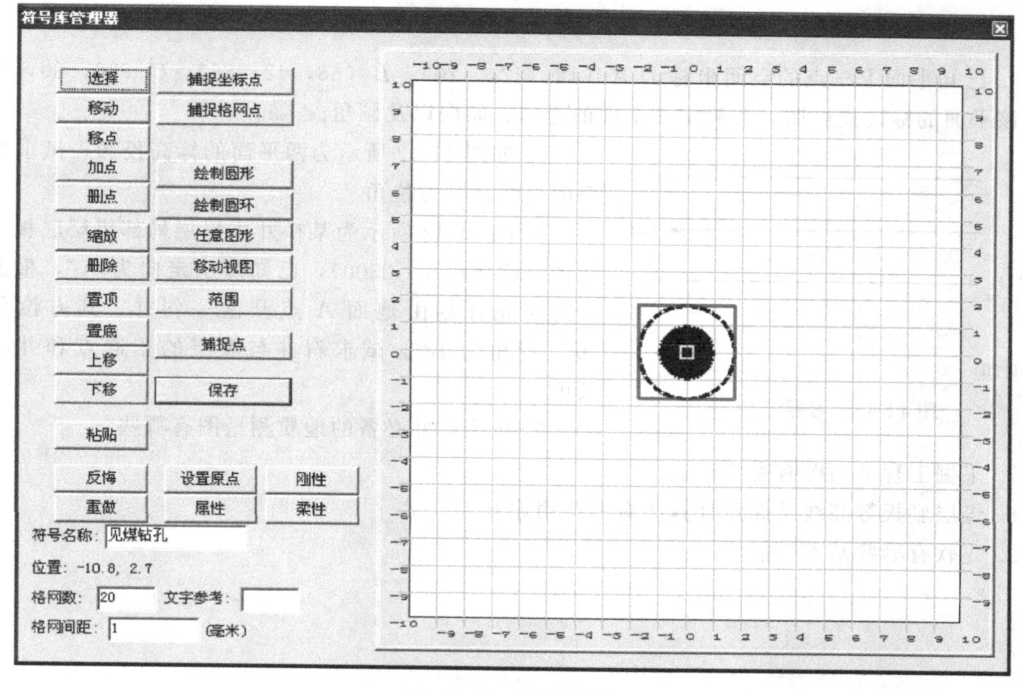


图 11-40　符号编辑

# 本章小结

本章概要介绍了矿图的种类、分幅编号及图例，简介了龙软地测空间管理信息系统，重点介绍了矿图的基础标高投影理论，详细介绍了采掘工程平面图和煤层底板等高线图的内容、识读以及在煤矿技术管理、安全生产中的应用。

标高投影包括点线面投影的表示方法，以及直线与直线之间、平面与平面之间、点与面之间的投影关系。

采掘工程平面图和煤层底板等高线图是煤矿技术设计、安全生产管理的重要依据，熟悉其内容，掌握其识读应用方法，是采矿技术安全管理人员的基本功。

# 习　　题

1. 什么是矿图？矿图在生产矿井中有什么作用？

2. 试根据图 11-41 各直线的标高投影判断其相互关系。

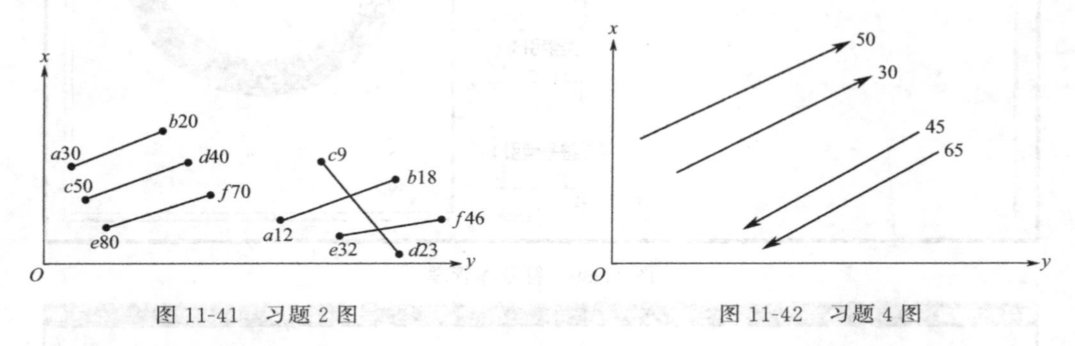


图 11-41　习题 2 图　　　　图 11-42　习题 4 图

3. 已知平面上三点的空间坐标为 $A$（12，22，120）、$B$（68，42，85）、$C$（36，80，40），试作该平面的标高投影图，并确定该平面的走向、倾向以及倾角。

图 11-43　习题 5 图

4. 如图 11-42 所示为两平面的标高投影，试求两平面的交线及其方位角。

5. 图 11-43 所示为某矿井主采层局部煤层底板等高线图（比例尺 1∶2000），已知煤层走向为 90°，根据生产需要先计划由地面 $A$ 点开凿一斜井，其方位角为 30°，倾角为 18°。试求斜井与煤层的相遇点和井筒的长度。

6. 生产矿井必备的地质测量图有哪些？

7. 采掘工程平面图有哪些用途？

8. 煤层底板等高线及储量计算图有哪些用途？

9. 龙软有哪些基本功能？

# 第十二章　开采损失与保护

## 第一节　开采移动的基本概念

### 一、岩层移动和破坏形式

#### （一）岩体内部的应力状态

我国的地下资源丰富，各种矿物埋藏在城镇、乡村、海洋、湖泊、河流之下。未开采的矿物埋藏在地下岩层内，岩层原始的应力状态在局部范围内保持着相对的应力平衡状态，在开采矿物的围岩的各方向应力为零（个别地区存在构造应力，原始应力不为零）。保持着相对的稳定状态，岩层内部基本上不发生各种移动和变形。但不是绝对的，从微观上看，地壳运动岩层内部应力是不平衡的，构造运动、岩层的质量及性质是决定岩体应力状态的重要因素，也是分析岩体移动的重要因素。

#### （二）岩层移动与开采沉陷

地下开采引起的岩层移动是局部矿体被开采后，岩体内部形成了一个空洞，原有的岩体内部的平衡受到了破坏，岩体内部的应力发生了变化，应力重新分布，直至达到新的平衡。这是一个十分复杂的物理、力学变化过程，也是岩层产生移动变形和破坏的过程，这一现象和过程称为岩层移动。岩层移动、变形和破坏到达了地表，使地表在一定范围内的高程发生了变化，这一现象称为开采沉陷。

岩层移动和破坏的机理：在岩体内，煤层被采出后，在采空区上覆岩层重力的作用下，顶板开始下沉。集中应力在采空区煤柱两侧，使煤柱压缩。开采煤层的底板受集中应力的作用下产生隆起。顶板下沉、弯曲到一定程度时，岩层内部的应力超过岩层的抗拉抗压、抗剪强度时，煤层顶板岩层产生断裂、弯曲一直传递到地表。煤柱产生压缩，向采空区挤出。底板岩层产生压缩隆起、断裂。由上所述地下开采后岩层移动的过程是应力平衡的过程。

随着地下开采矿物范围的增大，岩层移动的范围也增大。当开采达到一定范围后岩层移动达到地表，地表开始下沉。最后形成了比采空区范围大得多的地表下沉盆地。地表下沉的过程即为开采沉陷的过程。图 12-1 为开采引起的覆岩移动和破坏的示意图。

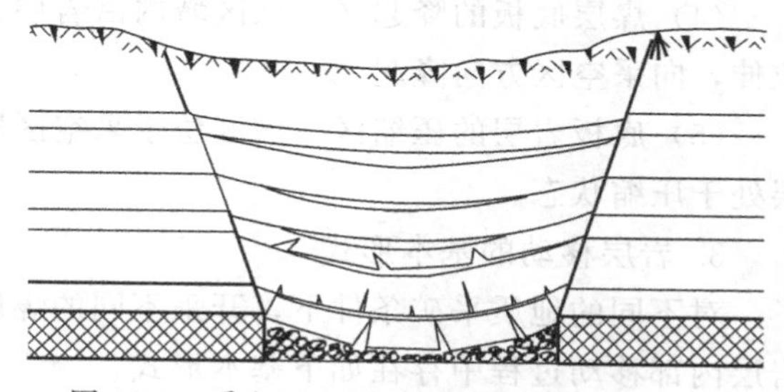

图 12-1　采空区上覆岩层移动和破坏示意图

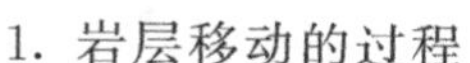

1. 岩层移动的过程

① 顶板下沉，煤柱压缩，底板隆起。

② 顶板断裂，冒落成块，堆积在采空区内，煤柱压疏、片帮、向采空区挤出，底板产生断裂。

③ 顶板岩层弯曲下沉，岩层之间产生离层、断裂、岩层移动向上传递、地表开始下沉。

④ 随着地表下沉范围的增大，地表移动的速度也增大、岩层内部产生的离层逐渐减小，煤层顶板垮落的岩石逐渐压密。

⑤ 地下开采结束，地表移动需一段时间后地表移动才相对的稳定下来，岩层内部的移动随之稳定下来。

总之岩层移动的过程是由采空区围岩移动向（法向方向）上传递，再由上向（法向方向）下传递。

2. 岩层内部移动的分区

岩层内部移动的分区如图 12-2 所示。

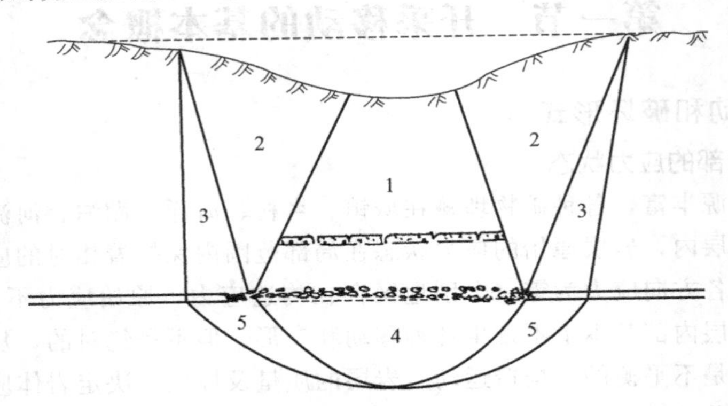


图 12-2 岩层内部移动区域划分示意图

1—充分采动区；2—最大弯曲区；3—压缩区；4—煤层底板的隆起区；5—底板岩层的压缩区

（1）充分采动区 位于采空区中部到地表最大下沉点，这个区域内岩层总体上处于拉伸状态，岩层移动量最大。直接顶板破坏成块堆积在采空区内，后又被逐渐压实。直接顶板以上的岩层（老顶板产生断裂，老顶板以上的岩层弯曲下沉一直到地表）基本上保持原来的层位和层间结构，同一层位的移动量大致相同。

（2）最大弯曲区 在区域内沿岩层方向处于拉伸状态、沿岩层的法向方向处于拉压结合区，靠近充分采动区一侧为拉伸，靠近煤柱上方一侧是压缩。在该区域内岩层弯曲程度最大。

（3）压缩区 在该区域沿岩层方向是受拉应力作用，沿岩层法向方向是受压应力作用。随着深度的增加压应力增加，到煤柱（煤层）位置压应力最大。

（4）煤层底板的隆起区 该区域内沿岩层方向处于压应力作用，引起沿岩层的法线方向拉伸，向采空区方向隆起。

（5）底板岩层的压缩区 该区位于采空区以外，煤柱下方，受煤柱的集中压应力影响岩层处于压缩状态。

3. 岩层移动的基本形式

对不同的地质采矿条件下，开采不同的煤层，通过实地观测及对成果研究分析得知，在岩层内部移动过程中存在如下基本形式。

（1）弯曲 这是岩层的主要移动形式。当地下矿物采出后，上覆岩层中的各分层即开始沿岩层层面的法线方向，向采空区依次弯曲。

（2）垮（冒）落 矿层采出后，直接顶板岩层弯曲而产生拉伸变形。当其拉伸变形超过岩石的允许抗拉强度时，直接顶板及其上部的部分岩层便与整体分开，碎成块度不同的岩块，无规律地充填采空区。

（3）煤的挤出（片帮） 矿层采出后，采空区顶板岩层内出现悬空，其压力便转移到煤壁（或煤柱）上，增加煤壁承受的压力，形成增压区，煤壁在附加荷载的作用下，一部分煤被压碎，并挤向采空区，这种现象称为片帮。

(4) 岩石沿层面滑移　在倾斜矿层条件下，岩层的自重力方向与岩层面不垂直。因此，岩石在自重力的作用下，除产生沿层面法线方向的弯曲外，还会发生沿层面方向的移动。

(5) 垮落岩石的下滑（或滚动）　矿层采出后，采空区被冒落岩块所充填。当矿层倾角较大，而且开采是自上而下下行开采，下山部分矿层继续开采而形成新的采空区时，采空区上部垮落的岩石可能下滑而充填新的采空区，从而使采空区上部的空间增大，下部的空间减小，使位于采空区上山部分的岩层和地表移动加剧，而下山部分的岩层与地表移动减小。

(6) 底板岩层隆起　如果矿层底板岩石很软且倾角大，在矿层采出后，底板在垂直方向上减压，水平方向增压，造成底板向采空区方向隆起。

松散层的移动形式是垂直弯曲，它不受矿层倾角影响。

应该指出，以上六种移动形式不一定同时出现在某一个具体的移动过程中。

4. 岩层内部的移动和破坏分带

煤层采出以后，煤层的顶板岩层冒落充填采空区，在冒落的岩层上方岩层弯曲、断裂，再往上部的岩层一直至地表的岩层产生弯曲。根据采矿工程的需要将采动以后的岩体按破坏程度、导水性能，大致可分为三个不同的开采影响带。即冒落带、裂缝带和弯曲带。如图 12-3 所示。

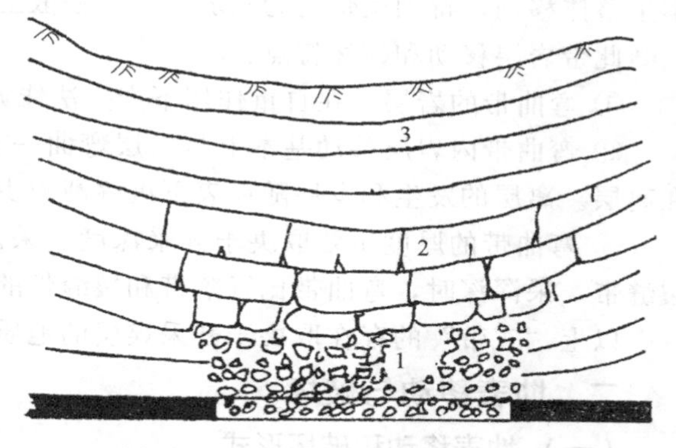

图 12-3　岩层内部移动和破坏分带

1—冒落带；2—裂缝带；3—弯曲带

(1) 冒落带　冒落带也称垮落带，是指岩层母体失去连续性，呈不规则岩块或似层状巨块向采空区冒落的那部分岩层。

冒落带岩层破坏有如下特点。

① 直接顶板岩层弯曲、断裂、破碎成块而垮落。冒落的岩块大小不一，无规则的堆积在采空区内。按岩块破坏和堆积状况，冒落带又分为不规则的冒落带和规则冒落带两部分。不规则冒落带上首先冒落的岩块堆积紊乱，完全失去原有的层位。规则冒落带的岩石冒落下来后，平铺在不规则冒落带上方，冒落是有周期性的，有一定规律的冒落，冒落的岩块厚度基本上等于岩层厚度，因此基本上保持原有的层次。

② 冒落的岩石有一定的碎胀性。冒落岩石间的空隙越大，岩石的碎胀性越大，因此冒落岩石的体积大于冒落原岩的体积。

③ 冒落的岩石有可压缩性（压密）。采空区内的冒落岩石的压密过程，就是上覆岩层的移动过程。压实后的体积永远大于原岩的体积。

④ 冒落带的高度主要取决于采出煤层的厚度和直接顶板岩石的碎胀系数。冒落带的高度通常为采出煤层厚度的 3～5 倍。也可按下式计算冒落带高度

$$h=\frac{m}{(k-1)\cos\alpha} \tag{12-1}$$

式中　$h$——冒落带高度；

$m$——采出煤层厚度；

$k$——岩石碎胀系数；

$\alpha$——煤层倾角。

岩石碎胀系数一般为1.05～1.80之间。

(2) 裂缝带　裂缝带又称裂隙带。裂隙带位于冒落带之上，具有与采空区相通的导水裂隙，但连续性未受破坏的那一部分岩层。

裂缝带的破坏特征：裂缝带内的岩层不仅发生垂直于层理面的断裂和裂缝，而且产生顺层理面的离层和裂缝。

依据裂缝带的透水性能，将裂缝带分为明显裂缝带和微小裂缝带。

在解决水体下采煤时，将冒落带和裂缝带两带称为导水裂缝带。两带之间没有明显的界线。

两带的高度（导水裂缝带）主要取决于采出煤层厚度和上覆岩层的岩性。依据大量的水体下采煤观测成果分析：覆岩为软弱的两带高度为采厚的9～12倍，中硬的两带高度为12～18倍，坚硬的两带高度为采厚的16～28倍。

(3) 弯曲带　弯曲带又叫整体移动带，是指裂缝带顶部到地表的那部分岩层。弯曲带基本呈整体移动，特别是带内为软弱岩层及松散土层时。

此带岩层移动和破坏特点：

① 弯曲带的岩层是在自重作用下产生法线方向的弯曲。

② 弯曲带内岩层移动基本上是层层弯曲一直至地表，因此在移动过程中在弯曲带内存在离层。离层的发生和发展随地表下沉逐渐减少。

③ 弯曲带的厚度主要取决于开采深度。采深浅时，有时只有冒落带，或只有冒落带和裂缝带。采深深时，弯曲带比冒落带和裂缝带的总和还大。

以上“三带”的存在取决于开采煤层的地质、采矿条件、上覆岩层的性质等因素。

## 二、地表移动与破坏

### （一）地表移动和破坏形式

地表移动，是指采空区扩大到一定范围以后，岩层移动传递到地表，使地表产生移动变形和破坏，开采沉陷的过程中将这一现象称为地表移动。地表移动受到的影响因素很多。不同的地质采矿条件对地表移动的影响也不同，例如煤层的产状、开采深度、采出煤层的厚度。采煤方法不同，地表移动的形式也不同。当采深和采厚的比值比较大时，地表移动在空间上和时间上是连续的、渐变的，具有明显的规律性。当浅部开采，采深和采厚的比值比较小时，或有特殊的地质条件时，地表移动在时间上和空间上是不连续的，移动和变形分布没有规律性，地表可能会产生较大沉陷。地表移动的特征归纳起来有以下几种主要移动和破坏形式。

1. 地表移动盆地

地下开采的影响传递到地表，在采空区上方地表高程发生了变化，地表产生下沉，形成了一个比采空区大得多的下沉区域，这个下沉区域称为地表下沉盆地。如图12-2所示，地表原在虚线位置的标高，下沉后形成了盆地。

地表移动盆地的形成在时间上和空间上是连续的，并且移动和变形是有规律的。

2. 裂缝和台阶

裂缝和台阶是指在采空区边界上方地表产生的破坏。地表产生裂缝在地表移动稳定后一般发生在地表移动盆地的外边缘区，平行于采空区边界。另外在浅部开采时，随着采煤工作面上方的老顶垮落，地表也周期性地产生裂缝，当工作面继续向前推进，这个周期性的裂缝随工作面推进先张开而后逐渐闭合。地表裂缝一般发生在第四纪很厚，地表为砂质黏性土质的条件下，另外也发生在基岩出露地表的情况下。

在厚煤层浅部开采的条件下，在开采工作面上方地表破坏的比较剧烈，产生台阶式的破坏。当开采倾斜煤层时（煤层倾角比较大时）顶板岩层为弹性较好的岩层时，地表沉陷产生倒台阶。

3. 塌陷坑

在浅部开采厚煤层，开采急倾斜煤层，或过分的出煤时使上覆岩层中第四纪砂层及表土层破坏，地表产生塌陷坑。塌陷坑一般情况下和井下工作面是连通的。通过对东北十余个矿区的调查，地下开采引起的塌陷坑给人们的生活、环境带来极大的危害。

**（二）地表移动盆地的形成及其特征**

1. 地表移动盆地的形成

地表移动盆地的形成和发展是在井下回采工作面的推进过程中逐渐形成和发展的。一般情况下，当回采工作面推进距离为（1/4～1/2）$H_0$（$H_0$为平均开采深度）时，开始影响涉及地表，地表局部某几个观测点开始下沉。随着工作面继续推进，地表下沉的范围逐渐加大，最后形成比井下回采工作面大得多的地表下沉盆地。

图 12-4 展示了地表移动盆地的形成及发展过程是随着工作面的推进最后停止而形成的。当井下回采到 1 位置时，地表刚开始下沉，地表形成一个很小的下沉盆地 $w_1$。当工作面推进到 2 时，$w_1$盆地内的各点继续下沉，$w_1$范围外的部分点已经开始下沉，形成了 $w_2$下沉盆地。当工作面推进到 3 位置时，形成了 $w_3$下沉盆地。当工作面推进到 4 位置时，地表已接近达到最大下沉值，已接近形成充分采动下沉盆地 $w_4$。当工作面推进到 4 位置停采后地表移动范围还有一定程度的扩大，地表最大下沉点的下沉量增加很小，最后形成稳定后的地表移动盆地 $w_{04}$。工作面推进过程中地表形成的移动盆地：$w_1$、$w_2$、$w_3$、$w_4$ 称为动态地表移动盆地。

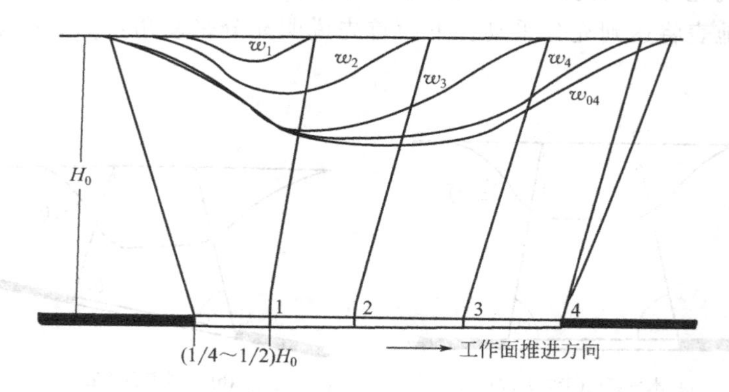


图 12-4　地表移动盆地的形成过程

2. 采动程度对地表移动盆地特征的影响

地表移动的大小决定于采动程度，当工作面很小时，地表没有移动，当工作面进行到一定宽度（1/4～1/2）$H$ 时地表开始移动，当工作面推进到一定宽度（1.2～1.4）$H_0$时地表移出现最大值。工作面再扩大地表移动最大值也不再增加，而范围加大。

因此采动程度是井下工作面尺寸对地表移动量大小的影响程度。采动程度分为充分采动和非充分采动。

(1) 充分采动　充分采动是指地下煤层采出后，地表下沉值达到了该地质采矿条件下的最大值。此时岩层与地表的移动称充分采动。

充分采动又分为沿走向方向和沿倾斜方向的充分采动。当走向、倾斜两方向均为充分采动时为充分采动。单方向充分采动并不是充分采动。

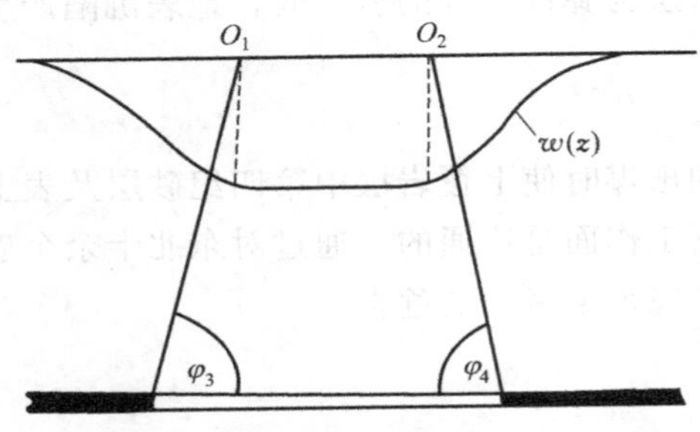

图 12-5　超充分采动地表移动盆地示意图

当地表达到充分采动后，地下回采工作面继续扩大，地表移动最大值不再增大，地表移动范围加大，称为超充分采动。

地表移动达到超充分采动以后，地表移动盆地出现平底，此时的地表移动盆地出现盘形。如图 12-5 所示。

(2) 非充分采动　地表开始移动后，地表下沉值未达到该地质采矿条件最大值前的采动程度称非充分采动。此采动条件下地表盆地一般为碗形。如图 12-6 所示。

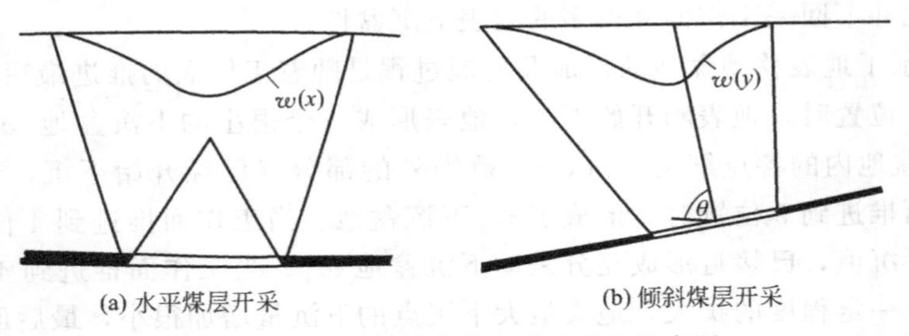

图 12-6　非充分采动地表移动盆地示意图

地表是否达到充分采动的确定是用充分采动角来确定的。当用两个充分采动角划线的交点超过地表时，地表将达到充分采动。下面首先说明充分采动角：$\varphi_1$、$\varphi_2$、$\varphi_3$、$\varphi_4$ 的确定方法。

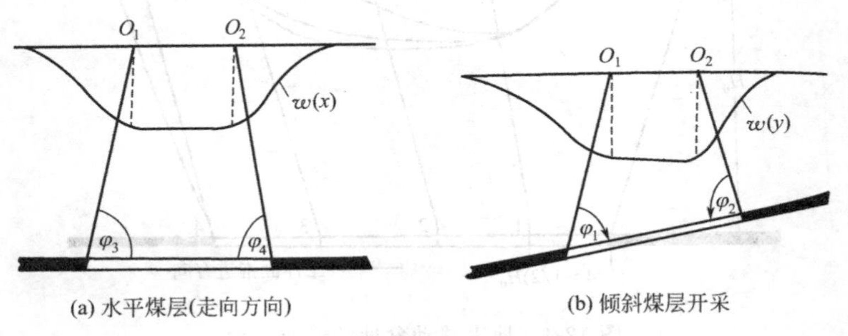

图 12-7　充分采动角的确定方法

地表移动达到充分采动后，在地表下沉曲线上找出最大下沉的边缘点，投影到地表 $O_1$、$O_2$ 点，见图 12-7。由最大下沉的边缘点向采空区边界连线，与煤层所交的在采空区一侧的夹角称为充分采动角。

图 12-7 中，倾斜煤层开采，下山方向的充分采动角用 $\varphi_1$ 表示，上山方向的充分采动角用 $\varphi_2$ 表示。水平煤层开采或倾斜煤层开采的走向方向左侧用 $\varphi_3$ 表示，右侧用 $\varphi_4$ 表示。

### （三）地表移动盆地各区域的划分及其特征

充分采动的条件下，地表移动盆地成盘形盆地，将盘形盆地划分为三个区域，详见图 12-8。

（1）中间区（中性区）　此区位于盆地中央。该区地表下沉均达到了该地质采矿条件下的最大值。其他移动和变形基本为零。该区域内在工作面推进过后地表基本上无明显裂缝。

（2）内边缘区（压缩区）　此区位于采空区边界上方靠采空区一侧，与中间区相邻。此区地表下沉不等，向采空区方向倾斜。该区地表呈凹形，处于压缩变形状态，一般无地表裂缝。

（3）外边缘区（拉伸区）　外边缘区位于采空区边界上方至地表移动盆地的边界之间。该区地表下沉不均匀，移动和倾斜指向采空区方向。地表呈凸形，产生正曲率，拉伸变形，地表裂缝集中在这个区域内。图 12-8 为地表移动盆地的区域划分图。

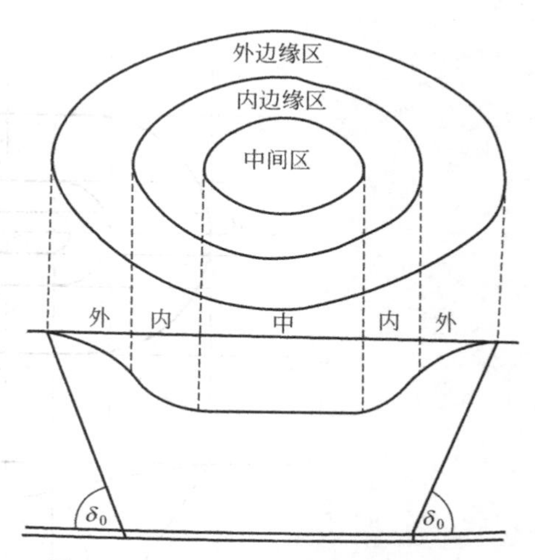


图 12-8　地表移动盆地内区域的划分

### （四）水平煤层、倾斜煤层开采地表盆地移动特征

1. 水平煤层开采地表移动特征

图 12-9 所示是水平煤层开采后地表移动盆地，其有如下特征。

① 地表移动盆地的中心位于采空区的正上方。盆地的中心与采空区中心正上方大体一致。充分采动时，盆地的中间区位于采空区中部的正上方。

② 盆地的形状决定于采空区的形状，当采空区为矩形时，盆地的形状与采空区对称，平面形状为椭圆形。

③ 地表移动盆地的内、外边缘区的分界线点大致在采空区边界的正上方。超充分采动后形成的中间区位于采空区中央上方，非充分采动条件下盆地无中间区，只有一个（或一条）最大下沉的点或线，最大下沉的点或线同样也在采空区中心的正上方。

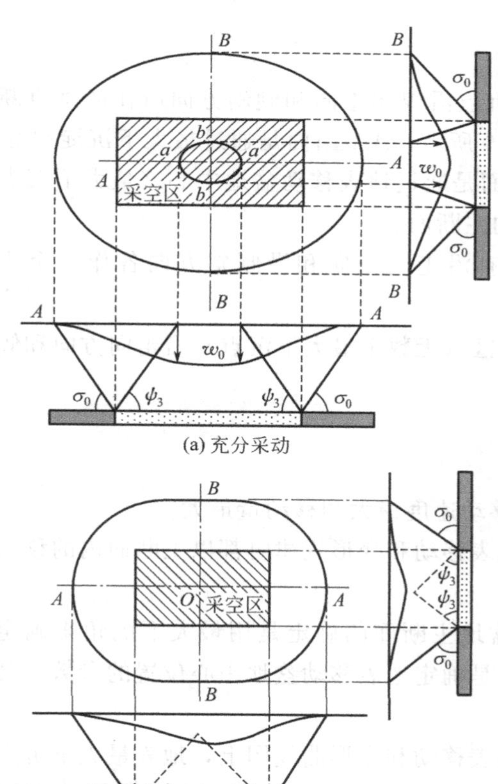


图 12-9　水平煤层开采地表移动盆地示意图

2. 倾斜煤层开采地表移动特征

图 12-10 为倾斜煤层开采后地表移动盆地的示意图。由图中可以看出移动盆地有如下特征。

① 移动盆地的中心（最大下沉点）不在采空区中心的正上方，而偏下山方向，和采空区中心不重合。

② 移动盆地和采空区的相对位置：在走向方向对称于倾斜中心线，在倾斜方向不对称倾角越大，越不对称。

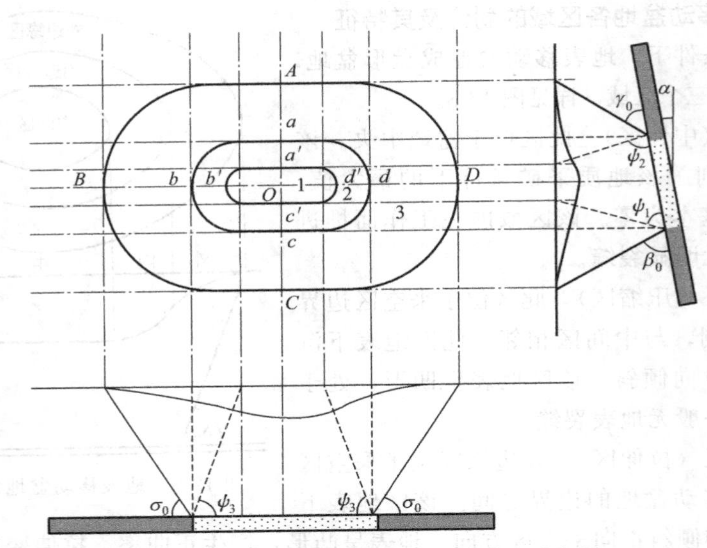

图 12-10 倾斜煤层开采地表移动盆地示意图

③ 移动盆地的上山半盆地比较陡，移动范围小。移动盆地的下山半盆地比较缓，移动盆地范围大。在充分采动条件下盆地的中间区地表下沉量相等，盆地出现平底。

急倾斜煤层开采时地表移动盆地的特征由于各矿区开采煤层地质采矿条件不同，各矿区的移动盆地特征是不同的，这里不再详细介绍。

**(五) 地表移动盆地的主断面**

地表移动盆地的主断面是通过地表的最大下沉点沿煤层走向和倾斜方向所作的垂直断面，该断面称为地表移动盆地的主断面。如图 12-10 所示，$AA$ 断面是通过最大下沉淀 $O$ 沿走向方向所作的走向方向地表盆地主断面。$BB$ 断面是通过地表移动盆地中心（最大下沉点 $O$），沿倾斜方向所作的倾斜方向的地表移动盆地的主断面。

在非充分采动条件下，移动盆地的主断面只有沿走向方向和沿倾斜方向各作一个主断面。

在充分采动条件下，通过地表移动盆地的中间区（无数个最大下沉点）沿走向方向和倾斜方向可作出无数个地表移动盆地的主断面。

地表移动盆地主断面有如下特征：

① 地表移动盆地主断面上的移动范围最大；

② 地表移动盆地主断面上的点移动最充分，移动速度最大和移动量最大。

由于主断面具有以上两个特征，因此在研究地表移动和变形规律时都以主断面内的移动和变形规律为主，它具有代表性。

地下开采范围确定以后，未采前，地表移动盆地主断面的确定是用最大下沉角来确定的。最大下沉角是地表移动的主要角量参数之一，是确定地表移动盆地中心位置的参数，其确定方法如下所述。

在倾斜煤层：非充分采动条件下在倾斜方向地表移动和变形曲线图上，地表最大下沉点 $O$ 和采空区中心的连线，与水平线在下山方向所夹的角。图 12-11 中的 $\theta$ 角，称最大下沉角。图（a）为无松散层或松散层不厚时最大下沉角的确定方法。图（b）为非充分采动，松散层厚度大于 $0.1H_0$ 时的最大下沉角的确定方法。图（c）为充分采动，松散层厚度大于

$0.1H_0$时的最大下沉角的确定方法。

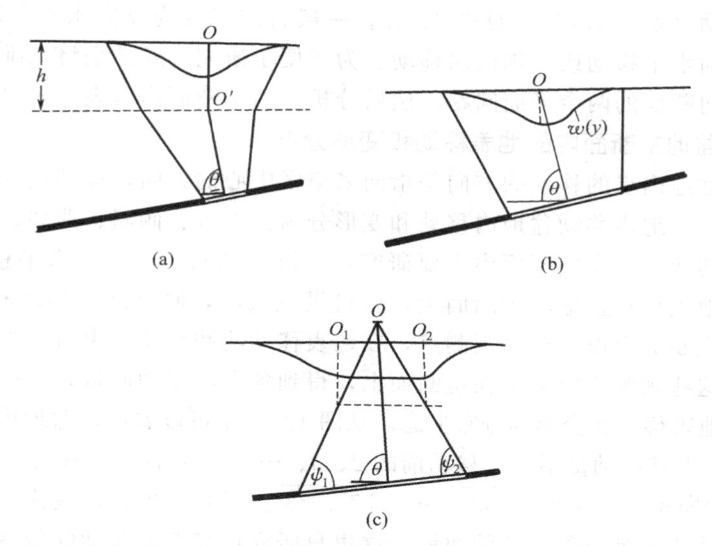


图 12-11　最大下沉角的确定方法

对于新矿区无岩层与地表观测数据。可按下式进行计算：

当 $\alpha<45°$，$H_0<100M$；$\theta=90°-0.5\alpha$。

当 $\alpha<45°$，$H_0>100M$；$\theta=90°-0.6\alpha$。

当 $\alpha>45°$；$\theta=90°-(0.4\sim0.2)\alpha$。

在实际中，最好选用本矿区通过实地观测求得的 $\theta$ 角值，它反映了煤层倾角和上覆岩性等因素的综合影响。在未求出 $\theta$ 值的矿区，可只考虑煤层倾角的影响，参考上覆岩性，选用经验公式进行计算。最大下沉角是一个重要的移动参数，它的取值是否合理，直接影响到走向主断面位置的准确程度。

## 三、地表移动盆地分析

### （一）一个点的移动分析

地下开采引起的岩层及地表移动过程是一个极其复杂的时间-空间现象，其表现形式十分复杂。但是，大量的实测资料表明，地表点的移动轨迹取决于地表点在时间-空间上与回采工作面相对位置的关系。一般情况下，处于弯曲带上部的地表各点的移动向量，从它的起、止相对位置来看均是指向移动盆地中央的，如图 12-12 所示。从地表移动的过程来看，地表点的移动状态可用垂直移动分量和水平移动分量来描述。通常将移动分量称为下沉。水

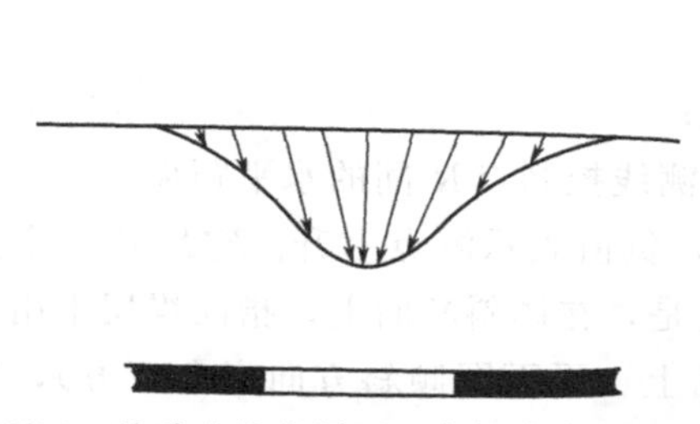

图 12-12　移动盆地主断面上点的移动方向示意图

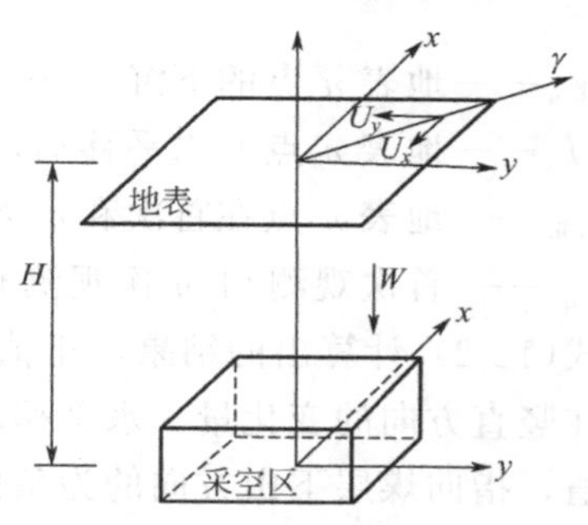


图 12-13　地表点的移动分析

平移动分量按相对于某一断面的关系区分为沿断面方向的水平移动（如 $y$ 方向）和垂直断面方向的水平移动（如 $x$ 方向），见图 12-13。一般将前者称为纵向水平移动或简称水平移动，后者称为横向水平移动或简称横向移动。为了便于研究，通常是将三维空间问题分成沿走向断面和沿倾向断面的两个平面问题，然后分析这两个断面内地表点的移动和变形。

### （二）移动盆地主断面内的地表移动和变形分析

在地表移动盆地内点的移动的方向是指向采空区中心的方向，移动量的大小决定于距采空区中心的距离。在地表移动盆地内移动和变形分为：下沉、倾斜、曲率、水平移动、水平变形、扭曲和剪切变形。在主断面内主要研究：下沉、倾斜、曲率、水平移动和水平变形。一般情况下是在地表移动盆地的主断面上，通过设点观测，研究地表移动和变形。图 12-14 表示在移动盆地主断面上设有若干观测点，在地表移动前和移动结束后，观测各点的高程和测点间距，并将这些观测资料展绘在主断面上，得到各点的移动向量，连接各点移动结束时的位置，便得到地表移动和变形的分布形态。从图 12-14 中可以看出，盆地内各点移动方向是指向盆地中心的，但其移动量不等。移动前的 2、3、…、7、8 各点，移动后称为 2′、3′、…、7′、8′，它们移动向量分别为$\overline{22'}$、$\overline{33'}$、…、$\overline{77'}$、$\overline{88'}$。但须指出，这些移动向量不是点的移动轨迹，点的移动轨迹是一条复杂的曲线，这里只研究地表点的移动的最终结果。

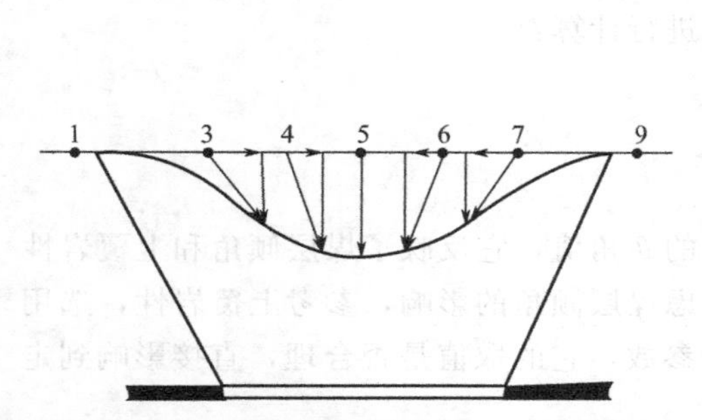

图 12-14　盆地主断面内地表点的移动示意图

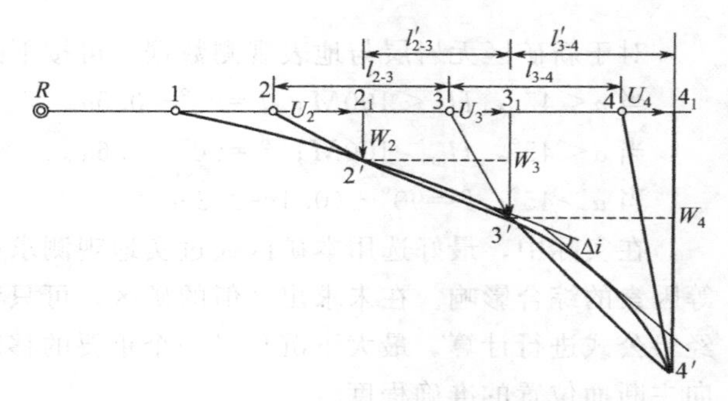

图 12-15　地表移动与变形分析示意图

现从图 12-14 中取出 2、3、4 三个点，并把它们的移动向量分解成两个分量——垂直移动分量和水平移动分量。如图 12-15 所示，$\overline{2_1 2'}$、$\overline{3_1 3'}$、$\overline{4_1 4'}$为垂直移动分量，用 $W_2$、$W_3$、$W_4$ 表示，称为下沉；$\overline{22_1}$、$\overline{33_1}$、$\overline{44_1}$ 为水平移动分量，用 $U_2$、$U_3$、$U_4$ 表示，称为水平移动。

移动盆地内地表点下沉和水平移动按下列公式计算

$$W_n = H_{n0} - H_{nm} \tag{12-2}$$

$$U_n = L_{nm} - L_{n0} \tag{12-3}$$

式中　$W_n$——地表 $n$ 点的下沉，mm；

$U_n$——地表 $n$ 点的水平移动，mm；

$H_{n0}$，$H_{nm}$——地表 $n$ 点在首次和 $m$ 次观测时的高程；

$L_{n0}$，$L_{nm}$——首次观测和 $m$ 次观测时地表 $n$ 点至观测线控制点 $R$ 间的水平距离。

由式(12-2) 计算出的结果，正值表示测点下降，负值表示测点上升。它反映一个点不同时间在竖直方向的变化量。水平移动正负号的规定是，在倾斜断面上，指向煤层上山方向的为正值，指向煤层下山方向的为负值；在走向断面上（平面图倾斜方向指向下方），向右侧移动为正，向左侧移动为负。通常所说的地表移动，就是指地表下沉和水平移动，它是一个点的绝对移动量。从图 12-15 可以看出，各相邻点的下沉和水平移动量是不相等的，这表明点与点之间有相对移动，这就是通常所说的地表变形。地表变形分为倾斜、曲率、水平变形（拉伸和压缩）。它们分别由下沉和水平移动导出。

1. 倾斜变形

地表倾斜变形是指相邻点在竖直方向的相对移动量与两相邻点间水平距离的比值。它反应盆地沿某一方向的坡度。通常以 $i$（mm/m）表示。在图 12-15 中 2、3 为两相邻点，其下沉差为（$W_3-W_2$），2、3 点间的倾斜变形为

$$i_{2\text{-}3}=\frac{W_3-W_2}{l_{2\text{-}3}}=\frac{\Delta W_{3\text{-}2}}{l_{2\text{-}3}} \tag{12-4}$$

式中　$W_2$，$W_3$——地表点 2、3 的下沉值；

$l_{2\text{-}3}$——地表 2-3 点间的水平距离。

倾斜可理解为两点间的平均斜率，以两点间中点切线斜率表示。倾斜按其方向不同有正负之分，在倾斜断面上，指向上山方向为正，指向下山方向为负，在走向断面上，向右侧的倾斜为正，向左侧倾斜的为负。

2. 曲率变形

地表曲率变形是指两相邻线段的倾斜差与两线段中点间的水平距离的比值。它反映在观测线断面上的弯曲程度。如图 12-15 中 2、3、4 三个相邻的测点，构成 2-3 和 3-4 两个线段，依式(12-4) 分别计算得到倾斜值 $i_{2\text{-}3}$、$i_{3\text{-}4}$，而 $i_{2\text{-}3}\neq i_{3\text{-}4}$，使地表形成弯曲，产生曲率变形。以 $K$（mm/m$^2$）表示曲率则有

$$K_{2\text{-}3\text{-}4}=\frac{i_{3\text{-}4}-i_{2\text{-}3}}{\frac{1}{2}(l_{2\text{-}3}+l_{3\text{-}4})}=\frac{2\Delta i_{2\text{-}3\text{-}4}}{l_{2\text{-}3}+l_{3\text{-}4}} \tag{12-5}$$

式中　$i_{2\text{-}3}$，$i_{3\text{-}4}$——地表 2-3 点间和 3-4 点间的平均斜率；

$l_{2\text{-}3}$，$l_{3\text{-}4}$——地表 2-3 点间及 3-4 点间的水平距离。

曲率亦有正、负之分，地表下沉曲线上凸为正，分布在盆地边缘部位煤柱的上方，即拐点和边界点之间；地表下沉曲线下凹为负，分布在工作面上方两拐点之间。

在测点间距相等的情况下，图 12-15 中 2、3、4 点间两线段的平均曲率计算可简化成下列形式

$$K_{2\text{-}3\text{-}4}=\frac{\Delta i_{2\text{-}3\text{-}4}}{l} \tag{12-6}$$

为了使用方便，曲率变形有时又以曲率半径 $R$（m 或 km）表示，即

$$R=1/K \tag{12-7}$$

3. 水平变形

地表水平变形是指相邻两点的水平移动差值与两点间的水平距离的比值。它反映相邻两测点间单位长度的水平移动差值，称为水平变形。通常用 $\varepsilon$（mm/m）表示，按下式计算

$$\varepsilon_{2\text{-}3}=\frac{U_3-U_2}{l_{2\text{-}3}}=\frac{\Delta U_{2\text{-}3}}{l_{2\text{-}3}} \tag{12-8}$$

按式(12-8) 计算得到的地表水平变形，实际上是测点 2、3 间距内每米长度的拉伸或伸缩。所以它有正负之分，正值表示拉伸变形（简称拉伸），分布在移动盆地和拐点和边界点之间；负值表示压缩变形（简称压缩），分布在移动盆地两拐点之间。

以上分析主断面内的移动和变形是到目前为止，通过实地观测研究的主要内容。近十年来很多学者开始研究在地表任意点如何设立观测站，观测地表任意点的三维移动向量问题。

## 四、地表移动及变形对建筑物的破坏

地下开采引起的地表移动和变形，对坐落在影响范围内的建筑物或构筑物将产生影响。这种影响一般是由地表通过建筑物基础传到建筑体而使建筑物产生移动和变形。各类建筑物由于结构不同，承受地表移动和变形值的大小亦不相同。但是，各类建筑物都有一个能承受的最大允许变形值。由开采引起的建筑物变形刚达到最大允许变形值时，建筑物受到的损害一般不会太严重，仍可维持建筑物的正常使用。若变形大于最大允许值时，建筑物将受到损害，严重的甚至要倒塌。

建筑物不需要维修，仍能保持正常使用所允许的地表最大变形值，称为临界变形值。在《建筑物、水体、铁路及主要井巷煤柱留设与压煤开采规程》规程中规定，我国一般砖木结构建筑物使用的一组临界变形值：倾斜 $i=3\text{mm/m}$（或用 $i=3\times10^{-3}$ 表示），曲率 $K=0.2\text{mm/m}^2$（或写成 $K=0.2\times10^{-3}/\text{m}$），水平变形 $\varepsilon=2\text{mm/m}$（或写成 $\varepsilon=2\times10^{-3}$）。如果建筑物所在地表的变形值，达到上述临界变形值中的某一个指标，则认为建设物可能会受到损害。

不同类型的建筑物对各种变形反应的敏感程度不同。这里仅简要介绍各种地表移动和变形对建筑物的影响。

### （一）地表下沉和水平移动对建筑物的影响

地表大面积、平缓、均匀的下沉和水平移动，一般对建筑物影响很小，不致引起建筑物破坏，故不作为衡量建筑物的指标。如建筑物位于盆地的平底部分，最终将呈现出整体移动，建筑物各部件不产生附加应力，仍保持原来的状态。但当下沉值很大时，有时也会带来严重的后果，特别是在地下水位很高的情况下，地表沉陷后盆地积水，使建筑物淹没在水中，即使其不受损害也无法使用。非均匀的下沉和水平移动，对工农业和交通线路等有不利影响。

### （二）地表倾斜对建筑物的影响

移动盆地内非均匀下沉引起的地表倾斜，会使位于其范围内的建筑物歪斜，特别是对底面积很小而高度很大的建筑物，如水塔、烟囱、高压线铁塔等，影响较严重。

倾斜会使公路、铁路、管道、地上下水系等的坡度遭到破坏，从而影响它们的正常工作状态。

### （三）地表曲率变形对建筑物的影响

曲率变形表示地表倾斜的变化程度。建筑物位于正曲率（地表上凸）和负曲率（地表下凹）的不同部位，其受力状态和破坏特征也不相同。前者是建筑物中间受力大，两端受力小，甚至处于悬空状态，产生破坏时，其裂缝如图 12-16(a) 所示。后者是中间部位受力小，

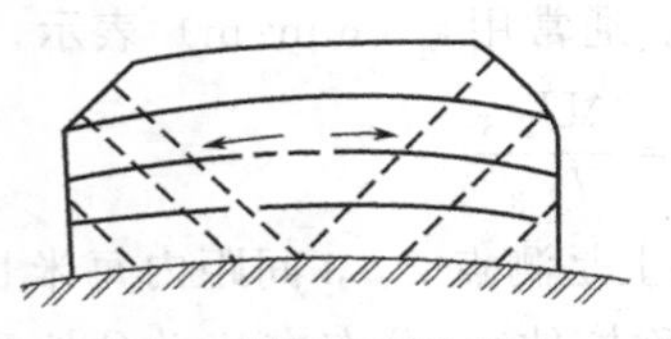
(a) 正曲率引起的建筑物破坏

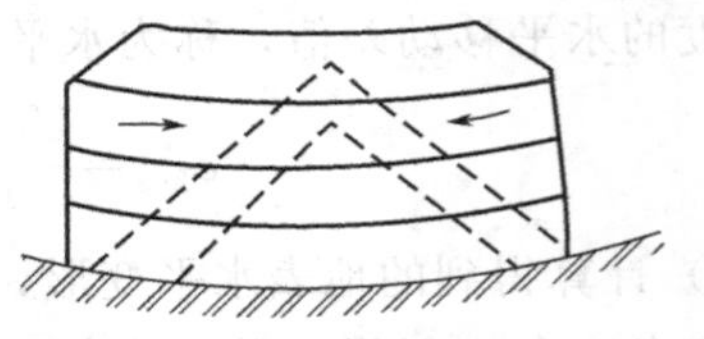
(b) 负曲率引起的建筑物破坏

图 12-16　曲率变形对建筑物的影响示意图

两端处于支撑状态，其破坏特征如图 12-16(b) 所示。

曲率变形引起的建筑物上附加应力的大小，与地表曲率半径、土壤物理力学性质和建筑物特征有关。一般是随曲率半径的增大，作用在建筑物上的附加应力减小；随建筑物长度的增大、底面积增大，建筑物产生的破坏也加大。

**（四）地表水平变形对建筑物（构筑物）的影响**

地表水平变形是引起建筑物破坏的重要因素。特别是砖木结构的建筑物，抗拉伸变形的能力很小，所以它在受到拉伸变形后，往往是先在建筑物的薄弱部位（如门窗上方）出现裂缝，有时地表尚未出现明显裂缝，而在建筑物墙上却出现了裂缝，破坏严重时可能使建筑物倒塌。拉伸变形能把管道和电缆拉断，使钢轨轨缝加大。压缩变形则能使建筑物墙壁挤碎、地板鼓起，出现剪切或挤压裂缝，使门窗变形、开关不灵等。

水平变形对建筑物的影响程度与地表变形值的大小，建筑物的长度、平面形状、结构，建筑材料、建造质量、建筑基础特点，建筑物和采空区的相对位置等因素有关。其中地表变形值的大小及其分布，又受开采深度、开采厚度、开采方法、顶板管理方法、采动程度、岩性、水文地质条件、地质构造等因素的影响。

以上简单地分析了地下开采引起的各种地表移动和变形对建筑物或构筑物的影响，但在实际的开采过程中，往往是多种性质的地表移动和变形同时出现，受采动影响的建筑物或构筑物一般要同时或先后经受多种变形的综合影响。在地下开采过程中，地表的移动和变形是随时间而变化的，因此建筑物所受到的变形的性质和大小也是随时间而变化的。

## 第二节　保护煤柱的留设

### 一、保护煤柱留设的意义

由于煤矿地下开采范围大，开采层数多而开采深度有限，开采的影响一般都能发展到地表，波及地上覆岩层与地表的一些与人类生产和生活有密切关系的对象，如湖泊、河流、铁路、公路、民用住宅和工业厂房、管道、农田水利设施以及井下工程等，使工农业生产不能正常进行，居民的居住安全得不到保证。因此必须采取措施进行防护，以减小或完全避免地下开采的有害影响。留设保护煤柱，就是其中的措施之一。

保护煤柱是指专门留在井下不予采出的，旨在保护其上方岩层内部和地表的保护对象不受开采影响的那部分煤炭。留设保护煤柱虽然是保护岩层内部和地面建筑物、构筑物免受开采影响的一种比较可靠的方法，但也存在如下缺点：

① 有一部分煤炭留在地下暂时或永远不能采出，造成大量煤炭资源的损失，缩短矿井的生产年限；

② 由于留设保护煤柱，使采掘工作复杂化和采掘工程量增大，还会导致局部矿压集中，给矿井生产造成危害。

由于这些缺点，促使人们考虑采取另外的一些措施，在保护上述地表对象的同时，又能最大限度地采出地下资源。为此，进行了大量的科学研究工作。到目前为止，建筑物下、铁路下和水体下采煤已成为采矿工作中的日常课题，而对大部分需要保护的对象不再留设保护煤柱。但是，对下列一些情况，还需要或暂时需要留设保护煤柱：

① 防御地表变形无可靠措施的矿井工业场地建筑物和构筑物，以及远离工业场地的风井设备及其风道等设施；

② 国务院明令保护的文物、纪念性建筑物和构筑物；

③ 目前条件下采用不搬迁或就地重建等方式进行采煤在技术上不可行，而搬迁又无法实现或在经济上严重不合理的建筑物和构筑物；

④ 煤层开采后，地表可能产生抽冒和切冒等形式的塌陷漏斗坑和突然下沉，对地基造成严重破坏的重要建筑物和构筑物；

⑤ 所在地表下方潜水位较高，采后因地表下沉导致建筑物及其附近地面积水，而又不可能自流排泄或采用人工排泄方法经济上不合理的建筑物或者构筑物；

⑥ 对国民经济和人民生活有重大意义的河（湖、海）堤、库（河）坝、船闸、泄洪闸、泄水隧道和水电站等大型水工建筑工程。

由上看出，对于一些重要的建筑和构筑物还需采用留设煤柱的方法加以保护。因此，掌握留设保护煤柱的方法是必要的。

## 二、保护煤柱留设原理

保护煤柱留设的原理是：在保护对象的下方留出一部分煤炭不开采，使其周围煤炭的开采对保护对象不产生有危险性的移动和变形，现具体说明如下。

设地面有一建筑物，它的保护面积为 $a_0b_0c_0d_0$，位于煤层上方，为保护该建筑物免受开采的有害影响，需留设保护煤柱［图 12-17(a)］。

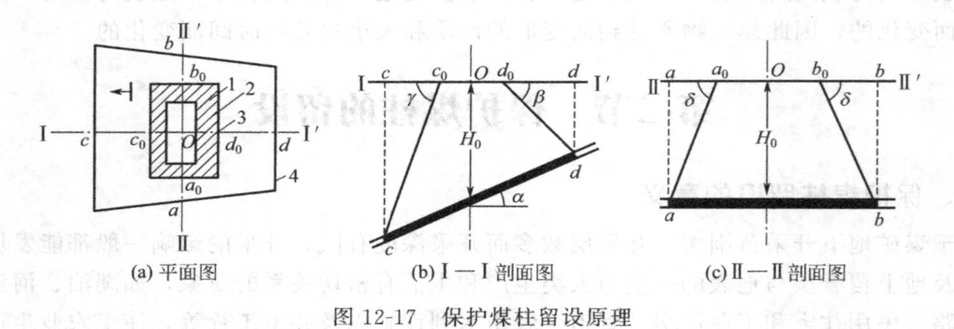


图 12-17 保护煤柱留设原理

1—建筑物边界；2—围护带；3—受护面积边界；4—所留设的保护煤柱边界

首先通过建筑物中心 $O$ 作沿煤层倾向和煤层走向的剖面图Ⅰ—Ⅰ′和Ⅱ—Ⅱ′。设已知该地区的移动角 $\beta$、$\gamma$、$\delta$，煤层倾角 $\alpha$ 和建筑物的中心处的垂直深度 $H_0$，则煤柱的尺寸可以下法确定：

在倾向剖面图上，从 $c_0$、$d_0$ 点分别向煤层下山方向作 $\gamma$ 角、向煤层上山方向作 $\beta$ 角，交煤层于 $c$、$d$ 两点［见图 12-17(b)］。在走向剖面图上，从 $a_0$、$b_0$ 点分别向两侧作 $\delta$ 角，交煤层于 $a$、$b$ 两点［图 12-17(c)］。根据投影几何方法作图，即可在平面图上求出保护煤柱的边界 $abcd$，该煤层在保护煤柱的边界 $abcd$ 以外的开采，不会引起受护建筑物的地表产生临界变形值以上的移动变形，但可能有临界变形值以下的微小移动变形。这里所说的临界变形值，与求取移动角 $\beta$、$\gamma$、$\delta$ 时所用的临界变形值相同。

## 三、保护煤柱留设所用参数

### （一）围护带宽度

建筑物受保护面积包括两部分：一部分是地面建筑物本身，即受护对象，另一部分为建筑物周围的受保护范围，称为围护带［即图 12-17(a) 中的 2］。留围护带的目的是：

① 抵消留设保护煤柱时所用参数（主要的移动角）的误差引起煤柱尺寸的不足，一般认为，目前采用的观测和计算方法求得的移动角的误差为2°～5°；

② 抵消由于地质采矿条件和井上下位置关系确定得不准确而造成保护煤柱的尺寸和位置的误差。

围护带宽度是根据受护对象的保护等级确定的。按建筑物和构筑物的重要性、用途以及开采引起的后果，把矿区范围内的建筑物和构筑物分为四个保护等级。不同等级的建筑物选用不同的围护带宽度（见表12-1）。

**表12-1 矿区建筑物、构筑物保护煤柱的围护带宽度**

| 保护等级 | 主要建筑物和构筑物 | 围护带宽度/m |
|---|---|---|
| Ⅰ | 国务院明令保护的文物和纪念性建筑物；一级火车站，发电厂主厂房；在同一跨度内有两台重型桥式吊车的大型厂房、平炉、水泥厂回转窑、大型选煤厂主厂房等；特别重要或特别敏感的、采动后可能导致发生重大生产、伤亡事故的建(构)筑物；铸铁瓦斯管道干线，大、中型矿井主要通风机房，瓦斯抽放站，高速公路，机场跑道，高层住宅楼等 | 20 |
| Ⅱ | 高炉、焦化炉，220万伏以上超高压输电线路杆塔，矿区总变电所，立交桥；钢筋混凝土框架结构的工业厂房，设有桥式吊车的工业厂房、铁路煤仓、总机修厂等较重要的大型工业建(构)筑物；办公楼，医院，学校，剧院，百货大楼，二级火车站，长度大于20m的两层楼房和三层以上多层住宅楼；输水管干线和铸铁瓦斯管道支线；架空索道，电视塔及其转播塔 | 15 |
| Ⅲ | 无吊车设备的砖木结构工业厂房，三、四级火车站，砖木、砖混结构平房或变形缝区段小于20m的两层楼房，村庄砖瓦民房；高压输电线路杆塔，钢瓦斯管道等 | 10 |
| Ⅳ | 农村木结构承重房屋，简易仓库，临时性建筑物、构筑物等 | 5 |

### （二）移动角 $\beta$、$\gamma$、$\delta$ 及松散层移动角 $\varphi$

在留设保护煤柱中，可以清楚看到，移动角是一个很重要的参数。对于拥有地表移动观测资料的矿区，其移动角及其他参数，可以对观测成果进行综合分析而得。对于缺乏观测资料的新矿区，其移动角可采用类比法确定。所谓类比法，就是把与本矿区煤田特征和开采条件相类似的矿区的参数作为本矿区的参数。

## 四、保护煤柱留设方法

### （一）保护煤柱留设所需的资料

① 保护对象（如工业广场、房屋、铁路、立井等）的特征及使用要求，矿区的地质条件及煤层埋藏条件。

② 符合精度要求的必需的图纸资料，如井田地质剖面图、煤层底板等高线图、井上下对照图。

③ 本矿区地表移动参数以及断层、背向斜等地质构造情况。

### （二）保护煤柱留设的方法

保护煤柱留设有三种方法：垂直剖面法、垂线法和数字标高投影法。下面重点介绍常用的垂直剖面法。

垂直剖面法是采用图解的方法，作沿煤层走向和沿倾向的垂直剖面，在剖面图上确定煤柱边界宽度，并投影至平面图上而得保护煤柱边界，其设计步骤如下。

1. 确定受护面积边界

① 如果建筑物边界和煤层走向、倾向平行时，在平面图上直接沿煤层走向、倾向留一定宽度的围护带，得受护面积边界［图12-18(a)］。

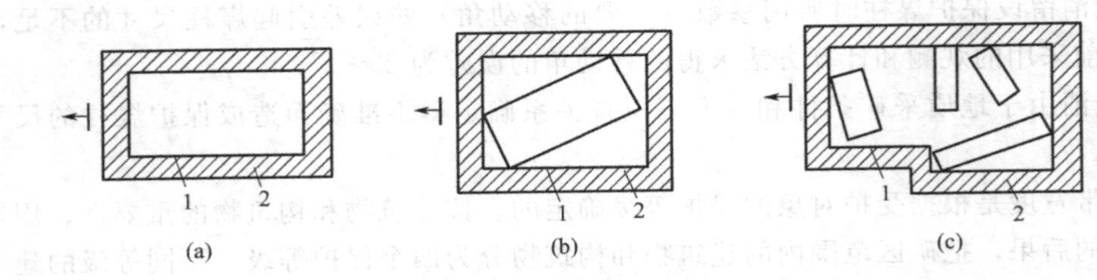


图 12-18　垂直剖面法受护边界的确定

1—建筑物边界；2—围护带

② 如果建筑物边界和煤层走向斜交时，通过建筑物四个角点，分别作与煤层走向或倾向平行的直线，再留围护带，得受护面积边界［图 12-18(b)］。

③ 如果地面有很多建筑物时，通过建筑群的最外角点，分别作和煤层走向或倾向平行的直线，再留围护带，得受护面积边界［图 12-18(c)］。

总之，用垂直剖面法确定受护面积边界时，一般来说应和煤层的走向、倾向平行。

2. 确定保护煤柱边界

在受保护面积边界与煤层走向平行或垂直时所作的垂直剖面上，在松散层内用 $\varphi$ 角画直线，在基岩内直接根据基岩移动角 $\beta$、$\gamma$、$\delta$ 画直线，作出保护煤柱边界（图 12-19）。

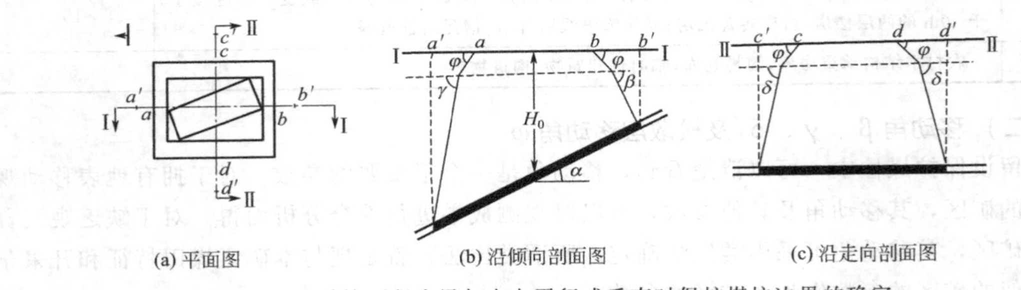


图 12-19　受护面积边界与走向平行或垂直时保护煤柱边界的确定

3. 垂直剖面法留设保护煤柱的实例

**【例 12-1】** 已知：保护对象为一座重要建筑物，保护级别属Ⅱ级，平面形状为矩形，受护面积为 $(100\times200)\text{m}^2$，其长边与煤层走向斜交成 $\theta=60°$（图 12-20）。煤层地质条件为：煤层倾角 $\alpha=30°$，煤层在受护范围中央的埋藏深度 $H_0=250\text{m}$，地面标高为零，松散层厚度 $h=40\text{m}$，煤层厚度 $m=2.5\text{m}$。矿区地表移动资料：$\delta=\gamma=73°$，$\beta=73°-0.6\alpha=73°-0.6\times30°=55°$，松散层移动角 $\varphi=45°$。试用垂直剖面法留设该建筑物的保护煤柱。

步骤如下。

(1) 确定受护面积边界　图 12-20 的平面图上，通过建筑物四个角点分别作与煤层走向、倾向平行的四条直线，得矩形 $a'b'c'd'$，即建筑物本身所占面积。由于属Ⅱ级建筑物，在其外缘加上 15m 的围护带宽度，得矩形 $abcd$，即建筑物受护面积边界。

(2) 确定保护煤柱边界　过四边形 $abcd$ 中心点，作煤层倾向剖面Ⅱ—Ⅱ和走向剖面Ⅰ—Ⅰ。

① 在Ⅱ—Ⅱ剖面上标出地表线、建筑物轮廓线、松散层和煤层等，注明煤层倾角 $\alpha=30°$、煤层厚度 $m=2.5\text{m}$、建筑物中心下方埋藏深度 250m，并简要绘出地层柱状图。在Ⅱ—Ⅱ剖面上，建筑物的受护面积为 $m$、$n$；从 $m$、$n$ 点分别作松散层移动角 $\varphi=45°$，求出

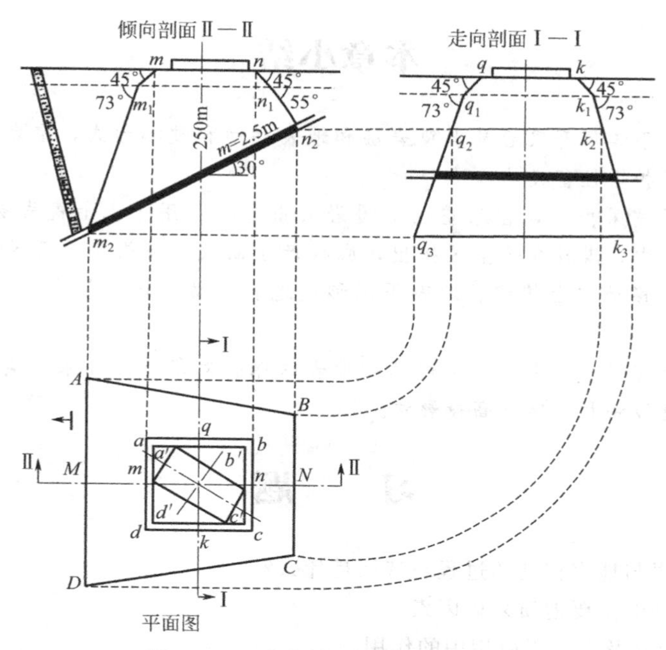


图 12-20　垂直剖面法留设保护煤柱

松散层与基岩接触面上的保护边界 $m_1$、$n_1$；从 $m_1$、$n_1$ 点向下山作 $\gamma=73°$，向上山方向作 $\beta=55°$，与煤层底板相交于 $m_2$、$n_2$ 两点；将 $m_2$、$n_2$ 投到平面图上得到 $M$、$N$ 两点。通过 $M$、$N$ 点分别作与煤层走向平行的直线，即为保护煤柱在下山和上山方向的煤柱边界线。

② 在沿走向剖面Ⅰ—Ⅰ上，受护面积边界为 $q$、$k$。通过 $q$、$k$ 作 $\varphi=45°$，求出松散层与基岩接触面上的保护边界 $q_1$、$k_1$ 点；由 $q_1$、$k_1$ 点作走向移动角 $\delta$，分别与上山煤柱边界交于 $q_2$、$k_2$ 点，与下山煤柱边界交于 $q_3$、$k_3$ 点；将 $q_2$、$k_2$，$q_3$、$k_3$ 转投到平面图上，得 $B$、$C$、$A$、$D$ 点，连接 $ABCD$，即得保护煤柱边界。

垂直剖面法留设保护煤柱时应注意以下规则。

① 在倾向剖面图上：往煤层上山方向作 $\beta$ 角，可求得上山煤柱边界，往煤层下山方向作 $\gamma$ 角，可求得下山煤柱边界。

② 在走向剖面图上：作 $\delta$ 角，深度不同求得走向煤柱宽度也不同，深度小时走向煤柱宽度小，深度大时走向煤柱宽度大。

作好保护煤柱后，还应计算保护煤柱压煤量

$$Q=\text{体积}\times\text{质量密度}=\frac{A_{\text{平}}}{\cos\alpha}m\rho$$

$$A_{\text{平}}=\frac{1}{2}(\overline{BC}+\overline{AD})\overline{MN}$$

式中　$Q$——压煤量，t；

$A_{\text{平}}$——煤柱平面面积，$m^2$；

$m$——煤层厚度，m；

$\rho$——煤的质量密度，t/m；

$\alpha$——煤层倾角。

# 本章小结

本章主要介绍地下煤层开采后其上覆岩层和地表移动和破坏形式，重点介绍了保护煤柱留设的意义、原理，保护煤柱留设的方法。

在岩体内，煤层被采出后，在采空区上覆岩层重力的作用下，上覆岩层开始下沉、断裂、冒落，堆积在采空区内，煤柱向采空区挤出，底板产生断裂。顶板岩层弯曲下沉，岩层之间产生离层、断裂、岩层移动向上传递、地表下沉形成地表移动盆地。影响地面建筑物产生变形、破坏。

留设保护煤柱旨在保护其上方岩层内部和地表的保护对象不受开采影响。留设保护煤柱方法有垂直剖面法、垂线法和数字标高投影法。

# 习　题

1. 开采引起覆岩与地表移动的过程与特征是什么？
2. 影响地表移动的主要地质采矿因素。
3. “三带”的定义及在工程应用中的作用。
4. 岩层移动的基本形式有哪些？
5. 什么是充分采动？什么是非充分采动？
6. 倾斜煤层开采地表盆地移动特征是什么？
7. 引起地表移动及变形对建筑物的破坏因素有哪些？
8. 地表下沉、水平移动、水平变形、倾斜、曲率的含义与单位。
9. 叙述保护煤柱留设的原理。

# 参 考 文 献


[1] 宁津生，陈俊勇，李德仁等编著．测绘学概论．北京：测绘出版社，2004.

[2] 周忠谟，易杰军，周琪编著．GPS卫星测量原理与应用．第2版．北京：测绘出版社，1995.

[3] 顾孝烈，鲍峰，程晓军编著．测量学．第3版．上海：同济大学出版社，2006.

[4] 王家贵，王佩贤等编著．现代测绘科技丛书：测绘学基础．北京：教育科学出版社，2003.

[5] 张国良编著．矿山测量学．徐州：中国矿业大学出版社，2001.

[6] 林文介主编．测绘工程学．广州：华南理工大学出版社，2003.

[7] 孔照壁，杨世清编．生产矿井测量．北京：煤炭工业出版社，1995.

[8] 全国科学技术名词审定委员会．测绘学名词．第2版．北京：科学出版社，2010.

[9] GB/T 14911—2008 测绘基本词语．北京：中国标准出版社，1994.

[10] GB/T 7929—1995 1：500、1：1000、1：2000 地形图图式．北京：中国标准出版社，1995.

[11] GB/T 18314—2001 全球定位系统（GPS）测量规范．北京：中国标准出版社，2001.

[12] 中华人民共和国能源部．煤矿测量规程．北京：煤炭工业出版社，1989.

[13] 中华人民共和国能源部．煤矿地质测量图例．北京：煤炭工业出版社，1989.

[14] 中国统配煤矿总公司．煤矿地质测量图技术管理规定《煤矿地质测量图例》实施补充规定．北京：煤炭工业出版社，1992.